개정2판

임상영양학

CLINICAL NUTRITION

머리말

잘못된 식생활로 말미암아 발병되는 질환은 균형 잡힌 영양 섭취를 못해서 생기는 질환들이며, 오랫동안 자각증상 없이 진전되다가 발병하므로 치료나 예방을 위해서는 상당히 많은 시간과 노력이 필요하다. 또한 이러한 질환들은 그 질병 상태를 올바르게 판정하여 적절한 처치방법으로 치료하여야 하며, 환자의 상태에 따라 계속 처치 방법을 바꾸어 가면서 대응해야 할 때도 있다. 특히 대사성 질환은 의사, 영양사, 운동처방사, 심리치료사 등 다양한 보건의료계 전문가들과의 협력이 필요하다.

이 책에서는 잘못된 식습관에 의한 여러 질환의 임상적 특성을 설명하고 그 원인과 위험요인들을 밝히고자 하였으며, 환자가 식생활 개선을 통하여 치료할 수 있도록 지도하는 영양사의 역할에 필요한 기본적인 기술들을 수록하였다. 이러한 지식은 식품영양학자들과 협력하여 환자의 치료를 도와야 할 의사, 간호사, 운동처방사들에게도 또한 필요하다.

대학에서 임상영양학을 강의해온 필자들은 변화를 거듭하는 질병 양상과 그에 대한 식품영양학적 대응방안을 학생들에게 전달해야 하는 책임감을 느끼던 중 마침내 뜻을 같이 하여 오랜 준비 기간을 거쳐 이 책을 출간하게 되었다.

오랜 준비 기간 중 항상 초심을 생각하며 최선을 다했지만 부족한 면들이 있다고 생각한다. 이러한 점을 보완할 수 있도록 독자 여러분의 아낌없는 조언과 충고를 부탁드린다. 이 책이 초석이 되어 앞으로 사회의 요구에 맞춰 지속적으로 발전해 나가는 임상영양학 교재가 되었으면 하는 것이 필자들의 바람이다.

책의 내용을 구상하는 단계에서부터 같이 고생해 온 파워북의 김재원 전무와 출간을 지원해 준 유제구 사장 이하 여러분, 그리고 귀한 사진자료를 쾌히 내주신 우리수내과의 이종민 원장님께 진심으로 감사드린다.

저자 일동

차례

임상영양의 개요 1

영양판정과 영양지원 2

소화기 질환 3

췌장, 간, 담낭 질환 4

5 심혈관계 질환

6 신장질환

비만 7

당뇨병 8

조혈이상 9

골격과 치아, 신경계 질환 10

11 면역계 질환

12 생리적 스트레스

암 13

선천성 대사 질환 14

CHAPTER

1

임상영양의 개요

1. 임상영양학의 의의
2. 임상영양사의 역할
3. 병원식

CLINICAL NUTRITION

임상영양학은 식생활과 관련된 질병의 치료와 예방을 목적으로 연구하는 학문이다. 임상영양학은 병원의 영양사뿐 아니라 보건소 · 학교 · 지역사회 · 산업체에 근무하는 영양사와, 병원에서 임상영양사와 한 팀이 되어 환자를 돌보는 의사 · 간호사 · 운동처방사도 알아두어야 할 지식을 다룬다. 임상영양사가 효율적으로 영양치료를 하기 위해서는 표준화된 영양관리 과정이 필요하다. 병원식은 일반식과 치료식으로 나뉘며, 치료식은 환자가 적절한 영양상태를 유지할 수 있도록 성분이나 점도가 조정된 식사이다. 대한당뇨병학회, 대한영양사협회, 한국영양학회는 공동으로 식품교환표를 개발하여 영양사가 식단을 작성하거나 환자를 교육할 때 편리하게 이용할 수 있도록 하였다.

1. 임상영양학의 의의

1) 임상영양학이란

임상영양학clinical nutrition은 인체가 병적 상태에서 겪게 되는 영양관련 문제를 해결하고 예방차원에서 식생활을 어떻게 영위하는 것이 좋을지를 논하는 학문이다. 따라서 인체의 생리와 질병에 대해 이해해야 하고, 역학과 통계학에 대한 개념도 알아야 하는 학문이다. 물론 영양학과 식품학을 아우르는 이론적인 내용도 잘 알고 있어야 하지만 인체적용을 위한 시험연구에 대한 기초지식도 잘 이해하고 있어야 한다.

앞으로 공부하게 될 임상영양학에서는 각 질병의 원인, 증세, 진단, 의료 처치와 식사요법, 운동요법 등 광범위한 지식을 다루게 된다. 임상영양학에서 다루게 될 질병의 일부분은 인체의 노화와 함께 발병되는 질환이기도 하지만, 대부분 오랜 기간 바람직하지 못한 식생활이나 생활양식에 길들어 인체의 대사에 영향을 주고 생체 방어력을 저하시켜 발병하는 퇴행성 질환이다. 따라서 인체의 노화과정과 생애주기별 특성을 이해하고 인체 질병의 특성을 이해하기 위한 해부학적, 생물학적, 병리학적 접근이 필요하다.

최근 국민영양관리법이 제정, 공포되면서 임상영양사의 자격인증에 대한 시행세칙들이 정해지고 있다. 그 어떤 전문 영양사보다 임상영양사의 자격인증이 먼저 이루어진다는 것은 사회에서 임상영양의 중요성이 부각되고 있기 때문으로 볼 수 있다.

2) 한국인의 사망원인과 영양문제의 변화

1960년 이래 한국인의 사망원인은 조금씩 변해 왔다. 의료 인프라가 열악하던 1960년대의 주요 사망원인이었던 감염성 질환은 차차 감소하고 최근에는 악성신생물(암)과 심장질환, 뇌혈관 질환 등 식습관과 관련된 질환들이 주요 사망원인으로 부상하였다. 2018년 이후로 알츠하이머병이 사망원인의 10위 안에 들어왔으며, 2022년에는 COVID-19로 인한 사망자 수가 3위로 부상하면서 폐렴이나 패혈증과 같은 감염성 질환이 다시 주요 사망원인이 되었다.

한국인의 사망원인과 질병 구조의 연도별 변화에서 보듯이, 시간이 지남에 따라 사회에

표 1-1 한국인의 사망원인 변화(1970-2022)

순위 \ 연도	1970	1980	1994	2010	2015	2020	2022
1	원인미상	순환기질환	악성신생물	악성신생물	악성신생물	악성신생물	악성신생물
2	순환기질환	암(악성신생물)	뇌혈관질환	뇌혈관 질환	심장질환	심장질환	심장질환
3	호흡기질환	사고	심장질환	심장질환	뇌혈관 질환	폐렴	코로나-19
4	감염성질환	원인미상	자살	자살	폐렴	뇌혈관 질환	폐렴
5	손상 및 중독	소화기질환	당뇨병	당뇨병	자살	자살	뇌혈관 질환
6	신생물	호흡기	간질환	폐렴	당뇨병	당뇨병	자살
7	소화기질환	기생충	만성하기도질환	만성하기도질환	만성하기도질환	알츠하이머병	알츠하이머병
8	내분비/대사	내분비/대사	운수사고	간 질환	간 질환	간 질환	당뇨병
9	신경계질환	신경계	고혈압성질환	운수사고	운수사고	고혈압성 질환	고혈압성 질환
10	임신출산합병증	비뇨생식기	폐렴	고혈압성 질환	고혈압성 질환	패혈증	간 질환

출처: 국가통계포털, 2022년 사망원인통계 결과(kosis.kr)

서 주요 쟁점이 되고 있는 질병의 종류와 관련한 건강 위험요인은 변하고 있다. 식량 생산량이 저조하던 시대의 영양문제는 주로 영양결핍의 문제로 귀착되어 열량을 비롯하여 식품의 단가가 높은 단백질 급원, 지방 급원의 섭취를 권장하는 추세였다. 그러나 경제적으로 풍족한 삶을 누리게 된 현 사회에서는 영양과잉이 더 큰 문제로 자리하게 되었다.

국민건강영양조사 2021년 결과에 의하면 19세 이상 한국인들이 한국인 영양소 섭취기준 대비 과잉으로 섭취하고 있는 영양소는 단백질, 나트륨, 인 등이며 부족한 영양소는 칼슘, 칼륨, 비타민 A, D, E, 엽산과 비타민 C 등이었다. 그 외에 구리나 아연, 셀레늄 등 미량영양소의 결핍이 현대인들의 질병과 관련하여 재조명되고 있으며, 예전에는 주요한 영양소로 간주되지 않았던 식이섬유, 파이토케미컬, 물 등의 섭취가 주요한 이슈로 떠오르고 있다. 열량 섭취 면에서는 과잉과 부족의 양극화 현상을 보이고 있다. 예를 들어, 탄수화물은 복합탄수화물의 섭취는 줄어드는 상황에서 섭취를 권장하고 있는 반면, 단당류는 제한해야 할 만큼 과잉 섭취하고 있어 어린이 식단부터 섭취량을 줄이도록 국가적 차원에서 대처하고 있는 실정이다. 또한 최근에 그 심각성에 대해 알게 되어 저감화 정책을 강력히 추진하여 효과를 보게 된 트랜스지방산 문제는 이전의 영양학계에서는 인식조차 못했던 주제이다.

이 외에 각 나라에는 인종의 특성과 사회관습에 의한 영양문제가 발생하므로 나라마다 다르게 대처해야 하는 상황이 벌어지기도 한다. 예를 들면, 한국인의 당뇨병 양상은 서구 국민들의 것과 다르고, 따라서 관리와 예방 대책도 일부 다르게 세워야 한다.

비단 영양학적 문제뿐 아니라 질병의 양상도 역시 끊임없이 변화하여 새로운 질병이 생기는가 하면, 이전에 사회문제가 되었던 질병이 근절되기도 하고, 또한 시간이 지나면서 근절되었다고 생각하였던 질병이 다시 고개를 들기도 하므로 임상영양학자들은 끊임없이 사회의 상황을 주시하며, 학술정보를 접하여 새로운 지식을 습득하고 이를 가공하여 국민에게 전달해야 할 의무를 지니고 있다.

2. 임상영양사의 역할

1) 역할 및 책임

임상영양사는 '식이치료' 혹은 최근 더 많이 사용되는 용어인 '영양치료nutrition therapy'를 수행하기 위하여 질병이 있는 사람들의 영양판정과 식사관리를 맡아 질병 치료에 도움을 주는 주요한 역할을 한다. 임상영양사가 영양관리를 하는 목적은 환자들의 영양 불균형이나 이로 말미암은 잘못된 몸의 상태를 바로잡아 질병을 치료하는 데 도움을 주고자 함이다. 그러나 환자들의 건강 및 영양 상태는 치료하는 과정에서 지속적으로 변하므로 임상영양사들은 환자들을 항상 모니터링하고 상황에 맞추어 관리원칙을 조정해 나가야 한다.

병원의 임상영양사는 질병 치료를 목적으로 하는 업무를 수행하므로 의사, 임상병리사, 간호사, 운동처방사 등과 교류를 해야 하고, 타 분야에 대한 이해가 필요하며 상호 도움이 될 수 있는 방안을 모색해야 한다. 최근 종합병원에서는 의사와 간호사, 운동처방사 등이 영양사와 한 팀을 이루어 특정 질환 클리닉팀을 구성하고 있다. 현재는 주로 환자 수가 많은 당뇨와 비만 클리닉에 국한되어 있지만, 토털케어와 서비스 영역이 강조되는 시점에서 앞으로 많은 질환의 특수 클리닉팀이 만들어지게 될 것이다. 이러한 팀 속의 임상영양사는 특정 질환에 대한 보다 전문적인 영양지식을 필요로 하므로 부단히 최신 학술정보를 입수하여 전문성을 키워나가야 한다. 또한 외래환자와 입원환자는 처한 환경이 다르므로 같은 영양치료라도 시행방법을 달리한 처방을 내릴 수 있어야 하며, 환자들이 영양처방을 잘 수행할 수 있도록 교육과 상담이 수반되어야 한다.

보건소나 특정 사회단체도 임상영양사의 업무가 필요할 수 있는데 이런 단체의 임상영양사들에게는 식사지도와 영양상담 및 교육에 대한 기술이 더 많이 필요하다. 보건소 영양사들은 지역사회의 취약 계층의 영양과 건강 문제를 다루어야 하므로 사회 시스템에 대한 이해와 활용 기술도 필요하다. 따라서 보건소나 사회단체의 영양사는 보다 다양한 역량이 필요하다.

2) 업무

병원에서 임상영양사는 의사들이 의뢰한 환자들의 영양판정을 수행하고 기록하며 식사처방을 내리고 조리된 환자식의 검사와 조리원의 관리감독을 맡게 된다. 해외 선진국들은 임상영양 업무가 팀 단위로 조직되어 있으며, 팀 안에 임상영양관리자, 임상영양사, 임상영양사 보조 등 업무가 분화되어 있다. 또한 임상영양관리는 안전하고 효율적으로 수행되어야 하므로 미국영양사협회The American Dietetic Association, ADA는 2003년 임상영양관리 업무를 표준화한 영양관리과정 모델nutrition care process model을 만들어 소개하였다. 미국영양사협회의 영양관리과정nutrition care process: NCP은 4단계로 되어 있다. 또한 이 영양관리과정의 각 단계에서는 표준화된 용어들을 사용하도록 하였고 이 용어는 온라인 사이트(http://ncpro.org)의 용어집에서 확인할 수 있다.

- 1단계: 영양상태를 평가하고 영양관련 문제를 파악하기 위해 자료를 수집하고 해석하는 과정(영양판정nutrition assessment)
- 2단계: 영양진단을 통해 영양문제를 보다 구조적으로 분석하여 개선할 수 있는 특정한 영양문제를 끌어내는 과정(영양진단nutrition diagnosis)
- 3단계: 2단계에서 진단된 영양문제 해결을 위한 계획을 수립하고, 그 계획에 근거하여 적절한 중재안을 시행하는 과정(영양중재nutrition intervention)
- 4단계: 시행한 영양관리의 결과를 모니터링하여 평가하고, 그 결과를 토대로 영양관리를 수정할 것인가 아니면 지속할 것인가를 결정하는 과정(영양모니터링 및 평가nutrition

monitoring & evaluation)

영양관리과정은 보다 효율적으로 양질의 영양관리를 제공할 수 있도록 과정을 표준화하고 표준화된 용어를 사용하여 기록을 남기게 되므로 적절한 자격을 갖춘 임상영양전문가가 활용한다면 영양치료의 질을 향상시킬 수 있다. 영양관리과정 각 단계의 기본 개념에 대한 모형도는 그림 1-1과 같다.

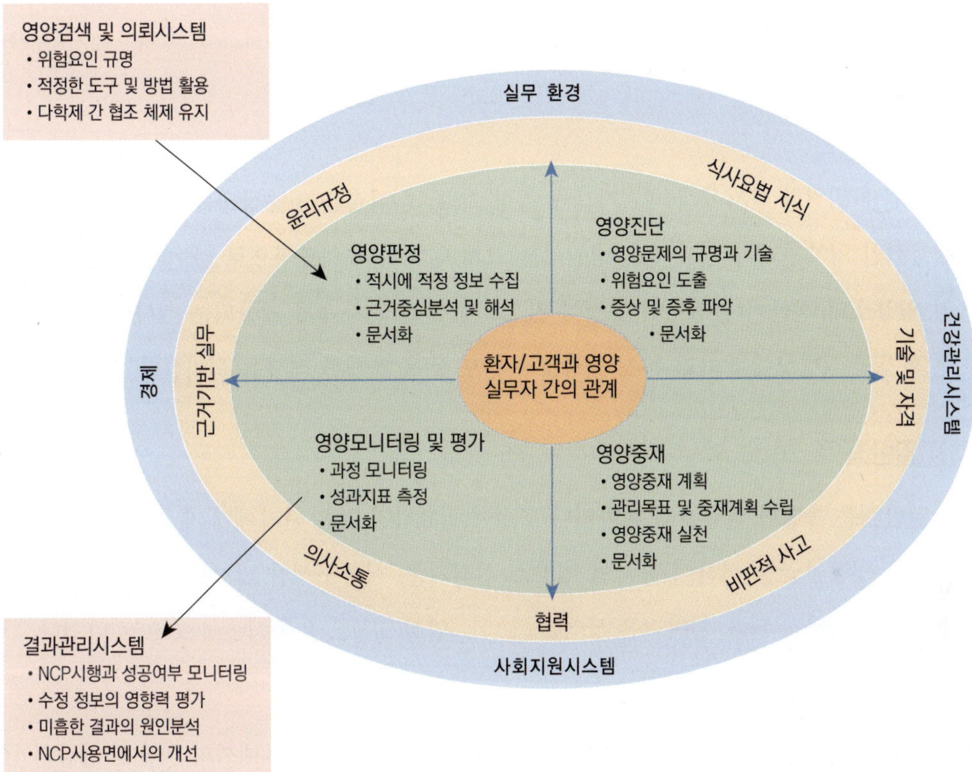

그림 1-1 영양관리과정 모델 모형도

그림에서 보듯이 모델의 가운데 원에 임상영양사와 영양관리 대상자 간 관계를 두어 영양관리의 핵심 부분임을 명시하고, 중간 고리부분에는 영양관리과정 적용에 필요한 핵심능력을, 가장 바깥쪽 원에는 영양관리과정에 필요한 환경요인을 보여주고 있다.

영양관리과정을 통해 임상영양사를 포함한 영양전문가들은 영양과 관련된 문제를 평가하고 진단하는 과정에서 표준화된 용어와 도구를 사용함으로써 보다 체계적으로 문제를 기술하고 해결할 수 있을 뿐 아니라, 다양한 환경에서 적용되는 각 영양치료의 과정들을 객관적으로 분석하고 설명하는 자료들을 만들 수 있다. 특히 영양진단 과정에서는 영양문제problem, 병인etiology, 증후/증상sign/symptom으로 구성된 표준화된 문장(PES문)을 표준용어를 사용하여 기술하는 것이 강조된다.

3. 병원식

1) 병원식의 종류

병원에 입원한 환자에게 재원기간에 질병 치료 및 적절한 영양상태를 유지할 수 있도록 적극적인 영양관리가 필요하다. 병원식은 크게 일반식과 치료식으로 나뉜다. 일반식은 특정 영양소의 제한이나 점도의 조정이 필요하지 않은 환자에게 제공되는 식사이며, 치료식은 환자의 질병상태에 따라 특정 영양소나 점도 등을 조정한 식사를 의미한다.

(1) 일반식

일반식은 특별한 영양소의 제한이나 조정이 필요하지 않은 환자에게 제공되는 식사이다. 적절한 영양공급을 위하여 한국인 영양소 섭취기준, 식품구성안 및 식품교환표를 기초로 식사를 구성하게 된다. 일반식은 상식general diet, 연식soft diet, 유동식liquid diet으로 나뉜다.

① 상식_ general diet

상식은 정상인이 가정에서 먹는 보통 식사와 똑같은 식사이다. 매끼의 식단은 영양의 균형이 잘 갖추어진 독립된 단위이며, 영양소는 한국인 영양소 섭취기준을 참고로 구성한다. 일반적인 상식의 영양기준치는 에너지 1,600~2,200 kcal, 탄수화물 55~65%, 단백질 7~20%, 지방 15~30%이다.

② 연식_ soft diet

연식은 씹고 삼키기 쉽도록 섬유질과 강한 향신료를 제외하고 결체조직이 적은 식품으로 부드럽게 조리한 식사로서 소화가 매우 쉽다. 수술이나 감염으로 인한 고열 환자, 소화기능이 저하된 환자, 구강과 식도에 문제가 있어 씹기와 삼키는 기능이 저하된 환자나 심한 쇠약증 환자에게 처방하며 유동식에서 상식으로 이행하는 과정의 식사이기도 하다. 우리나라에서는 주식의 형태가 죽으로 제공되기 때문에 '죽식'이라고도 불린다. 이러한 일반연식 general soft diet은 전죽과 미음을 섞는 비율에 따라 3부죽, 5부죽, 7부죽 등으로 조리할 수 있다.

특히 치과적 문제나 구강, 식도, 인두의 장애가 있는 환자, 방사선 치료를 하는 환자들에게는 저작이 거의 필요하지 않고 삼키기도 쉬운 식사인 저작보조식mechanical soft diet을 처방한다.

일반적으로 연식의 영양기준치는 에너지 1,600~2,200 kcal, 탄수화물 55~65%, 단백질 7~20%, 지방 15~30%로, 환자가 모두 섭취할 수 있으면 영양이 부족하지 않을 수 있으나 섭취가 어려울 경우는 보충제 제공이 필요할 수 있다.

표 1-2 연식의 허용 식품과 제한 식품

식품군	허용 식품	제한 식품
곡류	죽, 깨죽, 잣죽, 호박죽, 감자, 카스텔라, 토스트	고구마, 잡곡, 냉면 라면·자장면·스파게티와 같이 기름이 많은 면요리
육어류	결합조직이 적은 살코기, 기름이 적은 흰살 생선, 굴	결합조직이 많은 육류, 햄, 소시지, 기름이 많은 생선
달걀	달걀찜, 반숙 달걀, 스크램블드에그	달걀 프라이, 오믈렛
두류	두부, 연두부, 두유	유부, 콩조림
채소	당근, 시금치, 버섯, 숙주, 애호박 등 부드러운 익힌 채소	강미 채소, 고섬유소 채소, 건조 채소
과일	과일 통조림, 익은 복숭아, 익은 바나나, 사과소스	건조 과일, 덜 익은 과일, 조직이 단단한 생과일
향신료	계핏가루, 약간의 후추	고춧가루, 겨자, 카레가루, 고추냉이
기타		튀김, 도넛, 파이, 케이크, 모든 견과류

③ 유동식_ liquid diet

유동식은 수술이나 금식 후 일시적으로 소화기능이 떨어졌을 때 처방되는 식사로 맑은 유동식, 전유동식, 경구영양유동식으로 나눌 수 있다. 맑은 유동식은 수술이 끝난 후 혹은 위장이 소량의 고형, 반고형 음식도 부담을 느끼는 경우에 수분 공급을 목적으로 제공하는 음식을 말하며, 물이나 연한 보리차 등이 해당한다. 맑은 유동식으로 제공할 수 있는 음식은 다음과 같다.

	에너지(kcal)	탄수화물(g)	단백질(g)	지방(g)	C:P:F (%)*
맑은 유동식**	500~600	120~130	5~10	0~1	91:7:2
전유동식***	1,300	200	45	40	60:13:27

* 탄수화물:단백질:지방의 에너지적정비율(%)
** Krause's Food and the Nutrition Care Process, 14th ed.
*** 임상영양관리지침서, 제4판

맑은 유동식으로 제공할 수 있는 음식

묽은 미음(쌀, 조), 기름기 없는 맑은 국, 물, 얼음, 보리차, 옥수수차, 카페인이 없는 연한 커피나 연한 홍차, 녹차, 인삼차, 대추차, 맑은 과일주스(넥타 · 토마토 · 프룬 주스 제외), 젤라틴, 과일셔벗, 우유, 버터 등이 들어 있지 않은 딱딱한 사탕류, 소금, 설탕, 꿀

전유동식은 맑은 유동식에서 연식으로 옮길 때의 중간식이나 아직 열량 및 영양소가 충분하지 못하므로 2~3일 정도의 단기간 급식에만 이용된다. 전유동식으로 제공할 수 있는 음식은 다음과 같다.

전유동식으로 제공할 수 있는 음식

미음(쌀미음, 조미음, 잣미음), 기름이 많지 않은 건더기 없는 국, 건더기 없는 수프, 두유, 우유, 덩어리가 없는 요구르트, 과일주스, 넥타, 커스터드 푸딩, 부드러운 달걀찜, 삶아서 으깬 순한 맛의 채소, 젤라틴, 과일셔벗, 설탕, 딱딱한 사탕, 꿀, 시럽, 소금, 후추, 향신료, 맛이 약한 조미료, 버터, 마가린, 유크림, 유아용 이유식

구강이나 식도의 염증, 궤양, 구조적 혹은 기능상의 문제 등으로 장기간의 유동식 공급이 필요한 경우에는 유동식만으로도 영양요구량 충족이 가능한 경구영양유동식으로 제공한다. 과거에는 식품을 체에 거르거나 믹서나 블렌더에 갈아 제공하였으나, 최근에는 상업용 조제식commercial formula을 이용하여 손쉽게 환자의 영양 요구량에 맞는 유동식을 제공할 수 있다.

(2) 치료식

치료식은 환자의 질병상태에 수반되는 증상을 완화시키거나 질병을 치료하기 위하여 환자에게 제공되는 식사를 말한다. 치료식은 질환에 따라 특정 영양소를 가감하거나 식사의 구성이나 점도 등을 조절한 형태로 환자에게 제공된다. 영양소의 조성을 조절하는 식사로는 당뇨식, 신장식, 간질환식, 심장질환식 및 고·저 섬유소식, 저잔사식, 저지방식 등이 있다. 식사의 구성이나 점도 등을 조절하는 식사로는 위절제후식, 저균식, 구강외과식, 연하곤란식, 편도선절제후식 등이 있다. 질환별 치료식은 각 장에서 기술하도록 한다.

2) 식품교환표를 활용한 식단 작성

(1) 식품교환표

식품교환표란 일상에서 섭취하는 식품들을 영양소의 구성이 비슷한 것끼리 묶어 식품군으로 분류한 후 각 식품군별로 해당 식품들을 제시하고 해당 식품들의 기준량과 평균 열량, 당질, 단백질, 지질의 함량을 명시한 표를 말한다. 이때 기준이 되는 식품의 양을 1교환단위라 하는데, 이는 동일 식품군 내에서 동일한 교환단위는 비슷한 영양소 구성을 가지고 있음을 의미한다. 식품교환표는 식품성분표를 이용한 복잡한 계산 없이도 영양소 함량을 계산할 수 있는 편리한 도구이며, 1950년 미국영양사협회의 주관으로 당뇨병 환자의 식사조절을 위해 개발된 이래 당뇨병 환자의 교육뿐 아니라 식단 작성, 식사력 조사 및 다양한 질환의 영양교육에 이용되고 있다.

우리나라 식품교환표는 1988년 대한당뇨병학회, 대한영양사협회, 한국영양학회가 공동으로 우리나라 실정에 맞게 개발한 이후 재차 개정하여 이용되고 있다. 우리나라 식품교환표는 6개의 식품군으로 이루어져 있고, 각 식품군의 1교환단위당 영양성분 및 각 식품군별 대표식품과 1교환단위량은 **표 1-3~표 1-9**와 같다.

표 1-3 식품군별 1교환단위 영양가

식품		열량(kcal)	당질(g)	단백질(g)	지방(g)
곡류군		100	23	2	-
어육류군	저지방	50	-	8	2
	중지방	75	-	8	5
	고지방	100	-	8	8
채소군		20	3	2	-
지방군		45	-	-	5
우유군	일반우유	125	10	6	7
	저지방우유	80	10	6	2
과일군		50	12	-	-

출처: 대한당뇨병학회, 2024

① 곡류군

곡류군에 속하는 식품에는 주로 당질이 많으며, 곡류군에 해당하는 식품의 1교환단위당 기준량은 표 1-4와 같다.

표 1-4 곡류군 1교환단위의 양(당질 23 g, 단백질 2 g, 열량 100 kcal)

식품	무게(g)	목측량	식품	무게(g)	목측량
밥(쌀밥, 보리밥 등)	70	1/3공기	감자, 돼지감자	140	중 1개
알곡류(보리, 백미, 수수, 조, 율무, 팥 등)	30	3큰술	고구마, 옥수수	70	중 1/2개
가루제품(밀가루, 미숫가루, 녹말가루 등)	30	밀가루 5큰술	빵	35	식빵 1쪽
떡류(가래떡, 인절미, 시루떡 등)	50	인절미 3개	밤	60	대 3개
건면류(밀면, 냉면, 당면, 스파게티, 쌀국수 등)	30		마	140	
도토리묵	200	1/2모	콘플레이크	25	2/3컵
녹두묵	200		크래커	25	7개

② 어육류군

어육류군에 속하는 식품에는 주로 단백질이 많으며, 어육류군은 지방 함량에 따라 저지방/중지방/고지방으로 나뉜다. 각 군에 해당하는 각종 식품의 1교환단위당 기준량은 표 1-5와 같다.

표 1-5 어육류군 1교환단위의 양

식품	무게(g)	목측량	식품	무게(g)	목측량
저지방(단백질 8 g, 지방 2 g, 열량 50 kcal)					
닭고기, 돼지고기, 쇠고기(살코기)	40	탁구공 크기 1토막	명란젓*, 창란젓*	40	
멸치(소), 뱅어포, 쥐치포, 건오징어채*	15	1/4컵	참치, 연어	50	소 1토막
닭간*, 소간*	40		물오징어*	50	몸통 1/3등분
굴비	15	1/2토막	새우*(중하)	50	3마리
꽃게	70	소 1마리	낙지	100	중 1마리
굴, 멍게, 문어*, 홍합, 조갯살	70	1/3컵	전복	70	중 1개
흰살생선(홍어, 가자미, 광어, 대구, 병어, 복어, 조기, 도미, 도루묵, 민어)	50	소 1토막	해삼	200	1⅓컵
중지방(단백질 8 g, 지방 5 g, 열량 75 kcal)					
돼지고기, 쇠고기(등심), 햄	40		어묵	50	1장(18×10 cm)
달걀*	55	중 1개	검은콩	20	2큰술
메추리알	55	6개	두부	80	1/4모
등푸른생선(고등어, 꽁치, 임연수어)	50	소 1토막	순두부	200	1/2봉
흰살생선(갈치, 메로)	50	소 1토막	연두부	150	
고지방(단백질 8 g, 지방 8 g, 열량 100 kcal)					
삼겹살**, 베이컨**	40**		런천미트**, 소시지**	40	소시지 1⅓개
소꼬리	40		치즈	30	1.5장
생선통조림	50	1/3컵	갈비(소, 돼지)	40	소 1토막

* 콜레스테롤 함량이 높은 식품
** 포화지방이 많이 함유된 식품

③ 채소군

채소군에 속하는 식품에는 주로 비타민, 무기질 및 식이섬유가 많으며, 채소군에 해당하는 각 식품의 1교환단위당 기준량은 표 1-6과 같다.

표 1-6 채소군 1교환단위의 양(당질 3 g, 단백질 2 g, 열량 20 kcal)

식품	무게(g)	목측량	식품	무게(g)	목측량
가지, 고구마순, 근대, 치커리, 열무, 오이, 양배추, 숙주, 쑥갓, 셀러리, 시금치, 케일, 풋고추, 피망, 고사리(삶은 것), 콩나물, 풋마늘	70		버섯류(생표고, 느타리, 양송이 등)	50	표고 대 3개
깻잎, 고춧잎, 쑥	40	20장	더덕, 도라지	40	
당근	70	중 1/2개	두릅	70	
호박고지, 무말랭이, 건취나물	7		포기김치	50	6~7개
단호박, 연근, 우엉	40		김	2	1장
곤약	70		미역, 파래	70	

④ 지방군

지방군에 속하는 식품으로는 식물성 기름, 고체 기름, 견과류, 드레싱 등이 있으며, 지방군에 해당하는 각 식품의 1교환단위당 기준량은 표 1-7과 같다.

표 1-7 지방군 1교환단위의 양(지방 5 g, 열량 45 kcal)

식품	무게(g)	목측량	식품	무게(g)	목측량
식물성 기름	5	1작은술	땅콩(땅콩버터)	8	8개
마가린**, 버터**	5	1작은술	잣, 참깨	8	1큰술
마요네즈	8	1/2큰술	견과류	8	
드레싱	15	1큰술	라드**, 쇼트닝**	5	1작은술

** 포화지방이 많이 함유된 식품(1교환단위당 포화지방산 2 g 이상)

⑤ 우유군

우유군에서 우유는 지방의 함량에 따라 일반우유/저지방우유로 구분하여 표시된다. 우유군에 해당하는 각 식품의 1교환단위당 기준량은 표 1-8과 같다.

표 1-8 우유군 1교환단위의 양

식품	무게(g)	목측량	식품	무게(g)	목측량
저지방(당질 10 g, 단백질 6 g, 지방 2 g, 열량 80 kcal)					
탈지우유	200	1컵	탈지분유	25	
저지방우유	200	1컵	떠먹는 요구르트 액상 요구르트	100	1/2컵
일반우유(당질 10 g, 단백질 6 g, 지방 7 g, 열량 125 kcal)					
우유	200	1컵	전지분유, 조제분유	25	5큰술
그릭 요구르트	100	1/2컵	락토우유, 두유	200	1컵

⑥ 과일군

과일군에 속하는 식품에는 주로 당질이 들어 있으며, 과일군에 해당하는 각 식품의 1교환단위당 기준량은 표 1-9와 같다.

표 1-9 과일군 1교환단위의 양(당질 12 g, 열량 50 kcal)

식품	무게(g)	목측량	식품	무게(g)	목측량
사과	100	중 1/2개	바나나	80	중 2/3개
귤	100	대 1개	배	100	대 1/5개
오렌지	100	대 1/2개	복숭아(황도)	100	중 1/2개
파인애플(통조림)	100(70)		자두	100	대 1개
멜론	150	1/10개	수박	150	중 1쪽
건대추	15	5개	포도(거봉)	80	9알
딸기	150	중 7개	참외	100	대 1/2개
사과주스, 오렌지주스, 토마토주스	100	1/2컵	토마토	250	대 1개
배주스, 포도주스	100	1/2컵	방울토마토	200	중 15개

(2) 식품교환표를 활용한 식단 작성

① 영양기준량 및 영양소 비율 설정

대상자의 연령, 성별, 활동량 및 기타 임상적 사항을 고려하여 열량 및 당질, 단백질, 지방의 양을 설정한다.

열량 1,800 kcal, 당질:단백질:지방 = 60%:18%:22%의 경우, 당질량은 1,800×0.6/4 = 270 g, 단백질량은 1,800×0.18/4 = 81 g, 지방량은 1,800×0.22/9 = 44 g이 된다.

② 각 식품군별 교환단위수 설정 표 1-10

1. 우유군, 과일군, 채소군의 교환단위수를 개인의 기호를 고려하여 설정한 후, 해당군의 열량, 당질, 단백질, 지방의 양을 계산한다.
2. 곡류군 교환단위수를 결정한다.
   1일 섭취해야 할 당질량 270 g에서 우유군, 과일군, 채소군의 당질량의 합 65(20+24+21) g을 뺀 후, 곡류군 1교환단위의 당질량 23 g으로 나누어 곡류의 교환단위수를 결정한다.
   (270-65)/23 = 9교환단위
3. 어육류군 교환단위수를 결정한다.
   1일 섭취해야 할 단백질량 81 g에서 이미 설정된 식품군(우유군, 과일군, 채소군, 곡류군)의 단백질량 44 g을 뺀 후, 어육류군 1교환단위의 단백질량인 8 g로 나누어 어육류의 교환단위수를 결정한다.
   (81-44)/8 = 4.5교환단위
4. 결정된 어육류군 교환단위수를 저지방과 중지방으로 임의 배분한다.
5. 지방군 교환단위수를 결정한다.
   1일 섭취해야 할 지방량 44 g에서 우유군과 어육류군이 차지하는 지방량 24 g을 뺀 후, 지방군 1교환단위의 지방량인 5 g로 나눈다.
   (44-24)/5 = 4교환단위

표 1-10 식품교환표를 이용한 식품군별 교환단위수 배분의 예[열량 1,800 kcal, 당질 270 g, 단백질 81 g, 지방 44 g]

식품군		교환단위수	열량(kcal)	당질(g)	단백질(g)	지방(g)
우유군	일반	1	125	10	6	7
	저지방	1	80	10	6	2
과일군		2	100	24	-	-
채소군		7	140	21 (270-65=205)	14	-
곡류군		9	900	207	18 (81-44=37)	-
어육류군	저지방	2.5	125	-	20	5
	중지방	2	150	-	16	10
	고지방	-	-	-	-	- (44-24=20)
지방군		4	180	-	-	20
총계			1,800	272	80	44

③ 끼니별 교환단위수 배분

설정된 식품군별 교환단위수를 끼니별로 배분한다표 1-11.

표 1-11 열량 1,800 kcal의 끼니별 교환단위수 배분의 예

식품		총 교환단위수	아침	점심	저녁	간식
곡류군		9	3	3	3	
어육류군	저지방	2.5	1.5	0.5	0.5	
	중지방	2		1	1	
	고지방	-				
채소군		7	2	2.5	2.5	
지방군		4	1	2	1	
우유군	일반우유	1				1
	저지방우유	1				1
과일군		2				2

④ 식단 작성

끼니별 교환단위수 배분을 이용하여 식품군별 식품 종류를 선택하고, 해당 식품의 1교환기준량을 교환단위수에 곱해 1회 제공량을 결정한다표 1-12.

표 1-12 교환단위수 배분을 이용한 식단 작성 예

끼니	식단명	교환단위수	분량
아침	잡곡밥 시금치된장국 가자미구이 느타리버섯볶음 배추김치	곡류군 3	잡곡밥 210 g
		저지방 어육류군 1.5	가자미구이 75 g
		채소군 2	시금치된장국 2/3그릇(시금치 35 g) 느타리버섯볶음(느타리버섯 50 g) 배추김치 25 g
		지방군 1	가자미구이(식용유 1 g) 느타리버섯볶음(식용유 4 g)
간식	두유	일반우유군 1	두유 200 mL
점심	흰밥 비빔밥 배추김치 수박	곡류군 3	흰밥 210 g
		저지방 어육류군 0.5 중지방 어육류군 1	비빔밥 고기볶음 20 g 비빔밥 달걀프라이 1개
		채소군 2.5	비빔밥 야채(콩나물 20 g, 당근 10 g, 상추 20 g, 시금치 30 g, 무 25 g, 애호박 35 g), 배추김치 25 g
		지방군 2	달걀프라이(식용유 5 g) 비빔밥(참기름 5 g)
		과일군 1	수박 150 g
간식	저지방 우유	저지방 우유군 1	저지방 우유 200 mL
저녁	잡곡밥 된장찌개 두부조림 취나물 깍두기	곡류군 3	잡곡밥 190 g 된장찌개(감자 50 g)
		저지방 어육류군 0.5 중지방 어육류군 1	된장찌개(조갯살 35 g) 두부조림(두부 80 g)
		채소군 2.5	된장찌개(양파 40 g, 호박 20 g, 풋고추 10 g, 표고버섯 15 g) 취나물(취 50 g) 깍두기 25 g
		지방군 1	두부조림(식용유 2 g) 취나물(들기름 3 g)
간식	배	과일군 1	배 1/5쪽

CHAPTER

2

영양판정과 영양지원

1. 영양판정
2. 영양불량 진단
3. 영양지원

CLINICAL NUTRITION

영양판정이란 대상자의 영양관련 문제를 진단하고 영양중재가 필요한 경우 적절한 영양치료 방안을 계획하기 위해 기초자료를 수집하고 이를 토대로 평가하는 과정이다. 대상자의 영양관련 문제에 영향을 미치는 요인은 다양하므로, 영양판정을 실시하는 경우 이러한 다양한 요인을 충분히 검토하여 대상자의 개별적인 상황에 맞는 판정을 내려야 만 올바른 영양치료방안을 계획할 수 있다.

영양지원은 일상적인 식사 섭취 방법으로 영양상태 유지 및 회복이 어려운 경우 임상 경과의 호전을 목적으로 경구, 경장 혹은 정맥으로 필요한 영양소의 전부 혹은 일부를 제공하는 의학적 치료 행위이다. 효과적인 영양지원을 위해서는 대상자의 임상적 상태 및 영양요구량 등을 고려한 영양지원 경로 및 영양액을 선택하는 것이 중요하며, 지속적인 추후관리를 통한 영양지원의 결과를 모니터링하는 것이 필요하다. 이 장에서는 이러한 영양판정 및 영양지원 방법에 대해 학습하게 된다.

1. 영양판정

영양판정이란 대상자의 영양관련 문제를 규명하기 위해 영양상태에 영향을 미칠 수 있는 다양한 요인을 고려하여 정보를 수집하고 평가함으로써 전문적인 판단을 내리는 과정이다. 임상영양사는 영양판정을 통해 적극적인 영양지원이 필요한 환자를 파악하여 대상자에게 맞는 적절한 영양치료방안을 계획하고 치료를 실시하며 그 효과를 모니터할 수 있다.

일반적으로 임상에서 환자 모두를 대상으로 영양판정을 실시하기에는 시간과 인력의 제한이 있다. 따라서 영양평가 전 단계에 영양검색을 실시하여 임상영양치료가 필요한 환자군을 선별해냄으로써 임상영양치료를 보다 효율적으로 실시할 수 있다.

1) 영양검색nutrition screening

영양검색이란 영양위험요인을 근거로 영양불량의 위험이 있는 대상자를 단시간 안에 분류하는 과정을 말한다. 영양검색은 영양전문가에 의해 포괄적 영양판정을 우선적으로 받아야 하는 영양불량 위험군 환자를 선별하여 임상영양치료를 보다 비용 효과적으로 실시할 수 있게 해준다. 영양검색은 영양선별검사 또는 영양초기평가라고도 부른다.

현재 널리 이용되는 영양검색 도구로는 NRSNutrition Risk Screening2002, MSTMalnutrition Screening Tool, NRINutritional Risk Index, MUSTMalnutrition Universal Screening Tool 등이 사용되고 있다표 2-1.

영양검색 도구는 검색이 실시되는 기관의 상황에 따라 적합한 것을 설정하여 사용한다. 이때 영양검색 도구는 간단하면서 타당성과 신뢰도를 갖춰야 하고, 병원의 경우 재원일수, 합병증 발생 등과 같은 임상적 결과들과 어느 정도의 관련성을 보이는 지표들로 구성되어야 한다.

표 2-1 영양검색 도구

NRS(Nutrition Risk Screening)2002			
	체중감소	질병	연령
1점	3개월 내 체중감소가 5% 이상 또는 섭취량이 전주 필요량의 50~75%	골반 골절, 급성증상이 있는 만성 질환 환자, 간경변, 만성폐쇄성폐질 환, 투석, 당뇨, 암환자	≥70세
2점	2개월 내 체중감소가 5% 이상 또는 BMI 18.5~20.5이면서 전반적인 신체상태 저하 또는 섭취량이 전주 필요량의 25~60%	주요 복부 수술, 중증의 폐렴, 뇌졸중, 혈액암	
3점	1개월 내 체중감소가 5% 이상 또는 BMI<18.5이면서 전반적인 신체상태 저하 또는 섭취량이 전주 필요량의 0~25%	두부 손상, 골수이식, APACHE > 10의 중환자실 환자	
	평가 총점 0점 = 위험 없음, 총점 1~2점 = 영양불량 저위험, 총점 3~4점 = 영양불량 중등도위험, 총점 5점 이상 = 영양불량 고위험		

NRI(Nutrition Risk Index)
NRI = 1.519 × 혈청 알부민(g/L) + 41.7 × 현재 체중 / 평소 체중
평가 > 100점 = 위험 없음, 97.5~100점 = 영양불량 저위험 83.5~97.5점 = 영양불량 중등도위험, ≤ 83.5점 = 영양불량 고위험

MST(Malnutrition Screening Tool)	
최근의 체중감소 없음 = 0 확실하지 않음 = 2 있음(1~ 5kg 손실 = 1 6~10kg 손실 = 2 11~15kg 손실 = 3 > 15kg 손실 = 4)	식욕부진으로 최근에 식사를 잘 못하는가? 아니오 = 0 예 = 1
평가 총점: ≥ 2 : 영양불량 위험 < 2 : 영양상태 양호	

MUST(Malnutrition Universal Screening Tool)		
BMI BMI > 20 = 0 BMI 18.5~20 = 1 BMI < 18.5 = 2	체중감소 체중감소 < 5% = 0 체중감소 5~10% = 1 체중감소 > 10% = 2	급성질환으로 인한 섭취량 감소(> 5일) 없음 = 0 있음 = 2
평가 총점 0점 : 영양불량 저위험, 1점 = 영양불량 중등도위험, 2점 = 영양불량 고위험		

2) 영양판정nutrition assessment

영양판정이란 대상자의 영양문제 진단을 위한 첫 번째 과정이다. 직간접적인 방법으로 수집된 영양관련 요인 및 지표들을 통해 영양문제의 원인 및 중증도를 파악하고, 이를 토대로 영양문제 해결방안을 모색한다. 영양판정을 위해 수집되는 자료는 조사 시점의 상황이나 환경에 따라 달라질 수 있으나 기본적으로 신체계측, 생화학적 검사, 영양관련 신체증상, 식사력 및 병력, 사회력 조사를 통해 가능한 한 영양불량의 위험요인을 모두 포함하도록 해야 한다표 2-2.

표 2-2 영양불량 위험요인

구분	요인
경구 섭취 관련	에너지 및 단백질 섭취 불량 활동량 변화 보충제의 부적절한 섭취 부적절한 이양식 식사 제한
심리/사회적 요인	문맹 언어 장애 문화, 종교적 요인 우울증 빈곤 약물 및 알코올 중독 식품 및 영양에 대한 부적절한 신념
신체적 요인	연령 임신 만성질환 연하장애 소화기장애 이화상태(외상, 패혈증, 화상, 스트레스) 시력장애 신체마비 다량의 약물 복용

(1) 병력·사회력 조사

대상자의 사회, 환경적 요인은 대상자의 영양문제를 선별하고 그 원인을 파악하는 데 필요하며, 특히 대상자의 병력은 신체계측 자료 혹은 생화학적 검사 자료 등을 평가할 때 반드시 함께 고려되어야 할 사항이다. 대상자의 병력 및 사회력 조사는 주로 환자와의 면담 혹은 의무기록 검토 등을 통해 이루어지며 다음의 내용이 포함된다.

- 병력 : 만성질환 유무, 약물치료, 알코올 및 건강보조제 복용/남용 여부, 약물 중독, 배변습관, 수술력, 치아 상태 등
- 사회·경제학적 자료 : 교육수준, 직업, 가구수입, 종교, 주거 및 조리시설 등
- 인구학적 자료 : 연령, 성별, 가구 구성 등
- 기타 : 흡연, 신체활동, 일상활동, 심리상태, 영양/건강에 대한 인식, 태도 등

(2) 신체계측

신체계측은 일정기간 이상 에너지와 단백질의 섭취, 소모에 불균형 상태가 있을 때 이를 쉽게 측정할 수 있는 지표로 이용된다. 이러한 불균형 상황은 신체 발달의 양상을 변화시키며, 지방, 근육, 수분과 같은 체조직의 조성에 영향을 미친다. 따라서 신체계측은 만성적인 에너지, 단백질 섭취 부족 외에도 성장부진, 과체중 등을 진단하는 데 이용되며, 영양중재의 반응 여부를 평가하는 데도 사용할 수 있다.

신체계측은 신체의 크기, 체중, 신체구성비 측정 등을 의미하며 흔히 많이 이용되는 방법으로는 키, 체중 및 체중 변화, 상완 삼두근 피부두겹두께triceps skin fold thickness: TSF 및 상완위둘레mid-arm circumference: MAC, 체질량지수body mass index: BMI, 허리-엉덩이둘레비waist-hip ratio: WHR 등이 있다.

이들 신체계측은 간단하고 안전하며, 대상자에게 큰 불편을 초래하지 않고, 기구들도 상대적으로 싸면서도 비교적 신뢰성 있는 자료를 얻을 수 있다는 점에서 가장 널리 이용되는 영양판정 도구들이다. 영양판정의 대상자, 목적, 조사 환경 등을 고려하여 적절한 신체계측 지표를 선택하도록 한다.

① 키와 체중

키와 체중은 신체계측 시 가장 기본이 되는 요소이다. 키와 체중을 정확하게 측정하고

이를 표준치와 비교하거나 혹은 반복측정을 통해 시간 경과에 따른 변화 양상을 관찰함으로써, 대상자의 현재 영양상태나 영양상태 변화 추이를 간접적으로 알수 있다.

체중의 평가는 환자의 영양상태를 평가하는 가장 중요한 요소이다. 체중은 표준체중을 산출하고, 이에 대한 백분율을 계산하여 그 백분율에 따라 영양상태를 평가한다. 표준체중ideal body weight: IBW 산출법으로 브로카 변법과 체질량지수를 이용한 방법이 가장 널리 쓰인다.

표준체중 계산

브로카 변법을 이용한 방법

- 키 ≥ 160 cm : 표준체중kg = (키cm−100) × 0.9
- 150 cm ≤ 키 < 160 cm : 표준체중kg = (키cm−150) × 0.5 + 50
- 키 < 150 cm : 표준체중(kg) = 키cm−100

체질량지수(BMI)를 이용한 방법

- 남자 : 표준체중kg = 키m^2 × 22
- 여자 : 표준체중kg = 키m^2 × 21

표준체중 비율(%IBW)

- $= \dfrac{\text{현재체중}_{kg}}{\text{표준체중}_{kg}} \times 100$

표준체중 비율%IBW에 의한 영양상태 평가는 표 2-3과 같다. 또한 신체 절단 등도 체중에 영향을 줄 수 있으므로 체중에 의한 영양판정 시 참고한다.

표 2-3 표준체중 비율(%IBW)에 의한 영양평가

% 표준체중	평가
≥ 200	고도 비만
> 120	비만
111~120	과체중
90~110	정상
80~89	저체중
70~79	심한 저체중
< 69	극심한 저체중

표 2-4 체중에 따른 신체부분 비율

체중에 대한 비(%)	평가
몸통(사지 제외)	42.7
손	0.8
팔 아래(손 포함)	3.1
팔(손 포함)	6.5
발	1.8
무릎 아래(발 포함)	7.1
다리(발 포함)	18.6

출처: Jennifer K Nelson et al.(1988) : Mayo Clinic Diet Manual 7th ed. Mosby

급격한 체중감소는 이화작용으로 인한 근육조직의 손실이나 탈수 등을 의미한다. 일반적으로 1개월 이내에 5% 이상의 체중감소가 있거나 6개월 이내에 10% 이상의 체중감소가 있는 경우 영양불량의 위험도가 큰 것으로 생각한다. 단 체중 변화 양상은 대상자의 질병에 따라서도 다양하게 해석될 수 있으므로 주의한다. 체중변화율을 계산하는 공식은 아래와 같다.

$$\text{체중변화율(\%)} = \frac{\text{현재 체중} - \text{평소 체중}}{\text{평소 체중}} \times 100$$

표 2-5 체중변화율 평가

기간	약간의 체중감소	심한 체중감소
1주	1~2%	> 2%
1개월	5%	> 5%
3개월	7.5%	> 7.5%
6개월	10%	> 10%

② 체질량지수(body mass index: BMI)

체질량지수는 체중에 대한 신장의 효과를 최소화한 지표로 체지방량과의 상관성이 크고 상대적인 건강 위험을 나타내고 있어 과체중이나 비만의 평가에 널리 이용되고 있을 뿐 아니라, 일부 질환의 이환율이나 조기 사망률 등을 평가할 때 사용한다. 그러나 체질량지수는 운동선수의 경우에서와 같이 근육이 많아 체중이 증가한 경우 체내 체지방량을 반영하지 못하고, 임산부나 수유 중인 여성에서도 사용하기 어렵다. 또한 나이가 들수록 체질량지수가 증가하는 경우가 있어 체질량지수를 평가할 때에도 이러한 개인적 요소를 고려하여야 한다.

$$\text{체질량지수}(\mathrm{kg/m^2}) = \frac{\text{체중}(\mathrm{kg})}{\text{신장}(\mathrm{m})^2}$$

③ 피하지방 측정

피하지방을 측정하는 가장 간단한 방법은 캘리퍼caliper를 이용하여 피하지방을 측정하는 것이다. 전체 체지방의 50%는 피하에 존재한다는 가정하에 상완 삼두근triceps, 이두근biceps, 견갑골subscapular, 장골suprailiac에서 피부두겹두께를 측정한다그림 2-1.

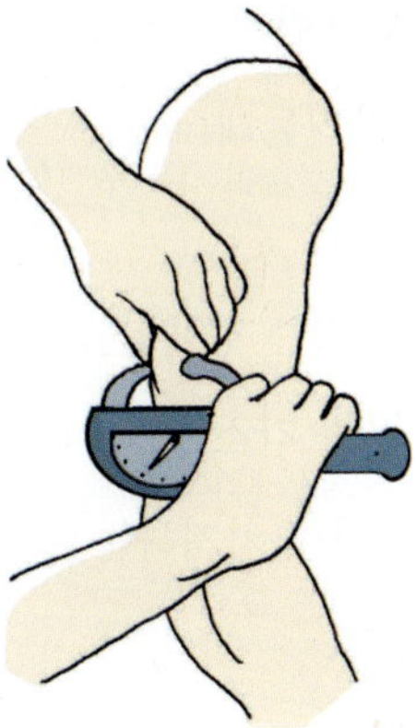

그림 2-1 피부두겹두께의 측정

이 중 삼두근피부두겹두께triceps skinfold thickness: TSF와 견갑골피부두겹두께subscapular skinfold thickness가 가장 널리 사용되고 있다. 삼두근피부두겹두께의 경우 측정된 값을 표준치와 비교하여 TSF치가 35~40백분위수이면 경도 결핍, 25~35백분위수이면 중등도 결핍, 25백분위수 이하는 중증 결핍을 의미한다.

피부두겹두께의 측정치는 측정자의 숙련도, 캘리퍼의 종류, 대상자의 수화상태hydration, 근육 정도, 연령 등에 의해 영향을 받을 수 있고, 대상자의 비만도가 증가할수록 정확도가 떨어진다. 조사대상군의 표준집단에 대한 표준치가 있어야 비교평가가 가능하지만, 표준치가 없는 경우 시간을 두고 반복 측정한 측정치의 비교를 통해 체지방의 변화 양상을 알 수 있다.

④ 허리둘레

허리둘레나 허리-엉덩이둘레비는 지방분포를 평가하는 지표로 알려져 왔으며, 최근에는 허리-엉덩이둘레비보다는 허리둘레가 복부내장지방의 적절한 지표임이 확인되어 허리둘레만으로 복부비만을 진단하고 있다. 허리둘레 측정 시, 측정 위치는 최하위 늑골하부와 골반 장골릉과의 중간부위를 측정하며, 줄자가 연부조직에 압력을 주지 않을 정도로 느슨하게 측정한다. 허리둘레가 남성 90 cm(35인치) 이상, 여성 85 cm(33인치) 이상인 경우 복부비만으로 판정한다.

⑤ 체단백질량 측정

체내의 단백질량은 상완위둘레mid-arm circumference: MAC, 상완위근육둘레mid-arm muscle circumference: MAMC, 상완위근육면적mid-arm muscle area: MAMA, 종아리둘레calf circumference: CC를 통해 측정할 수 있다.

상완은 피하지방과 근육 및 골격으로 이루어져 있다. 이 중 골격은 영양결핍이 있어도 일정한 둘레를 유지하므로, 상완위둘레MAC의 감소는 상완의 근육량 감소 또는 피하지방조직의 감소를 반영한다고 할 수 있다. 이때 상완위둘레에서 피하지방이 차지하는 부분을 빼주면 상완위근육둘레MAMC 및 상완위근육면적MAMA을 구할수 있다.

$$\text{상완위근육둘레(MAMC)} = \text{MAC(cm)} - \pi \times \text{TSF(cm)}$$

$$\text{상완위근육면적(MAMA)} = \frac{\{\text{MAC(cm)} - 3.14 \times \text{TSF(cm)}\}^2}{4\pi}$$

종아리둘레calf circumference: CC는 노인의 근감소증sarcopenia을 선별하는 지표로 사용된다. 아시아 근감소증평가위원회Asian working group for sarcopenia: AWGS는 근감소증을 선별하는 종아리 둘레 기준으로 남자 < 34 cm, 여자 < 33 cm를 제시하였다.

⑥ 생체전기저항법(bioelectrical impedence analysis: BIA)

생체전기저항법은 신체 내 수분, 근육과 같은 제지방조직의 전기저항이 지방의 전기저항보다 낮다는 원리를 이용하여 체내의 제지방조직량과 지방조직의 양을 측정하는 방법이다. 이는 체질량지수, 피부두겹두께와 같은 다른 신체계측 방법보다 신체의 구성성분을 보다 효과적으로 측정할 수 있는 방법이지만, 대상자의 수화상태에 쉽게 영향을 받는다. 즉, 대상자가 탈수상태일 때에는 상대적으로 지방조직량이 더 높은 것으로 나타난다. 따라서 생체전기저항법으로 체성분을 측정할 때에는 측정 전 일정시간 동안 운동이나 음주를 피해야 하고, 측정 직전에 방광을 비우는 것이 필요하며, 카페인이나 이뇨제 등의 복용을 피해야 한다.

이 외에 체지방, 제지방조직 등의 신체 조성 상태는 수중밀도측정법underwater weighing, 동위원소를 이용하여 근육량이나 체세포량을 구하는 방법, 체내 총 칼륨(^{40}K)을 이용하여 체세포량을 구하는 법 등이 있으나, 측정방법이 복잡하고 대상자에게 부담을 많이 주는 방법이라 실용적으로 이용되지는 못하고 있다. 최근에는 컴퓨터단층 촬영CT을 이용하여 부위별 피하지방 및 내장지방의 축적정도를 확인하기도 한다.

(3) 생화학적 검사

생화학적 검사는 영양상태를 나타내는 객관적이고 즉각적인 측정방법이기는 하지만 영양상태 이외의 여러 요인, 즉 약물-영양소 간 상호작용, 대상자의 질환, 체내 수화상태, 스트레스 등에 의해 영향을 받을 수 있으므로 그 결과치의 해석 시 주의해야 한다. 가장 널리 사용되는 생화학적 검사 결과의 판정기준은 표 2-6과 같다.

표 2-6 생화학적 검사 결과의 평가

항목	단위	참고치
Hb(Hemoglobin)	g/dL	남 : 13~17 여 : 12~16
Hct(hematocrit)	%	남 : 39.0~52.0 여 : 36.0~48.0
BUN	mg/dL	10~26
Albumin	g/dL	3.3~5.2
Creatinine	mg/dL	0.7~1.4
Iron	ug/dL	24~31
TIBC(total iron binding capacity)	ug/dL	280~400
Prealbumin	mg/dL	15~36

* 참고치는 검사 방법과 온도, 사용기기, 사용기구 등에 따라 달라질 수 있음.

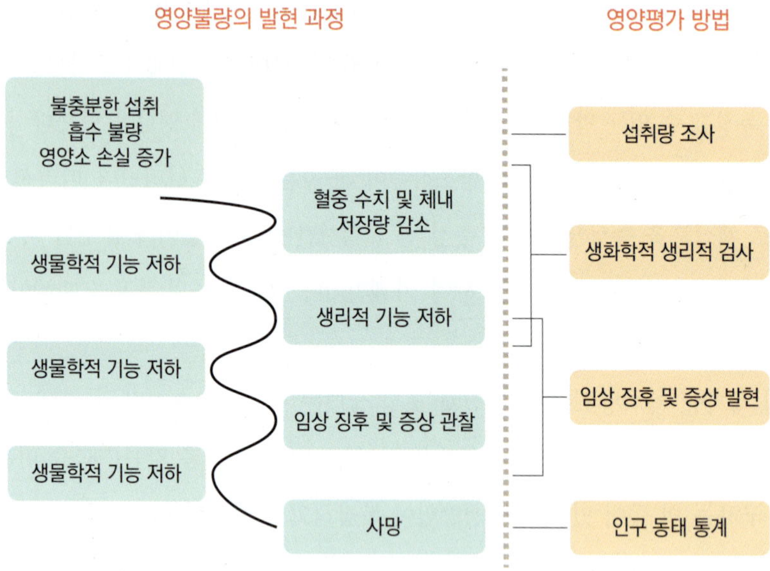

그림 2-2 영양불량의 발현 단계별 영양평가 방법

출처: L. Kathleen Mahan, Sylvia Escott-Stump (2007) : Krause's Food, Nutrition & Diet Therapy. 12th ed. Saunders.

4) 영양관련 신체 징후

영양상태가 불량해지면 얼굴, 머리, 피부 및 근육 등 신체의 여러 부위에서 각화, 탈색 및 탈모, 염증, 모양의 변화, 부종, 통증 및 조직 손실 등 이상 징후를 발견할 수 있다. 대상자의 면담에서 발견되는 이러한 징후들은 환자의 영양상태를 평가하는 데 유익한 참고자료로 사용될 수 있다. 하지만 경우에 따라서는 영양소가 심하게 결핍되지 않은 상태에서도 나타날 수 있고, 영양불량이 아닌 다른 원인에 의해서도 나타날 수 있으므로 해석 시 주의한다.

(5) 식사력 조사

영양불량의 시작은 식사 평가에서 영양소 섭취 부족으로 나타난다. 영양부족은 절대적인 섭취량의 부족으로도 나타날 수 있지만, 섭취량은 충분해도 약물과의 상호작용, 환자의 질병상태, 소화·흡수불량 때문에 이차적으로 나타날 수도 있다. 따라서 식사 섭취량 평가 시에는 영양소 섭취에 영향을 미치는 다양한 요인을 고려해야 한다. 음식물의 섭취상태 조사방법에는 24시간 회상법, 식품섭취빈도 조사, 식사일기 등의 방법이 있다.

① 24시간 회상법(24 hour recall)

24시간 회상법은 면담을 통해 응답자가 전날 24시간 동안 섭취한 모든 식품의 종류와 양, 조리방법, 가공식품의 경우 상품명, 보충제 섭취 여부에 대해 조사하여 섭취량을 추정하는 방법이다. 조사는 다음과 같은 순서로 진행한다.

섭취한 음식 종류 목록 조사 ⇒ 각각의 음식에 대한 상세 조사 ⇒ 섭취량 추정 ⇒ 기타 보충제 섭취에 대한 조사

기억을 돕고 목측량에 대한 이해를 돕기 위해 식품 모형이나 식품사진을 이용할 수 있다. 빠르고 간편하며 조사 경비가 적게 들고 응답자의 평소 식사 패턴에 영향을 주지 않는다는 장점이 있다. 24시간 회상법을 1회 실시하여 개인의 일상적 섭취량을 파악한다는 것에는 무리가 있으므로 개인의 일상적 섭취량 조사에는 부적당하고, 응답자의 기억과 식사에 대해 설명하는 능력에 의존해야 한다는 한계가 있으며, 조사원의 사전 훈련이 필요하다.

② 식사일기법(diet diary)

식사일기법은 3~7일 동안 응답자가 섭취한 모든 식품을 일기식으로 적는 방법으로, 섭취한 모든 식품(음료 포함)의 섭취량을 추정하여 기록하거나 직접 무게를 재어 섭취 시각, 장소와 함께 기록하는 것이다. 24시간 회상법에 비해 정확하고 일상적인 섭취량을 잘 반영할 뿐 아니라 음식물 섭취시각과 장소 등 전반적인 식생활 양상을 알 수 있다. 그렇지만 조사기간 동안 응답자에게 부담이 많이 가고 응답자의 평상시 식사 패턴에 영향을 미칠 수 있으며, 응답자는 읽고 쓸 줄 알아야 한다.

③ 식품섭취빈도 조사(food frequency questionnaire)

식품섭취빈도 조사는 조사지를 만들어 응답자가 일정기간 동안의 섭취빈도를 기록하는 방법이다. 식품섭취빈도 조사지는 조사대상군의 주요 상용식품을 각 식품이나 식품군별로 목록을 작성하고 이들의 섭취빈도를 제시해 놓은 표이다. 각 식품 항목에 1회 섭취분량을 제시하고 섭취빈도를 묻는 반정량적 식품섭취빈도 조사법semiquantitative food frequency questionnaire을 통해 섭취량을 개략적으로 조사할 수 도 있다. 24시간 회상법과 함께 사용하면 보다 정확한 섭취량 정보를 얻을 수 있으며, 피상담자의 평소 식사 패턴에 영향을 주지 않고 조사비용이 적게 들어 만성 질병과 식이요인을 연구하는 역학 연구에 많이 사용되고 있다. 그렇지만 섭취분량을 함께 측정하는 경우, 응답자는 음식의 분량에 대한 개념이 있어야 하며, 제시되는 식품 목록에 따라 결과가 영향을 받을 수 있으므로 조사지에 대한 타당도 검증이 필요하다.

2. 영양불량 진단

환자의 영양상태는 질병의 회복률, 합병증 이환율, 입원기간 등은 물론 사망률에 영향을 주므로 환자의 영양상태를 평가하고 영양불량 환자에게 적절한 영양중재를 실시하는 일은 매우 중요하다. 의료기관에서 영양불량 환자를 조기에 파악하여 적절한 영양지원을 실시하는 것은 환자의 영양상태 개선을 통해 질병 회복을 돕고 재원일수를 감소시킬 수 있으며, 나아가서는 의료비까지 절감할 수 있다.

영양사는 영양검색을 통해**표 2-1 참조** 영양불량 고위험군으로 선별된 환자에 대해 영양판정을 실시하여 영양불량의 원인과 중증도를 판정하고 중재계획을 수립한다. 환자의 영양상태는 경구 섭취와 관련된 문제 뿐 아니라 심리/사회적 요인, 질병 등에 의해서 영향을 받는다**표 2-2 참고**. 영양판정을 통해 수립된 자료를 바탕으로 영양불량을 진단한다.

1) 주관적 종합판정subjective global assessemtn: SGA

주관적 종합판정은 대상자의 상태에 대한 조사와 검사를 기초로 평가자가 주관적인 판정을 하는 방법이다. 환자 영양판정 시 기존의 객관적인 방법(신체계측, 생화학적 검사 등)은 비영양적 요소에 의해 영향받을 수 있기 때문에 대상자의 영양 문제를 잘 반영하지 못할 수 있다는 점이 문제되어 왔다. SGA는 이를 해결하고자 개발되었는데, 현재까지 대상자의 영양상태를 평가하는 방법으로 많이 이용되고 있다.

SGA는 대상자의 최근의 체중감소, 평상시 식사 변화, 중요한 위장 증세, 환자의 신체적 능력, 대사 변화를 조사하고 피하지방의 손실, 근육 소모, 부종, 복수상태를 평가하여 얻은 정보로부터 평가자가 대상자의 영양상태를 주관적으로 판정하게 된다.

SGA(Subjective Global Assessment)

개인력 (History)

1. 체중의 변화
   - 지난 6개월 동안 감소된 체중 _____kg 체중 감소율 _____%
   - 지난 2주 동안의 체중변화 ☐ 증가 ☐ 변화 없음 ☐ 감소
2. 식사 섭취량의 변화
   - ☐ 변화 없음
   - ☐ 섭취량 감소 섭취량 변화기간 _________주
   - 현재 주식의 형태 ☐ 밥 ☐ 죽 ☐ 미음 ☐ 금식
3. 위장 증상 (2주 이상 지속된 경우)
   - ☐ 없음 ☐ 오심 ☐ 구토 ☐ 설사 ☐ 식욕부진
4. 활동 능력
   - ☐ 이상 없음
   - ☐ 이상 있음 활동능력 변화기간 _________주
   - 이상 정도 ☐ 약간의 활동은 가능
     - ☐ 걸을 수 있는 정도
     - ☐ 누워만 있는 정도

신체조사(Physical examination)

- ☐ 피하지방의 감소 (어깨, 삼두박근, 가슴, 손)
- ☐ 근육의 소모 (어깨 주위의 삼각근)
- ☐ 발목부종
- ☐ 복수

SGA 등급

A = 영양상태 양호, B = 약간 영양불량, C = 심한 영양불량

그림 2-3 주관적 종합판정(SGA) 양식의 예

2) 영양불량 진단 기준

환자의 영양상태는 영양소 섭취수준뿐만 아니라 질환상태에도 영향을 미친다. 영양불량 진단 시에는 영양불량의 원인과 함께 중증도도 파악한다.

(1) 영양불량 원인에 따른 영양불량 진단

기아에 의한 영양불량과 질환을 동반한 환자의 영양불량은 영양불량이 발생하는 원인과 중재방안이 다르다. 급성기 질환의 환자의 체내에서 일어나는 염증inflammation 반응은 체내 에너지와 단백질 요구량을 증가시키지만 염증반응에 의한 식욕부진은 경구 섭취 저하로 인한 영양불량을 가속화시켜 질병의 치료를 지연시킨다.

미국과 유럽의 정맥경장영양학회에서는 영양불량 원인에 따라 영양불량을 사회/환경적 요인에 의한 영양불량과 급성질환 또는 외상 관련 영양불량으로 나누어 분류하였다표 2-7.

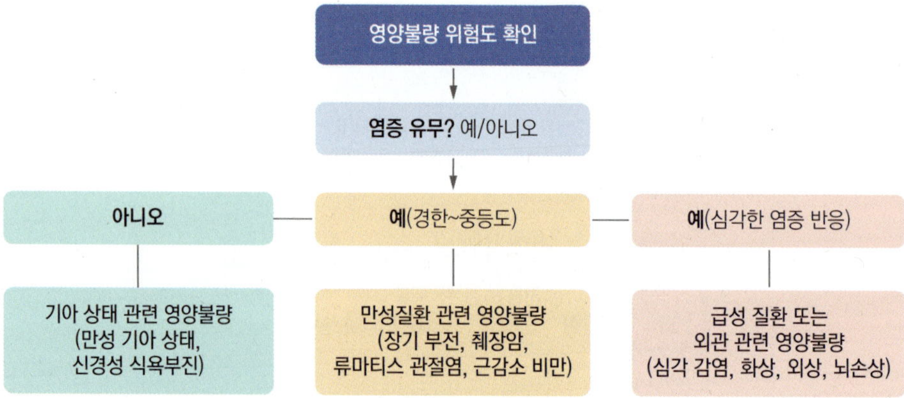

그림 2-4 영양불량 원인에 근거한 영양불량 진단

출처: Jensen GL, et al. (2009). Malnutrition syndromes: a conundrum vs continuum. JPEN. 33(6): p710-716

염증 유무는 발열, 감염, C 반응성 단백질c reactive protein: CRP 및 백혈구, 호중구 비율 상승, 혈청 알부민 저하 등으로 알 수 있다.

급성질환과 만성질환의 예

급성질환: 중증의 염증반응

급성호흡곤란증후군(ARDS), 폐쇄성 뇌손상(closed head injury), 중환자, 개복수술, 중증 감염(major infection)/패혈증, 다발성 외상, 전신염증반응증후군(SIRS), 심한 화상, 심한 급성췌장염

만성질환: 경도~중등도의 염증반응

심혈관질환, 만성췌장염, 만성폐쇄성폐질환, 치매, 당뇨, 대사증후군, 염증성 장질환, 암, 비만, 장기부전/이식, 욕창, 류마티스 관절염

영양불량 원인에 의한 영양불량 진단 기준은 표 2-7과 같다. 에너지 섭취, 체중감소율과 기간, 피하지방과 근육손실, 수분 축적, 악력 감소의 6가지 항목을 영양불량 진단 지표로 평가하여 이 중 2가지 이상의 지표의 기준에 해당하는 경우 영양불량으로 진단한다. 중증도 여부는 각 지표가 해당되는 중증도를 따른다.

표 2-7 영양불량 진단 기준(미국정맥경장영양학회/미국영양사협회)

중증(serere) 영양불량						
임상적 특징	급성질환 관련 영양불량		만성질환 관련 영양 불량		사회환경적 영양불량	
에너지 섭취	5일 이상 < 50% of EER[1]		1개월 이상 < 75% of EER		1개월 이상 < 50% of EER	
체중 감소	감소율(%)	기간	감소율(%)	기간	감소율(%)	기간
	> 2 > 5 > 7.5	1주 1개월 3개월	> 5 > 7.5 > 10 > 20	1개월 3개월 6개월 1년	> 5 > 7.5 > 10 > 20	1개월 3개월 6개월 1년
피하지방 감소	중증도(moderate)		심한(servere)		심한(servere)	
근육 감소	중증도(moderate)		심한(servere)		심한(servere)	
수분 축적	중증도(moderate)~심한(servere)		심한(servere)		심한(servere)	
악력 감소	중환자실에서는 권장하지 않음		나이·성별에 따른 감소		나이·성별에 따른 감소	
중증도(non-severe/moderate) 영양불량						
임상적 특징	급성질환 관련 영양불량		만성질환 관련 영양 불량		사회환경적 영양불량	
에너지 섭취	7일 초과 < 75% of EER		1개월 이상 < 75% of EER		3개월 이상 < 75% of EER	
체중 감소	감소율(%)	기간	감소율(%)	기간	감소율(%)	기간
	1~2 5 7.5	1주 1개월 3개월	5 7.5 10 20	1개월 3개월 6개월 1년	5 7.5 10 20	1개월 3개월 6개월 1년
피하지방 감소	경한(mild)		경한(mild)		경한(mild)	
근육 감소	경한(mild)		경한(mild)		경한(mild)	
수분 축적	경한(mild)		경한(mild)		경한(mild)	
악력 감소	N/A[2]		N/A		N/A	

1) EER, estimated energy requirement

2) N/A, not available

출처: Journal of the Academy of Nutrition and Dietetics 2012; 112(5): 730-738.

(2) GLIMglobal lidership initiative on malnutrition

2018년 영양관련 세계 주요 4대 학회에서는 영양불량 진단을 병인론적etiologic 기준과 표현형phenotype 기준으로 진단하는 GLIM을 제시하였다표 2-8. 병인론적 기준에는 식사량 감소,

소화·흡수 장애, 염증이 해당하며, 표현형 기준에는 체중감소, 체질량지수, 근육량 감소가 해당한다. GLIM 기준에서는 병인론적 기준 1개 이상과 표현형 기준 1개 이상이 동시에 존재할 때 영양불량으로 진단한다. 영양불량 중증도는 표현형 기준으로 판정한다.

표 2-8 영양불량 진단 기준(GLIM 기준)

<table>
<tr><td rowspan="3">병인론적 기준</td><td>식사량 감소</td><td colspan="2">□ 에너지 요구량의 50% 미만/주
□ 2주 이상 섭취량 감소</td></tr>
<tr><td>소화·흡수 장애[1]</td><td colspan="2">□ 만성 소화흡수 장애</td></tr>
<tr><td>염증</td><td colspan="2">□ 급성질환/상해[2]
□ 만성질환 관련[3]</td></tr>
<tr><td rowspan="4">표현형 기준</td><td></td><td>중증도의 영양상태 불량</td><td>중증의 영양상태 불량</td></tr>
<tr><td>체중감소</td><td>□ 5~10%/6개월 미만
□ 10~20%/6개월 미만</td><td>□ > 10%/6개월 미만
□ > 20%/6개월 이상</td></tr>
<tr><td>체질량지수[4]
(kg/m^2)</td><td>□ 17~18.5(70세 미만)
□ 17.8~20(70세 이상)</td><td>□ < 17(70세 미만)
□ < 17.8(70세 이상)</td></tr>
<tr><td>근육량 감소</td><td>□ 약간~중증도 감소</td><td>□ 심한 감소</td></tr>
<tr><td colspan="4">• 영양불량 진단: 적어도 병인론적 기준 1개 이상 + 표현형 기준 1개 이상일 때
• 영양불량 중증도: 표현형 기준으로 판정</td></tr>
</table>

[1] 단장증후군, 췌장부전, 비만대사수술, 식도협착, 위마비, 장폐색, 연하장애, 오심, 구토, 변비, 만성설사, 지방변 등
[2] 중증감염, 화상, 외상, 뇌손상, 기타 급성기 질환/외상 관련 질환
[3] 악성종양, 만성폐쇄성폐질환, 울혈성 심부전, 만성콩팥병 등
[4] 한국인 기준으로 수정 제시함
[5] DEXA, BIA, CT, MRI 결과 또는 상완위근육둘레(MAMC), 종아리 둘레 측정
출처: 한성림 외(2021) 사례로 이해를 돕는 임상영양학(교문사)

(3) 노인의 영양불량 진단 기준

노인은 영양불량이 발생하는 원인도 다른 생애주기와는 다소 다르면서 영양불량에 더 취약하다. 노인 영양불량 진단 도구로 많이 활용되는 것은 네슬레에서 개발한 MNAmini nutirtiion assessment이다. MNA는 심도 있는 평가를 위해 독거 여부, 약물 복용, 욕창, 식사횟수 및 단백질 식품, 과일/채소, 수분 섭취량, 도움없이 혼자 식사가 가능한지, 영양상태 자가 평가, 동년배와의 건강상태 자가 비교, 상완위 및 종아리 둘레의의 지표를 활용하여 영양불량을 평가한다. 표 2-9에 MNA에 의한 영양불량 진단 기준을 제시하였다.

표 2-9 노인의 영양불량 진단 기준의 예(MNA)

Mini Nutritional Assessment
MNA®

Nestlé NutritionInstitute

이름: 성별: 나이: 키: cm 체중: kg 일자:

해당사항에 체크표시하여 선별검사를 완료하십시오

선별

A 지난 3개월 동안 밥맛이 없거나, 소화가 잘 안되거나, 씹고 삼키는 것이 어려워서 식사량이 줄었습니까?
0 =많이 줄었다
1 =어느 정도 줄었다
2 =변화없다 ☐

B 지난 3 개월 동안 몸무게가 줄었습니까?
0 = 3kg(6.6lbs) 2 = 1kg~3kg(2.2~6.6ibs)
1 = 모르겠다 ☐

C 거동 능력
0 = 외출 불가, 침대나 의자에서만 생활 가능
1 = 외출 불가, 집에서만 활동 가능
2 =외출 가능, 활동 제약 없음 ☐

D 지난 3 개월 동안 정신적 스트레스를 경험했거나 급성 질환을 앓았던 적이 있습니까?
0 = 예 2 =아니오 ☐

E 신경 정신과적 문제
0 = 중증 치매나 우울증
1 =경증 치매
2 =없음 ☐

F 체질량지수 (Body Mass Index) = kg 체중 / (m 높이)²
0 = BMI <19
1 = 19≤BMI<21
2 = 21≤BMI<23
3 = BMI≥23 ☐

선별점수 (최대 총 14 점) ☐☐
12-14 점 ☐ **정상**
8-11 점 ☐ **영양불량 위험 있음**
0-7 점 ☐ **영양불량**

보다 심도 있는 평가를 위해, 질문 G-R 로 계속 진행하십시오.

평가

G 다른 사람의 도움 없이 일상생활이 가능합니까? (병원이나 요양원 등 시설에 있지 않음) ☐

H 하루 3 가지 이상의 처방약을 복용하십니까?
0 = 예 1 = 아니오 ☐

I. 압박궤양(욕창) 또는 피부궤양
0 = 예 1 = 아니오 ☐

J 하루에 몇 회 식사를 하십니까?
0 = 1 회
1 = 2 회
2 = 3 회 ☐

K 단백질식품섭취량
- 매일 1 회 이상 유제품 (우유, 치즈, 요거트) 섭 예☐ 아니오☐
- 주 2 회 이상 콩류 또는 계란 섭취 예☐ 아니오☐
- 매일 육류, 생선 또는 가금류 섭취 예☐ 아니오☐

0.0="예"가 0 또는 1 개
0.5="예"가 2 개
1.0="예"가 3개 ☐.☐

L 하루에 2 회 이상 과일류 또는 채소류를 섭취하십니까?
0=아니오 1=예 ☐

M 하루에 물과 음료(주스, 커피, 차, 우유 등)을 얼마나 섭취하십니까?
0.0=3 컵 미만
0.5=3 컵~5 컵
1.0=5 컵 이상 ☐.☐

N 혼자서 식사할 수 있습니까?
0=다른 사람 도움 필요
1=혼자 식사 가능하나 도움 필요
2=혼자 식사 가능 ☐

O 본인의 영양상태에 대해 어떻게 생각하십니까?
0=좋지 않다.
1=잘 모르겠다
2=문제 없다. ☐

P 본인의 건강상태는 비슷한 연령의 다른 사람들과 비교하여 어떻습니까?
0.0=좋지 않다
0.5=잘 모르겠다
1.0=좋다
2.0=본인 건강이 더 낫다 ☐.☐

Q 상완위둘레(mid-arm circumference, cm)
0.0= MAC < 21
0.5= 21 ≤ MAC < 22
1.0= MAC > 22 ☐.☐

R 종아리둘레(Calf circumference, cm)
0 = CC < 31
1 = CC ≥ 31 ☐

평가(최대 총 16 점) ☐☐.☐
선별점수 ☐☐.☐
총 평가점수 (최대 총 30 점) ☐☐.☐

영양불량지표 점수 (Malnutrition Indicator Score)
24~30 점 ☐ **정상**
17~23.5 점 ☐ **영양불량 위험 있음**
< 17 점 ☐ **영양불량**

References:
1. Vellas B, Villars H, Abellan G, *et al.*Overview of the MNA® - Its History and Challenges.*J Nutr Health Aging*.2006; **10:456**-465.
2. Rubenstein LZ, Harker JO, Salva A, Guigoz Y, Vellas B. Screening for Undernutrition in Geriatric Practice: Developing the Short-Form Mini Nutritional Assessment (MNA-SF).*J. Geront.* 2001; **56A**: M366-377
3. Guigoz Y. The Mini-Nutritional Assessment (MNA®) Review of the Literature - What does it tell us?*J Nutr Health Aging*. 2006; **10**:466-487.

For more information: www.mna-elderly.com

출처: http://www.mna-elderly.com/mna_forms.html(한국어 버전)

3) 영양불량 환자 관리

의료기관에서는 영양불량이 있거나 영양불량의 위험이 있는 환자를 사전에 선별하여 관리하는 영양불량 환자 관리를 실시하고 있다. 의료기관에 환자가 입원하면 영양부서는 환자 입원 24~48시간 이내에 영양검색(영양초기평가)을 실시하고 영양불량 고위험군으로 선별된 환자는 영양판정을 실시하여 영양불량을 진단한다. 영양불량이 진단되면 영양불량의 원인을 파악하고 영양불량 중증도에 맞추어 영양중재 계획을 수립하여 영양관리를 실시한다. 의료기관에서 실시하는 영양불량 환자 관리 업무 흐름도를 그림 2-5에 제시하였다.

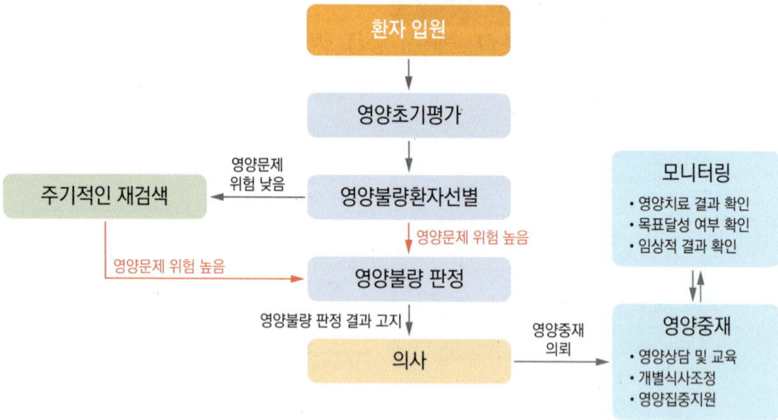

그림 2-5 영양불량 환자 관리 업무 흐름도

3. 영양지원

영양지원이란 일상적인 식사 섭취 방법으로, 영양상태 유지 및 회복이 어려운 환자를 대상으로 임상 경과의 호전을 목적으로 경구, 경장 혹은 정맥으로 필요한 영양소의 전부 혹은 일부를 제공하는 의학적 치료행위이다. 최근에는 영양집중지원nutrition support이란 용어를 사용하고 있으며, 영양집중지원을 전담하기 위하여 다학제간 전문의료인들로 구성된 영양집중지원팀nutrition support team: NTS을 운영하기도 한다.

1) 경장영양

경장영양enteral nutrition이란 의학적 치료를 목적으로 비위장, 비장관 혹은 경피적 경로로 영양액을 공급하여 적극적인 영양공급을 도모하는 것을 의미한다.

경장영양에서는 위장관의 소화·흡수 기능이 유지되고 간문맥을 통해 영양소가 이동해 사용되는 등 정상적인 장관 기능 유지가 가능해 영양지원 동안 단백질 합성 촉진, 면역기능 유지, 이화작용에 대한 반응 감소 등의 장점이 있다. 또한 정맥영양에 비해 감염 합병증이 적고, 의료비 부담이 적다는 장점이 있어, 최근에는 환자의 영양지원에 정맥영양parenteral nutrition보다 우선적으로 사용되고 있다.

(1) 경장영양의 적용 지침

경장영양의 많은 장점에도 불구하고 위장관이 제대로 기능을 하지 않으면 안전하게 적용될 수 없다. 경장영양의 적용 및 금기 대상은 아래의 표 2-10과 같다. 금기 대상증에 해당되는 환자라도 대상증의 중증도 여부에 따라 소량씩이라도 경장영양을 시도해 볼 수 있다.

표 2-10 경장영양 적용(indication) 및 금기(contraindication) 대상

적용 대상(indication)	금기 대상(contraindication)
• 대사 항진 - 패혈증, 외상, 화상, AIDS • 종양 환자 - 두경부암, 식도암, 췌장암 - 화학요법, 방사선요법 환자 • 신경계질환 - 뇌혈관질환, 연하곤란 • 기타 소화기질환 - 위장관질환 - 단장 징후군 - 염증성 장질환, 췌장염 - 식도폐색	• 위장관 막힘 및 지속적인 장마비 • 심한 위장관 출혈 • 조절되지 않는 심한 설사 및 구토 • 누공(fistula)으로부터의 많은 누출 (> 500mL/day) • 심한 급성 소화기계 염증 - 심한 장염, 심한 급성 췌장염 • 공급경로를 얻기 어려운 경우 • 적극적인 영양지원이 요구되지 않는 말기 환자 • 5~7일 이내에 식사 개시가 가능한 경우

경장영양을 시작하기 위해서는 위장관 기능이 정상적으로 작용을 하는지에 대한 검증이 필요하다. 과거에는 '장음bowel sound'의 청진 혹은 방귀나 대변의 배출 여부를 통해 위장관 기능 여부를 평가하였으나, 이는 절대적인 기준이 될 수는 없다. 경장영양 시작 시 경장영양액의 종류나 주입방법의 선정은 환자의 상태에 따라 결정해야 하며, 특히 환자가 어느 정도 안정된 다음에 경장영양을 시작하는 것이 필요하다.

(2) 경장영양의 공급경로

① 공급경로

경장영양액 공급경로 및 투여 경로별 특성은 다음의 표 2-11, 그림 2-6과 같다.

영양지원을 실시하기 전에 영양판정을 실시하여 영양지원이 필요한 환자인지 평가하고 환자의 위장관 기능 여부에 따라 경장영양 또는 정맥영양을 선택한다. 영양지원의 주입경로는 환자의 신체 기능 및 영양지원의 기간에 따라 결정한다.

표 2-11 경장영양 공급경로별 특성

공급경로	특징
비위관(nasogastric tube)	•구역반사(gag reflex) 및 위장관 기능이 정상이어서 식도 역류 위험이 적은 환자에게 적용 •투입이 용이하고 1회에 상대적으로 많은 양 주입 가능 •주로 단기간의 경관급식에 이용
비장관(nasoenteric tube)	•위무력증이 있거나 식도역류 등 흡인 위험이 높은 환자에게 적용 •초기에 주입속도에 따라 위장관 부적응이 생기기 쉬움 •주로 단기간의 경관급식에 이용
위조루술(gastrostomy)/경피적내시경적 위조루술(percutaneous endoscopic gastrostomy: PEG)	•위장관 기능이 정상이면서 장기간 경관급식이 필요한 환자 혹은 비강으로의 관 삽입이 어려운 환자에게 적용 •내시경적 혹은 수술적 방법으로 시술함 •장기간의 경관급식에 이용 •관 주위의 감염관리가 필요함
공장조루술(jejunostomy)/경피적내시경적 공장조루술(percutaneous endoscopic jejunostomy: PEJ)	•흡인의 위험이 높거나 상부 위장관으로의 관 삽입이 어려운 환자에게 적용 •수술 후 조기 영양공급을 가능하게 해줌 •초기에 주입속도에 따라 위장관 부적응이 생기기 쉬움 •관의 내경이 작아 막히기 쉬움

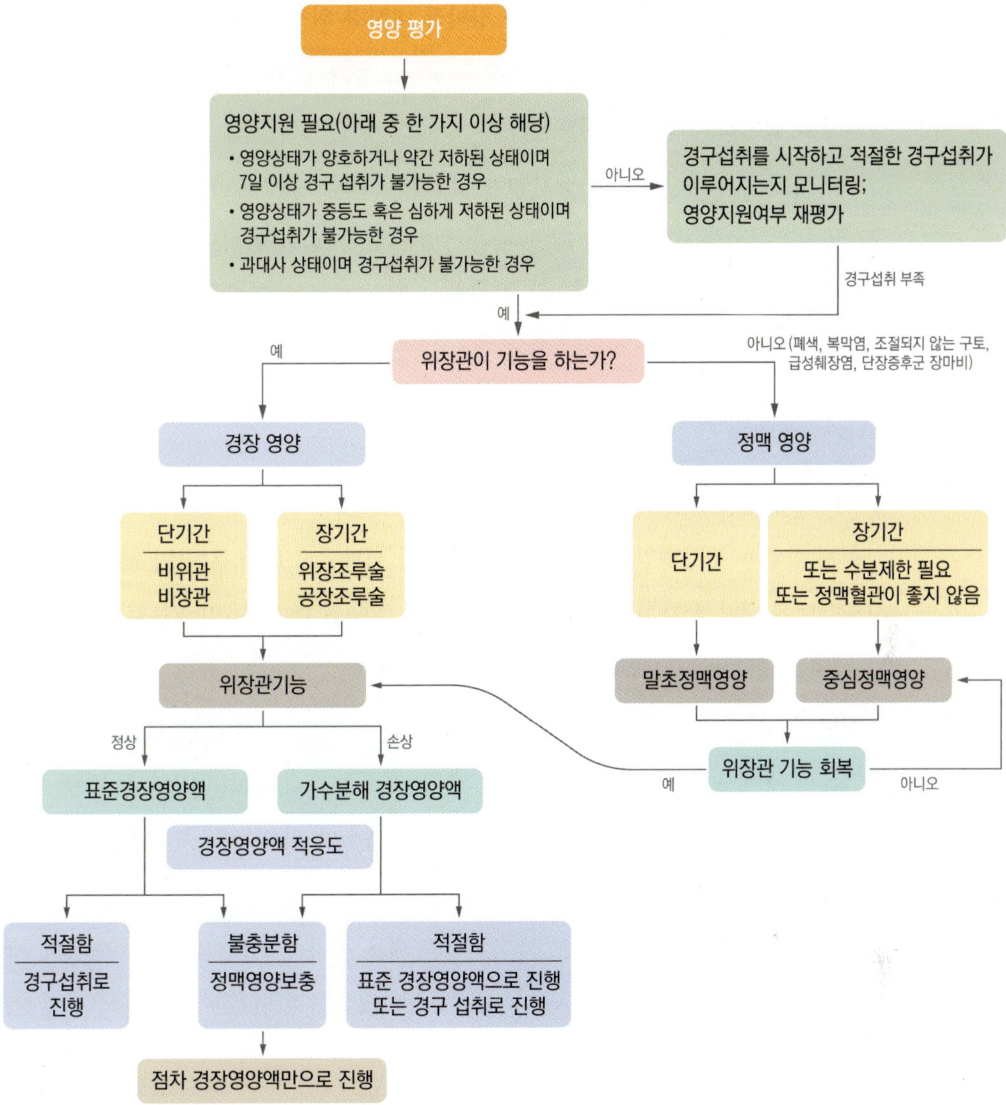

그림 2-6 영양지원 경로의 선택 기준

② 공급경로 결정 시 고려사항

경장영양액의 공급경로 결정 시 고려사항은 공급 예상기간 및 환자의 임상상태이다. 경장영양지원이 3주 이하의 단기간으로 예상되는 경우에는 비위관nasogastric tube 혹은 비장관nasoenteric tube과 같이 코에서 시작하여 식도를 통한 공급이 가능하고, 4~6주 이상의 장기간의 경장영양이 예상되는 경우에는 경피적 내시경 위조루술PEG, 경피적 내시경 공장조루술PEJ, 위조루술gastrostomy, 공장조루술jejunostomy 등과 같이 식도를 통과하지 않고 바로 위장관으로 접근하는 방법을 시도한다.

일반적으로 구역반사와 위장기능이 정상인 환자는 위장을 통한 경장영양을 실시하고, 구역반사가 소실된 환자나 위 배출 지연이 있는 환자, 심한 위식도역류 환자 및 흡입의 위험이 높은 환자, 상부 장의 누공이나 췌장염이 있는 환자는 공장을 통한 경장영양을 시도하는 것이 바람직하다.

(3) 경장영양액

① 경장영양액의 종류

현재 상업용 경장영양액으로 다양한 제품이 시판되고 있다. 각각의 영양액 성분들은 경장영양액에 대한 환자의 수용도나 질환상태에 영향을 미칠 수 있으므로 환자의 상태에 맞는 적절한 영양액을 선택하도록 한다.

일반적으로 일반(표준) 경장영양액은 대사적 장애를 보이지 않는 환자에게 적용되며, 삼투압은 등장성으로 약 300 mOsm/kg H_2O, 농도는 1.0 kcal/mL로 구성되어 있고, 일정 에너지 이상을 섭취하게 되면 대부분의 필수영양소의 필요량을 충족할 수 있도록 구성되어 있다.

농축 경장영양액은 주로 수분 제한이 요구되는 환자(신부전, 심부전, 복수)에게 사용되며 농도는 1.5~2.0 kcal/mL, 삼투압은 400~700 mOsm/kg H_2O이고, 다른 영양소는 일반 경장영양액과 비슷하다.

고단백 경장영양액은 단백질 손실이 큰 화상이나 누공, 외상, 패혈증 환자에게 적용될 수 있으며, 단백질 함량이 보통 총 에너지의 20% 이상이고 다른 성분은 일반 경장영양액과 비슷하다.

이 외에 대사성 질환이 있는 환자의 경우에는 각 질환의 특성에 따라 구성성분을 조절한 질환용 경장영양액을 사용한다.

영양소 흡수에 장애가 있는 환자의 경우(염증성 장질환, 단장증후군 환자 등), 단백질과 탄수화물의 부분 또는 완전 가수분해물로 구성된 가수분해 경장영양액을 사용한다. 이러한 가

수분해 영양액은 단백질로는 단쇄 펩타이드 또는 아미노산을, 탄수화물 급원으로는 포도당 중합체나 덱스트린류를 사용하며, 지방함량이 매우 낮거나 대부분 중쇄중성지방MCT oil으로 구성되어 있어 췌장이나 담낭 등의 소화기관을 자극하지 않고 쉽게 흡수될 수 있다. 단 영양액의 삼투압이 높기 때문에 복부 팽만, 설사 등의 증상이 동반될 수 있으므로 주의한다.

최근에는 면역력이 떨어진 중환자나 수술 후 환자, HIV/AIDS 환자, 외상, 패혈증, 화상, 암환자에게 면역 증강을 목적으로 아르기닌arginine, 뉴클레오타이드nucleotide, 오메가3 지방산n-3 fatty acids, 글루타민glutamin 등이 첨가된 면역증강 경장영양액들이 만들어지고 있으나, 아직까지 이들 제제들이 임상적 효과에 미치는 효용성은 불명확하다.

② 경장영양액의 선택

경장영양액을 시작할 때 어떤 영양액을 선택하느냐 하는 것은 경장영양에 대한 환자의 수응도에 영향을 미칠 수 있다. 특히 영양액의 삼투압, 신용질부하renal solute road, 에너지밀도, 잔사량 등은 경장영양에 대한 환자의 수응도에 영향을 미치는 주요인이다. 따라서 환자의 소화흡수 능력 및 질병상태 또는 장기 이상 유무, 관의 위치 및 종류, 비용문제 등을 고려하여 영양액을 결정하여야 한다.

③ 경장영양액 제공 시스템

경장영양액의 제공 방식에 따라 개방형open 경장영양액 또는 폐쇄형closed 경장영양액으로 분류된다. 개방형 경장영양액은 캔, 병 또는 테트라 팩에 담겨진 형태로 경장영양액 주입을 위해 별도의 경장영양액 주입 세트가 필요하다. 개방형 경장영양액은 환자에게 주입까지의 과정에 수기 조작 과정이 많아 미생물에 오염의 위험성이 더 높다. 폐쇄형 경장영양액은 RTHready to hang 형태로 제공되는 경장영양액으로 경장영양액 주입 세트의 수기 조작 과정을 단축하여 오염의 위험성을 낮춘다.

(4) 경장영양액 주입

① 주입방법

주입방법의 결정은 경장영양 경로, 경장영양액에 대한 환자의 적응증 및 구강 섭취 정도, 환자의 생활양식 등을 고려하여 결정한다. 경관액을 처음 주입 시 영양액을 희석하지 않고 표준농도(보통 1 kcal/mL)로 공급하는 것을 원칙으로 한다.

- 볼루스 주입bolus feeding : 정해진 주입량(200 mL 내외)을 주사기나 중력gravity을 이용하여 단시간 내(15분 미만)에 주입하는 방법으로, 주로 위장관을 통한 주입 시 이용된다. 별도의 기구가 필요 없어 간편하지만 오심, 구토, 설사와 같은 부작용이 일어나기 쉬우므로 의식이 있는 환자에게 실시하는 것을 권장한다.
- 간헐적 주입intermittent feeding : 볼루스 주입과 지속적 주입의 중간 형태로 중력 또는 주입펌프를 이용하여 4~6시간마다 200~300 mL를 30~60분에 걸쳐 주입한다. 지속 주입에 비해 환자가 자 유로우나 흡인의 위험이 높고 주입속도의 증가에 따라 오심, 설사와 같은 위장관 부작용이 생길 수 있다.
- 지속적 주입continuous feeding : 중력이나 주입펌프를 이용하여 12~24시간 동안 지속적으로 영양액을 천천히 주입하는 방법이다. 흡인 위험이 적고 위내 잔여물의 최소화가 가능하며 설사 같은 부작용이 적다. 주로 공장관을 이용한 경장영양에 이용된다.
- 주기적 주입cyclic feeding : 주입펌프를 사용하여 8~20시간 동안 경관액을 주입하는 방법이다. 환자가 안정된 경우, 낮에 활동이 필요하거나 구강섭취를 하고 있을 때, 영양액을 주로 밤에 공급한다.

② 주입속도

지속적 주입이나 주기적 주입 시 10~40 mL/hr로 시작하여 8~12시간마다 10~20 mL/hr씩 증량하도록 한다. 간헐적 주입 시에는 100~120 mL/hr 정도로 시작하여 4시간마다 60 mL/hr씩 증량한다(환자 수용도에 따라 1일 200~500 kcal씩 증량).

③ 주입 시 주의사항

- 관 세척 : 관 세척의 주요 목적은 관막힘 방지와 수분 공급이다. 영양액 주입 전후로 30~50 mL 정도의 물로 씻어내어 관의 막힘을 방지한다.
- 주입 자세 : 영양액이 주입되는 동안과 주입 후 30분 정도는 상체를 30~45° 정도 올리는 것이 흡인을 예방하는 데 좋다. 특히 영양액 주입 직후에는 자세 변경이나 물리치료를 하지 않는 것이 좋다.

(5) 경장영양의 모니터링

경관급식의 모니터링은 위장관 적응도, 수분상태 평가, 영양상태 평가 및 생화학적 검사 등으로 이루어지며 모니터링 주기는 환자의 상태에 따라 달라진다.

대상자의 실제 섭취량을 영양요구량과 주기적으로 비교 평가하는 것은 영양상태를 유지하기 위해 반드시 필요하다. 특히 체중과 체중변화는 환자의 영양상태 및 수분상태를 나타내는 주요 지표로서, 최소한 주 2~3회 정도는 측정하도록 한다. 이외에 부종, 탈수 여부 등을 매일 모니터링하도록 하고, 특히 경장영양액 주입 시마다 복부 불편감을 확인하고 필요시 위잔여물을 측정하도록 한다. 배변 횟수나 양상은 경장영양액에 대한 환자의 위장관 적응도를 나타내는 주요 지표로서, 섭취량/배설량 조사와 함께 매일 실시하도록 한다. 이 외에 생화학적 검사로 알부민, 혈 색소 농도, 혈당, 전해질, 혈중요소질소 및 크레아티닌, 인, 마그네슘 등을 정기적 으로 모니터링한다.

(6) 경장영양 시의 합병증 관리

① 소화관 합병증

- 설사diarrhea : 1일 3회 이상의 묽은 변, 또는 500 g 이상의 묽은 변이 2일 이상 지속되는 경우를 설사로 정의한다. 설사의 발생 원인은 항생제로 인한 장내 독소 생성, 고삼투압성 약제, 경관 급식속도, 영양액의 삼투압, 영양불량에 의한 장 위축, 저알부민혈증 등이 있다. 설사 시 관리 절차의 예는 그림 2-7과 같다.
- 흡인aspiration : 경장영양의 소화기 합병증 중 가장 위험한 부작용으로 경장영양액이나 위액이 폐로 들어가는 현상을 의미한다. 비위관을 통한 경관급식이나 위배출운동의 지연, 잘못된 환자의 위치나 관 위치 때문에 생길 수 있다. 흡인을 줄이기 위해서는 경관 급식 전후 30분 동안 머리를 30~45° 가량 높인 자세를 유지하며, 관을 새로 삽입한 후에는 경관급식 시작 전에 반드시 관 위치를 확인한다. 흡인의 위험이 높은 환자의 경우, 경관급식 전 위잔여물gastric residual volumes을 조사하여 비위관의 경우에는 잔여량이 200 mL 이상, 위조루술의 경우에는 100 mL 이상이면 경관영양액 주입을 연기한다. 지속적으로 위잔여물의 양이 많은 경우에는 주입방법을 변경하거나 위장운동 촉진제를 사용한다.

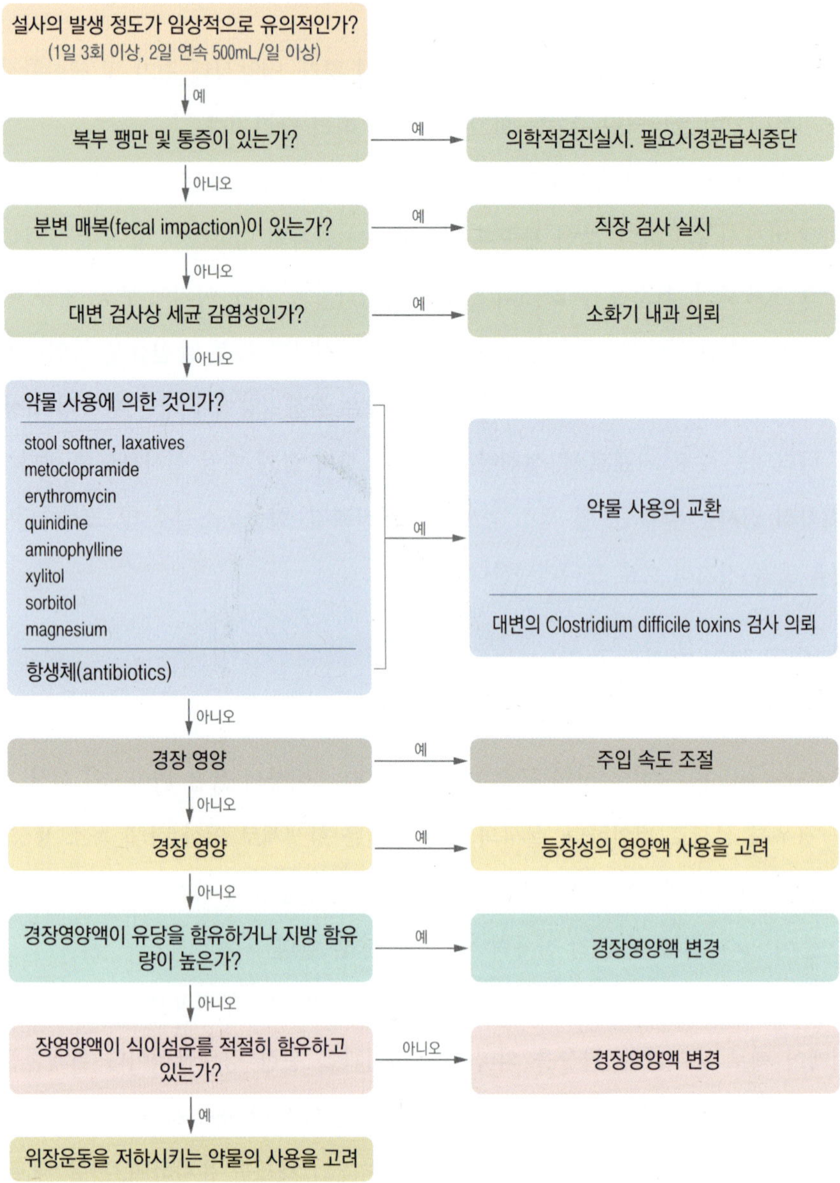

그림 2-7 설사 시의 관리 절차

- 변비constipation : 변비의 발생 원인은 탈수, 위장운동 저하, 분변 매복fecal impaction, 섬유소 및 수분 섭취 부족, 활동량 부족 등 다양하다. 변비를 예방하기 위해서는 섬유소와 수분을 충분히 보충하고 가능하다면 활동량을 증가시키도록 한다. 변비가 발생한 경우 변완화제를 사용하며, 필요한 경우 장검사 및 관장enema을 하도록 한다.
- 오심nausea/구토vomiting : 급식용 관을 삽입한 후 바로 주입을 시작하거나 주입속도가 너무 빠른 경우, 한꺼번에 너무 많은 양을 공급하는 경우, 경장영양액의 온도 및 성분들이 오심이나 구토를 유발할 수 있다. 이를 예방하기 위해서는 급식관 삽입 후 일정시간 동안 환자를 쉬게 하고, 오심이나 구토를 보이는 경우 경장영양액의 온도, 주입 속도 및 횟수와 1회 양 조절을 시도해 본다.

② 기계적 합병증

- 관막힘tube occlusion : 관막힘은 가루형태로 된 약제의 투입, 주입관의 부적절한 내경, 점성이 높은 영양액의 주입, 부적절한 관 세척tube flushing 등과 같은 위험요인에 의해 발생할 수 있다. 이를 예방하기 위해서는 약은 가능한 한 액상으로 투여하고, 경장영양액을 지속적으로 주입하는 경우에 4~6시간마다, 특히 영양액이나 약물 주입 전후로 20~30 mL 내외의 물로 관 세척을 하는 것이 필요하다.

③ 대사적 합병증

- 탈수dehydration : 장기간 경장영양을 공급받는 환자의 탈수의 원인은 다양하다. 특히 어린이나 노인, 의사소통이 원활치 않은 환자의 경우 탈수의 위험이 높다. 따라서 신용질부하renal solute road가 높은 경장영양액을 투여하거나 농축영양액을 이용할 때는 주의를 기울인다.
- 재급식증후군refeeding syndrome : 장기간의 기아상태에서 갑자기 영양공급을 시작하면 세포 내 동화작용을 위해 혈장 내 존재하던 K, P, Mg이 세포 내로 이동하면서 이들 혈중수치들이 급격한 저하를 보이는 재급식증후군이 생길 수 있다. 따라서 심한 영양불량 환자의 영양공급 시에는 혈중 전해질 농도를 주기적으로 모니터링하고 이들의 농도가 저하되는 경우 보충하면서 영양공급을 한다. 또한 처음 영양공급 시에는 필요량을 한꺼번에 주기보다는 기초대사량BEE의 80% 수준에서부터 영양공급을 시작하여

대상자의 상태에 따라 서서히 목표량까지 증량하도록 한다.

기타 대사적 합병증의 원인 및 치료 방법은 아래의 표 2-12와 같다.

표 2-12 대사적 합병증의 원인 및 치료

부작용	원인	예방 및 치료
고혈당	• 당뇨 • 영양불량 환자의 refeeding syndrome • 패혈증, 외상 등 대사성 스트레스	• 환자가 안정될 때까지 혈당검사 • 인슐린, 경구혈당강하제 투여 • 주입속도 감소 • 당뇨용 경장영양액 사용
고나트륨혈증	• 수분 손실 과다 : 요붕증, 설사 • 섭취량 부족	• 매일 수분 섭취량/배설량 확인, 전해질, 체중, 혈중요소질소/크레아티닌 검사 • 필요시 수분 보충
저나트륨혈증	• SIADH(항이뇨호르몬기능부전증) • 심장, 간, 신장 기능 부전 • 수분 과다	• 수분과 염분 제한 • 이뇨제 사용
고칼륨혈증	• 대사성 산증 • 울혈성 심부전, 신부전 • 영양액 내의 칼륨 함량 과다	• 저칼륨 함유 영양액으로 변경 • 약제 사용
저칼륨혈증	• 영양불량 환자의 refeeding syndrome • 설사, 배액 등 과다 손실 • 이뇨제요법 • 심장, 간, 신장 기능 부전	• 영양불량 환자의 초기 영양공급은 천천히 • 필요한 경우 칼륨 보충
고인산혈증	• 신장 기능 부전	• 저인산 함유 영양액 사용
저인산혈증	• 영양불량 환자의 refeeding syndrome • 인슐린 요법	• 영양불량 환자의 초기 영양공급은 천천히 • 필요한 경우 인 보충
과탄산증	• 과량의 에너지 섭취 • 폐기능 저하시 고탄수화물 식사	• 에너지 필요량 재평가 • 영양액 내 탄수화물 감소
저아연혈증	• 손실 과다 & 필요량 증가 • 설사, 소화관 배액 • 이뇨제, 화상	• 아연 보충
필수지방산 부족	• 장기간의 저지방식	• 식사에 지방 첨가

2) 정맥영양

정맥영양parenteral nutrition이란 정맥으로 고수액영양intravenous hyperalimentation을 공급하는 것을 말한다. 위장관의 사용이 불가능하거나 경장영양의 경로를 확보하기 어려운 영양불량 또는 영양불량의 위험이 있는 대상자에게 적용한다.

(1) 정맥영양의 적용지침

① 적용 대상

심한 위장관 출혈, 심한 설사나 구토, 단장증후군, 장폐색, 지속적인 장 마비 등 위장관 기능이 제대로 작용하지 않아 영양불량의 위험이 높은 환자에게 실시한다. 이 밖에도 심한 장염이나 심한 급성 췌장염과 같이 장을 쉬게 해줄 필요가 있는 경우에 사용할 수 있다.

적용 대상환자라도 정맥영양을 실시하기 전에 대상자의 영양상태를 평가하여 영양상태가 불량하면서 5~7일 이내에 충분한 경구/경장 영양 섭취가 어려울 것으로 예상되는 경우에 한하여 적용한다. 암환자, 골수이식환자, 상복부위장관암환자의 수술 전후 영양지원, 갑자기 악화된 크론병, 위장관 누공 시에도 이용된다.

② 금기 대상

위장관 기능이 정상이고 영양소의 충분한 흡수가 가능한 환자에게는 정맥영양 대신 경구 섭취나 경장영양 시행을 우선적으로 시행한다. 또한 정맥영양 경로를 확보하기 어렵거나 향후 의학적인 예후의 향상을 기대하기 어려운 말기 질환 환자에게는 사용 여부를 신중히 고려해야 한다.

대상자의 혈중 생화학적 검사 수치가 아래와 같은 경우에는 주의를 요한다.

혈당 > 300 mg/dL,	혈중요소질소 > 100 mg/dL,	
삼투압 > 350 mOsm/kg,	염분 > 150 mEq/L,	
칼륨 < 3m Eq/L,	염소 > 115 mEq/L,	인 < 2 mEq/L

(2) 정맥영양의 분류

① 중심정맥영양

고농도의 영양액을 상대적으로 혈류가 빠르고 혈관이 큰 중심정맥central vein을 이용하여 삼투압이 1,200 mOsm/L 이상의 정맥영양액을 공급하는 방법을 말한다. 중심정맥영양에 주로 이용되는 혈관은 심장에서 가까운 상대정맥superior vena cava 또는 하대정맥inferior vena cava이다그림 2-8. 일반적으로 2주 이상의 장기간의 정맥 영양이 필요하거나 수분 제한이 필요한 경우에 실시한다.

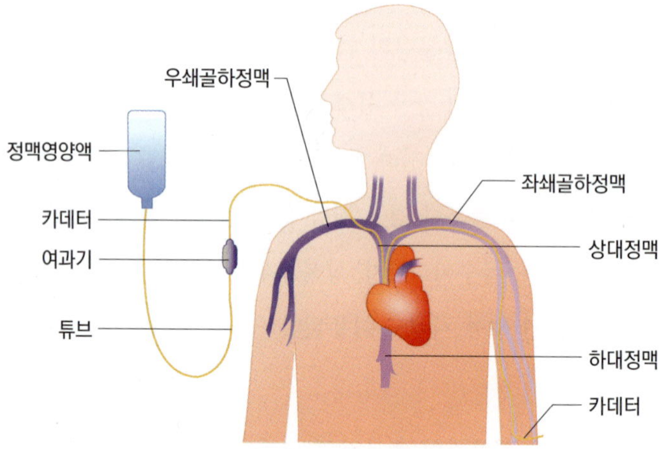

그림 2-8 중심정맥영양의 경로

② 말초정맥영양

말초정맥영양은 손이나 팔, 다리의 말초혈관을 통해 삼투압이 800~900 mOsm/L 이내의 정맥영양액으로 영양지원을 실시하는 것을 말한다. 일반적으로 수분제한이 필요없으면서 단기간(2주 이내)의 영양지원이 예상될 때 실시한다. 말초정맥영양은 고농도의 영양액 투여가 불가능하므로 영양요구량만큼 충분한 에너지를 공급하기 어려울 수 있다. 말초정맥염이 발생하기 쉬우므로 2~3일마다 주입 부위를 변경해야 한다.

(3) 정맥영양액의 구성

① 탄수화물

탄수화물은 에너지의 주요 급원이며 70 kg 성인의 경우 1일 100 g 내외의 탄수화물이 필요하다. 탄수화물 과다 공급 시 고혈당, 지방간, 담즙 분비 정체, 이산화탄소 과다 생성 에 의한 호흡부전 등이 유발될 수 있으므로 포도당 산화속도를 고려하여 탄수화물의 최 대 공급속도는 5 mg/kg/min을 넘지 않도록 하여야 하고, 당뇨 환자의 경우 4 mg/kg/min을 넘지 않도록 한다.

탄수화물의 급원으로는 포도당일수화물dextrose monohydrate이 가장 흔히 사용되며 1 g당 3.4 kcal의 에너지를 낸다. 시판되는 포도당 용액의 농도는 5~70%이지만, 주로 5~25% 용액을 가장 많이 사용한다. 탄수화물용액의 삼투압은 % 농도당 50 mOsm/L 을 곱한다.

② 단백질

단백질은 인체 근육과 효소, 기관 등을 구성하는 요소로서 면역물질의 생성, 상처 및 조직 회복에 사용된다. 정맥영양의 단백질 급원은 주로 아미노산 형태로 제공된다. 시판되는 단백질 용액의 농도는 3.5~20% 정도이며 단백질 요구량에 따라 선택하여 사용한다. 질병에 따라 아미노산 조성을 다르게 한 제제가 사용되기도 한다. 예를 들어 간질환 제제의 경우, 곁가지아미노산 함량이 높고 방향족 아미노산 함량은 낮게 구성되어 있다. 그런데 이들 제제들이 해당 질환에 실제적으로 효과가 있는지는 논란이 있다. 단백질은 1 g당 4 kcal의 에너지를 내며, 아미노산 용액의 삼투압은 단백질 g당 100 mOsm/L을 곱한다.

③ 지방

지방의 주요 역할은 필수지방산과 에너지를 공급하는 일이다. 총 에너지의 25~30% 정도를 지질에서 공급하도록 한다. 상업용 지방 유화액은 10%(1.1 kcal/mL)와 20%(2.0 kcal/mL) 농도의 용액이 주로 이용되고 있으며, 대부분 대두유나 해바라기씨유에 난황 인지질을 유화제로 사용한 제제가 사용되고 있다. 대두유나 해바라기씨유에 상대적으로 많이 들어 있는 오메가6지방산이 빠른 속도로 과량 주입되는 경우, 염증반응이나 면역 억제 작용을 일으킬 수 있으므로 24시간 동안 체중당 1 g 이상의 지질이 투여되지 않도록 투여량과 속도를 조절하도록 한다. 지방유화액은 구성하는 지방산의 종류에 따라 오메가3지방산을 함유한 지방유화액, 단일불포화지방산을 함유한 지방유화액, 중쇄지방산을 함유한 지방유화액 등으로 나뉘며 삼투압은 260~290 mOsm/L 내외이다. 혈청 중성지방 수치가 400 mg/dL를 넘어가는 경우에는 지방유화액을 투여하지 않도록 하며, 유화제로 달걀 인지질이 함유되어 있으므로 달걀 알레르기가 있는 환자는 주의해야 한다.

정맥영양액의 종류

2-in-1 정맥영양액
수용성 성분인 단백질과 포도당만을 함유한 정맥영양액: 지방유화액은 다른 용기를 이용하여 공급한다.

TNA(total nutrient admixture, 3-in-1) 정맥영양액
기존의 정맥영양액의 주요 성분인 단백질, 포도당 이외에 지방유화액을 모두 포함한 정맥영양액이다. 2-in-1 제제에 지방을 함께 투여하는 경우 2개의 라인이 필요한 반면, TNA는 1개의 라인을 통해 주입되므로 감염의 위험률을 낮출 수 있다. 수용성 환경에서 지방유화액이 함께 존재함으로써 발생되는 안전성에 대한 고려가 필요하다.

④ 기타

환자에게 필요한 전해질의 요구량은 체중, 영양상태, 이화작용, 질병상태 등에 따라 다르다. 정맥영양액에 함유되어 있는 전해질은 나트륨, 칼륨, 염소, 마그네슘, 칼슘과 인인데, 정맥영양액 내 칼슘과 인의 농도는 정맥영양제제의 안정성에 문제를 줄 수 있다. 정맥영양액에 사용되는 비타민은 미국의 경우, 미국의사협회의 식품영양위원회에서 제시한 권장량에 따라 제조된 상업용 제제를 이용한다. 크롬, 구리, 망간, 아연 등의 미량 무기질 역시 상업용 제품을 정맥영양액에 혼합하여 공급한다. 철분, 요오드, 몰리브덴, 셀레늄 등은 정맥영양이 장기화되는 경우 환자의 혈중 수치를 모니터링하면서 필요시 추가로 제공한다. 화상이나 장누공, 심한 설사와 같이 필요량이 증가하거나 손실량이 많아지는 경우 추가로 더 공급하기도 하고, 담즙 배출이나 간기능에 문제가 있는 경우에는 구리나 망간의 공급을 제한한다.

(4) 정맥영양액의 투여

① 시작 시 고려사항

정맥영양을 시작하기 위해서는 혈압과 맥박 등이 안정적이어야 하고, 정맥영양액과 함께 투여되는 수분 공급이 대상자에게 부담이 될 수 있는지 평가하여야 하며, 중심정맥영양 시행 시 중심정맥 쪽으로 경로 확보가 가능해야 한다. 정맥영양을 통한 에너지 공급은 시작 후 2~3일이면 목표 에너지까지 도달할 수 있다. 영양불량이 심한 환자의 경우 재급식징후군refeeding syndrome이 생길 수 있으므로 에너지 증량은 서서히 하도록 한다.

② 합병증

정맥영양 실시 시 가장 흔히 발생하는 합병증은 감염과 관련된 합병증이다. 따라서 정맥관에 관련된 처치를 할 때는 반드시 무균조작술이 필요하며, 감염과 관련된 증상인 오한, 열, 빈맥, 갑작스런 고혈당, 백혈구 증가 등을 주의 깊게 모니터링한다. 정맥영양은 경장영양에 비해 대사적 합병증의 발생이 빈번하다. 특히 전해질, 산-염기 이상, 고혈당, 신기능 이상 등의 문제가 생길 수 있고, 장기간 정맥영양을 공급받는 대상자의 경우에는 골밀도 저하에 의한 대사성 골질환이 발생할 수 있으 므로 정기적으로 이들과 관련된 검사 수치들을 모니터링한다.

장기간의 금식은 장의 융모 위축과 장내 박테리아의 혈관 내 전이를 유발한다. 또한 정맥영양 시작 후 나타나는 간 효소(transaminase, alkaline phosphatase)의 상승과 함께 지방간 및 담즙 정체cholestasis가 생길 수 있다. 이러한 문제가 발생하는 원인은 에너지와 탄수화물의 과잉 공급, 박테리아의 과다 성장, 경장영양의 지연, 장기간의 정맥영양, 단장증후군 등 매우 다양하다. 이러한 경우에는 정맥영양의 에너지 및 주입 량을 줄이고 적정량의 지방유제를 공급하며, 주기적cyclic 정맥영양을 도입하거나 경장영양을 조기에 실시함으로써 치료할 수 있다.

③ 모니터링

정맥영양과 관련된 합병증을 조기에 발견하여 적절한 조치를 취하기 위해서는 환자가 안정된 상태에 이르기 전까지 표 2-13과 같이 주기적인 모니터링이 필요하다.

표 2-13 정맥영양 시의 초기 모니터링

모니터링 항목	횟수	
	초기	안정기
체중	매일	주 1회
전해질	매일	주 1~2회
혈청 칼슘, 인, 마그네슘	주 3회	주 1회
혈중요소질소	주 3회	주 3회
간기능검사	주 3회	주 1회
혈당	매일	주 1회
혈청중성지방	주 1회	주 1회
헤모글로빈	주 1회	주 1회
혈소판	주 1회	주 1회
수분 섭취량/배설량	매일	매일

CHAPTER

3

소화기 질환

1. 상부 소화기 질환
2. 하부 소화기 질환

CLINICAL NUTRITION

소화기 질환은 가장 흔한 질병 중의 하나이다. 2016년 보건복지부의 외래환자수 통계에 의하면 근골격계 및 결합조직의 질환, 호흡기계의 질환, 소화기 질환의 순으로 외래환자수가 많다고 한다(국가통계포털 http://www.kosis.kr, 2018). 예전에는 소화불량, 위염, 위궤양 등의 소화기 질환이 많이 발생하였으나, 최근에는 암 발생이 증가하면서 내시경을 통한 정밀한 진단을 주기적으로 실시하는 성인들이 많아지고 있다.

소화기는 우리가 섭취한 식품을 소화하고 필요한 영양소를 흡수하여 우리 몸에 영양을 공급해 주는 기관이므로, 소화기에 문제가 생기면 건강에도 문제가 생기는 것은 당연하다. 일반적으로 소화기 질환에 걸리면 질환 부위의 자극을 최소화하면서도 소화와 흡수가 잘되는 음식을 공급해야 빠른 회복을 기대할 수 있다. 또한 소화기 질환 이외의 질환에 걸렸을 때도 소화기 기능이 약해지므로 환자에게는 항상 소화와 흡수가 용이한 식사처방이 필요하다.

1. 상부 소화기 질환

1) 상부 소화기계와 기능

상부 소화기계는 그림 3-1과 같이 구강, 식도, 위를 말하며, 그 기능은 다음과 같다.

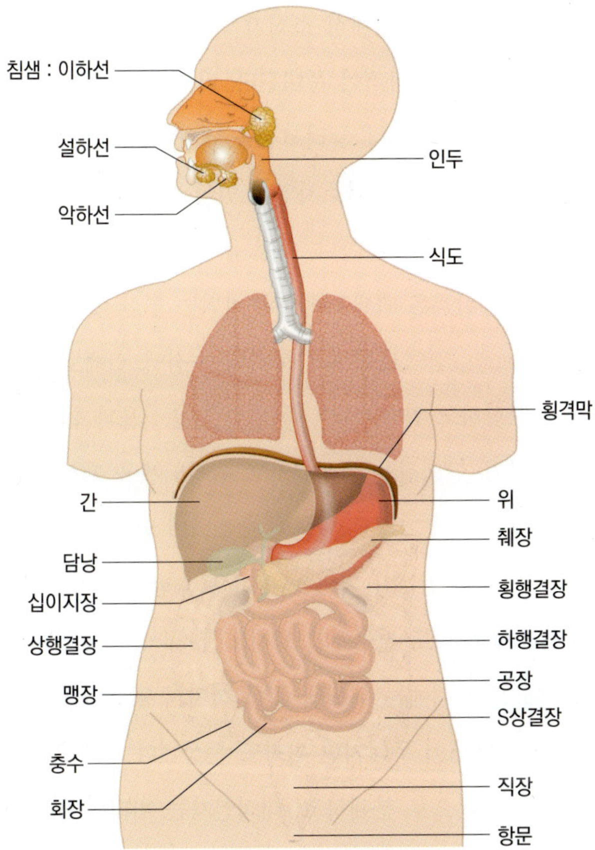

그림 3-1 소화기계

음식물은 구강에서 치아와 턱에 의해 잘게 나누어져 타액과 잘 섞이게 된다. 그 후 인두pharynx를 통해 식도로 들어간 음식물은 연동운동에 의해 식도esophagus를 통과하여 위stomach로 들어간다. 음식물이 인두로 들어오면 상부식도괄약근upper esophageal sphincter : UES이 열리고 연동운동에 의해 식도하부로 내려가게 된다. 음식물이 식도하부로 내려오면 하부식도괄약근lower esophageal sphincter: LES이 열려 위로 음식물이 들어가게 한 다음, 하부 식도괄약근을 닫아 위 내용물의 역류를 방지한다. 위는 음식물이 들어오면 위산, 펩신, 점액 등을 분비하고 연동운동(위는 횡문근, 환상근, 대각선근의 3층으로 이루어져 소화기계 중에서 가장 두껍고 강한 근육층을 가졌음)을 통해 음식물을 죽 같은 유미즙(카임chyme)의 형태로 만든 후, 유문괄약근pyloric sphincter을 열고 조금씩 소장으로 내보낸다.

구강에서의 소화는 저작에 의한 기계적 소화가 대부분이며, 3개의 타액선(이하선, 설하선, 악하선)에서 소화를 돕기 위한 타액이 분비된다. 타액에는 수분, 염류, 점액과 함께 아밀로오스 분해효소가 있어서 전분이나 글리코겐을 맥아당이나 덱스트린으로 분해하지만 그 작용은 미미하다. 타액에는 또한 라이소자임이 있어 외부에서 들어온 해로운 물질로부터 치아, 구강이나 식도 점막 등을 보호한다. 위에 음식물이 들어오면 위선에서 pH 2 정도의 강산성 위액이 분비된다. 위액은 벽세포에서 분비되는 염산 및 내적인자intrinsic factor, 주세포에서 분비되는 펩신pepsin, 점액세포에서 분비되는 점액, G세포에서 분비되는 호르몬인 가스트린gastrin 등을 포함하고 있다. 염산, 즉 위산은 음식물과 함께 들어온 박테리아 등을 죽이는 살균작용을 하며, 단백질을 변성시키고 펩시노겐을 펩신으로 활성화시켜 단백질의 소화를 돕는다. 만약 위벽이 그대로 위산에 노출되면 위세포도 파괴되고 소화돼 버리겠지만 점액세포에서 분비되는 점액이 위벽을 덮어 보호함으로써 염산과 펩신에 의해 소화되는 것을 방지한다. 또한 펩신도 전구체인 펩시노겐pepsinogen의 형태로 분비되어 위산에 의해 활성화되기 때문에 분비 시에는 위벽에 해를 끼치지 않는다. 그렇지만 여러 가지 이유로 이러한 본래의 방어시스템이 무너지면 위벽도 손상된다. 펩신은 내부펩티드분해효소endopeptidase로서 단백질을 펩톤으로 분해하고, 내적인자는 비타민 B_{12}의 흡수에 중요한 인자이다. 구강과 위에서의 소화액의 분비와 그 작용은 **표 3-1**과 같다.

타액의 분비 조절은 교감신경과 부교감신경에 의하며, 부교감신경의 활성이 증가하면 타액의 분비가 증가된다. 위액의 분비는 주로 위벽에서 분비되는 가스트린에 의해 촉진되고, 히스타민histamine이나 아세틸콜린acetylcholine에 의해서도 촉진된다. 위액의 분비 억제는 주로 소장에서 분비되는 세크레틴secretin, 콜레시스토키닌cholecystokinin: CCK에 의하며, 가스트린 억제 펩티드gastrin inhibitory peptide: GIP나 포도당 의존성 인슐린 촉진 펩티드glucose-dependant insulinotropic peptide: GIP 등에 의해서도 억제된다.

표 3-1 구강과 위에서의 소화

작용 기관	분비선	외분비액	작용	분비 조절	
				촉진	억제
구강	타액선 •이하선 •설하선 •악하선	수분, 염류	음식을 부드럽게 함	부교감신경	
		점액	삼키기 원활하게 함		
		라이소자임	살균		
		아밀로오스분해효소	전분, 글리코겐 → 맥아당, 덱스트린		
위	벽세포	염산(위산)	살균, 단백질 변성, 펩시노겐의 활성화, 철 또는 칼슘의 가용화	가스트린, 히스타민	소마토스타틴, 세크레틴, CCK, GIP
		내적인자	비타민 B_{12}의 안정화		
	주세포	펩신	단백질 → 펩톤	가스트린, 부교감신경	세크레틴, CCK, GIP
	점액세포	점액	위벽보호, 윤활작용		

2) 구강 및 식도 질환

(1) 구강건조증xerostomia

구강건조증은 면역체나 백혈구에 의해 외분비선의 기능이 손실되면서 일어난다. 특히 타액선의 기능 손실이 자주 발생하는 면역기능 이상질환인 쇼그렌증후군Sjogren's syndrome이나 항우울제, 항히스타민제, 항고혈압제 등 약물치료 시의 부작용, 방사선 치료 또는 당뇨병의 부적절한 관리 등 여러 질환과 관련되어 나타난다. 여러 원인에 의해 타액 분비가 감소되면 구강 감염이 쉽게 일어나 구취가 나고 치아와 잇몸 등이 손상되어 말하기도 어려워진다. 또한 음식물을 씹거나 삼키는 것이 어렵고 미각이 감소하므로 음식의 섭취량이 줄게 되어 영양소 섭취에도 문제가 발생할 수 있다. 따라서 구강건조를 막기 위해 물이나 무설탕 음료, 얼음 등을 조금씩 자주 섭취하고, 구강을 자극하지 않으면서 영양을 공급할 수 있는 죽, 수프, 고기국물, 퓌레 등 수분이 많은 유동식이나 퓌레식을 공급한다. 구강을 자극하는 시거나 짜거나 매운 음식, 건조한 음식, 딱딱한 음식, 카페인 음료, 음주와 흡연 등을 피하고 식후 이를 잘 닦아 구강을 청결하게 유지한다.

(2) 연하장애dysphagia

연하과정은 입과 혀의 근육이 음식물을 인두를 거쳐 식도로 밀어 넣으면 식도에서 연동운동에 의해 음식물을 식도 하부로 내려 보내면 하부 식도괄약근이 열려 위로 음식물이 들어가는 순서로 이루어진다. 연하장애란 이러한 일련의 과정에 문제가 생긴 것으로 여기에는 여러 생리적 조건과 신경계 등이 관여하므로 연하장애는 문제의 원인에 따라 구인두성 연하장애oropharyngeal dysphagia와 식도성 연하장애esophageal dysphagia로 분류한다.

① 원인

- 구인두성 연하장애oropharyngeal dysphagia: 생리적 기능이 저하된 노인들이나 중풍 같은 신경근육계 질환자에서 많이 발생하는 증세로, 연하반사가 거꾸로 일어나거나 혀나 다른 구강조직의 운동성이 손상되는 등 신경근육계에 문제가 생겼을 때 발생한다. 일반적으로 연하장애라고 하면 구인두성 연하장애를 의미한다.
- 식도성 연하장애esophageal dysphagia: 퇴행성 신경계 질환의 하나인 식도확장증achalasia 환자에서 흔히 발생한다. 이 경우 식도에서 연동운동이 순조롭지 않고 하부 식도괄약근의 이완이 불완전하므로 고형식과 유동식 모두 식도를 잘 통과하지 못한다. 반대로 식도의 경련, 협착, 종양 등에 의해 폐색이 일어났을 경우에는 고형식을 잘 삼키지 못하는 연하장애가 일어난다.

표 3-2 연하장애의 원인

구인두성 연하장애 (oropharyngeal dysphagia)	식도성 연하장애 (esophageal dysphagia)
• 뇌졸중 • 알츠하이머병(advanced stages) • 갑상선종 • 발달장애 • 다발성 경화증(multiple sclerosis) • 근위축증 • 중증근무력증(myasthenia gravis) • 파킨슨병 • 급성회백수염 • 루게릭병	• 식도확장증 • 식도암 • 식도경련 • 우심방비대 • 흉부 종양(폐암) • 협착(염증, 상처, 선천성 기형) • 공피증(scleroderma)

② 증상

연하장애 증상으로는 침을 흘리거나 식사 도중에 음식물을 입에 물고 있거나 음식물을 삼킨 후 기침을 하거나, 목안에 덩어리가 있는 느낌이 있고, 흡인이나 폐렴이 나타날 위험이 높아진다. 특히 구역반사gag reflex가 정상적으로 일어나지 않는 환자는 흡인증상을 빨리 알아내기 어려우므로 더욱 더 주의를 기울여야 한다. 장기적으로는 연하장애 환자들은 음식물의 섭취를 두려워하게 되므로 음식물의 섭취량이 감소하여 체중감소, 영양불량 등의 문제가 발생한다. 물이나 수분이 많은 음식을 삼키기 어려운 환자는 탈수의 위험도 증가한다.

③ 진단

음식물을 삼키기 어렵고, 사레가 잘 들리고, 쉰 목소리가 나고, 식도에 음식물이 들러붙어 있는 느낌 등의 증상으로 진단할 수 있다. 좀 더 정확한 진단을 위해서는 바리움식사를 한 후 엑스레이X-ray 촬영이나 투시조영법videofluoroscopy(삼키는 과정을 영상으로 찍는 X-ray 촬영법) 또는 내시경endoscopy으로 검사한다.

④ 임상영양치료

연하장애 환자의 임상영양치료 목표는 안전하게 음식을 삼키도록 하여 영양결핍증과 탈수, 체중감소를 막는 것이다. 환자에 따라 연하장애의 원인과 특징이 다르므로 개별화된 식사처방을 가지고 단계별 식사관리가 필요하다. 환자의 삼키는 능력은 환자의 임상상태에 따라 수시로 바뀌므로, 환자를 주의 깊게 관찰하며 환자의 삼키기 능력에 따른 적절한 식사를 제공한다.

- 충분한 에너지 섭취: 체중감소가 발생하지 않도록 충분한 에너지를 제공한다. 1회 섭취량이 부족한 경우 에너지밀도가 높은 음식을 간식으로 이용한다. 경구 섭취가 불충분한 경우에는 경장영양을 고려한다.
- 식품 및 조리법 선택: 구인두성 연하장애 환자의 경우 환자의 저작 및 삼킴능력에 맞게 음식의 질감과 점도를 조절하여 제공한다. 모든 식품은 결합조직이나 섬유질이 적은 것을 선택하여. 조직과 형태가 저작과정 동안 잘 으깨어 질 수 있도록 조리한다. 건조한 식품, 딱딱한 식품, 쉽게 가루로 부서지는 식품, 끈적끈적 달라붙는 식품, 잡곡류는 피한다. 촉촉하고 연하면서 어느 정도 응집력이 있는 식품이 좋다. 연하장애 시 주

의식품과 권장식품을 표 3-3에 제시하였다.

표 3-3 연하장애 시 주의식품과 권장식품

구분	주의해야 할 식품	권장할 수 있는 식품
곡류군	• 거친 잡곡류, 떡류, 딱딱한 빵(바게트 등), 크래커, 긴 면발(면은 짧게 잘라서 먹도록 함)	• 으깬 감자, 부드러운 빵(카스타드 등)
어육류군	• 질긴 육류, 튀긴 고기	• 부드러운 육류 및 생선(찜류)
채소군	• 질긴 채소(고사리, 미역줄기 등)	• 부드러운 채소(숙채류)
지방순	• 견과류	-
우유군	• 액상 유제품*	• 요플레(플레인만 해당) • 호상 유제품
과일군	• 껍질 과일, 말린 과일(말린 과일, 건포도 등) • 물기가 많은 과일(방울토마토, 수박 등)	• 부드러운 생과일(바나나 등) • 통조림 과일, 과일푸딩
기타	• 입천장에 달라붙는 음식(찹쌀떡, 땅콩버터 등) • 맑은 액상 음식*(물, 주스, 우유, 홍차, 커피, 콜라, 사이다 등) • 고춧가루, 후추와 같이 기침을 유발할 수 있는 식품 • 가루 형태와 같이 입안에서 쉽게 흩어지는 식품을 포함한 음식(가루로 된 약물 포함)	• 끈끈하지 않으며 점막에 달라붙지 않는 음식 • 되직한 액상 음식 • 적당한 점도가 있어 약간 걸쭉하고 부드러운 음식 • 갈고 다져서 밀도가 균일한 음식

식품 자체의 질감도 중요하지만 조리법에 따라 삼키기 용이하게 만들어야 하므로 식사 계획을 잘 세우는 것이 중요하다. 환자의 저작 및 삼킴능력에 따라 유동식, 갈음식, 다짐식, 일반식 형태로 제공한다. 일반적으로 삶아서 갈거나 다지거나 으깨는 퓌레식, 부드럽게 조리한 연식 등을 사용한다. 액체의 경우에는 삼키는 능력에 따라 농도를 달리해야 하는데 물이나 음료 같은 용액보다는 좀 걸쭉한 액체가 삼키기 용이하다. 점도증진제나 젤라틴 등을 사용하면 음료나 국물 등을 걸쭉하게 만들 수 있다. 국제 연하장애식 표준화체계 International Dysphagia Diet Standardization Initiative: IDDSI에서는 음식의 질감과 점도를 0~7 수준으로 구분하여 환자의 상태에 따라 제공할 수 있도록 제시하였다그림 3-2. 각 표준 단계별 특징 및 음식의 예를 표 3-4에 제시하였다.

- 식사 시 자세와 식사요령: 식사 시 자세와 식사도구가 식사를 안전하게 섭취하는 데 도움을 줄 수 있다. 의자에 앉아 식사를 할 경우에는 엉덩이를 의자와 90° 각도가 되

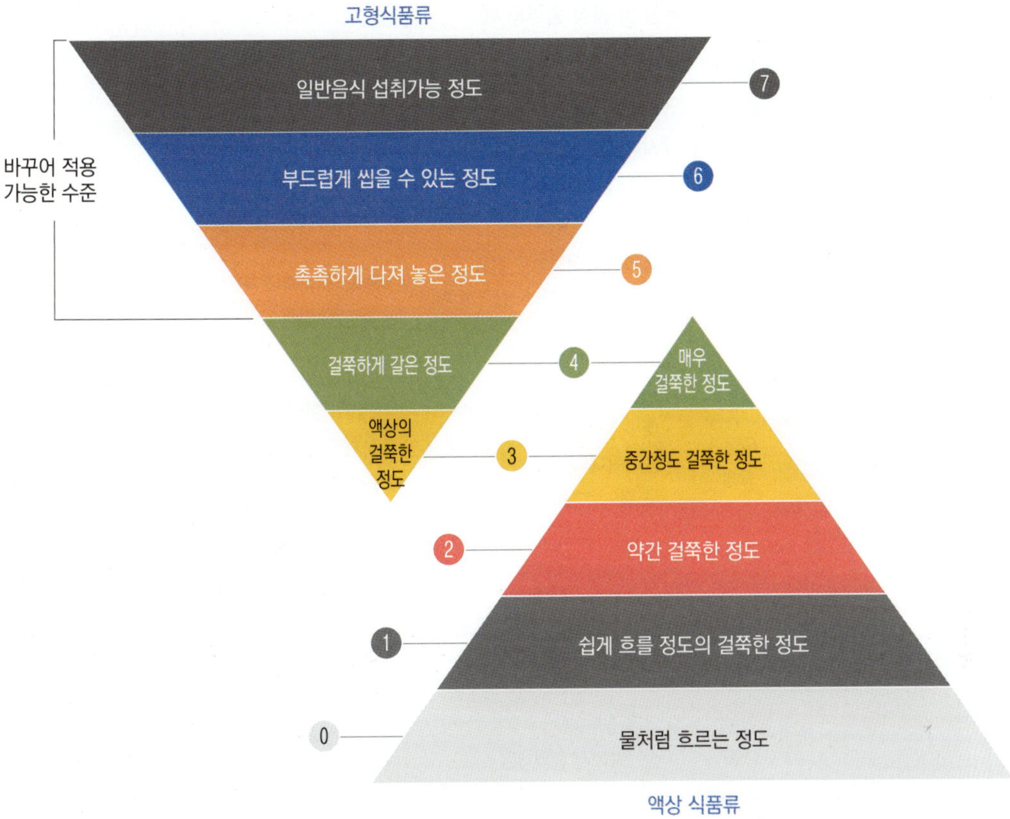

그림 3-2 연하장애식 표준 단계

출처: 식품의약안전처(2019). 저작 및 연하곤란자를 위한 조리법 안내.

게 하여 허리를 쭉 펴고 똑바로 앉도록 하고 식사 후 15~30분 동안 앉아 있는 자세를 유지한다. 만약 환자가 침대에 누워 있을 경우에는 침대 윗부분을 올리고 베개로 등 뒤를 받쳐 주어 등을 펴고 곧게 앉도록 한다.

식사도구로는 작고 평평한 숟가락을 사용한다. 음식을 삼킬 때는 턱을 아래로 당겨 고개를 앞으로 숙이고 머리를 뒤로 젖히지 않도록 한다. 식사는 조금씩 여러 번에 나누어 천천히 섭취하며 여러 번 삼키고, 입안에 음식물이 남아 있는 경우 다 삼킨 후 다시 먹도록 한다. 밥은 물이나 국에 말아서 먹지 말고 식사도중에는 말을 하지 않는다. 기침을 하는 경우 기침이 멈출 때까지 식사를 중지한다.

표 3-4 연하장애식 표준 단계별 특징 및 음식 종류의 예

단계	형태	점도	특징	음식 종류 예시
7	고형식	일반식	• 일반 음식 섭취 가능	• 부드럽고 소화되기 쉬운 일반식
6		부드러운	• 부드럽게 씹을 수 있음 • 젓가락으로 뜰 수 있으며 삼키기 전 저작 필요	• 진밥, 두부, 찐감자, 찐고구마, 완자전 • 작은건더기를 포함한 카레나 스튜류, 마파두부, 푹 익힌 생선찜, 조림
5		다지거나 갈은	• 촉촉하게 다져놓은 정도 • 숟가락으로 뜰 수 있으며 혓바닥으로 눌러 씹을 수 있음	• 흰죽, 전복죽(전복은 곱게 갈아서), 야채죽 • 덜익은 바나나
4	고형식 또는 액상	푸딩, 퓨레	• 매우 걸쭉함 • 숟가락이나 포크 사용 필요하며 컵이나 빨대로 마실 수 없음	• 달걀찜, 연두부, 푸딩 • 건더기 없는 호상 요구르트 • 감자으깸, 고구마 으깸 • 된호박죽, 팥죽(질감이 일정해야 함 새알심 제외), 껍질제거 녹두죽 • 잘익은 부드러운 바나나
3		꿀	• 중간 정도 걸쭉함 • 컵으로 마실 수 있고 입에서 큰 노력 없이 삼킬 수 있음	• 꿀, 과일 시럽, 된미음 • 묽은 호박죽, 타락죽, 묽은 잣죽 • 진한 소스류, 스프류
2	액상	진한 과즙	• 약간 걸쭉함 • 숟가락에서 흘러내림	• 진한 생과즙(껍질, 씨 제거) • 미음, 곡물음료(고운 곡물만 가능), • 밀크쉐이크, 묽은 스프류
1		맑은 과즙	• 쉽게 흘러 내림 • 물보다 점도가 약간 있음	• 맑은 생과즙(착즙), 숭늉, 맑은 미음, 맑은 육수 • 액상 요구르트
0		물	• 물같이 흐름	• 물, 차, 인스턴트 맑은 주스

출처: 식품의약안전처(2019). 저작 및 연하곤란자를 위한 조리법 안내

(3) 위식도 역류증gastroesophageal reflux disease: GERD과 역류성 식도염reflux esophagitis

위식도 역류증은 위 내용물(가끔은 십이지장 내용물까지도)이 식도 쪽으로 역류하는 현상으로 역류한 산성의 위액이 식도를 자극하여 식도점막이 헐거나 상처가 생겨 염증을 일으키는 질환을 역류성 식도염이라고 한다. 역류해온 위액이나 십이지장액 중에 함유되어 있는 위산, 펩신, 트립신, 담즙산염 등이 식도점막을 공격함으로써 염증을 일으키게 된다

① 원인

가장 흔한 원인은 위액 역류를 막아주는 하부식도괄약근LES이 약해지나 느슨해지는 것이다. 또한 괄약근의 기능을 방해하거나 식도에서 산을 빨리 제거하는 것을 방해하는 치료

조건을 가진 사람도 위식도 역류증에 걸릴 소지가 있다.

위식도 역류증이 자주 발생하는 사람은 임산부, 열공성 탈장hiatal hernia, 천식 환자들이다. 음주, 흡연, 비위강 관급식nasogastric tube feeding과 아스피린처럼 위산 분비를 촉진시키는 비스테로이드성 소염제NSAIDS 등의 약물도 위식도 역류증의 발생 위험을 증가시킬 수 있다. 항콜린성제제(파킨슨병약), 항히스타민제, 다이아제팜, 프로게스테론(피임약), 테오필린(천식약), 항우울증제 등의 약품은 하부 식도 괄약근의 압력을 약화시켜 역류증을 발생시킬 수 있는 물질이다.

이 외에도 비만, 과식, 위 내용물의 배출 지연, 복수, 식사 후 바로 눕기, 반복적인 구토, 보정속옷 착용 등도 역류증의 발생을 증가시킬 수 있다.

② 증상

위식도 역류증이나 역류성 식도염의 가장 대표적인 증상은 속쓰림heartburn이다. 위식도 역류증으로 역류성 식도염이 발생하고 심해지면 식도궤양이 된다. 식도의 염증이 나았다가 다시 염증이 생기기를 반복하게 되면 흉터와 딱지들이 엉기면서 협착이 일어나 심하면 식도성 연하장애가 생길 수도 있고, 흡인에 의해 폐로 위 내용물이 들어가면 폐질환이 생길 수도 있다. 또한 장기간 만성적으로 위식도 역류가 일어나면 식도 말단 부위의 세포가 위나 소장세포와 유사하게 바뀌는 바렛식도Barrett's esophagus가 나타나는데, 이는 식도암의 발병 위험률을 높인다. 그 외에도 구강, 인두, 후두 등에도 영향을 미쳐 충치, 인후통(목구멍이 쓰림), 후두염을 일으킬 수 있다. 어린이의 경우 구토, 연하장애 등이 일어나 식품 섭취를 거부하며 복통을 호소하기도 한다. 이러한 증상들이 심해지면 일상생활에도 영향을 미쳐 삶의 질이 크게 저하된다.

③ 약물치료와 수술

- 약물치료: 위식도 역류증의 약물치료의 기본은 위산 분비를 억제하는 것이다. 위벽세포에서 위산 생성을 감소시키는 프로톤 펌프 억제제proton pump inhibitors가 가장 효과적인 치료제이며, 경증의 역류증은 H2수용체 길항제H2 receptor antagonists와 제산제를 사용한다. 위 내용물의 배출이 지연되는 환자에게는 위장운동 촉진제prokinetic agents를 쓴다.
- 수술: 약물로 치료할 수 없는 심한 역류증 환자는 역류를 최소화하기 위해 식도하부

를 위저부로 감싸는 위저부 추벽성형술fundoplication을 실시한다.

④ 임상영양치료

임상영양치료의 목표는 위산의 역류를 막고, 염증으로 인한 증상을 완화하며 위산을 중화하면서 손상된 조직을 재생하는 것이다.

위산 역류를 막는 가장 효과적인 방법은 식사 후 바로 눕지 않는 것이다. 저녁은 잠자기 최소 3~4시간 전에 식사를 마친다. 식사는 과식하지 않는다. 특히 고지방 음식을 과식하면 하부식도괄약근LES의 압력이 낮아지고, 위 내용물의 배출이 지연되며, 위산 생성이 증가하여 위식도 역류증 발생이 증가한다.

식품 선택 시 질긴 음식, 가스발생 식품(마늘, 양파, 탄산음료 등), 매운 음식 등 자극적인 음식은 피한다. 알코올, 초콜릿, 카페인, 강한 향신료도 제한한다. 감귤류, 토마토나 튀김 등 고지방 식품은 개인에 따라 증상을 악화시킬 수 있으므로 개인의 증상에 맞추어 제한한다. 심한 식도염 환자는 드물게 천공이 생길 수도 있으므로 거친 음식은 피한다.

흡연은 하부식도괄약근LES의 압력을 저하시키고, 소화기계의 유기적 통합성을 손상시키며 식도암이나 기타 암의 발생률을 증가시키므로 금연한다. 꽉 죄는 속옷을 피하고, 비만자는 체중을 줄여야 한다. 취침 시에는 침대의 머리 쪽을 10~15 cm 높여 야간에 역류하는 것을 예방한다.

위식도 역류증과 식도염의 관리

- 많은 양의 고지방식을 피한다.
- 취침 3~4시간 전부터 먹는 것을 피한다.
- 흡연을 피한다.
- 알코올 음료를 피한다.
- 카페인 함유 식품과 음료를 피한다.
- 식사 후에는 바로 앉아 있고, 힘든 일을 피한다.
- 꽉 죄는 옷을 피하고, 특히 식사 후에는 상복부를 꽉 조이는 것을 피한다.
- 적당량의 식이섬유를 함유한 영양적으로 균형 잡힌 식사를 한다.
- 염증이 있을 때는 산성 식품과 향신료가 많은 음식을 피한다.
- 과체중이면 체중을 줄인다.

출처: National Digestive Diseases Information Clearinghouse(NDDIC), http://www.digestive.niddk.nih.gov/

3) 위장 질환

(1) 위염gastritis

위 점막에 염증이 있는 질환을 통틀어 위염이라고 한다. 급성위염은 염증과 증상이 매우 급하게 나타나는 것이고, 만성위염은 몇 달이나 몇 년에 걸쳐 증상이 심해졌다 약해졌다를 반복하며 발생한다.

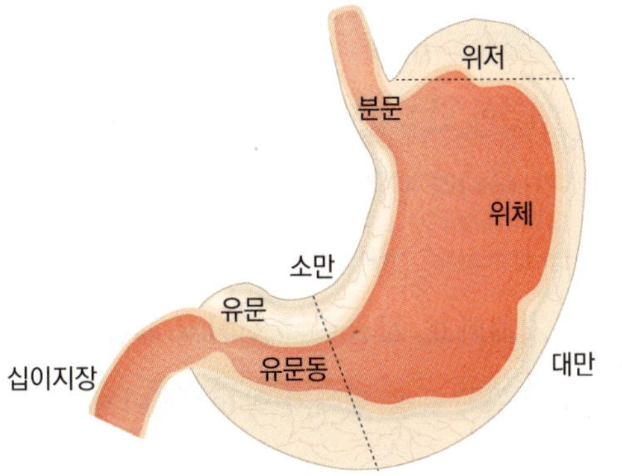

그림 3-3 위의 구조

① 원인

위염은 감염, 화학물질, 생리적 원인 및 기타 원인에 의해 발병한다표 3-5. 가장 흔한 원인은 *Helicobacter pylori* 감염과 아스피린 같은 비스테로이드성 소염제NSAIDS의 남용이다. *Helicobacter pylori* 감염은 대부분의 만성위염, 소화성 궤양, 위축성 위염, 위암의 원인이 된다.

아스피린 같은 비스테로이드성 소염제, 스테로이드, 알코올, 침식성 물질, 담배 등의 장기간 사용은 장 점막의 방어기능을 약화시켜 위염에 걸리기 쉽게 만든다. 그 외에 자가면역도 위염의 원인이 되기도 하며, 영양불량은 위염의 발생뿐만 아니라 치료를 더디게 한다.

표 3-5 위염의 원인

감염	생리적 원인
박테리아: *Helicobacter pylori*, *Actinomyces israelii* 기생충: *Cryptosporidiosis*, *nematode infection*(선충) 곰팡이: *Candida albicans* 바이러스: *Cytomegalovirus*	담즙 역류 스트레스 전신감염, 패혈증 자가면역
화학물질	**기타**
알코올 식품 약물(특히 아스피린 등의 NSAIDS) 침식성 물질 섭취 코카인	알레르기 소금 과다 섭취 이물질 방사선 치료

② 증상

미란성 위염erosive gastritis은 위 점막세포가 파괴되어 궤양이나 출혈이 생길 수 있고, 60세 이상의 노인에게서 흔히 나타나는 위축성 위염atrophic gastritis에서는 위 점막세포의 위축이 관찰된다.

위염이 만성화되면 위축이 일어나 벽세포가 손실되고 이에 따라 위산의 분비가 적어질 뿐만 아니라 내적인자intrinsic factor의 분비도 줄어든다. 위산분비가 줄거나(위산분비 저하증 hypochlorhydria) 없어지면(무산증achlorhydria) 단백질의 소화, 칼슘이나 철 등의 영양소의 흡수가 저해되고, 살균력이 떨어져 배탈이 잘 나게 된다. 또한 내적인자의 분비부족은 비타민 B_{12}의 흡수율을 떨어져 악성빈혈이 발생하기 쉽다.

③ 약물치료

원인이 되는 감염균이나 염증을 일으키는 원인물질을 제거하는 것이 우선이므로 일차적으로 항생제와 프로톤 펌프 억제제를 사용하며 원인이 되는 약물의 사용을 중지시킨다.

④ 임상영양치료

구토, 토기가 나면서 통증이 심한 급성기에는 24~48시간 절식하고 천천히 부드러운 음식부터 섭취한다. 환자가 장기간 음식을 먹을 수 없을 때는 정맥영양을 실시한다. 통증이 가라앉으면 맑은 유동식을 제공하고 이후 증세가 더 호전되면 전유동식, 연식, 일반식으로 이행하며 소화가 잘 되고 자극이 적은 음식을 섭취하도록 한다.

만성위염 시에는 위산 분비가 과다한 과산성 위염과 위산 분비가 감소된 무산성 위염의 식사관리 방법이 다르다.

- 과산성 위염: 위에 통증이나 불쾌감이 있으면 위 점막을 자극하는 식품이나 음료 등을 피한다. 즉 자극성 있는 향신료, 알코올, 커피 등은 제한한다. 산미가 강한 식초, 신 과일이나 주스나 사이다·콜라 등의 음료는 섭취 시 개인의 증상에 따라 섭취를 조절한다.
- 무산성 위염: 무산성위염 또는 위축성 위염의 경우에는 위산 부족으로 인한 단백질의 소화장애, 음식물의 살균작용 부족, 위 내적 인자의 결핍, 무기질의 흡수저하 등의 문제가 발생할 수 있다. 무산성 위염 환자에게는 식욕과 위액분비를 촉진시킬 수 있도록 파, 마늘, 생강 등의 양념을 적당히 이용한다. 부드럽게 조리된 연한 살코기, 흰살 생선,

달걀, 두부 등의 단백질을 소화능력에 맞추어서 준다. 비타민 B_{12}, 철, 칼슘 등 영양소의 흡수가 저해되어 빈혈이 올 수 있으므로 필요시 보충제를 사용한다.

(2) 소화성 궤양

정상적인 위 점막은 점액을 분비하여 위벽을 보호하고, 펩신을 전구체인 펩시노겐의 형태로 분비함으로써 위산과 펩신으로부터 위를 보호한다. 십이지장 점막도 점액분비와 함께 중탄산염을 분비하여 위산을 중화함으로써 장 점막을 보호한다. 또한 점막은 손상된 표피를 빠르게 재생하는 능력이 있고 크립트crypt에서 지속적으로 세포를 만들어 탈락시키기 때문에 상처를 빠르게 치유할 수 있다. 그러나 이러한 정상적인 방어기전과 재생기전에 문제가 생기면 점막이 손상되는 소화성 궤양이 발생한다.

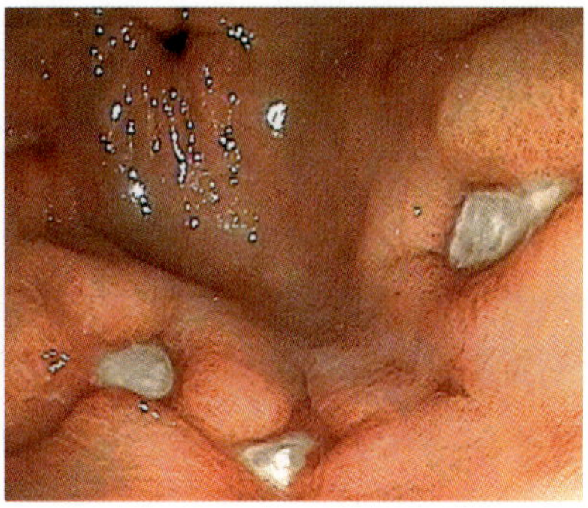

그림 3-4 위궤양

① 원인

Helicobacter pylori 감염과 아스피린 같은 비스테로이드성 소염제의 남용, 위염이 소화성 궤양의 가장 흔한 원인이고, 코르티코스테로이드corticosteroids, 스트레스도 흔한 원인 중의 하나이다. 술을 많이 마시거나 독한 술은 위 점막을 상하게 하므로 궤양을 더 악화시킨다. 흡연은 중탄산염의 분비와 점막의 혈행을 감소시키고 염증을 증가시키므로 궤양의 발병위험률을 높이고 합병증을 유발한다.

*Helicobacter pylori*는 위궤양 환자의 60% 이상, 십이지장궤양 환자의 80% 이상이 감염되어 있는 균이므로, 이 균을 조기 발견하여 치료하는 것이 궤양의 예방과 치료에 중요하다.

표 3-6 소화성 궤양의 원인

위궤양	십이지장궤양
• 유문부 기능 이상 • 십이지장-위 역류 • 위점막 방어 기능의 결함(점막 혈류 감소, 점막프로그타글란딘 prostaglandin 생성 감소 및 그로 인한 중탄산염 생성 감소) • 헬리코박터 파일로리 감염에 의한 점액층의 감소	• 위산분비능의 증가 • 위산의 기저 분비량 증가 • 식후 지속되는 분비 반응 • 위배출시간의 이상 • 십이지장 점막 방어기능의 이상 • 중탄산염의 분비 감소

② 증상

소화성 궤양의 증상은 매우 다양하다. 증상이 없거나 약간 불쾌감을 느끼는 정도부터 통증을 심하게 느끼는 정도까지 사람에 따라 다르다. 소화성 궤양의 주된 증상은 상복부 통증이다 이 외에 식욕부진, 체중감소, 오심, 구토, 속쓰림 등의 증상은 십이지장궤양 환자보다 위궤양 환자에서 더 많이 나타난다. 소화성 궤양에서 상복부 통증은 공복 시 느낄 수 있는 통증과 유사하며 이는 식사를 하면 완화된다. 십이지장궤양일 때는 식후 몇 시간이 지나면 다시 이러한 증상이 나타난다. 이러한 궤양의 증상은 몇 주나 몇 달 간격을 주기로 반복된다. 위궤양과 십이지장궤양의 차이점은 표 3-7과 같다. 위궤양은 식사에 의해 더 악화될 수 있으므로 이로 인한 식사 섭취량 감소는 체중감소로 이어질 수 있다. 궤양이 심한 경우 혈변, 토혈 등이 나타날 수 있으며, 치료하지 않으면 천공, 협착, 복막염, 패혈증 등의 합병증이 발생할 수 있다.

표 3-7 위궤양과 십이지장궤양의 비교

위궤양	십이지장궤양
• 위의 모든 부위에서 발생할 수 있지만 특히 소만 부위에 많이 발생함 • 만성위염, oxyntic cell(산 분비세포)의 염증, 나이가 들면서 산과 펩신 분비세포의 위축 등과 연관됨 • 위 운동성 저하, 위 울체, 십이지장 내용물 역류가 흔히 발생함 • 출혈이 십이지장궤양보다 더 자주 발생함	• 유문 바로 아래, 십이지장이 시작되는 몇 cm 이내에 주로 발생 • 야간의 산 분비 증가, 중탄산염의 분비 감소가 특징 • 위 배출구 폐색이 자주 일어남 • *H. pylori*에 의해 장상피화생(gastric metaplasia; 위점막 세포가 십이지장 융모세포로 바뀌는 것)이 발생할 수 있음

③ 치료

Helicobacter pylori 감염이 소화성 궤양의 주된 원인이기 때문에 이를 박멸하는 것이 중요하다. 이 균은 균주가 다양하고 내성이 다르므로 일반적으로 2~3종의 항생제와 함께 산분비 억제제나 제산제를 처방triple therapy한다. 감염이 아닌 소화성 궤양에는 처음에 프로톤 펌프 억제제나 H2 수용체 길항제H2-receptor blockers를 처방한다. 물론 환자가 아스피린 같은 비스테로이드성 소염제를 사용하고 있다면 이를 줄이거나 중지시킨다. 점막을 보호하기 위해 비스무트bismuth제제나 수크랄페이트sucralfate 같은 코팅제를 함께 주기도 한다. 이러한 약물들은 소화기 장애나 일부 영양소 흡수 장애 등의 부작용을 초래할 수 있다표 3-8. 심각한 합병증이 생기면 환자의 상태에 따라 내시경, 복강경 또는 개복수술을 통해 위절제술이나 미주신경 절제술을 실시한다.

표 3-8 소화성 궤양에 처방되는 약물과 관련된 영양문제

	소화계 문제	영양소 흡수 문제	대사이상
제산제 (magnesium hydroxide, calcium carbonate)	• 변비, 장매복증 • 반동성 과산증, 신결석, 우유-알칼리 증후군(calcium 제제) • 설사, 탈수증(magnesium 제제)	• 철, 엽산, 비타민 B_{12} 흡수 저해	• 저인산증(Al, Mg, 또는 Ca 과잉 때문) • 고마그네슘혈증
산분비억제제 (proton-pump inhibitors, H2 blockers)	• 설사, 변비, 현기증, 토기, 복통, 발진, 불면, 졸음	• 철, 엽산, 비타민 B_{12} 흡수 저해	-
항생제 (amoxicillin, metronidazole, tetracycline)	• 설사(amoxicillin, tetracycline) • 토기와 구토(tetracycline) • 미각 변화(metronidazole)	• 알코올과 metronidazole을 함께 섭취하지 말 것 • tetracycline은 철 흡수를 저해하고, 소화기에서 칼슘과 결합하여 tetracycline과 칼슘 모두의 흡수를 저해함	-
코팅제 (bismuth 제제, sucralfate)	• 변비, 설사	-	저인산증, 칼슘 저류(sucralfate)

④ 스트레스성 궤양

심한 화상, 창상, 수술, 쇼크, 신부전이나 방사선 치료 등의 합병증으로 급성으로 발생하는 궤양을 스트레스성 궤양이라 한다. 이 궤양은 심한 출혈이 오기 쉬우므로 주의해야 한다. 이 외에 소화기 저관류에 의한 위 허혈증, 산화적 손상, 담즙과 췌장액의 역류, 미생물 군락화microbial colonization, 점막 장벽의 변화 등이 올 수 있다.

스트레스성 궤양 환자는 출혈이 사망의 주요 원인이지만 효과적인 예방법이나 치료법이 아직 확실하지 않은 상황이다. 따라서 예방과 치료 차원에서 코팅제, 제산제, 필요에 따라 항생제를 처방한다. 심한 스트레스 환자에게 궤양이 생기지 않도록 하기 위해 저혈압, 허혈증, 응혈이상증 등이 발생하지 않도록 주의한다. 비스테로이드성 소염제나 다량의 코르티코스테로이드의 사용도 피하는 것이 좋다.

⑤ 임상영양치료

소화성궤양 환자의 임상영양치료 목표는 영양상태를 유지 또는 개선하면서 소화성 궤양으로 인한 증상을 최소화하고 상처 치유를 돕는 것이다. 따라서 환자에 따라 증상을 악화시키지 않는 범위 내에서 최대한 균형잡힌 영양을 공급할 수 있는 식사를 제공한다. 경구섭취 부족이 생기기 쉬우므로 불필요한 식사 제한은 하지 않는다.

오랫동안 식사가 위염이나 소화성 궤양의 원인과 치료의 중요한 요인으로 알려져 왔었으나 *H. pylori* 감염이 이러한 질병의 주원인으로 밝혀지면서 식사 요인들에 대한 재평가가 이루어지고 있다. 구강이나 식도 등에 염증이 없으면 식품의 산도도 예전처럼 주의하지 않아도 된다. 그 이유는 제산제나 산 분비 억제제 등이 매우 효과적인 데다가 주스나 음료 등의 신 식품도 pH 3~3.5 정도로 위산의 pH(1~3)보다 높기 때문에 이러한 식품의 섭취가 궤양을 더 악화시키지는 못한다. 그러나 일부 환자들은 신 음식을 먹으면 불쾌감이 나타나기도 하므로 주의한다.

궤양 발현과 밀접한 관련은 없지만(사람에 따라 다르게 나타나는) 커피와 카페인은 산 분비를 자극하고 하부식도괄약근LES의 압력을 낮추므로 궤양 환자는 피하는 것이 좋다. 고추 같이 자극성 있는 향신료들은 소량을 사용할 때는 위산 분비를 촉진시켜 소화를 돕고 점막의 증식을 도와 점막 방어능을 높여주지만, 다량 사용하면 점막 표면에 작은 물집 같은 미란이나 염증을 일으키고 소화관의 투과성이나 운동성을 변화시켜 궤양 발생률을 높인다. 특히 알코올과 함께 섭취하면 더욱 심해진다. 소량의 알코올은 다른 요인이 없으면 그 자체만으로는 궤양을 일으키지 않지만, 다량의 알코올은 점막 표면에 손상을 주므로 궤양의 발생뿐만 아니라 치료도 지연시킬 수 있다. 흡연은 상처의 치유를 더디게 하고 재발의 위험을 높이므로 금연이 필요하다.

식사를 소량씩 자주 하는 것은 위산 역류 현상을 줄이고 혈행을 좋게 하므로 권장되고 있다. 특히 잠자기 전에 많은 양의 식사를 피해서 야간에 위산 분비가 증가되는 것을 막도록 한다. 또한 일부 유산균제제probiotics가 *H. pylori* 감염의 예방 또는 치료에 도움이 될 수 있다.

(3) 위하수gastroptosis

위하수는 위가 배꼽 아래까지 내려오면서 위의 기능이 저하된 상태를 말한다.

① 원인

노인이나 습관적으로 많은 양의 식사를 하던 사람은 위 기능이 떨어지면서 위가 축 처져 위하수가 발생한다.

② 증상

위의 소화능력과 운동성이 떨어짐에 따라 위 내용물의 배출력이 저하되기 때문에 음식 섭취량이 많아지면 위가 거북하고 소화불량, 토기 등이 일어난다. 혈액순환도 좋지 못하기 때문에 손발이 차갑고 얼굴이 창백하고 숙면을 하지 못한다. 이러한 증상이 계속되면 먹는 것이 부담스러워 식욕부진이 오고, 변비도 심해진다.

③ 임상영양치료

소화가 잘되어 위에 장시간 머물지 않는 음식을 선택한다. 또한 소량씩 자주 식사(3끼 식사와 중간식)함으로써 위의 부담은 덜고 영양공급은 충분히 한다. 건조·농축되었거나 섬유질이 많은 식품, 고지방 식품, 농축된 당 등을 피하고, 수분이 너무 많은 음식도 삼가며, 주스나 음료, 우유 등 액체식품은 식사 때 마시지 말고 간식으로 먹는다. 부드럽게 조리한 육어류나 두부 등으로 충분한 단백질을 공급한다. 곡류나 채소류도 부드럽게 조리한다. 식사는 천천히 꼭꼭 씹어 먹도록 한다.

(4) 위암carcinoma of the stomach

위에 악성종양이 생기면 위 용량이 적어지고 폐색이 일어나 식품 섭취량이 줄고, 과잉의 혈액과 단백질의 손실이 일어나 영양실조가 된다. 암은 매우 빠르게 자라지만 그 증상은 매우 천천히 발현되기 때문에 자칫 간과하면 치료할 수 없을 정도가 되기 쉽다. 초기에는 식욕부진, 원기부족, 체중감소 등이 오고, 어떤 경우에는 암이 생기기 몇 년 전부터 위액결핍증achylia gastrica(산과 펩신이 분비되지 않는 증세)이 생기기도 한다.

① 원인

위암의 발생 위험요인으로는 과일과 채소 섭취부족, *H. pylori* 감염, 염장식품, 알코올, 가공육, 탄 음식, 비만, 흡연 등 잘못된 생활습관이 원인이며 유전의 영향도 받는다.

② 증상

위암 초기에는 증상이 없는 경우가 많으며, 암이 진행할수록 체중감소, 복통, 식욕부진 등이 나타날 수 있다.

③ 진단 및 치료

위암은 위내시경검사, 상부위장조영술 등을 통해 진단한다. 암의 위벽 침윤 정도, 주변 림프절 및 다른 장기로의 전이 여부에 따라 수술, 항암화학요법 및 방사선 치료 등의 치료 방법이 정해진다.

④ 위절제 수술gastrectomy

위절제술은 위암뿐 아니라 합병증이 있거나 약물치료가 되지 않는 출혈, 천공, 난치성 또는 폐색 등의 궤양 등에서도 시술한다. 또한 최근에는 극심한 비만을 치료하는 방법으로 자주 실시되고 있다.

- 종류: 위절제술에는 **그림 3-5**와 같이 위의 2/3를 절제하는 부분 위절제술subgastrectomy과 위 전체를 절제하는 위전절제술total gastrectomy이 있다. 위절제 수술의 범위는 암의 병기나 위치, 조직 특징 등에 의해 결정된다. 위 수술과 함께 미주신경절제술vagotomy을 하기도 하지만 미주신경 절제는 위산 분비를 감소시킬 뿐만 아니라 위 운동성도 떨어뜨린다. 따라서 미주신경 절제술을 실시하면 위 내용물의 배출이 지연되므로 유문 괄약근을 넓혀 주는 유문성형술pyloroplasty을 추가로 실시하기도 한다.

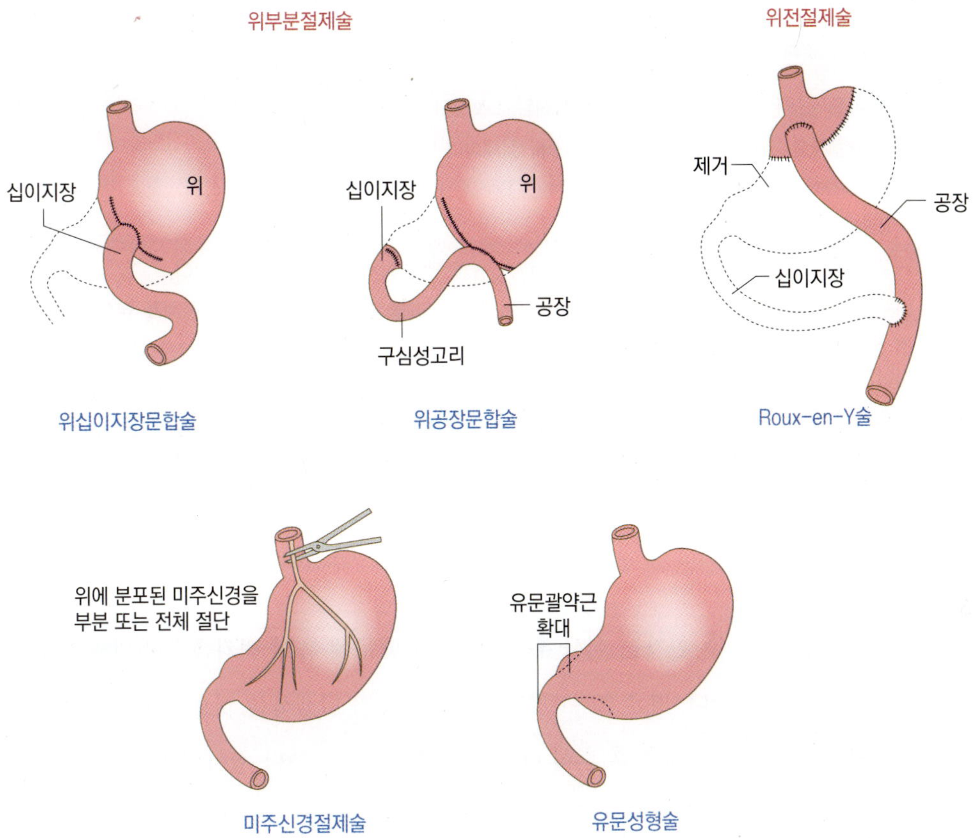

그림 3-5 위절제술

위절제술은 방법에 따라 위의 기능을 완전히 또는 일시적으로 잃기 때문에 환자는 수술 후 식사적응 기간이 필요하다.

위절제술의 종류

- 전체 위절제술(위전절제술) : 위 전체를 절제하고 식도와 공장을 연결한다.
- 부분 위절제술 : 위의 일부(대부분 위 하단)를 절제한다.
  - 위십이지장문합술(gastroduodenostomy : Billroth I) : 위를 부분 절제하고 십이지장과 연결한다. Billroth II보다 덤핑이 덜 일어난다.
  - 위공장문합술(gastrojejunostomy : Billroth II) : 위를 부분 절제하고 공장과 연결한다.
- 미주신경절제술 : 위에 분포된 미주신경을 일부 또는 전체를 절단한다. 미주신경 전체를 절제(미주신경 본간 절제술 : truncal vagotomy)하면 위 내용물의 배출을 용이하게 하기 위해 유문성형술이나 위장문합술을 실시해야 한다. 선택적으로 벽세포 미주신경 절제술(parietal cell vagotomy)을 실시하면 위산을 분비하는 위의 근위부(상부)만 영향받으므로 유문과 유문동은 정상적으로 움직일 수 있다.
- 유문성형술(pyloroplasty) : 위 내용물의 배출을 용이하게 하도록 유문 괄약근을 약간 넓혀주는 수술이며, 가끔 십이지장 역류가 일어난다.

- 합병증: 위절제술 후 환자는 식사 후 복통, 설사 때문에 음식 먹기를 두려워해서 체중감소가 발생하기 쉽다. 평균 10~15%가량 체중감소가 발생하는 것으로 알려져 있다.

덤핑증후군은 위절제술 후 흔히 나타나는 합병증으로 위나 십이지장을 절제하거나 우회했기 때문에 음식물이 소화기관을 빠르게 통과하면서 소화가 제대로 진행되지 못하기 때문에 발생하는 증상들이다. 이로 인해 저혈당과 지방흡수불량증(지방변증)이 나타날 수 있다.

지방흡수불량증은 음식이 너무 빨리 통과하는 것 외에도 소장에서 균이 과잉증식 bacterial overgrowth해서 담즙의 작용을 방해하기 때문에 발생할 수도 있다. 장기간 음식 섭취가 부족하거나 지방변증이 지속되면 필수지방산, 비타민 D나 지용성 비타민, 칼슘과 같은 무기질의 흡수불량이 나타나 골연화증이나 골다공증 같은 골질환, 빈혈, 특정 비타민이나 무기질 결핍증이 생길 수 있다.

위를 절제할 경우, 위산 분비가 부족하므로 철이나 비타민 B_{12}의 흡수가 불량해지고, 철 흡수가 일어나는 십이지장을 절제 또는 우회했을 경우에는 철 흡수부족이 더 심해지므로 빈혈은 위절제술 환자에게 흔히 나타나는 합병증이다.

⑤ 덤핑증후군

위절제술에 의해 위 유문부의 기능상실로 위 내용물의 배출이 매우 빨라져 지나치게 많은 양의 액체나 고형음식이 농축된 형태로(많은 양의 고삼투성의 음식이나 액체가) 십이지장으로 넘어가면서 일어나는 복합적인 생리적 현상이다.

- 초기 덤핑증후군: 초기 덤핑증후군은 식후 10~30분 사이에 상복부통증과 복부팽만감, 오심, 설사 등의 증상이 생기는 경우를 말한다. 식후 소화되지 않은 고삼투성 물질들이 소장으로 유입되면서 수분이 소장으로 이동하게 되어 소장은 팽창되고 혈류량은 줄어들며 연동운동은 증가하기 때문에 일어난다.

  복부팽만감, 오심, 설사 이외에 구토, 심박동 증가, 빈맥, 홍조, 발한, 어지럼증, 무력감 등도 발생할 수 있다.
- 후기 덤핑증후군: 후기 덤핑증후군은 식후 1~3시간 후에 나타나는 저혈당 증세를 말한다. 소장에서 영양소의 흡수가 빠르게 일어나면서 혈당이 급격히 오르게 되고, 이에 반응하여 인슐린이 과다분비되어 오히려 저혈당이 발생하게 된다.

  후기 덤핑증후군의 증상으로는 두통, 배고픔, 발한, 심계항진, 불안, 초조, 사고 장애, 탈력감 등의 저혈당 증세가 나타난다.

⑥ 임상영양치료

위절제 수술 후에는 섭취량 감소, 영양소 흡수 감소 등으로 영양불량이 발생하기 쉽다. 위절제수술 후 임상영양치료의 목표는 위절제수술로 인한 합병증을 최소화하면서 영양상태를 유지, 개선하여 회복을 증진시키는 것이다.

위절제 수술 직후 환자가 물을 마실 수 있으면 소량의 유동식을 시작으로 차츰 연식으로 이행하게 된다.

수술 직후에는 1회 섭취량이 적으므로 1일 6회 이상의 식사를 하도록 한다. 식사는 소화가 잘 되는 음식 위주로 구성하며, 천천히 꼭꼭 씹어 먹도록 한다. 덤핑증후군의 예방을 위해 식단은 복합탄수화물로 구성하고 단순당 함량은 낮춘다. 상처 회복을 위해 단백질은 충분히 공급하며, 지방변이 심하지 않다면 지방을 제한할 필요는 없다. 식사 중에 음료를 과량 섭취하면 덤핑증후군을 악화시킬 수 있으므로 식사 중 수분 섭취는 소량만 하고 수분섭취는 식사 사이에 충분히 한다. 식후에 20~30분간 비스듬히 기대어 있는 것은 위식도 역류 예방은 물론 위배출 시간을 지연시켜 덤핑증후군 증상을 완화시키는 데 도움이 된다.

덤핑증후군을 완화시킬 수 있는 식사관리

- 음식물이 소장으로 빨리 이동하는 것을 방지하면서 필요한 영양소를 충분히 공급하기 위해서 식사는 소량씩 자주 섭취하도록 한다.
- 식사 시 액체는 소량으로 제한한다. 그러나 탈수를 막기 위해 식사 사이에 자주 물을 섭취하여 하루에 필요한 수분을 공급한다.
- 고삼투성이거나 농축된 당을 포함한 식품(청량음료, 주스, 파이, 쿠키, 케이크, 빙과류 등)을 제한한다. 설탕 등을 양념으로 사용하는 것은 제한하지 않는다.
- 편하게 바로 앉아서 천천히 꼭꼭 씹어 먹고, 식사 후에는 적어도 20~30분간 비스듬히 기대어 앉아 있는 것이 좋다.

(5) 비만대사수술(베리아트릭 수술bariatrid surgery)

고도비만 환자를 대상으로 시술하는 비만대사수술은 체중감량 및 감량된 체중 유지, 동반질환의 개선에 효과적이다. 국내 비만대사수술의 적응증은 다음의 **표 3-9**와 같다.

표 3-9 국내 비만대사수술의 적응증

체질량지수 ≥ 35 kg/m²
체질량지수 ≥ 30 kg/m² + 비만 관련 합병증* 동반
체질량지수 27.2~30 kg/m² + 비수술적 치료로 혈당이 적절히 조절되지 않는 2형 당뇨병

*비만 관련 합병증: 2형당뇨병, 고혈압, 저환기증, 수면무호흡증, 체중 관련 관절 질환 및 보행 기능 저하, 비알코올성 지방산, 위식도역류증, 이상지질혈증, 천식, 심근병증, 관상동맥질환, 다낭성난소증후군, 가뇌종양

출처: 대한비만학회(2022): 비만 진료지침 2022

① 수술의 종류

비만대사수술의 종류와 그 특징은 **표 3-10**과 같다. 고도비만 환자에게 가장 많이 사용되는 것은 식사제한과 흡수제한이 모두 작용할 수 있는 위 우회술gastric bypass: Rouxen-Y procedure이다.

표 3-10 비만대사수술의 종류 및 비교

수술방법	조절형위밴드술(Adjustable gastric banding)	위소매절제술(Sleeve gastrectomy)	루와이위우회술(Roux-en-Y gastric bypass)	담췌우회술/십이지장전환술(Biliopancreatic diversion/Duodenal switch)
모식도	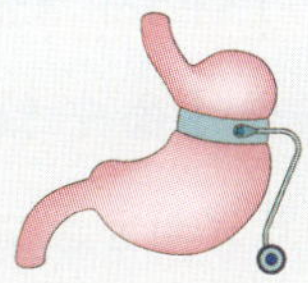	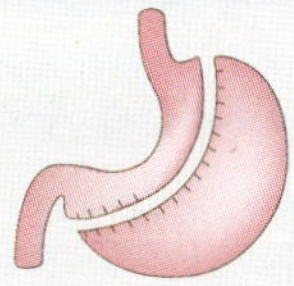	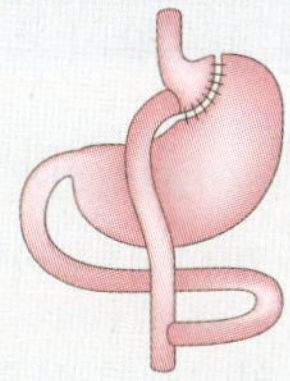	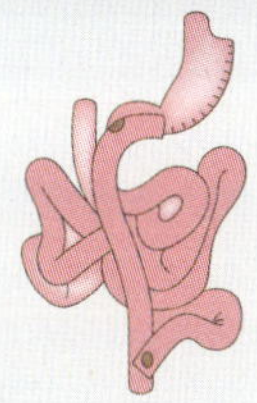
수술 역사	30여 년	10~15 년	50여 년	20여 년
수술 방법	조절형 밴드를 거치하여 15-20ml 용적의 작은 위주머니를 형성	위를 수직 방향을 따라 약 80% 절제하여 위 용적을 감소시킴	약 30ml 용적의 작은 위주머니를 형성하고 잔여 위와 상부 소장 일부를 우회함	위소매절제술 후 유문을 보존한 상태에서 십이지장-회장을 문합하여 공장 전체와 상부 회장을 우회함
체중감량 기전	식사 제한	식사 제한	식사 제한 + 일부 흡수 제한 유도	식사 제한 + 흡수 제한
가역성	완전 가역적	비가역적	부분적으로 가역적	부분적으로 가역적
체중감량 효과 (중장기 초과 체중감소율, %EWL*)	2년: 50% 10년: 40%	2년: 60% 10년: 5~55%**	2년: 70% 10년: 60%	2년: 70~80% 10년: 70%
장단점 및 합병증	체내 삽입한 이물질로 인한 장기 합병증 발생이 상대적으로 빈번하여, 최근 시행 빈도 급감하는 추세 (10년내 30%-40%가 밴드 제거 혹은 교정 수술 필요)	수술 후 위식도역류질환 발생 혹은 악화 가능. 장기추적 시 체중재증가 발생 빈도가 상대적으로 높음.	우회된 위에 대한 정기적 내시경 검진이 어려움. 덤핑증후군, 변연부 궤양의 발생위험이 있음. 미량원소 결핍이 발생할 수 있어 주기적인 검사 및 적절한 보충이 필요	단백질 및 미량영양소 결핍의 발생이 빈번하여 평생 결핍 가능한 영양소의 보충 섭취가 필요함

* Percentage of excess weight loss = 체질량지수 25 kg/m^2 기준으로 초과된 체중의 감소율

** 10년 이상 장기 추적 데이터가 아직 충분하지 않은 상태임.

출처: 대한비만학회(2022). 비만 진료지침 2022

② 임상영양치료

수술로 만든 작은 위는 처음에는 몇 큰술 정도의 크기지만 어느 정도 후에는 약 1/2컵 정도가 된다. 따라서 첫날에는 무설탕의 맑은 용액과 저지방 고기국물을 공급하고, 점점 유동식에서 퓌레식, 고형식으로 이행한다. 부드럽게 삶은 살코기와 채소류, 삶은 과일 등이

수응하기 좋다. 위 용량이 작으므로 소량씩 먹어야 하고, 음료 등의 액체는 식사 이외의 시간에 먹어야 위가 팽창되어 당기는 것을 막을 수 있다.

단백질은 하루 체중 kg당 1.5 g의 고단백 식사가 필요하며, 필요 시 단백질 보충제를 이용한다. 또한 위용량이 축소됐기 때문에 위액 분비와 식사량이 적어져 영양소 흡수량이 적어지므로, 철, 칼슘, 비타민 B_{12} 등의 비타민과 무기질의 부족증이 올 수 있다. 따라서 수술 후에는 복합 비타민/무기질 보충제를 섭취하도록 권장한다. 위 우회술을 실시한 환자는 덤핑증후군이 일어나기 쉬우므로 주의한다.

비만대사수술 후 체중감량을 위한 식사관리 원칙

- 처음에는 위 용량이 매우 적으므로 수술한 소낭이 가득 찬 느낌(위 부분에 압력, 약간의 토기, 상부 흉곽이나 어깨에 통증)을 알아차리는 것을 배운다.
- 1회 식사량은 소량으로 하고, 작은 수저를 사용하여 한 번에 조금씩 먹는다.
- 구토를 막기 위해 소량의 식사를 천천히(20분 이상) 꼭꼭 씹어 먹는다.
- 식사 직후에는 음료나 물을 과량 마시지 않는다. 액체는 식사 사이에만 마신다. 고열량 음료(식혜, 알코올 음료, 밀크셰이크 등)를 삼가고, 탄산음료도 가스를 발생시키므로 피한다.
- 탈수를 막기 위해 식사 사이에 적당한 양의 물을 섭취하여 하루에 필요한 수분을 공급해 준다.
- 운동은 수술 후 체중이 감소되는 동안 근육량을 유지시켜 주는 데 필요하므로 규칙적으로 운동한다.

2. 하부 소화기 질환

1) 하부 소화기계와 기능

하부 소화기계는 그림 3-6과 같이 소장과 대장을 말하며, 그 기능은 다음과 같다.

소장으로 들어온 유미즙chyme은 담즙, 췌장액과 섞여 소화와 흡수가 일어나고 연동운동과 분절운동을 통해 소장의 세 부분, 즉 십이지장duodenum, 공장jejunum, 회장ileum을 지나 대장으로 들어간다. 대장이 시작하는 부위에 회맹판ileocecal valve이 있고, 바로 그 밑에 맹장이 있지만 장 내용물은 이를 비껴 지나간다. 대장 내용물은 상행결장ascending colon, 횡행결장transverse colon, S상결장sigmoid colon을 지나면서 수분과 전해질 등이 흡수되어 반고형상태의

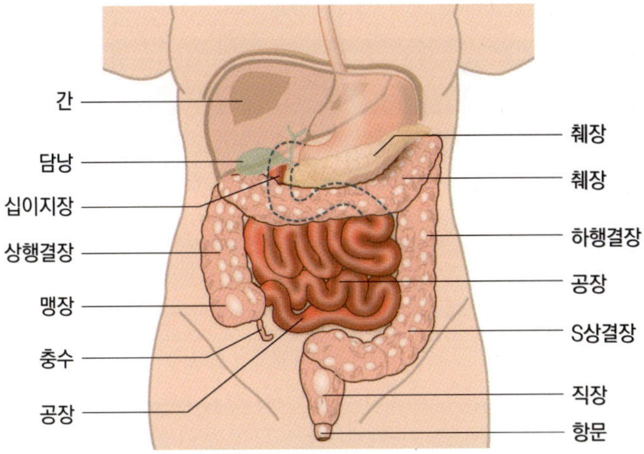

그림 3-6 하부 소화기계

변으로 만들어져서 직장rectum을 거쳐 항문anus에 이르게 된다.

위에서 소량씩 배출된 유미즙은 소장에서 대부분의 소화와 흡수를 거친다. 소장의 상부, 즉 십이지장으로 췌장에서 분비된 췌장액과 담낭에 저장되었던 담즙이 배출되고 소장벽에서 소장액이 분비되어 3대 열량영양소의 소화와 대부분의 영양소 흡수가 이루어진다. 췌장은 음식물(유미즙)이 소장으로 내려오기 직전에 중탄산염과 많은 효소를 분비하여 췌장관을 통해 십이지장으로 내보낸다. 중탄산염은 위산을 중화함으로써 췌장액과 소장액의 효소들이 작용할 수 있는 최적의 pH를 만들어준다. 담즙은 간에서 만들어져 담낭에 저장되어 있다가 총담관을 통해 십이지장으로 배출된다. 총담관은 십이지장으로 들어가기 직전에 췌장관과 합해진다. 담즙은 지방을 유화시켜 지방분해효소가 잘 작용할 수 있게 해준다. 소장에서의 소화액의 분비와 그 작용은 표 3-11과 같다. 대장에서는 소화과정은 일어나지 않고 흡수되지 않은 물과 전해질 등을 재흡수하여 변을 형성하는 것이 주된 기능이다. 이외에 소장에서 소화되지 않은 물질, 예를 들어 일부 식이섬유는 대장의 박테리아에 의해 발효되어 물, 가스, 저급 지방산을 만들고, 생성된 저급 지방산은 흡수되어 대장세포의 에너지원이 된다.

표 3-11 소장에서의 소화

분비기관	분비선	작용기관	외분비액	작용	분비자극
췌장	도관세포	소장	중탄산염	위산(유미즙)의 중화	세크레틴
	외분비세포		아밀로오스 분해효소	전분, 글리코겐 → 맥아당, 덱스트린	CCK, 부교감신경(소장 내 지방산과 아미노산 농도)
			지방 분해효소	중성지질 → 지방산 + 글리세롤	
			트립신	펩톤 내부의 펩티드 결합 분해 → 작은 펩티드	
			키모트립신		
			카르복실 말단 분해효소	작은 펩티드의 카르복실 말단 분해 → 더 작은 펩티드, 아미노산	
간	담낭	소장	담즙	지방의 유화	CCK(지방식)
소장	상피세포	소장	중탄산염	위산(유미즙)의 중화	세크레틴
	소장벽		점액	장벽보호, 윤활작용	
			맥아당 분해효소	맥아당 → 포도당	
			서당 분해효소	서당 → 포도당 + 과당	
			유당 분해효소	유당 → 포도당 + 갈락토오스	
			아미노 말단 분해효소	작은 펩티드의 아미노 말단 분해 → 더 작은 펩티드, 아미노산	
			디펩티드 분해효소	디펩티드 → 아미노산	
			엔테로키나아제	트립시노겐 → 트립신	

2) 이완성변비constipation

우리나라는 과거와는 달리 서구식의 식사와 육체적 운동 부족 때문에 변비 환자가 많아졌다. 변비는 특히 젊은 여성들에게서 흔히 나타나는 장질환 중의 하나이다. 일반적으로 배변횟수가 일주일에 3번 이하일 때 변비라고 진단하고, 그 외에 너무 단단한 변을 보거나 배변 중 지나치게 긴장하는 것도 변비에 포함한다. 정상적인 성인은 대부분 하루 1회, 약 100~200 g의 변을 보지만, 소화기계의 정상적인 통과시간이 대략 18~48시간이므로 3일에 1번에서 하루 3번까지를 정상적인 배변횟수로 친다. 어린이는 성인보다 배변횟수가 많아서 유아는 하루에 평균 2~3번 변을 보고, 3세 정도까지는 하루 1.5번 정도 배변한다.

예전에는 변비를 이완성변비와 경련성변비로 나누었으나 최근에는 변비라 하면 이완성변비를 말하고, 경련성변비는 과민성 대장증후군irritable bowel syndrome이라 한다. 과민성 대장증후군은 본 장의 후반부에서 설명한다.

(1) 원인

정상인에서 변비는 주로 식이섬유를 적게 함유한 식사, 적은 식사량, 운동 부족 등에 의해 발생한다. 그 외에 배변욕구를 참는 것, 수분 섭취 부족, 하제의 만성적 사용 등이 원인이 될 수 있고, 스트레스를 받거나 화가 나면 변비증상은 더 심해진다. 여자가 남자보다 변비증세를 더 자주 호소하는 경향이 있으며, 임신 시에는 자궁이 대장을 누르므로 더욱 그러하다. 또한 나이가 들면 장운동이 약해져 변비가 더 자주 발생하며, 노인에서는 배변횟수보다 배변 시 지나친 긴장(지나치게 힘쓰는 것)이 더 문제가 된다.

변비는 질병 때문에 발생할 수도 있다. 즉 당뇨병, 갑상선기능저하증, 만성신부전, 고칼슘혈증 등 대사질환에서뿐만 아니라 이분척추증, 파킨슨병, 다발성 경화증 등 신경계 질환에 의해서도 발생한다. 그 외에도 암이나 소화기계 질환, 치질 등에 의해서 발생한다. 이완성변비의 원인은 표 3-12와 같다.

표 3-12 변비의 원인

신체적·신경계적·대사적 원인	소화기계적 원인
• 약물의 부작용 • 대사와 내분비계 이상: 당뇨병, 요독증, 갑상선기능저하증, 고칼슘혈증 • 이분척추증 • 파킨슨병 • 운동 부족 • 배변욕구의 무시 • 대장의 혈관질환 • 수의근의 조절 기능을 약화시키는 근신경계 질환 • 저식이섬유 또는 바람직하지 않은 식사 • 임신	• 암 • 상부 소화기계 질환 • 대장 질환으로 인해 대장으로 배출 부전(대장 무력증), 항문 직장 기형 또는 폐색이 생겼을 때 • 과민성 대장증후군 • 치질 • 하제 남용 • Hirschprung's disease(선천성 거대결장)

출처: Delillo AR & Rose S (2000) : Functional bowel disorders in the geriatric patient: constipation, fecal impaction and fecal incontinence. Am J Coll Gastroenteral 95; 901

(2) 임상영양치료

심하지 않은 기능적 변비는 우선 적당한 식이섬유를 함유한 식사, 수분섭취와 운동을 하고, 배변욕구가 언제 일어나는지 관심을 갖도록 하는 것이 중요하다.

과일, 채소와 전곡류 등에 함유된 식이섬유는 수분흡수와 장운동을 촉진시켜 장 통과 시간을 줄이므로 부드럽고 부피가 큰 변을 쉽게 볼 수 있게 한다. 그러나 지나치게 많은 식이섬유는 가스를 발생시켜 헛배부름 같은 복부 불쾌감을 유발할 수 있으므로, 개인의 나이나 상태에 따라 식이섬유를 점차적으로 늘려 고식이섬유 식사를 하는 것을 권장한다. 즉 성인의 식이섬유 충분섭취량은 여자 20 g, 남자 30 g이므로 식사에 전곡류 시리얼이나 전곡류 빵, 잡곡밥 등과 콩류, 채소류, 과일류, 해조류나 견과류를 적은 양부터 시작하여 점차 양을 늘리면 헛배부름, 복명borborygmus, 경련 등이 생기지 않는다. 이러한 식품의 첨가로 부족할 경우에 음료에 밀기울이나 분말 식이섬유 보충제 등을 첨가하여 식이섬유의 양을 늘린다. 고식이섬유 식사는 권장섭취량보다 많은 양의 식이섬유를 처방하는 것이지만 하루 50g 이상의 식이섬유는 권장하지 않는다. 고식이섬유는 가스, 복부팽만, 헛배부름 등의 문제를 야기할 수 있기 때문이다. 또한 수분을 충분히 섭취하지 않으면 위석phytobezoars이 생길 수 있고 오히려 변이 단단해질 수도 있으므로, 고식이섬유 식사 시에는 물을 충분히 섭취하여야 한다. 서양자두(푸룬)에는 dihydroxyphenyl isatin이 있어 변비에 도움을 주므로 말린 자두나 주스 등을 섭취하는 것도 좋다.

변비 환자는 적당한 육체적 운동이 필요하고, 변의가 생기면 참지 말고 즉시 행동에 옮기도록 하며, 오랜 시간 무리하게 배변하지 않도록 한다.

식이섬유와 잔사

식이섬유(dietary fiber)

사람의 소화효소에 의해 분해되기 어려운 난소화성 고분자 물질로 셀룰로오스, 헤미셀룰로오스, 펙틴, 검, 리그닌, 난소화성 전분이나 소당류 등을 포함한다.

잔사(residue)

식이섬유를 포함하여 소화, 분비, 흡수, 발효과정을 거친 후 마지막으로 대장에 남은 물질을 총칭한다. 예를 들어, 락토오스는 유당불내증인 사람에게는 잔사가 되어 배변을 돕는다.

표 3-13 식이섬유가 많은 식품

곡류 및 콩류	강낭콩, 팥, 대두, 완두콩 등의 콩류 / 보리, 녹두, 수수, 율무, 조, 옥수수 등의 잡곡류 / 빵류와 밀가루 / 고구마, 메밀국수, 현미, 시리얼(아몬드 플레이크), 두부, 통밀빵, 피자, 국수
채소류	무말랭이, 건호박, 건취, 건표고 등 말린 채소류 및 버섯류 / 쑥, 깻잎, 마늘, 취나물, 냉이, 마늘종, 고사리, 파(김치), 더덕, 풋고추, 고춧잎, 토란대, 셀러리, 아욱, 우엉, 도라지, 갓(김치), 고구마줄기, 늙은 호박, 열무(김치), 시금치, 당근, 배추(김치)
과일류	대추, 밤, 건포도, 곶감, 말린 바나나 등의 말린 과일류 / 파인애플, 참외
해조류, 종자류 및 견과류	미역, 김, 다시마, 파래 / 들깨, 깨 / 땅콩, 아몬드, 호두, 해바라기씨

(3) 약물치료와 수술

적절한 식사와 수분 섭취, 운동 등으로 증상이 개선되지 않으면 polyethylene glycol, tegaserod, psyllium seed, lactulose 등을 사용할 수 있다. magnesium hydroxide나 sodium sulfate 같은 삼투성 하제나 senna, caster oil 등 장 자극성 하제의 사용은 주의를 요한다. 필요하면 관장과 좌약도 사용한다. 식사와 하제로도 변비가 개선되지 않는 환자는 대장수축을 자극하는 약을 처방할 수 있고, 골반 근육을 잘 이완시키는 신체적 훈련도 효과적일 수 있다. 암이나 거대결장같이 극단적인 경우에는 최후의 수단으로 대장절제술이나 결장루 형성술colostomy을 실시한다.

장내 가스(헛배부름: flatulence)를 유발하는 물질

- 식이섬유 : 소화되지 않은 식이섬유가 대장의 박테리아에 의해 발효되면서 부산물로서 가스가 발생함
- 불완전하게 소화되거나 흡수된 탄수화물 : 과당, 당알코올(솔비톨, 만니톨, 말티톨), 콩류에 함유된 난소화성 다당류(라피노오스, 스타키오스), 곡류제품이나 감자에 함유된 저항성전분 등도 대장 박테리아에 의해 가스를 생성함

장내 가스 유발 식품

•고사리, 고비	•양배추	•양파
•꼬마 양배추(브루셀 스프라우트)	•브로콜리	•콜리플라워
•부추	•순무	•옥수수
•땅콩	•마른 콩류	•맥주
•배	•과일주스	•사과
•감자, 고구마	•마른 버섯류	•유제품(유당불내증이 있는 사람)

3) 설사diarrhea

설사는 여러 원인에 의해 소화기로 수분의 유출이 증가하거나 삼출이 일어나 수분이 많은 장 내용물이 그대로 배출되는 것이다. 설사는 변비와는 반대로 액체 같은 묽은 변을 빈번하게 배출하는 것이 특징으로, 수분 손실과 나트륨이나 칼륨 같은 전해질의 손실이 과도하게 일어날 수 있다. 소장 내용물이 빠르게 이동하여 소화효소에 의한 식품의 소화가 잘 일어나지 못하는 만큼 영양소나 수분의 흡수는 줄어든다. 대부분의 설사는 하루 이틀이면 큰 문제 없이 회복되지만, 심한 설사나 일정기간 이상 지속되는 설사는 탈수와 전해질 불균형을 초래한다. 만성적으로 설사가 일어나면 체중손실이 오고 영양실조가 될 수 있으므로 원인을 빨리 찾아내야 한다. 또한 설사가 아주 심한 경우에는 열, 경련, 소화불량, 출혈 증세 등도 함께 일어나므로 주의한다.

(1) 원인

염증성 질환, 곰팡이, 박테리아, 바이러스 등의 감염, 약물, 당의 과잉 섭취, 장점막의 기능부전이나 손상, 소화계 수술, 영양실조 등이 원인이다. 설사는 보통 삼투성 설사와 분비성 설사로 나뉜다. 그 외에 점막의 손상에 의한 삼출성 설사와 항생제와 같은 약물성 설사 등도 있다.

삼투성 설사는 소장에서 영양소 등 삼투성 물질이 잘 흡수되지 못해 일어나는 것으로, 결장의 삼투압이 높아지므로 혈액의 수분이 결장으로 이동하게 되어 이 같은 설사가 발생하게 된다. 주로 락토오스, 잘 소화되지 않는 당류(과당, 당알코올)의 과잉 섭취, 마그네슘이나 인을 함유한 하제 사용, 덤핑증후군 등에 의해 일어난다.

분비성 설사는 박테리아 독소, 바이러스, 소장 호르몬의 증가 등으로 소장상피세포가 물과 전해질을 과도하게 분비해서 일어난다.

삼출성 설사는 점막의 손상으로 점액, 장액, 혈액, 혈장 단백질 등이 유출됨으로써 장에 전해질과 수분의 축적이 일어나 발생하며, 프로스타글란딘과 사이토카인의 유출도 일어난다. 크론병, 염증성 장염, 방사선에 의한 장염 등에서 특징적으로 삼출성 설사가 일어나며, 분비성이나 삼투성 설사도 동시에 일어날 수 있다.

약물성 설사는 여러 약제에 의해 일어나지만 특히 항생제에 의해 발생한다. 정상일 때 소화되지 않고 대장으로 들어온 소량의 탄수화물이나 아미노산(삼투성 물질)은 대장 내 박테리아에 의해 가스와 단쇄지방산short-chain fatty acids: SCFAs으로 바뀌고, 생성된 단쇄지방산은 장에서 흡수되면서 전해질과 물의 흡수를 용이하게 해준다. 그러나 광역 항생물질에 의해 장내 박테리아의 수가 줄어들면 이러한 작용이 감소하므로 대장에 삼투성 물질, 전해질과 물이 축적되어 배출됨으로써 상당한 수분의 손실이 초래된다. 또한 항생제는 종류에 따라 장 운동성이나 분비기능 같은 장 기능에 직접 영향을 미치기도 하고, 몸에 이로운 균까지 죽임으로써 병원성균이 증식할 수 있는 기회가 많아져 병원성균과 그 독소가 물과 전해질의 흡수를 줄이고 분비는 증가시켜 설사를 유발한다.

바이러스, 박테리아, 원생동물 등의 감염이나 약물의 부작용으로 일어나는 급성설사는 갑자기 시작되며 몇 주간 지속될 수 있다. 한 달 이상 지속되는 만성설사는 소화기계의 운동성 변화, 염증성 장질환, 감염, 내분비 장애나 흡수불량 장애, 방사선 조사 등 여러 원인에 의해 일어난다. 그 외에 관급식의 부작용이나 상당 기간 음식을 먹지 않았다가 음식을 먹기 시작할 때도 설사가 일어난다.

(2) 임상영양치료

설사는 질병에 따른 증상이기 때문에 먼저 그 원인을 파악하여 치료하는 것이 중요하다. 그다음으로 유의해야 할 점은 수분과 전해질의 보충이다. 칼륨과 나트륨 같은 전해질의 손실은 칼륨을 첨가한 경구 포도당·전해질 용액을 사용해 보충해준다. 경구 수분 보충액은 물, 소금, 설탕 등을 이용해 만들 수도 있다표 3-14. 시중에서 판매되는 스포츠음료는 나트륨 함량이 낮아 심한 설사 환자의 나트륨 손실을 보충해 줄 수 없으므로 사용하지 않는 것이 좋다. 난치성 설사의 경우, 특히 영아나 어린이일 경우에는 정맥영양parenteral nutrition이 필요할 수도 있다.

표 3-14 경구 수분 보충액(oral rehydration solution)

성분 조성		조제법
포도당(g/100mL)	20	물 1L
나트륨(mEq/L)	90	3.5g 염화나트륨(소금)
칼륨(mEq/L)	20	2.5g 중탄산 나트륨
염소(mEq/L)	80	1.5g 염화 칼륨
중탄산(mEq/L)	30	20g 포도당
삼투농도(mOsm/L)	330	

출처: World Health Organization: Guidelines for cholera control, WHO/COD/Ser/80.4, Rev 1, Geneva, 1986
용액은 24시간마다 신선하게 제조해야 함.

(3) 식사관리

설사의 원인이 다양하므로 원인과 정도에 따라 다르지만 우선 전해질 용액, 수프나 국물, 야채주스, 기타 등장액 등으로 수분과 전해질을 공급하고, 그 다음으로 저잔사, 저지방, 락토오스가 없는 식사를 권장한다. 즉 고삼투성 탄수화물류, 수분의 분비를 촉진하는 성분, 장 통과시간을 빠르게 하는 성분 등을 제한하는 식사이다.

저잔사식은 다량의 식이섬유, 저항전분, 락토오스, 과당, 당알코올 등과 같이 결장에 잔사를 남기는 식품을 제한하는 것이다표 3-15. 과당과 당알코올은 흡수율이 낮으므로 장으로 수분을 끌어들여 삼투성 설사를 유발하고, 유당불내증이 있는 사람도 같은 이유로 우유나 유제품에 의해 설사를 유발하므로 주의한다. 지방식품은 때에 따라 장 통과시간을 단축시켜 설사를 악화시킬 수 있으므로 주의한다. 장내가스 유발 식품도 복부를 팽창시켜 불편하므로 피한다. 카페인이 장 운동성을 촉진시켜 수분의 재흡수를 방해하고 장액의 분비를 촉진시키므로 커피와 차는 피한다. 알코올 역시 장액의 분비를 촉진시키므로 제한한다.

또한 적당량의 식사와 함께 펙틴, 과당분해 소당류, 이눌린, 귀리, 바나나 플레이크, 치커리 등의 프리바이오틱prebiotics이 함유된 보충제를 사용하는 것도 도움이 된다. 프리바이오틱은 락토바실러스나 비피더스균의 성장을 촉진해 다른 병원성 균의 과성장을 막아 주기 때문이다. 예를 들어 분유를 먹이는 영아의 경우, 분유에 사과 펙틴이나 바나나 플레이크를 첨가해 주면 설사 증세가 개선될 수 있다. 유익한 장내 세균총을 재건해 주는 박테리아 급원의 프로바이오틱probiotics의 섭취도 도움이 될 수 있다. 이것은 배양한 식품의 형태(요구르트)

표 3-15 저잔사식에서 제한해야 하는 식품

제한식품	주의점
락토오스(유당불내증의 경우)	• 유당불내증이 있어도 건강한 사람은 6~12g 정도의 섭취는 문제를 일으키지 않지만, 개인차가 많으므로 주의할 것
솔비톨, 만니톨, 자일리톨(하루 10g 이상), 과당(한 끼에 20~25g 이상)	• 과량은 설사, 가스, 복통 등을 일으키므로 주의할 것
식이섬유(20g 이상), 저항성 전분(특히 콩과류에 함유된 라피노오스와 스타키오스)	• 소화기 질환이 있더라도 중정도의 양(10~15g)은 소화기 내용물의 농도를 정상적으로 유지하는 데 도움이 됨
설탕(한 끼에 25~50g 이상)	• 많은 양은 고삼투성 설사를 일으키거나 발효에 의해 단쇄지방산을 생성하므로 변의 pH가 낮아짐
카페인, 알코올 음료	• 장액 분비 증가와 결장의 운동성 증가

거나 보충제의 형태로 섭취하며 항생제에 의한 설사antibiotic-associated diarrhea: AAD, 여행 시 설사, 박테리아 과잉증식, 소아 설사 등에 꽤 효과적이다. 예를 들면 *L. bifidus*, *Streptococcus thermophilus*, *Lactobacillus GG*, *Saccharomyces boulardii* 등이 효과가 있다.

감염성 설사의 경우, 장출혈에 의해 철의 손실이 일어나면 빈혈이 생길 수도 있다. 또한 융모의 변화나 소화효소의 분비 저하 등으로 흡수불량이 일어나면 영양소 결핍이 올 수 있으므로, 설사가 조금 완화되면 식이섬유량을 정상보다 조금 늘려주는 것이 정상적인 점막 기능을 회복시켜 주고 전해질과 수분의 흡수를 증가시키고 변을 굳게 하는 데 도움이 될 수 있다.

4) 과민성 대장증후군(경련성변비)irritable bowel syndrome: IBS

과민성 대장증후군은 불분명한 원인에 의해 대장이 영향을 받아 복통과 헛배부름, 변비와 설사 등의 증세를 일으키는 흔한 장 질환이다. 주로 설사를 하는 환자, 설사나 변비가 반복되는 환자가 있다. 전형적인 증상은 청소년기부터 40세 정도에서 시작하고, 남성보다는 여성에게서 더 많이 발생한다. 심한 경우에는 학교나 직장에 가기를 꺼리고, 일의 능률도 떨어지며 생활의 질까지 떨어질 수 있다.

(1) 원인

원인은 아직까지 불분명하다. 어떤 연구에서는 이 질환의 원인으로 감염이 맨 처음 소화기 교란을 일으키고, 감염이 치료된 이후에도 소화기 조직에서는 이에 대한 예민성이 지속되기 때문이라고 제안하고 있다.

환자는 식사, 소화기 호르몬과 스트레스에 결장이 과민하게 반응하는 경향을 보인다. 많은 환자는 정상적인 장의 팽창에 과민반응을 보이고 정상적인 음식물의 이동과 장내 가스에 대해 불편함을 느낀다. 그리고 식사 후에 장의 운동성이 지나치게 빨라져 설사를 일으키거나 반대로 늦어져 변비를 일으킨다. 증세는 직장의 변화, 여행, 격리, 불편한 사회적 상황 등 생활에서 받는 정신적 스트레스에 의해 더심해지고, 특히 스트레스가 많은 시기에 이 질환이 시작된다.

식사와 스트레스 이외에 증세를 악화시키는 요인으로는 하제나 의사의 처방 없이 파는 약제의 남용, 항생제, 카페인, 장 질환, 수면과 휴식의 불규칙, 불규칙적인 수분 섭취 등이 있다. 어떤 식품에 대해 알레르기나 과민성이 있는 가족력도 이 증후군을 악화시키는 요인이다.

(2) 치료

과민성 대장증후군의 치료는 약물, 식사, 상담, 교육 등을 통해 실시한다. 소화기의 운동성, 장의 과민성, 또는 정신적 증세 등의 정도에 따라 약물을 처방할 수 있고, 긴장완화와 스트레스를 감소시키는 기술 등도 유용하다. 약물로는 지사제, 항콜린성 제제, 항우울제, 하제 등이 처방되지만 모든 환자에게 다 효과적이지는 않다.

(3) 임상영양치료

임상영양치료의 목적은 환자의 특별한 소화기 패턴에 맞는 식사(맞춤식사)를 만들어서 적절한 영양섭취를 돕고, 증상의 관리에 식품이 얼마나 중요한 역할을 하는지에 대해 설명하는 것이다. 양질의 식사는 모든 사람에게 중요하지만 과민성 대장증후군 환자에게는 특히 중요하다. 많은 양의 식사, 지방의 과잉, 카페인, 당류(유당, 과당, 솔비톨 등), 알코올 등은 증상을 악화시키므로 피한다.

식이섬유의 섭취량을 늘리는 것이 일반적으로 권장되지만 권장섭취량 수준을 넘는 것은 피한다. 일부 환자에서는 많은 양의 식이섬유 섭취가 오히려 증상을 악화시킬 수 있기 때문이다. 환자가 식품으로 적당량의 식이섬유를 섭취하지 못할 때는 부피를 늘려 배변을 도와주는 실리움(차전자) 같은 제품을 사용하며, 이때 적당한 수분을 섭취하는 것도 잊지 않아야 한다.

환자들에게는 흔히 알레르기나 과민성을 보이는 식품들이 있지만, 환자가 문제를 일으킬 것이라고 예상하는 식품이 모두 증상을 일으키는 것은 아니므로 이를 객관적으로 잘 평가해서 제한한다. 그렇지 않으면 불필요하게 많은 식품을 제한하게 된다. 유당불내증이 있으면 우유와 유제품을 제한한다.

소량씩 자주 식사하는 것과 지방식품을 피하는 것이 도움이 되고, 정신적 상담과 치료도 도움이 된다.

5) 셀리악병celiac disease: gluten-sensitive enteropathy

(1) 원인

정상인의 소화기의 면역체계는 수많은 식품과 세균총들에서 유래한 항원들, 즉 단백질, 펩티드, 세포성분들을 인식하고 내성을 가지고 있다. 하지만 celiac disease 환자의 경우에는 밀, 호밀, 보리 등에 함유된 글루텐에 대해 비정상적인 T세포 매개 자가면역반응inappropriate T cell-mediated autoimmune response을 일으킨다. 다시 말해서 밀gliadin, 호밀secalin, 보리hordein에 함유된 펩티드들이 소화효소에 의해 완전히 소화되지 않고 소화기의 면역체계와 반응하여 소장 점막에 염증반응을 일으키고, 더 나아가 일반 면역체계에도 영향을 준다. 그 결과 융모가 짧아지거나 없어지면서 소장 점막이 평평해져 소장 점막의 표면적이 급격히 줄어들게 된다그림 3-7. 소장의 표면적이 줄어들면 소화액의 분비가 줄고 흡수면적도 줄어들게 되므로, 영양소의 소화와 흡수가 원활하지 못해 흡수불량, 빈혈, 영양실조, 심해지면 암까지 발생할 수 있다.

설사, 지방변증, 헛배부름 등의 증상이 나타나고, 점막손상에 의해 락타아제의 결핍이 생겨 유당불내증도 발생하므로 유제품에 의해 증상이 더 심해질 수 있다. 어린이는 심한 체중

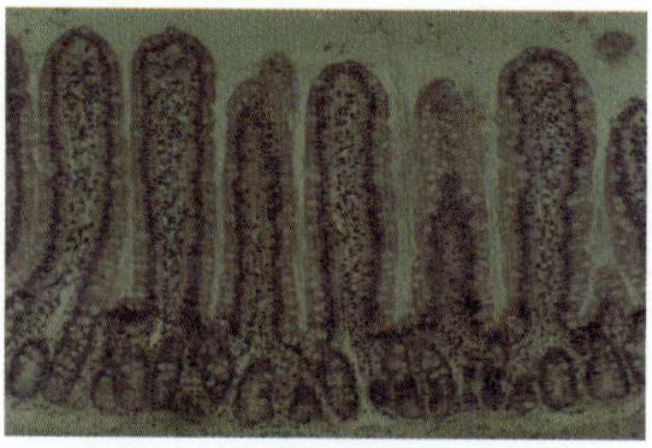

정상 융모

건강한 소장의 융모는 표면적이 크게 증가하므로 영양소 흡수율이 높다.

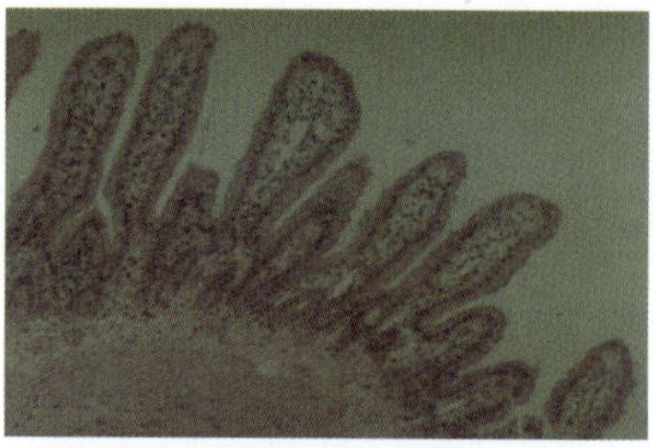

Celiac disease 융모

Celiac disease 환자의 융모는 짧아지거나 소멸하므로 영양소 흡수율이 감소한다.

그림 3-7 셀리악병

부족으로 성장이 저해되고, 어른의 경우는 빈혈, 골질환, 불임 등이 나타난다. 심해지면 소장과 림프샘에 암이 발생할 위험이 증가한다표 3-16.

표 3-16 셀리악병에서 나타나는 증상과 관련된 질병

영양결핍 증상	소장 외 증상
• 빈혈(철, 엽산, 비타민 B_{12} 결핍) • 골연화증, 골감소증, 골절(비타민 D, 칼슘 결핍) • 용혈이상증(비타민 K 결핍) • 성장지체, 사춘기 지연, 체중부족 • 치아 에나멜 형성부전증 • 락타아제 결핍	• 관절염, 관절통 • 포진성 피부염(dermatitis herpetiformis) • 권태, 피로 • 불임, 유산 위험 증가, 간성 지방증, 간염 • 신경 증상(운동실조, 다발성신경증, 발작), 정신병적 증후군
소장 손상	**관련된 질병**
• 융모의 위축과 평편해짐 • 흡수면적의 감소 • 소화효소들의 분비 감소 • 영양소 수송체계 감소	• 자가면역 질환들: 1형당뇨병, 갑상선염, 간염, 교원혈관병(collagen vascular disease) • 악성종양 • IgA 결핍

이 질환은 포진성 피부염dermatitis herpetiformis(글루텐에 민감한 환자인데 소화기 증세는 별로 일어나지 않고 심하게 피부발진이 일어나는 환자), 근육통과 관절통, 갑상선염과 1형당뇨병 같은 자가면역 질환들과도 관련이 있다.

(2) 임상영양치료

일생 동안 자가면역이나 염증 반응이 일어나지 않도록 글루텐 제한식gluten-free diet을 한다. 치료 초기에는 그동안 결핍되었던 비타민, 무기질 등을 보충제로 보충해 주고 여분의 단백질도 보충해 주어야 한다.

일반적으로 글루텐 제한식에서는 밀, 호밀, 보리, 귀리를 제거하고 다른 곡류식품으로 대체한다. 귀리는 글루텐이 없지만 다른 작물들과 윤작을 하므로 많은 귀리제품에 밀이나 다른 곡류가 섞여 있고 이를 잘 분별할 수 없기 때문에 귀리 제품의 사용을 피한다. 대체 곡류로는 쌀, 옥수수, 감자, 대두, 타피오카, 칡, 당비름amaranth, 기장, 메밀 등을 사용한다. 글루텐 함유 식품에서 간과하기 쉬운 식품으로는 맥주, 캐러멜 색소, 샐러드드레싱, 밀가루가 함유된 시판용 장류(간장, 된장, 고추장), 전이나 부침류, 커피 대용물, 영성체 과자, 인조육, 조청, 약품 등이 있다. 글루텐 제한식에서 제한해야 할 식품은 표 3-17과 같다.

표 3-17 글루텐 제한식에서 제한식품

육류 및 육류	식품 빵가루를 씌우거나 크림소스나 그레이비로 조리한 음식, 밀가루가 들어간 가공육류, 전류
우유 및 유제품	맥아유, 맥아분유(분유, 맥아, 향료를 섞어 만든 분유)
곡류	밀, 호밀, 보리, 라이밀(triticale), 스펠트밀, 밀배아, 밀겨, 전맥 밀가루, 듀럼 밀가루, 밀전분, 굵은 밀가루 종류(bulgur, farina, semolina)로 만든 빵, 제과류, 시리얼, 파스타, 국수, 토띠아; 라면, 수제비, 한과류, 시판되는 프리믹스류(비스킷, 콘브레드, 머핀, 팬케이크, 와플), 당밀과 당밀 향미, 프레젤, 무교병(matzos), 보리개떡 또는 밀개떡, 수프
과일류 및 채소류	반죽을 씌운 채소류(튀김, 전, 부침 등), 밀가루를 넣은 스캘롭드 포테이토(scalloped potatoes), 화이트소스로 무친 채소류(creamed vegetables)
후식 및 간식류	밀가루로 걸쭉하게 만든 푸딩, 글루텐 안정제를 사용한 아이스크림이나 셔벗, 밀·호밀·보리가 들어간 제과 제빵류, 아이스크림콘, 감초과자, 약과류, 매작과, 밀가루로 만든 다식(진말다식), 밀가루가 들어간 고추장 양념을 넣은 음식(떡볶이, 어묵 등)
음료류	에일, 라거 등 맥주, 맥아음료, 곡류음료(postum), 밀이 들어간 막걸리, 우유로 만들지 않은 크림 대체물이 든 음료류, 식혜, 보리수단, 보리차, 보리미숫가루 등

서양에서 글루텐 제한식은 식품 선택의 폭이 좁아 식사가 단조로워지기 쉬우므로 값은 비싸지만 글루텐이 없는 빵, 시리얼, 파스타 같은 제품들을 이용하여 좀 더 다양한 식품을 즐길 수 있게 하는 것이 좋다. 또한 식당이나 다른 집 초대, 여행 등의 사회활동에 참여하기

어려운 문제도 발생할 수 있지만, 우리나라는 한식 위주의 식사를 하기 때문에 조금만 주의하면 큰 문제 없이 지낼 수 있다.

6) 유당불내증lactose intolerance

소장의 융모막에서 분비되는 이당류 분해효소 결핍증은 선천성 또는 후천성 결함, 이 밖에 크론병이나 셀리악병과 같은 질병에 의한 장의 손상 등에 의해 나타난다. 이당류 분해효소의 결핍에 의해 일어나는 이당류 흡수불량 중에 가장 흔한 것이 유당불내증이다.

(1) 원인 및 증상

유당불내증 또는 유당 소화불량lactose maldigestion은 유당을 분해하는 유당분해효소lactase가 선천적 또는 후천적으로 결핍되어 일어난다. 소장에서 유당분해효소에 의해 분해되지 못한 유당이 결장으로 들어가면, 삼투압이 높아져 물을 끌어들이고 박테리아에 의해 발효되어 단쇄지방산SCFAs, 휘발성 유기산, 탄산가스, 수소가스 등을 생성하므로, 배에 가스가 차서 부풀어 오르고 복부팽만과 복부경련, 설사를 일으킨다.

선천적으로 유당분해효소가 결핍된 신생아를 제외하고, 대부분의 사람은 영아기까지는 유당분해효소의 활성이 정상이었다가 이유 후에는 신생아 때의 약 10% 정도로 활성이 현저하게 감소hypolactasia하기 때문에 나이가 들수록 유당불내증이 심해진다. 따라서 성인에게는 유당에 내성이 있는 것이 오히려 드문 일이다. 성인의 유당불내증 발생률은 인종 간에 차이가 커서 백인에서는 2~8% 정도 나타나지만 아시아인, 흑인, 남미 등 비백인계에서는 80~90%가 유당불내증을 나타내, 전 세계적으로 성인의 70% 정도가 유당불내증을 나타낸다. 이차적인 유당불내증은 소장의 감염, 염증성 질환, HIV, 영양실조, 장기간의 정맥영양 등에 의해서 발생한다.

(2) 임상영양치료

유당불내증의 증상은 유당 함유식품의 섭취를 줄이면 완화된다. 따라서 우유, 크림, 크림수프 등 우유가 많이 든 음식을 먹지 않도록 한다. 유당불내증이 심한 성장기 어린이, 폐경기 여성, 골다공증의 위험이 있는 사람들은 우유나 유제품을 대신할 수 있는 칼슘과 비타민 D

함유식품의 섭취 또는 보충제의 섭취 등에 유의해야 한다. 유당분해효소로 처리한 우유나 유제품을 이용할 수도 있다. 그러나 대부분의 사람은 유당 6~12g(우유 1/2~1컵)은 큰 문제 없이 섭취할 수 있으므로, 단독으로 먹기보다는 다른 음식과 함께 먹거나, 데워서 먹거나, 천천히 마시거나, 치즈나 발효유 등으로 섭취함으로써 칼슘 섭취에 도움이 되도록 한다.

7) 염증성 장질환inflammatory bowel disease : IBD

염증성 장질환은 소화기 조직을 손상시키는 만성 염증성 질환이다. 정확한 원인은 아직 밝혀지지 않았지만 유전적 요인과 환경적 요인이 관여한다고 한다. 이 질환이 발병되는 시기는 대개 15~25세이다. 식품들, 미생물들, 어떤 영양소나 오염물 등 많은 물질이 항원이 될 가능성이 있고 장에 상주하는 미생물균총을 바꿀 수 있으므로 식사도 IBD를 촉발할 수 있는 환경적 요인이 된다.

대표적인 염증성 장질환은 크론병Crohn's disease과 궤양성 대장염ulcerative colitis이다그림 3-8. 크론병과 궤양성 대장염은 설사, 발열, 체중손실, 빈혈, 식욕부진, 영양실조, 성장지체 등의

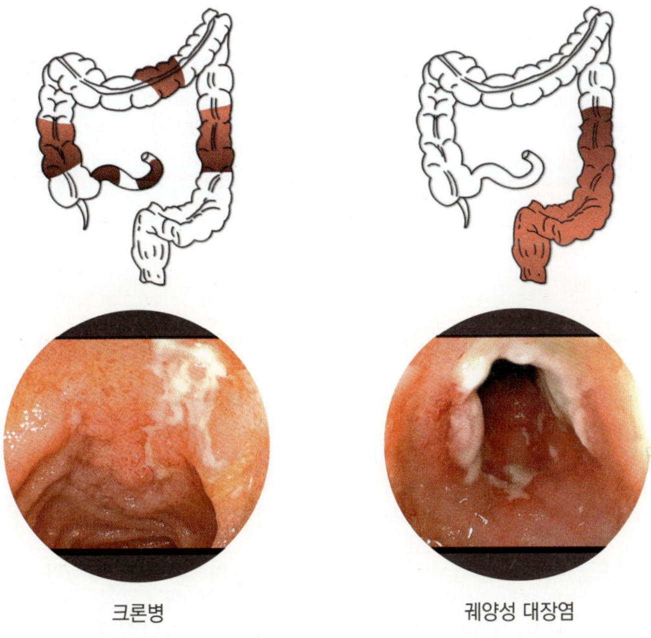

그림 3-8 크론병과 궤양성 대장염

임상증상을 나타내고 암에 걸릴 위험률도 증가시킨다. 크론병과 궤양성 대장염의 증상, 병리, 합병증의 차이는 표 3-18과 같다.

표 3-18 크론병과 궤양성 대장염

	크론병	궤양성 대장염
주 증상	• 복통 • 복부에 덩어리	• 혈액이 섞인 설사
전반적인 병리 증상	• 회장과 맹장(40%), 결장(25%)에서 많이 발생하고 소화기 어디라도 침범하지만 직장에 는 발생하지 않음 • 병변이 연속되지 않고 군데군데 skip lesion이 있음 • 장벽이 두꺼워짐 • 협착이 흔히 발생 • 조약돌 모양의 점막(점막에 깊게 균열이 생겨 갈라짐)	• 직장에서 시작, 결장으로 이동 • 장벽이 얇아짐 • 협착은 잘 일어나지 않음 • 확산성 궤양(점막에서 점막하층으로 확산)
조직병리학적 증상	• 육아종 • 염증이 심함 • 깊은 궤양 • 섬유증	• 육아종 없음 • 염증이 심하지 않음 • 깊지 않은 궤양 • 위용종(가짜 용종) • 크립트 농양
합병증	• 담석 • 협착과 누공 • 흡수불량 • 항문주위의 병(perianal disease) • 암 • 결절성 홍반 • 이동성 다발관절염	• 독성 거대결장 • 암(유병률 매우 증가) • 협착과 누공은 매우 드묾 • 경화성 담도염 • 괴저성 농피증

(1) 크론병crohn's disease

크론병은 소화기의 어느 부위에도 발생할 수 있지만 주로 회장과 결장에서 발생하고 정상부위(skip lesion이라 함)와 병변부위가 섞여 있다. 병이 진전되면 염증이 장세포 깊숙이 퍼져서 궤양, 균열, 누공이 생겨 장의 조직이나 세포 사이에 액체나 분비물이 서로 뒤엉키게 된다. 상처 난 조직은 장벽을 두껍고 단단하게 하기 때문에 장관이 좁아지고 심하면 협착이나 폐색을 일으킨다. 약물치료가 실패한 환자들의 약 60~70%가 절제술을 받지만 1~3년 내에 재발이 잘되고, 수술 부위가 광범위한 경우에는 단장증후군이 유발될 수도 있다. 또한 이 환자들은 암 발생 위험률 도 높다.

장 점막에 염증이 있으므로 영양소의 흡수불량이 일어나고, 점막의 염증으로 영양소의 손실, 특히 단백질의 손실이 많아지지만 식욕부진으로 식품 섭취는 적어지며, 수술한 환자의 경우에는 장의 길이도 짧아지므로 전반적인 영양소의 흡수 부족, 즉 영양불량이 발생한다. 만약 회장에 문제가 생기면 비타민 B_{12}의 흡수에 문제가 생기며, 담즙산의 재흡수도 원활하게 이루어지지 않는다. 비타민 B_{12}의 결핍과 다른 영양소의 부족, 출혈 등으로 빈혈이 오게 된다. 담즙의 장간순환이 잘 이루어지지 않으면 지방, 지용성 비타민의 흡수불량을 초래하고, 흡수되지 않은 지방산과 무기질이 결합하여 배설되므로 칼슘, 마그네슘, 아연 등의 흡수불량도 일어난다. 복통과 염증반응 과정에서 생성되는 사이토카인은 식욕부진을 더 심하게 한다.

(2) 궤양성 대장염ulcerative colitis

궤양성 대장염은 직장에서부터 대장으로 진행된다. 염증이 장을 따라 확산되고, 조직의 침식과 궤양이 장의 상층 조직인 점막과 점막하층에서 일어난다. 이 질환의 활동기에는 소량의 급한 설사를 자주 하게 되고, 변에 피나 점액이 섞여 나오기도 한다.

병세가 약할 때는 체중손실, 발열, 허약감 등의 증상이 나타나지만 질병이 심해지면 출혈에 의한 빈혈, 탈수와 전해질 불균형이 수반된다. 결장절제술(환자의 20% 정도)을 통해 이후의 재발을 막을 수 있다. 이 환자들은 결장암(대장암)의 발생 위험률이 매우 높다.

(3) 약물치료

염증성 장질환의 치료 목적은 병증을 경감시키고 영양상태를 증진시키는 것이다. 약물로는 항염증제제(sulfasalazine, corticosteroids, salicylates), 면역억제제(cyclosporine, azathioprine, mercaptopurine), 지사제, 항생제 등을 쓴다. 이러한 약제들은 병증을 경감시키는 데 도움이 되지만, 개인에 따라 부작용이 나타날 수 있고 식사와 약물 간 상호작용에 의한 영양문제 등이 나타날 수 있다표 3-19.

표 3-19 식사와 약물 간 상호작용

	소화기 문제	식사와의 상호작용	대사적 문제
지사제	구강건조, 메스꺼움, 변비	-	-
항염증제제 (sulfasalazine, corticosteroids)	식욕부진, 오심, 가슴앓이 (sulfasalazine)	sulfasalazine은 엽산 흡수를 방해하므로 보충제를 권장	빈혈(sulfasalazine), 염분 및 수분 저류, 고혈당증, 저칼슘혈증, 저인산혈증, 근무력증, 골다공증(corticosteroids)
하제	복통, 설사, 식욕부진	영양소 흡수 감소, 광물성기름은 지용성 비타민의 흡수를 감소시킴	체액과 전해질의 불균형, 하제 의존성

항염증제로 사용되는 스테로이드는 혈당 상승, 단백질 대사 증가 및 골다공증의 위험을 증가시킨다. 따라서 장기간 사용 시에는 골다공증 예방을 위한 약물치료가 필요하다. 항염증제의 일종인 설파살라진sulfasalazine은 엽산 흡수를 감소시키므로 엽산 보충이 필요하다. 지사제로 사용되는 콜레스티라민cholestyramine의 경우 지방, 칼슘, 지용성 비타민의 흡수 장애를 유발할 수 있다. 프리바이오틱스prebiotics 제제나 프로바이오틱스probiotic cultures는 소화기 세균총GI microflora과 장의 면역반응을 변화시킬 수 있다

(4) 임상영양치료

염증성 장질환 환자는 질병 자체뿐만 아니라 치료과정에서 영양문제가 발생할 가능성이 높다. 염증성 장질환 환자의 영양불량의 원인은 경구섭취 감소, 위장관 내 손실, 에너지 요구량 증가, 대사 장애, 약물 상호작용, 영양소 흡수불량 등이다. 따라서 염증성 장질환 환자의 임상영양치료 목표는 환자의 영양상태를 개선시키고 유지하는 것이다. 일상적인 식사 이외에 경구영양보충음료, 보충제, 필요에 따라서는 경관영양과 정맥영양도 사용한다.

① 크론병

증상이 악화될 때에는 저잔사, 저지방식을 소량씩 자주 공급하는 것이 배변량을 줄이면서 흡수불량을 줄일 수 있다. 경구섭취만으로 체중이 유지가 안 되는 경우 경장영양을 고려한다. 증상이 어느 정도 완화되면 고단백 고에너지식을 제공한다. 증상이 나타나는 시기에는 단백질을 1.3~1.5 g/kg을 제공하고, 증상이 없는 관해기에는 건강한 성인에 준해서

제공한다. 철, 마그네슘, 아연, 칼슘, 비타민 D, 비타민 B_{12}, 엽산 등의 결핍이 나타나기 쉬우므로 필요한 경우 보충제를 이용한다.

크론병 환자의 증상에 따른 식사관리지침은 표 3-20과 같다. 회복 시에는 합병증이 나타나지 않는 한 식사제한을 하지 않는다. 설사하는 환자에게는 적당한 수분의 보충이 필요하다. 부분적인 폐색이 있는 환자에게는 식이섬유가 많은 음식을 제한한다.

표 3-20 크론병에 있어서 증상과 합병증의 관리

<table>
<tr><th colspan="2">증상 또는 합병증</th><th>식사관리</th></tr>
<tr><td colspan="2">빈혈, 영양소 결핍증</td><td>고영양밀도식
영양제 보충</td></tr>
<tr><td colspan="2">성장정지, 체중손실</td><td>고에너지식
경장 보충제
성분영양제(관급식용)</td></tr>
<tr><td colspan="2">혈청 호모시스테인 상승</td><td>비타민 B 복합체, 특히 엽산 보충</td></tr>
<tr><td colspan="2">식욕부진, 식사 시 통증</td><td>소량씩 자주 식사
경장 보충제
만약 5~7일 이상 장기간 지속되면 성분영양제 관급식</td></tr>
<tr><td rowspan="3">흡수불량</td><td>지방변증(지방 흡수불량)</td><td>지방 제한
중쇄지방산 기름(MCT) 사용
영양제 보충</td></tr>
<tr><td>설사</td><td>수분과 전해질 공급
영양제 보충</td></tr>
<tr><td>유당불내증</td><td>유당 함유 식품 제거</td></tr>
<tr><td colspan="2">장 점막의 회복</td><td>고단백식, 고칼로리식
글루타민 보충</td></tr>
<tr><td colspan="2">협착, 누공</td><td>저식이섬유식</td></tr>
<tr><td colspan="2">심한 장폐색, 심한 누공, 병의 악화</td><td>중심정맥영양(TPN)</td></tr>
</table>

② 궤양성 대장염

궤양성 대장염 환자는 대부분 식사조절이 별로 필요 없다. 증상이 발현되면 크론병에 준해 식사조절을 한다. 수분을 보충해 주고 전해질의 균형을 맞춰주는 것이 첫 번째 목표이다. 저섬유식이는 배변량을 감소시키므로 경련을 줄이는 데 도움이 된다. 결장이 심하게 손상된 경우에는 식품과 물을 줄 수 없으므로 결장 기능이 어느 정도 회복될 때까지는 수분과 전해질을 정맥으로 공급한다.

8) 단장증후군short bowel syndrome: SBS

단장증후군은 크론병, 소장암이나 다른 장 질환 때문에 소장의 많은 부분을 절제했을 때 일어나는 일련의 영양적 의학적 증상들을 말한다. 즉 절제 후 남은 소장이 짧기 때문에 영양소 필요량을 충족시킬 만큼의 소화와 흡수가 일어나지 않는 흡수불량 증후군을 말한다.

일반적으로 넓은 범위의 소장절제술을 하는 것은 성인의 경우 크론병, 방사선 조사에 의한 장염, 장간막 경색, 암, 장축염증 등이고, 소아의 경우 선천성 소화기 이상, 폐쇄증, 장축염증, 괴사성 결장염 등이다.

(1) 증상

잦은 설사, 지방변, 영양소의 흡수불량, 탈수, 전해질 불균형, 체중손실 등을 보이고, 어린이에게는 성장정지가 나타난다. 그 외에 위액 과다분비, 옥살산 신석, 콜레스테롤 담석, 드물게 젖산 산혈증lactic acidosis 등이 일어나고 장기간 정맥영양을 실시한 사람은 카테터 감염, 패혈증, 담즙분비정지, 간질환 등에 걸릴 위험이 증가한다.

보통 50% 이하의 절제는 심각한 흡수장애 없이 적응을 할 수 있는데, 대부분의 환자는 소장의 70~80% 이상을 절제하기 때문에 영양소, 수분, 전해질의 흡수불량이 오게 된다. 절제술 후 장 적응intestinal adaptation은 남은 장의 부위, 병의 상태, 개인에 따라서도 차이가 있지만, 장에 얼마나 영양소가 존재하느냐가 중요하다. 따라서 장 조직의 성장을 자극하기 위해서는 수술 후 가능한 한 빨리 경구섭취를 시작해야 한다. 이러한 장 적응이 잘 일어나지 않으면 환자는 경구섭취에 따른 흡수불량을 보충하기 위해 일생 동안 보조적으로 정맥영양의 도움을 받아야 한다.

(2) 절제 부위의 영향

대부분의 영양소 흡수는 소장의 첫 100 cm 정도(십이지장과 공장 상부)에서 일어나고, 그 다음 부위(공장하부와 회장)에서는 소량의 당류, 저항전분, 식이섬유, 지방, 수분 등의 소화,

발효, 흡수가 일어난다. 그리고 공장을 절제하게 되면 회장의 융모가 커지고 크립트가 깊어지는 등, 장 적응이 일어나면서 회장에서 공장과 같은 소화, 흡수 작용을 하게 된다. 또 회장의 운동성은 비교적 느려서 회장과 결장으로 분비된 호르몬이 위 배출과 분비를 느리게 한다. 따라서 회장과 결장이 남아 있으면 장적응이 쉬워진다.

회장의 절제, 특히 말단 부위의 절제는 영양적·의학적 합병증을 일으킨다. 회장은 많은 양의 수분이 흡수되는 부위이며, 회장의 말단 부위에서는 비타민 B_{12}와 내적인자 복합체의 흡수, 담즙산염의 재흡수가 일어난다. 따라서 회장의 절제는 장 내용물의 빠른 통과, 비타민 B_{12} 결핍과 담즙산의 부족에 의한 지방 흡수불량, 설사 등 많은 문제를 일으킨다 표 3-21. 회맹판의 손실로 회장과 결장 사이가 온전하지 못하면 박테리아의 과잉증식이 일어날 수도 있다.

표 3-21 회장 절제술에 의해 야기되는 문제

- 장 내용물의 빠른 통과에 따른 영양소 흡수 감소
- 비타민 B_{12}의 흡수불량
- 담즙산염의 흡수불량 및 손실
- 지방과 지용성 비타민의 손실 : 지방의 소화, 흡수에 필요한 담즙산염의 부족에 의함
- 수분과 전해질의 흡수 감소 : 결장 박테리아가 흡수되지 않은 지방을 수산화 지방산으로 만들기 때문에 체액 분비를 증가시켜 수분과 전해질이 체류됨
- Ca, Mg, Zn 등 무기질 흡수불량 : 흡수되지 않은 유리지방산과 불용성 비누를 형성함
- 수산 결석의 위험 증가 : Ca, Mg, Zn과 결합하지 못한 수산의 흡수 증가에 의함

(3) 임상영양치료

수술 직후에는 일정 기간 금식하면서 완전정맥영양TPN을 실시한다. 정상적으로 음식을 섭취하기 까지 수개월이 소요될 수 있다. 수술 후 설사가 감소하는 경향을 보이면 맑은 유동식부터 경구섭취를 시도한다.

식사는 소량씩 자주(하루 6~10회) 한다. 식사에 대한 수용도는 남아 있는 장이 얼마나 되는지, 어느 부위가 남아 있는지, 장 적응이 얼마나 잘 이루어졌는지 등에 따라 달라진다. 섭취량의 30~60% 정도만 흡수 가능하므로 영양소 공급량은 산정된 요구량보다 더 많아야 한다.

단장증후군 환자는 대장 유무에 따라 식사계획이 달라진다. 대장이 있는 경우 흡수되지 않은 지방이 대장내 칼슘과 결합하면 수산의 장내 흡수가 촉진되어 소변을 통한 수산 배설이 증가되는데, 이로 인해 칼슘-수산 신결석의 위험이 높아진다. 따라서 대장이 있는 경우 저지방 고탄수화물식이 제공을 권장한다. 하지만대장이 없는 경우 충분한 양의 지방을 제공한다. 소장 절제에 의한 영양소의 흡수불량을 보충하기 위해 비타민과 미네랄 보충제가 필요하다.

9) 게실증diverticulosis

게실증은 장벽에 게실이라 불리는 조약돌만 한 주머니가 생긴 것을 말한다**그림 3-9**. 서양에서는 직장 바로 위인 S상결장에 가장 많이 발생하고, 동양에서는 하행결장에서도 많이 발생한다. 나이가 들면서 발생률이 점점 증가하며, 대부분이 증상이 없기 때문에 게실염 같

A : 섬유소를 충분히 섭취하면 장 내용물의 부피가 커지므로 장벽근육의 수축에 의해 종적으로 압력이 가해지면서 배출됨

B : 장 내용물이 적으면 장벽근육이 수축에 의해 장 내용물이 연결되지 않고 서로 끊어져 폐색이 일어나므로 압력이 장벽으로 가해지면서 게실이 발생함

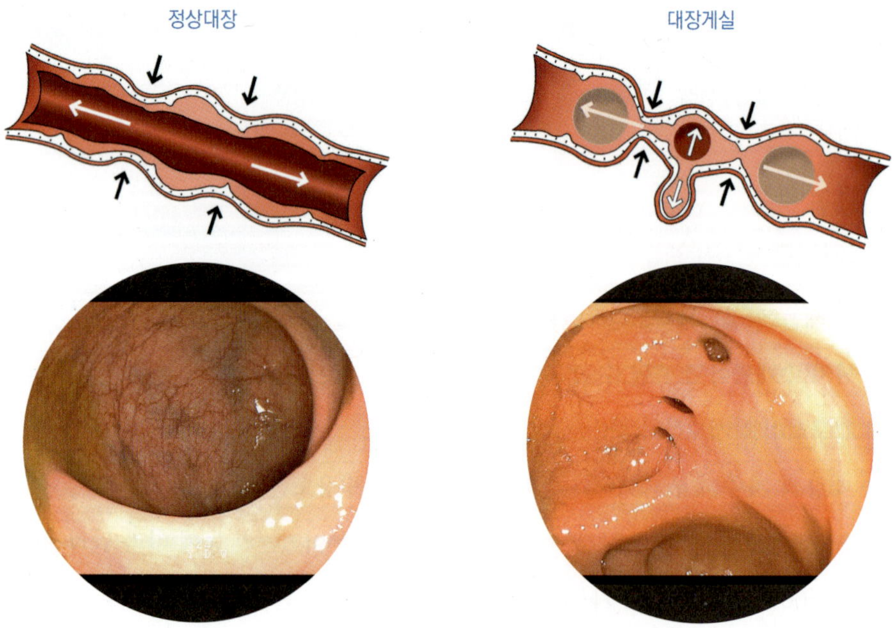

그림 3-9 게실이 생기는 기전

은 합병증이 나타나서야 알게 되는 경우가 많다.

(1) 원인

역학적 연구에서 게실 발생은 식이섬유의 섭취량과 밀접한 관련이 있는 것으로 알려졌다. 식이섬유는 변의 부피와 양을 늘리고 배변시간을 단축시켜서 결장 환상근이 지나치게 긴장하지 않고 쉽게 배변할 수 있게 해준다. 반면에 저식이섬유식을 하게 되면 배변을 위해 더 강한 수축이 필요하고, 이에 따라 환상근과 환상근 사이의 장 부위는 압력이 증가하므로 장조직의 일부가 바깥쪽으로 풍선처럼 부풀게 되어 게실이 발생한다.

일반적으로 게실증은 일생 동안 고섬유식을 하는 나라에서는 발생률이 낮고, 또한 식사가 서양식화되고 정제된 식품의 섭취가 늘면 그 발생률이 증가한다. 운동부족도 소화기 운동이 느려지기 때문에 게실증의 발생을 증가시킬 수 있다.

(2) 임상영양치료

식이섬유의 양을 늘려주는 것이 대부분의 환자에서 게실증의 진행을 막고 증상을 완화시켜 준다. 또 적절한 운동도 변비를 막아주어 게실증의 치료에 도움이 된다. 식이섬유 섭취를 갑자기 늘리면 가스, 복부팽만 등의 부작용이 나타나므로 식이섬유 섭취량을 천천히 늘려 적응시킨다. 식사로 충분량을 섭취할 수 없을 때는 실리움(차전자) 등의 bulk-forming agents를 이용한다. 식이섬유 보충제 등으로 고식이섬유식을 할 때는 물도 충분히(하루 2~3L 정도) 섭취해야 한다.

게실염 시 증상이 가벼운 환자는 맑은 유동식에서 점점 고형식으로 이행하지만, 증상이 심한 환자는 우선 장 휴식이 필요하므로 정맥으로 수분을 공급하고 필요에 따라서는 완전 정맥영양을 실시할 수도 있다. 증상이 완화되어 식사를 할 수 있게 되면 염증이나 출혈이 가라앉을 때까지는 맑은 유동식부터 천천히 시작하여 저식이섬유식, 저잔사식이나 성분식을 공급한다. 회복이 되면 병의 진전을 막고 재발되지 않도록 고식이섬유식을 권장한다. 가끔 증상이 진전되거나 합병증이 생기는 것을 예방하기 위해 종자류나 견과류 중 일부를 제한하기도 하지만, 이에 대한 과학적 근거는 없다.

게실염(diverticulitis)

게실증이 발생한 부위에 감염이나 염증이 발생하는 것을 게실염이라 하는데, 이것이 게실증의 가장 흔한 합병증이다. 게실증 환자의 10~25% 정도에서 게실염이 발병하며, 이 중 1/4~1/3이 수술이 필요하다. 게실염은 단단한 변이 점막을 벗겨서 염증이 생기면 여기에 미세한 누공이 생기고 이차적인 감염이 일어나 생긴다고 알려져 있다. 감염이 인접 기관으로 번지면 누공이 생길 수 있고, 드물게 발생하지만 감염이 복강까지 번지게 되면 생명까지 잃을 수도 있다. 증상으로 지속적인 복통, 발병 부위가 민감해짐, 고열, 변비, 설사, 농양, 출혈이 나타나고 식욕부진, 토기와 구토가 일어난다. 심해지면 누공, 폐색, 패혈증도 발생한다.

11) 조루술(회장조루술ostomy, ileostomy, 대장조루술colostomy)

조루술은 복벽에 변을 빼낼 수 있는 구멍, 즉 stoma를 만드는 수술이다그림 3-10. 심한 궤양성 대장염, 크론병, 대장암, 장의 창상 등에서 넓은 부위의 장을 수술하면 변을 제거할 수 있는 기구가 필요하게 된다. 결장 전체, 직장과 항문을 제거하면 회장조루술을, 직장과 항문을 제거하면 대장조루술을 실시한다. 배설물은 일회용 봉투를 stoma에 붙여서 사용하거나 수술 시 stoma 뒤의 장에 주머니를 만들어 놓고 카테터를 통해 뽑아낸다.

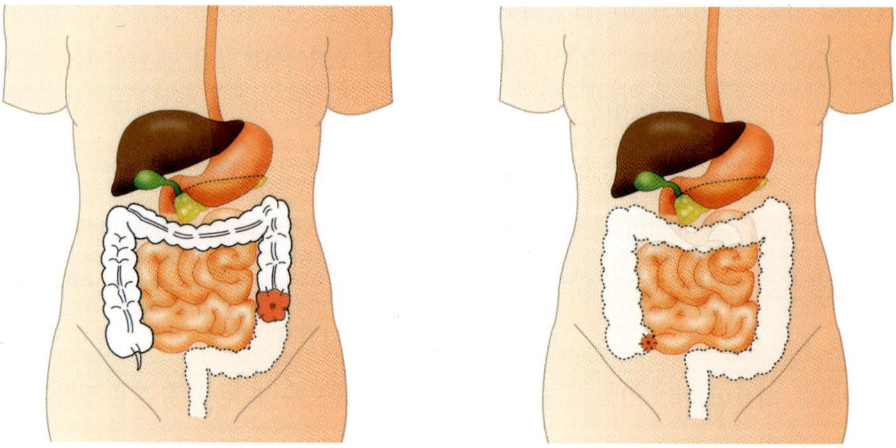

대장조루술

결장의 일부를 제거하거나 우회하게 되므로 남은 결장의 끝에 소구(작은 구멍, Stoma)를 만듦

회장조루술

결장 전체를 제거하거나 우회하므로 소구를 회장 끝 부위에 만듦

그림 3-10 대장조루술과 회장조루술

변의 농도는 수술한 장이 얼마나 남아 있느냐에 따라 달라진다. 기능을 유지한 장이 남아 있을수록 변이 더 고형이 된다. 대장조루술 환자는 회장조루술 환자보다 변이 더 고형이고, 수술 부위가 하행결장 쪽일수록 변이 더 단단해진다. 회장조루술 환자는 결장이 없어서 수분과 전해질의 흡수가 감소되므로 변이 묽다. 따라서 회장조루술 환자는 수분이 부족하기 쉬워져 요량이 적고 신장결석 발생 위험이 커진다.

조루술 임상영양치료는 환자의 제거한 장의 길이와 회장이 남아 있는지의 여부에 따라 달라진다. 수술 후 식사는 맑은 유동식에서 점차 환자의 적응 정도에 따라 정상식사로 이행한다. 배변량을 줄이기 위해 저잔사식을 권장한다. 환자는 식품의 내성을 알아보기 위해 의심이 가는 식품들은 한 번에 한 가지씩 소량을 첨가해 시험해 보고, 약간의 문제 있는 식품은 얼마 후에 다시 시도해 본다. 넓은 부위의 결장을 제거했을 때는 수분과 전해질의 섭취에도 유의한다.

회장조루술 환자는 폐색을 막기 위해 음식을 잘 씹어 먹어야 하고, 탈수를 막기 위해 하루 8컵 정도의 액체를 먹어야 하며, 전해질의 보충을 위해 전해질 음료를 먹도록 한다. 가끔 불용성 식이섬유를 제한하는데, 그 이유는 불용성 식이섬유가 장 통과시간을 단축하고 변량을 늘리고 폐색을 일으킬 수도 있기 때문이다. 폐색은 특히 회장조루술 환자에게는 주의를 요하는 문제이므로 환자는 어떤 식품이든 간에 잘게 잘라먹고 잘 씹어 먹어야 한다. 문제를 잘 일으키는 식품은 셀러리, 코코넛, 옥수수, 건과류, 포도, 견과류, 팝콘, 생 양배추, 껍질째 먹는 사과 등이다. 회장의 많은 부위가 제거되었으면 지방흡수불량이 일어나고 비타민 B_{12} 결핍이 생기게 되므로 이를 해결하도록 한다.

대장조루술 환자는 남아 있는 대장의 길이에 따라 다르지만 일반적으로 식사제한이 필요 없고 정상식사를 할 수 있게 된다. 환자는 냄새, 가스 생성, 설사 등에 신경 쓰게 된다. 가스 형성 식품(97쪽 '장내 가스 유발식품' 참조)을 피하고, 좋지 않은 냄새를 낼 수 있는 아스파라거스, 맥주, 브로콜리, 미니 양배추(브뤼셀 스프라우트), 양배추, 말린 콩류, 마늘, 양파, 달걀과 생선 등을 주의한다. 흡연, 씹는 담배, 껌을 피하고 빨대로 먹거나 빨리 먹는 것을 피한다. 넓은 부위의 대장을 절제했을 때는 회장조루술 환자와 비슷한 관리를 한다.

변을 좀 더 고형으로 만드는 데 도움을 주는 식품으로는 사과소스, 바나나 플레이크, 치즈, 크리미피넛버터, 마시멜로, 파스타, 펙틴, 감자, 프레젤, 흰식빵, 쌀밥 등이 있다.

12) 대장암colon cancer, colorectal cancer

대장암의 발생률은 북유럽 백인들에게서 가장 높고 아시아와 아프리카에서는 낮다. 우리나라도 최근 서구식 식사가 일반화되고 운동도 부족해지면서 대장암의 발생률이 높아져 암으로 인한 부위별 사망률 중 3번째를 차지하고 있다(통계청, 2022년 사망원인 통계자료). 대장암의 발생은 가족력, 염증성 장질환IBD, 가족성 용종, 선종성 폴립, 적색육이나 가공육류의 과잉 섭취, 알코올 과다섭취, 비만, 저식이섬유식(과일, 채소와 곡류의 부족), 태운 육어류의 섭취, 미량영양소의 섭취 부족(칼슘과 비타민 D 등) 등에 의하고, 50세 이상의 연령에서 발생률이 증가한다.

대장암의 대부분은 조기에는 증상이 없으므로 50세 이상의 성인은 대장검사를 받는 것이 좋다. 대장암은 대장 내시경 검사를 통한 조직검사로 확진한다.

결장과 직장의 용종이나 암은 증세에 따라 약물치료, 대장절제술, 방사선치료, 화학요법 등을 실시하고, 치료법에 따른 영양공급을 한다.

암은 예방이 중요하므로 대장암을 예방하거나 재발하지 않게 하기 위해서는 충분한 운동, 체중조절, 과일, 채소, 콩류, 전곡류와 유제품으로부터 미량영양소의 적절한 섭취, 금주를 권하고 있다.

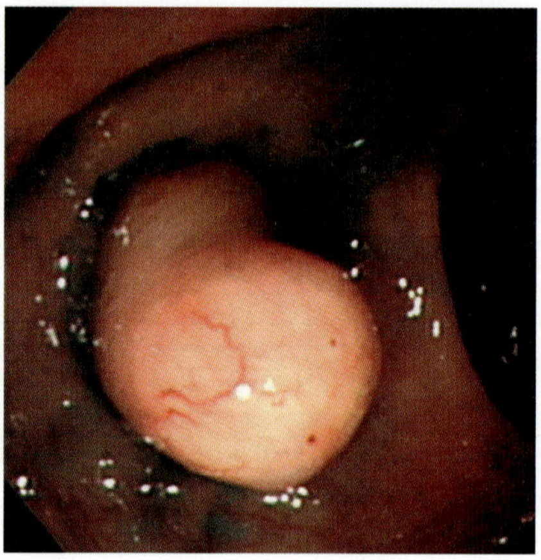

그림 3-11 대장용종

CHAPTER

4

췌장, 간, 담낭 질환

1. 췌장질환
2. 간질환
3. 담낭질환

CLINICAL NUTRITION

췌장은 소화효소를 분비하여 소화흡수를 돕고, 혈당을 조절하는 인슐린과 글루카곤을 분비하므로, 췌장에 문제가 생기면 영양소의 소화흡수뿐만 아니라 혈당의 조절에도 문제가 생긴다. 담낭은 간에서 생성된 담즙을 농축, 저장하였다가 십이지장으로 배출하여 지방의 소화를 돕기 때문에 담낭 질환이 생기면 지방의 소화와 흡수가 불량해진다. 간은 우리 몸에 필요한 모든 영양소를 대사, 저장, 신생 등의 과정을 통해 공급하고, 담즙을 생성한다. 또한 섭취한 알코올, 약물이나 독물 등을 해독시켜 배설한다. 따라서 간에 질환이 생기면 인체는 소화흡수뿐만 아니라 영양소의 대사와 해독작용 등에도 문제가 발생한다.

1. 췌장질환

1) 췌장의 구조와 기능

췌장은 위의 뒤쪽 상복부에 위치한 길고 납작한 삼각형 모양의 분비선으로, 내분비와 외분비 기능을 가지고 있다. 췌장의 내분비 기능은 췌장 섬에서 분비되는 호르몬인 인슐린과 글루카곤에 의해 혈당을 조절하는 것이다. 췌장 분비선의 98%가 넘는 외분비선은 췌장액을 소장으로 분비하여 소화를 담당한다.

유미즙이 십이지장으로 들어오면, 췌장의 외분비선에서 중탄산염과 영양소들을 분해하는 각종 효소가 분비되어 췌장관을 통해 십이지장으로 분비된다. 중탄산염은 십이지장 호르몬인 세크레틴에 의해 분비가 촉진된다. 위산을 중화하여 십이지장 벽을 보호하고 췌장 효소들이 작용할 수 있는 알칼리성 환경을 만들어준다. 십이지장으로 들어온 지방과 단백질은 십이지장 호르몬인 콜레시스토킨CCK의 분비를 자극하고, 이 호르몬은 췌장 선세포에서 가수분해 효소들의 분비를 촉진한다. 분비되는 효소들에는 전분이나 글리코겐을 맥아당이나 덱스트린으로 분해하는 아밀라아제, 단백질을 펩티드나 아미노산으로 분해하는 프로테아제, 지방을 지방산과 모노글리세리드로 분해하는 리파아제, 핵산을 분해하는 뉴클레아제 등이 있다. 단백질 분해효소인 프로테아제는 전구체로 분비된 후 십이지장에서 활성화된다. 즉 트립신은 트립시노겐의 형태로 분비되어 소장에서 분비된 엔테로키나아제에 의해 활성화되고, 분비된 키모트립시노겐과 카르복실말단 분해효소 전구체는 트립신에 의

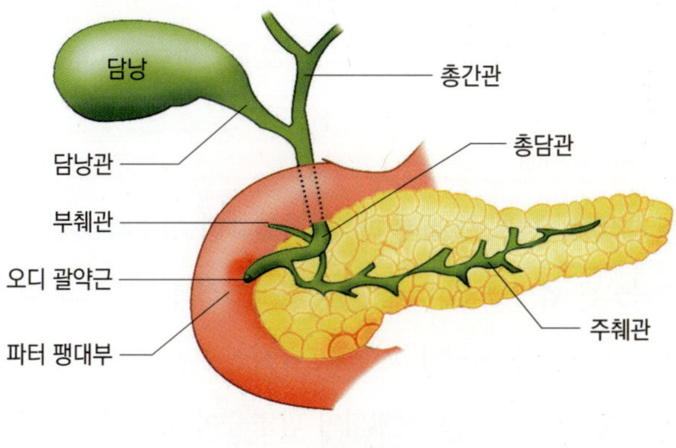

그림 4-1 담도계와 췌장

해 활성화되어 키모트립신과 카르복실말단 분해효소가 된다. 트립신과 키모트립신은 펩톤 내부의 펩티드 결합을 분해하여 더 작은 펩티드로 만들고, 카르복실말단 분해효소는 작은 펩티드의 카르복실말단에서부터 아미노산을 분해한다. 췌장소화효소와 함께 소장벽에서 분비된 이당류 분해효소, 아미노말단 분해효소와 디펩티드 분해효소 등이 영양소의 마지막 소화를 돕는다표 3-11 참고.

췌장의 랑게르한스섬에 있는 내분비세포에서는 혈당을 조절하는 호르몬이 분비된다. 혈당이 내려가면 α세포에서 글루카곤을 분비하여 간에서 포도당 방출을 증가시키고, 혈당이 오르면 β세포에서 인슐린을 분비하여 포도당이 세포막을 통해 운반되고 이용되는 것을 증진시켜 혈당을 낮춘다. 또한 췌장에서는 국소조직 호르몬인 소마토스타틴을 분비하여 인슐린과 글루카곤의 분비가 갑자기 상승하는 것을 막아 혈당의 원활한 유지에 도움을 준다.

2) 췌장염pancreatitis

췌장에 염증이 생긴 질환을 말하며 부종, 세포성 삼출액 증가, 지방조직 괴사 등이 특징적으로 일어난다. 췌장염에 의해 췌장 조직이 손상되면 활성형 효소들이 분비되어 췌장 조직뿐만 아니라 주변 조직까지도 손상시킬 수 있는데, 이 손상은 빨리 치료하면 회복될 수 있지만 치료시기가 늦어지면 영구적으로 손상될 수 있다. 췌장조직이 손상되어 섬유화되면 소화효소 생성이 감소되고 이에 따라 지방변과 흡수불량이 나타난다.

췌장염의 증상은 상복부에서 다양한 강도의 통증이 지속적이거나 간헐적으로 일어나며, 이 통증은 등으로 뻗치며 아프다. 음식을 먹으면 증세는 더 심해지고, 오심, 구토, 복부팽만, 지방변 등이 나타나며, 심하면 저혈압, 핍뇨, 호흡곤란이 온다.

(1) 급성 췌장염acute pancreatitis

급성 췌장염은 단기간에 일어나므로 빨리 잘 치료하면 영구적으로 손상되지 않는다. 보통 환자들의 약 80%는 큰 합병증 없이 일주일 정도면 회복된다. 그러나 빨리 대처하지 못하면 중증으로 진행되어 무기폐, 저혈압, 패혈증, 급성신부전 등 장기간 입원해야 하는 다른 합병증이 발생할 수도 있다. 중증으로 진행되어 합병증이 유발되는 경우 사망률이 높아지고, 사망 환자 중 60%가 입원 1주 이내에 발생하며 사망의 주된 원인은 호흡 기능 장애와 패혈증이다.

① 원인 및 증상

급성 췌장염의 70% 이상이 담석이나 알코올 과잉 섭취에 의해 발병하고, 고중성지방혈증(혈청 중성지방이 1,000mg/dL 이상), 독소, 약물 등에 의해서도 발병한다. 증상은 복통, 오심과 구토, 복부팽만 등이 나타나고, 혈청 아밀라아제와 리파아제 수준이 높아진다. 손상된 췌장조직에서 아밀라아제와 리파아제가 혈액으로 방출되기 때문에 혈청 수준이 높아지므로 췌장염을 확진하는 데 고려되는 항목이다. 합병증이 발생하여 과대사상태가 되면 근육의 단백질이 당신생작용에 사용되므로 혈청알부민, 트랜스페린, 림프구수 등이 감소하는 등 영양불량과 관련한 징후가 나타나기도 한다. 따라서 양의 질소평형을 유지하기 위해 적절한 양질의 단백질 공급에 유의해야 한다.

② 임상영양치료

증상이 심한 초기에는, 구강으로의 모든 섭취는 금하고 정맥으로 수분을 공급한다. 증상이 완화되기 시작하면, 며칠간 지방이 거의 없는 맑은 유동식을 주고 천천히 고형식으로 이행한다. 이때 복통, 구토, 오심 등의 증상이 없는지 잘 살피면서 소화가 용이한 저지방식을 조금씩 늘려간다. 식사횟수는 소량의 식사를 하루 6회로 나누어 공급하는 것이 유리하다. 지방이 다른 영양소보다 췌장을 더 자극하므로 저지방식이 바람직하다. 심한 경우에는 이화상태가 심해지므로 에너지와 단백질의 적극적인 공급을 위해 공장루관급식, 중심정맥영양이 필요하기도 하며, 이러한 영양공급 방법은 췌장의 외분비선에 대한 뇌상과 위상 자극을 피할 수 있기 때문이다. 혈청 칼슘 수준이 떨어지는 것도 급성 췌장염 환자에게서 가끔 나타나는데, 이것은 저알부민혈증에 의해 수분이 체류되므로 희석에 의해 칼슘농도가 낮아지는 것과 장에서 지방괴사에 의해 생긴 지방산과 칼슘이 결합하여 비누를 형성하므로 칼슘 흡수가 적어지기 때문이다.

(2) 만성 췌장염chronic pancreatitis

급성과는 달리 만성 췌장염은 여러 해에 걸쳐 모르는 사이에 진행되며, 췌장조직의 영구적인 손상을 가져와 소화효소의 분비뿐만 아니라 인슐린의 분비에도 문제가 생긴다.

① 원인 및 증상

성인에 있어서 만성 췌장염의 70~90%가 과도한 알코올 섭취에 의해서 발생하고 있고, 급성과는 달리 담석에 의해서는 발병하지 않는다. 어린이의 경우에는 대부분이 낭성섬유증 cystic fibrosis이 원인이다. 증상은 오랫동안 상복부(전위부)의 통증이 등 뒤쪽으로 뻗치며 아픈 증상이 빈번하게 일어나는 것이 특징이고, 식사 시 더욱 심해진다. 통증 때문에 자주 진통제가 필요하게 된다.

통증과 함께 오심, 구토, 설사가 동반되므로 먹는 것을 기피하게 되어 적절한 영양상태를 유지하기가 어렵게 된다. 탄수화물이나 단백질의 소화불량보다 지방의 소화불량이 빨리 나타나므로 지방변증이 흔히 나타난다. 이와 같이 먹는 것을 기피하고 소화불량이 일어나기 때문에 만성 췌장염 환자는 체중손실뿐만 아니라 PCMprotein-calorie malnutrition 같은 영양불량 발생 위험률이 매우 높다. 병이 악화되면 인슐린과 글루카곤의 분비도 줄어들기 때문에 환자의 80% 정도에서 당뇨병이 발생한다.

② 임상영양치료

치료의 목적은 췌장의 손상을 막고, 급성 염증이 생기지 않도록 하고, 통증을 줄이고, 지방변과 흡수불량을 줄여서 영양불량을 개선하는 것이다. 대부분의 환자가 알코올 남용에 의해 발병뿐만 아니라 영양불량을 동반하고 있으므로 알코올을 금하고 영양 보충제를 사용하는 것이 필요하다.

지방변에 의해 지방, 지용성 비타민, 비타민 B_{12} 등의 결핍이 일어나므로 저지방식사를 하면서 MCT 기름을 사용하여 에너지원인 지방을 공급하고, 수용성 형태의 지용성 비타민제를 사용하고, 비타민 B_{12}를 정맥 공급하는 것도 필요하다. 췌장 소화효소 분비가 어려우므로 적절한 소화제를 사용하는 것이 영양소의 흡수에 도움을 준다. 소화제는 위산에서 녹지 않고 pH 5.5 이상에서 녹는 장용제제(장에서 녹는 약)를 복용하거나 장용제제가 아니면 산 분비 억제제와 함께 섭취해야 한다. 변으로 배설되는 지방량을 관찰하면서 적절한 소화제를 사용하도록 한다. 또한 췌장에서 중탄산염의 분비가 부족하게 되므로 제산제, H2 수용체 길항제H2-receptor blockers, 프로톤 펌프 억제제proton pump inhibitors 등의 약제로 위산을 중화시켜야 한다. 병이 악화되어 당뇨병이 발병하면 인슐린주사와 영양관리는 당뇨병의 관리에 준하지만, 정상혈당 유지보다는 증상의 완화에 더 주의해야 한다.

표 4-1 저지방식 제한식품

식품 분류	제한식품
육어류, 난류 및 콩류	돼지갈비, 삼겹살, 참치통조림, 탕수육 등 튀긴 고기, 튀긴 생선류, 소시지, 베이컨, 돼지고기와 콩통조림 *눈에 보이는 지방과 가금류의 껍질을 제거할 것, 달걀은 일주일에 2개로 제한할 것, 육류 대용 식품으로 두부, 말린 콩류를 이용할 것
우유 및 유제품	무지방이 아닌 우유 및 유제품
곡유 및 전분류	볶음밥류, 자장면 등 지방이 함유된 소스 사용 음식, 라면, 지방이 함유된 모든 빵류와 스낵류, 지방을 넣은 파스타 소스
채소류	버터 등으로 볶거나 튀긴 채소류, 화이트소스로 무친 채소류, 그라탕, 프렌치프라이드포테이토, 올리브, 기름을 넣은 소스류 *모든 채소는 기름 없이 조리할 것
과일류	아보카도, 코코넛, 지방이나 코코넛을 넣은 과일
후식	도넛, 케이크 등 무지방이 아닌 제빵, 과자류; 무지방이 아닌 아이스크림이나 프로즌 요구르트; 액과, 메작과, 산자 등 기름에 튀긴 한과류
음료	우유나 크림을 넣은 음료류, 초콜릿우유, 에그너그, 밀크셰이크, 견과류나 달걀을 넣은 한방차

3) 췌장암pancreatic carcinoma

췌장암은 한국인의 암으로 인한 사망률 순위에서 4위를 차지하고 있다(통계청, 2022년 사망원인 통계자료). 2022년 보건복지부 중앙암등록본부의 보고에 의하면, 2017~2021년 암 환자의 5년 상대생존율은 72.1%로 점차 향상되고 있으나 췌장암 5년 생존율은 15.9%로 최하위에 있다. 췌장암의 발생원인은 아직 명확히 밝혀지지 않았지만 만성적인 알코올 섭취에 의해 만성 췌장염이 진행되면서 암이 발생한다는 것이 가장 유력하다. 이 외의 발생원인으로 유전, 45세 이상, 흡연, 오래된 당뇨병, 지방이 많은 음식의 섭취 등이 있다.

초기에는 췌장염과 마찬가지로 식욕감퇴, 원인을 모르는 소화장애와 체중감소, 오심 등이 일어나고, 심해지면 상복부와 등 쪽으로 둔통이 생기고 황달, 소양증, 당뇨병 등이 생긴다.

췌장암은 초기에는 증상이 거의 없고 복부 장기에 둘러싸여 조기발견이 매우 어렵다.

또한 혈관과 췌관이 모여 있어 다른 장기로 전이가 쉽다. 그러므로 보통 암이 진행된 후에 수술을 하게 되고 그 예후도 매우 좋지 않다. 췌장암의 수술은 췌루십이지장문합술 pancreaticoduodenectomy(휘플수술whipple procedure)로 실시하며, 이 수술을 할 때에는 췌장절제뿐만 아니라 담낭절제술, 미주신경절제술, 부분적 위와 소장절제술 등이 함께 시행된다.

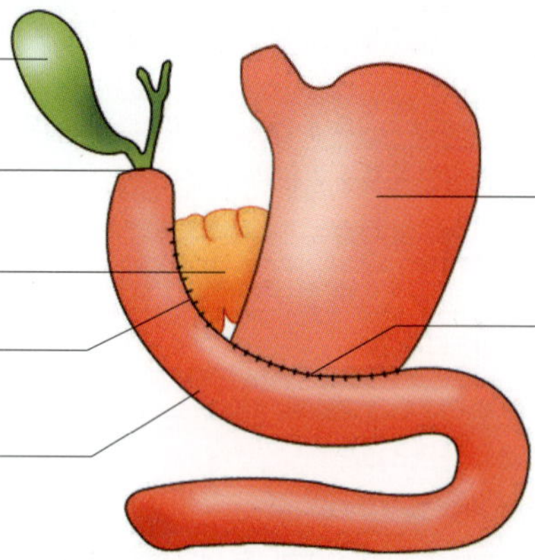

그림 4-2 Whipple수술(췌장두부암 절제술)

췌장을 절제한 환자는 비타민과 무기질의 결핍이 생길 우려가 있으므로 영양보충제를 사용하는 것이 좋다. 영양관리는 만성 췌장염과 같이 적절한 소화제를 사용하고 저지방식이, MCT 기름의 사용, 수용성 형태의 지용성 비타민제 사용, 비타민 B_{12}의 정맥 공급, 위산 중화약제 사용 등이 필요하다. 적절한 혈당 유지를 위해 인슐린주사를 사용한다.

2. 간질환

1) 간의 구조와 기능

간은 약 1~1.5 kg 정도로 인체에서 가장 큰 선腺이고, 대사 또한 가장 활발한 기관이다. 간은 횡격막 아래 오른쪽 상복부에 위치하고, 좌엽과 우엽으로 구성되어 있다. 간의 3/4을 차지하고 있는 우엽은 다시 전엽과 후엽으로 갈라져 있다. 간의 중앙 아래쪽에 문맥portal vein, 간동맥hepatic artery, 간관hepatic ducts과 림프관이 출입하는 간문hepatic porta이 있고, 간문

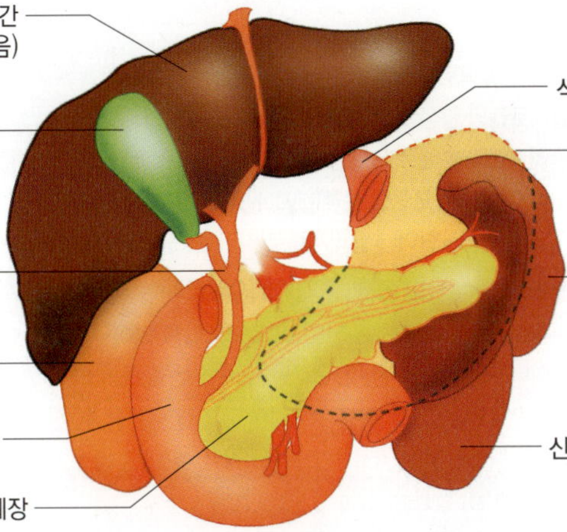

그림 4-3 상복부 장기들의 위치

뒤쪽으로 간정맥hepatic vein이 심장으로 연결되어 있다그림 4-3.

문맥은 소화관에서 흡수한 영양소, 물 등을 모아서 간으로 운반하는 혈관이다. 이와 같이 영양소가 소화관에서 흡수되면 맨 먼저 간으로 들어오고, 들어온 영양소들은 간에서 대사, 저장, 신생의 과정을 거치는 동시에 인체의 다른 기관으로 필요한 영양소를 공급하게 된다. 섭취한 알코올, 약물이나 독물도 우선 간으로 보내져서 대사되고 해독된 후 배설된다. 이러한 간의 역할을 수행하는 기본 조직은 간소엽hepatic lobule이다. 육각형의 간소엽은 시누소이드sinusoid라는 모세혈관이 중심정맥을 중심으로 방사상으로 연결되어 있고, 이 시누소이드를 따라 간세포가 일렬로 늘어서 있으며 간동맥, 간문맥, 모세담관 등과 연결된 기능단위이다. 간에서 생성된 담즙은 담관을 통해서 담낭으로 이동되고, 여기에서 농축, 저장된 담즙은 십이지장으로 배출되어 지방의 소화를 돕는다.

간의 기능은 영양소 대사, 담즙 생성과 해독작용 등이며 표 4-2와 같다.

표 4-2 간의 기능

탄수화물	• 과당과 갈락토오스를 포도당으로 전환 • 글리코겐의 합성과 저장(glycogenesis) • 글리코겐의 분해로 포도당 방출(glycogenolysis) • 에너지 필요시 포도당 분해(glycolysis & TCA cycle) • 필요시 아미노산이나 글리세롤로부터 포도당 생성(gluconeogenesis)
단백질	• 비필수아미노산의 합성(transamination) • 순환하는 과량의 아미노산을 이동시켜 다른 아미노산으로 만들거나, 아미노기를 떼어내고 포도당이나 지방산으로 전환(transamination & deamination) • 혈액으로부터 암모니아를 제거하여 요소를 생성한 후, 신장으로 방출(urea cycle) • 혈장단백질(알부민, 글로불린, 트랜스페린, 셀룰로플라스민, 지단백 등), 혈액응고인자(피브리노겐, 프로트롬빈 등) 합성 • 기타 인체에 필요한 질소 함유 물질(DNA 나 RNA 등) 생성
지방	• 에너지 필요시 지방산의 산화(β-oxidation) • 중성지질, 인지질, 콜레스테롤의 합성과 분해 • 지방을 이동시키는 지단백의 합성 • 콜레스테롤로부터 담즙산염을 생성해서 담낭으로 방출 • 케톤체 생성(당뇨병, 단식 등 체지방의 분해가 심할 때, 지방산 분해로 생성된 아세틸 CoA로부터 케톤체 생성)
비타민과 무기질	• 대부분의 비타민과 무기질의 저장, 운반, 활성화(특히 지용성 비타민, 비타민 B12, 비타민 C 저장 / 엽산, 비타민 D의 활성화 / 카로틴의 비타민 A로의 전환 / 페리틴(철), 셀룰로플라스민(구리), 아연, 마그네슘, 망간 등 저장)
기타	• 담즙 합성 : 하루에 500~1,000mL 정도의 담즙 생성, 담낭으로 배출 • 해독작용: 알코올, 약물, 독소 등을 독성이 적거나 배설하기 쉬운 수용성 물질로 전환 후 배출 / 스테로이드(알도스테론, 글루코코르티코이드, 에스트로겐, 테스토스테론, 프로게스테론)를 불활성화시켜 배출 • 여과작용 : 시누소이드에 있는 쿠퍼세포(Kupffer cell)에서 식균작용에 의해 혈액 내 박테리아나 이물질 제거

2) 간질환의 진단

간질환을 진단하고 평가하는 데 가장 흔히 쓰이는 방법은 생화학적 지표들이다. 간에서 분비되는 효소들의 활성과 간에서 대사되는 여러 성분의 혈청 내 농도 등을 측정하여 간의 기능을 검사한다. 선별검사 시 자주 쓰이는 항목은 ALTalanine aminotransferase: SGPT, ASTaspartate aminotransferase: SGOT, 혈청 알부민serum albumin, 혈청 글로불린serum globulin, 혈청 총 빌리루빈total serum bilirubin, 혈청 알칼린 포스파타아제serum alkaline phosphatase, 프로트롬빈 시간prothrombin time 등이다. 표 4-3은 일반적으로 간질환 시 평가되는 생화학적 지표의 기준치이다.

표 4-3 간질환 판정을 위한 생화학적 지표와 판정 기준치

생화학적 지표	혈청 내 정상범위	간 질환 시의 변화
ALT(SGPT)	남: 10~40U/L 여: 7~35U/L	간세포 손상 시 증가
AST(SGOT)	10~30U/L	간세포 손상 시 증가
알부민	3.4~4.8g/dL	간기능 저하 시 감소
알칼린 포스파타아제	25~100U/L	담즙 분비 정지(담즙울체) 시 증가
총 빌리루빈	0.3~1.2mg/dL	간기능 저하 시 증가
혈중 요소 질소(BUN)	6~20mg/dL	간세포 손상 시 증가
암모니아	15~45㎍ N/dL	간세포 손상 시 증가
프로트롬빈 시간	10~13초	간기능 저하 시 지연

U/L = units per liter, N = nitrogen

3) 간염hepatitis

간염은 간에 염증이 생겨 간 조직이 손상을 입는 것을 말한다. 바이러스에 의한 간염이 가장 흔하고 지나친 음주, 약물이나 독소, 지방간 등에 의해 발병한다.

(1) 원인 및 증상

① 급성 간염acute hepatitis

간염 바이러스는 A, B, C, D, E형으로 구분되며, 그중 A형과 E형은 주로 분변이 하수, 식수, 식품 등으로 오염되어 구강으로 감염되는 전염성 간염이고, B형, C형, D형은 혈액이나 체액에 의해 감염되는 혈청 간염이다.

A형 간염hepatitis A: HAV과 E형 간염hepatitis E: HEV은 분변이 오염된 식수, 식품이나 하수 등에 의해 감염되므로 상수도나 하수도 시설이 잘 정비되어 있지 않은 위생상태가 열악한 지역에서 많이 발생하며, 홍수나 자연재해가 발생했을 때 오수의 혼입에 의해 집단적으로 발생하기 쉽다 몇 주나 몇 달 이내에 95% 이상이 회복되며, 만성 간염으로는 잘 진행되지 않

는다. 최근 예방 백신의 지속적인 접종으로 A형 간염환자 발생률은 낮아지고 있다. 가장 많이 일어나는 증상은 심한 식욕 부진이며 오심, 구토, 상복부 통증, 짙은 색의 요와 황달이 나타난다.

B형 간염hepatitis B: HBV과 C형 간염hepatitis C: HCV은 혈액, 혈액제품, 정액, 타액 등에 의해 감염되며 만성 활동성 간염으로 진행되어 간경변이나 간부전 등을 유발할 수 있다. 우리나라에서 만성 간질환을 일으키는 가장 큰 원인은 B형 간염 바이러스의 감염이다. B형 간염은 회복률이 90% 정도이며, 예방 백신이 있으므로 의료기관 종사자, 성적으로 왕성한 성인, 불법 주사약 사용자, 신생아나 어린이 등은 미리 접종할 것을 권장한다. C형 간염은 주로 혈액으로 감염되며, 예방백신도 없고 환자의 15~45% 정도만이 회복되는 간염으로 만성 간염으로 진행되는 주원인이 된다. 피로, 구토와 오심, 식욕부진, 상복부 통증과 황달이 일어나고 발열, 두통, 근육약화, 피부발진 등도 나타난다.

D형 간염hepatitis D: HDV은 드물게 나타나며, HBV와 함께 또는 운반자처럼 겹쳐서 감염된다. 이 간염 역시 만성으로 진행된다.

② 만성 간염chronic hepatitis

만성 간염은 간염이나 원인이 불분명한 간의 염증이 6개월 이상 지속되는 것을 말한다. 만성 간염은 자가면역, 바이러스, 대사이상, 약물이나 독소 등에 의해 발병하지만, B형 간염과 C형 간염 그리고 자가면역 간염이 가장 흔한 원인이다. 만성간염의 임상 증상은 특이적이지 않고 단속적이고 가볍다. 병증이 가벼울 때는 보통 피로, 불면, 부주의(집중 부족), 약한 상복부 통증 등이 온다. 병증이 심해지면 황달, 근육소모, 짙은 색(홍차색)의 요, 복수, 부종, 간성 혼수, 소화기 출혈, 거대 이자 등 간경화증과 같은 합병증을 유발한다.

③ 알코올성 간염alcoholic hepatitis

알코올성 간염은 일반적으로 간비대, 트랜스아미나아제transaminase의 상승, 혈청 빌리루빈 상승, 정상이거나 감소한 혈청 알부민 농도, 빈혈이 특징적으로 나타난다. 상복부 복통, 식욕부진, 구토와 오심, 설사, 체중손실, 허약감, 발열 증상을 보인다. 너무 늦지 않은 시기에 알코올 섭취를 끊고 영양관리를 잘하면 회복될 수도 있다.

(2) 임상영양치료

간염 환자의 임상영양치료 목표는 에너지와 단백질 등 영양소 공급을 충분히 하여 손상된 간세포의 재생을 도와 간 조직의 기능을 유지하면서 영양상태를 개선하는 것이다.

① 급성 간염

수분과 영양소를 충분히 공급한다. 식욕부진이나 오심, 구토, 설사 등으로 경구 섭취가 부족해지기 쉬우므로 식사는 소량씩 자주 공급한다. 탈수 예방을 위해 영양보충음료 등의 유동식으로 수분과 영양을 공급한다. 식욕이 돌아오면 기호에 맞는 식사를 한다. 황달이 있는 경우 저지방식이 필요하다. 황달 등의 급성기 증상이 호전되면 고단백 고에너지식을 공급한다. 단백질은 1.5~2.0 g/kg, 에너지는 35~40 kcal/kg 제공한다. 증상이 심한 급성기를 제외하고는 지방을 제한할 필요는 없다. 저혈당이 생기기 쉬우므로 탄수화물은 충분히 제공한다. 알코올 음료는 금한다.

② 만성 간염

급성 간염과 마찬가지로 충분한 에너지의 공급이 필요하지만 불필요한 체중 증가는 주의가 필요하다. 간세포의 재생을 돕고 지방간을 예방하기 위해 단백질은 1.0~1.5 g/kg 이 권장된다. 지방은 제한할 필요가 없다. 비타민과 무기질이 풍부한 신선한 채소와 과일을 충분히 공급한다.

4) 지방간fatty liver, hepatic steatosis

간은 중성지질을 VLDL의 형태로 만들어 혈액으로 방출하는데, 여러 원인에 의해 지방이 방출되지 못하고 간 조직에 축적되면 지방간이 된다그림 4-4. 간조직에 지방이 축적되는 정확한 이유는 밝혀지지 않았지만 지방의 생성량(혈액으로부터 흡수량과 간에서의 합성량)과 방출량과의 불균형을 일으키는 조건들에 의해 발생한다. 즉 지방조직으로부터 지방산의 유동성mobilization 증가, 간에서 지방산 합성 증가, 지방산 산화 감소, 중성지질 생성 증가, 간으로 중성지질 유입 증가 등의 대사장애에 의해 지방간이 발생한다.

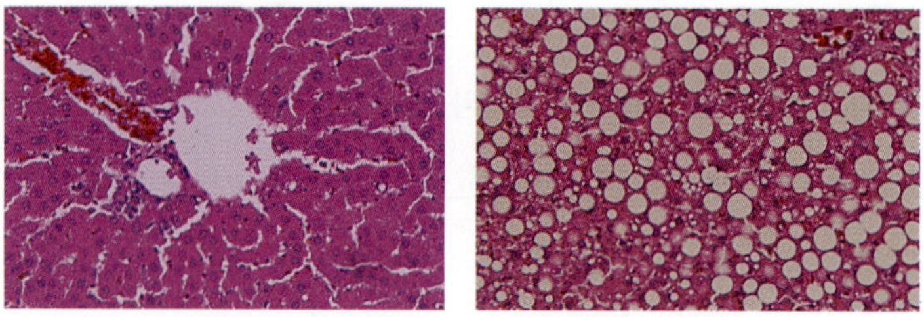

그림 4-4 정상간과 지방간

(1) 원인

지방간은 알코올 간질환 환자와 비만 환자에게서 가장 흔하게 나타난다. 알코올 지방간 질환의 원인은 장기간의 알코올 섭취이다. 지속적인 음주는 영양결핍을 초래하고 간 세포에 중성지방을 침윤시켜 간을 비대하게 만들고 알코올의 대사산물인 아세트 알데하이드는 간세포 손상을 촉진시킨다. 비알코올 지방간질환nonalcoholic fatty liver disease: NAFLD은 지방간을 유발할 수 있는 알코올 섭취나 다른 원인이 없음에도 간 내 지방이 침착되는 질환이다. 에너지 과다섭취(주로 탄수화물 과다섭취)에 의한 중성지방 합성 증가, 지방산 산화 감소 및 간세포에서 조직으로 방출되는 중성지방 감소가 원인이 된다. 정상체중인 사람보다 비만한 사람에게서 유병률이 더 높다.

이 외에도 약물이나 중금속 등에 노출되거나 기아, 당뇨, 지질대사 이상, 장기간의 정맥영양, 소화기계 우회술, 단백질-에너지 영양불량에서도 발생할 수 있다.

(2) 증상

대부분의 사람은 약간의 지방간이 있어도 증상도 없고 어떤 문제도 발생하지 않는다. 그러나 지방간이 심해지면 간이 비대hepatomegaly해지고 염증steatohepatitis이 생기고 몹시 피곤해진다. 지방간이 심해져서 간 조직이 손상되면 손상된 부위에 섬유조직이 생겨 간경화cirrhosis로 발전한다.

지방간이 되면 간에서 생성되는 효소들의 혈액 내 수준에 변화가 오므로 이 효소들의 수준으로 간 질환의 정도를 판정한다. ALT, AST, 중성지질, 콜레스테롤, 혈당 등이 상승한다.

(3) 임상영양치료

① 알코올 지방간질환

가장 우선적으로 금주를 시행한다. 충분한 에너지와 단백질을 공급하며 필요시 비타민, 무기질을 보충한다.

② 비알코올 지방간질환

과체중인 경우 체중조절을 실시한다. 다만 급격한 체중감량은 염증성 괴사 및 섬유화를 악화시킬 수 있으므로 주의가 필요하다. 영양불량이 지방간의 원인인 경우에는 충분한 에너지를 제공한다. 탄수화물 과다 섭취가 비알코올 지방간질환의 원인이 될 수 있으므로 탄수화물은 에너지 적정비율은 60%가 넘지 않도록 한다. 단순당 섭취를 제한하고 신선한 채소와 과일을 통해 비타민, 무기질, 식이섬유를 공급한다. 이상지질혈증, 당뇨병을 동반한 경우 해당 질환의 식사지침을 따른다.

비알코올 지방간질환 환자에게 운동은 체중조절 뿐 아니라 인슐린 저항성 및 내장지방 축적을 개선하므로 규칙적인 운동을 권장한다.

5) 간경변증cirrhois

간경변증은 만성 간질환의 마지막 단계로, 간 조직이 점점 파괴되어 섬유조직으로 대체되면서 간 기능이 손실되는 질병이다. 정상적인 간은 고르고 부드러운 조직인데 반해 경화된 간은 불규칙하고 결절이 있는 울퉁불퉁한 모양을 하고 있다.

(1) 원인

간경변증의 원인은 표 4-4와 같고, 알코올에 의한 간질환, 만성 간염(특히 HCV, HBV)과 지방간이 가장 흔한 원인이다. 그 외에 담도관 폐색, 약물 남용, 윌슨병과 같은 유전질환 등이 원인이기도 하다.

표 4-4 간경변증의 원인

• 알코올성 간질환 • 약물 남용에 의한 간 손상 • 담관 폐색 - 담낭수술 후 합병증 - 낭성섬유증 - 담관 손상을 유발하는 질병 • 자가면역성 간염	• 바이러스성 간염(특히 B형과 C형 간염) • 지방간 • 유전질환 - 갈락토오스혈증(galactosemia) - 글리코겐 저장 질병 - Hemocromatosis(간에 과량의 철 축적) - 윌슨병(간에 과량의 구리 축적)

(2) 증상

간경변증은 천천히 일어나기 때문에 환자들의 약 40% 정도는 증상을 잘 인식하지 못한다. 처음에는 약간 피곤하고 기운이 없고 오심과 구토, 식욕부진이 오면서 체중이 감소된다. 간 기능이 점점 나빠지면서 대사상의 문제가 발생하게 되어 빈혈이 생기며, 쉽게 멍이 들고 감염이 잘 일어난다. 만일 담관 폐색이 일어나면 황달과 지방 흡수불량이 일어난다. 간 조직의 혈액순환이 나빠지므로 혈관과 체조직에 체액이 고이게 되어 부종과 복수가 생긴다. 더 심해지면 신장과 폐의 기능도 손상된다.

임상증상으로는 영양불량, 복수, 저나트륨혈증, 간성 혼수hepatic encephalopathy, 내당능장애impaired glucose tolerance, 지방 흡수불량, 간과 신장 증후군, 골감소증osteopenia 등이 발생한다그림 4-5.

혈액 중 ALT, AST, 알카린 포스파타아제 농도가 상승하고, 담관이 막히면 빌리루빈 수치도 상승한다. 알부민 등 간에서 생성되는 단배질들의 수치는 낮아지고 혈액응고 시간은 지연된다. 또한 간 손상에 의해 요소회로가 정상적으로 기능하지 못하므로 혈중 요소질소와 암모니아 수치가 높아진다.

(3) 합병증

간경변증이 진행되면 문맥 고혈압, 비장 비대, 위식도 정맥류, 복수, 간성 혼수(간성 뇌병변), 영양불량 등이 발생하여 생명을 유지하기 어렵다.

① 문맥 고혈압portal hypertension

평상시 간은 문맥과 간 동맥으로부터 1분당 약 1,500 mL의 혈액을 공급받고 있다. 만약

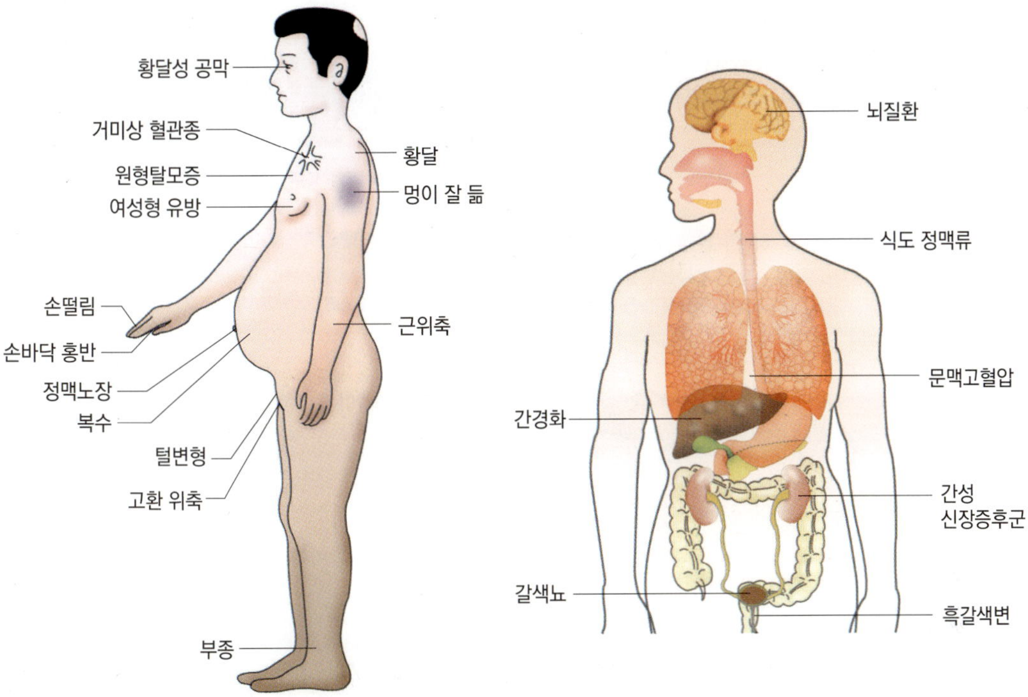

그림 4-5 간경변증 합병증

간 조직이 경화되면 경화된 부분으로는 혈액이 흐를 수 없으므로 저항이 커져서 문맥의 압력이 높아져 문맥 고혈압이 발생한다.

② 위· 식도 정맥류collaterals and gastroesophageal varices

문맥을 통한 혈류가 저항을 받게 되면 혈액은 간 주변의 작은 혈관들로 우회하게(측부 혈행collateral circulation) 되어 주변 기관의 정맥들에 혈액이 울체한다. 이러한 혈액의 울체가 일어나는 곳은 소화기계와 복벽이고, 이곳의 혈관이 부풀어 커져 비정상적으로 부푼 정맥류를 만든다. 식도와 위의 정맥류는 벽이 얇고 소화기 내강 쪽으로 부풀어 있으므로 파열되기 쉽다. 위· 식도정맥류가 파열되면 출혈이 심하기 때문에 잘못하면 죽을 수도 있다. 또 출혈로 혈액 손실이 많아지면 간에서 혈액 응고인자의 생성이 더욱 감소될 수 있다.

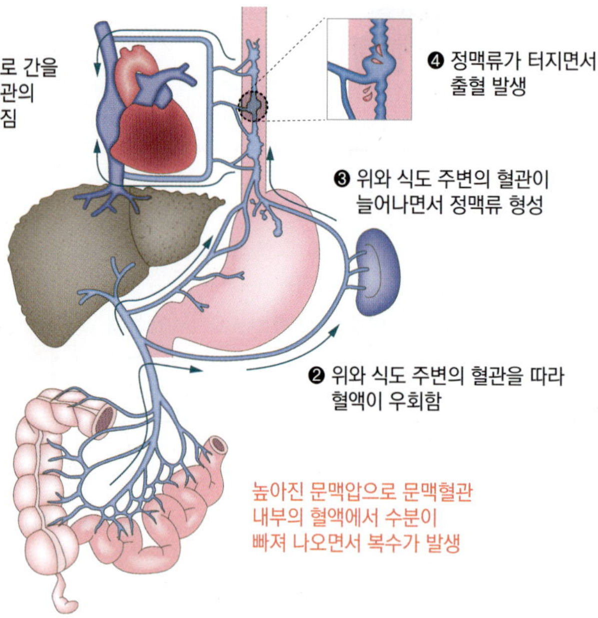

그림 4-6 식도정맥류의 발생 기전
출처: 질병관리청 국가건강정보포털

③ **복수**ascites

간경변증이 수년간 지속되면 복강에 체액이 많이 고이는 복수가 발생하고, 이는 간손상이 매우 심각한 단계에 이르렀다는 것을 나타낸다. 복수가 생기면 환자의 반 정도는 대개 2년 이내에 사망한다. 복수는 문맥 고혈압이 진행된 결과로 알부민 생성과 신장 기능이 저하되어 일어난다. 즉, 문맥 고혈압이 생기면 간의 시누소이드의 압력이 높아져 혈액으로부터 복강으로 체액이 새어나가게 되고, 혈장 알부민치도 낮기 때문에 복강으로의 체액 축적은 가속화된다. 또한 문맥압의 증가는 nitric oxide 같은 화학물질의 방출을 촉진해 혈관을 이완시키므로 혈압이 낮아져서 신장에서는 나트륨과 물의 흡수를 촉진하게 된다. 복수는 복부가 불편하고 배가 빨리 불러 식사에 지장을 주므로 영양불량을 가속화시킬 수 있다. 또한 복수는 체중이 증가한 것으로 보일 수도 있으므로 주의하여야 한다.

④ **간성뇌병변**hepatic encephalopathy(**간성혼수**hepatic coma)

간질환이 심해지면 정신장애, 인격장애나 운동기능 장애 등 신경계의 이상이 오고, 더욱 악화되면 무감각, 경련, 간성혼수가 올 수 있다. 약물로 치료할 수 있지만 예후는 그다지 좋지 않다(138쪽 간성뇌증 참고).

(4) 약물치료

간경변증이 진행되면서 일어나는 합병증과 증상들을 완화하기 위한 약제를 사용한다. 문맥 고혈압과 정맥류 치료를 위한 약제로는 문맥압을 낮추는 약제(propranolol, octreotide), 혈관을 수축하는 약제(vasopressin) 등을 사용하고, 문맥압과 복수를 완화하기 위해서 이뇨제(spironolactone, furosemide)를 쓴다. 식욕을 촉진하여 체중을 증가시키기 위해 오심 및 구토 예방제(megestrol acetate, dronobino) 등을 처방한다. 간성 뇌병변을 치료하기 위해 흡수가 안 되는 이당류인 락툴로스lactulose를 이용하여 장에서 암모니아 생성과 흡수를 저해함으로써 혈중 암모니아 수준을 낮춘다. 또한 네오마이신neomycin 같은 항생제를 사용하여 장내 박테리아에 의한 암모니아 생성을 억제하기도 한다.

(5) 임상영양치료

간경변증 환자의 임상영양치료의 목표는 적극적인 영양공급을 통해 영양불량을 개선하고 단백질의 이화를 막아 간 조직 재생을 촉진시키는 것이다. 간경변증 환자의 임상영양치료는 증상과 합병증에 따라 개인별로 관리한다. 1일 에너지 제공량은 복수가 없는 상태의 체중이나 표준체중 기준으로 30~35 kcal/kg을 제공한다.

질소 평형 유지와 체단백 소모를 방지하기 위해 건체중 kg당 1.0~1.2 g의 단백질을 공급하고, BCAA/AAA의 비가 높은 식품을 사용한다. 간성 뇌증 환자는 지나친 단백질 섭취를 피한다. 탄수화물은 인슐린 저항성이나 당뇨병이 없을 때는 제한하지 않지만, 많은 간경변증 환자가 인슐린 저항성을 나타내므로 당뇨병의 식사관리에 준한다. 또한 간경변 환자는 간내 글리코겐 합성과 저장 능력이 모두 저하되어 있어 공복이 길어지는 야간에 저혈당이 발생하기 쉬우므로 아침 저혈당이 나타나는 경우 식사계획 시 취침 전 간식을 제공한다. 지방 역시 흡수불량이 없으면 제한하지 않으나, 지방 흡수불량이 있으면 지방변에 의해 지방, 지용성 비타민, 비타민 B군 등의 결핍이 일어나므로 저지방식이를 하면서 MCT 기름을 사용하여 에너지를 공급한다.

복수가 있는 환자는 나트륨을 제한한다. 복수의 원인 중 하나가 신장에서 나트륨의 재흡수 증가에 의한 나트륨과 수분의 저류이므로 이뇨제를 사용하며 중정도의 나트륨 제한식(2,000 mg/일)을 한다. 이뇨제는 종류에 따라 혈장 칼륨의 수치가 달라지므로 주의가 필요하다. 즉 수분과 함께 칼륨을 배출하는 이뇨제(furosemide)를 사용할 때는 칼륨 부족에 주의하고, 칼륨이 저류되어 고칼륨혈증이 되기 쉬운 이뇨제(spironolactone)를 사용할 때는 칼륨 섭취를 줄이는 식품 선택과 조리법을 사용한다.

혈장 나트륨 농도가 낮으면서 복수가 있는 환자에게는 수분 섭취를 제한한다.

간 질환 환자는 흔히 비타민과 무기질의 결핍이 나타나므로 종합비타민제의 보충이 필요하다. 간경변증 환자들은 적절한 영양상태를 유지할 수 있는 만큼의 식사를 3끼에 하기가 어려우므로, 소량씩 하루 4~6회로 공급하는 것이 좋다. 필요시 영양보충음료를 이용할 수 있다.

식도정맥류가 있을 경우 혈관이 약해서 출혈 가능성이 높으므로 섬유질이 많고 거친 잡곡류나 채소류의 섭취를 제한하고 부드러운 음식으로 식사를 구성한다.

6) 간성뇌증hepatic encephalopathy

간성뇌증은 간기능이 심각하게 저하되어 중추신경계 기능 이상이 발생한 경우를 말하며 간성혼수hepatic coma라고도 한다.

(1) 원인

간성뇌증의 원인은 정확히 밝혀져 있지 않지만 간기능 저하로 혈중 내 암모니아가 축적되는 것이 주된 원인으로 알려져있다. 혈중 암모니아 수치가 혈액뇌장벽blood brain barrier: BBB의 역치를 넘으면 뇌로 유입된 암모니아가 뇌조직을 손상시켜 간성뇌증을 유발한다. 소화기 출혈이나, 장내 박테리아에 의한 암모니아 생성, 고단백식, 변비, 신장질환에 의해 혈중 얌모니아 농도가 상승될 수 있다.

간경변증의 경우 곁가지 아미노산branched amino acid: BCAA의 소비 증가로 혈액 내 농도가 감소하고 상대적으로 방향족 아미노산aromatic amino acd: AAA이 증가한다. 이로 인해 방향족 아미노산AAA이 곁가지 아미노산BCAA보다 뇌로 더 많이 유입되면 신경 억제 증상이 나타날 수 있다. BCAA/AAAbranched-chain amino acid/aromatic amino acid; Fischer's ratio의 비는 정상인에서는 3.5~4.0이고, 간경변증에서는 2.5 이하로 떨어지며, 간성혼수에서는 1 이하로 내려간다.

Branched-Chain Amino Acid(BCAA)

- BCAA는 leucine, isoleucine, valine으로 사람의 하루 총 필수아미노산량의 약 40%를 차지한다.
- 다른 필수아미노산과는 달리 주된 대사기관이 간보다는 골격근과 지방조직이다.
- 비필수아미노산이나 단백질 합성뿐만 아니라 골격근에서 TCA cycle의 중간대사물의 합성에 사용된다. 또한 지방조직에서 지방합성에 사용된다.
- BCAA는 대사되어 포도당과 케톤체를 형성할 수 있으므로 에너지원이 된다.

(2) 증상

간성뇌증 초기 증상은 성격변화, 기억력 감소, 집중력 저하, 불안, 과수면 등이 나타나고 간성뇌증이 진행되면 의식저하와 더불어 착란, 혼수가 발생하고 경우에 따라서는 사망에 이르게 된다.

(3) 임상영양치료

임상영양치료의 목표는 영양상태를 유지하면서 부종과 복수를 조절하고 간성뇌증을 최대한 완화시키는 데 있다. 충분한 에너지를 공급하고 간성뇌증이 심한 경우 암모니아 생성을 최소화하기 위해 1일 단백질 섭취를 0.5~0.75 g/kg 로 제한할 수 있으나 지나친 단백질 제한은 근육단백질의 분해를 초래할 수 있으므로 주의가 필요하다. 우유와 식물성 단백질(콩, 두부)은 육류보다 곁가지 아미노산BCAA은 많고 방향족 아미노산AAA은 적으므로 간경뇌증환자 식사에 활용한다.

BCAA/AAA의 비가 높은 식품

대두, 된장, 완두, 밤, 연근, 수수, 율무, 옥수수, 우유, 발효유, 굴, 연어, 붕어

간질환 환자에게 BCAA 보충의 이점

- BCAA는 에너지원으로 사용되므로 체단백질의 분해와 체단백질의 분해로 인한 아미노산 불균형을 방지할 수 있다.
- BCAA는 blood-brain barrier에서 유해한 아민류와 경쟁함으로써, 유해한 아민이 뇌세포로 들어가 뇌독성을 일으키는 것을 방지한다.
- BCAA는 골격근에서 암모니아 대사를 촉진하므로 암모니아에 의한 뇌병변을 막아준다.

7) 간암liver cancer

간암은 한국인의 암으로 인한 사망률 중 남자는 2위, 여자는 5위를 차지하고 있고(통계청, 2022년 사망원인 통계자료) 있다. 간암의 가장 큰 위험인자는 B형 간염과 C형 간염이고, 식사요인으로는 과음, 곰팡이가 번식한 음식의 섭취 등이 있다. 간암의 발생을 줄이기 위해서 B형 간염 예방접종을 하는 것이 바람직하다.

간암의 증상은 오른쪽 상복부, 즉 간이 있는 자리에 덩어리가 만져지고 통증과 황달이 나타날 수 있지만, 별다른 증상이 나타나지 않을 수도 있다.

가장 효과적인 치료법은 절제술이지만, 절제가 불가능할 때는 간동맥 화학색전술, 경피적 에탄올 주입술, 고주파 열치료술 등을 실시하고, 간이식도 실시한다. 간암은 간경변증이 진행되면서 발생하므로 간경변증의 증상, 합병증을 참고하고, 임상영양치료 역시 간경변증의 관리에 준한다.

3. 담낭질환

1) 담낭의 구조와 기능

담낭은 간의 우엽 바로 아래 위치한 40~70 mL 정도의 서양배 모양의 주머니이다. 주 기능은 간에서 생성된 담즙을 농축하여 저장하고, 지방의 소화 흡수를 돕는 담즙을 십이지장으로 배출한다. 담즙의 배출은 총담관과 십이지장이 연결되는 부위에 있는 오디괄약근

Oddi sphincter에 의해 조절된다. 즉 십이지장에 음식물, 특히 지방이 도달하면 소장 점막 호르몬인 콜레시스토키닌CCK이 분비되어 담낭을 자극하고 오디괄약근을 이완시켜 담즙이 분비된다. 이때 세크레틴에 의해 자극되어 분비된 췌장액도 췌장관을 따라 방출되고, 십이지장에 도달하기 직전에 총담관을 따라 방출된 담즙과 합쳐져 십이지장으로 배출된다.

담즙의 주요 구성성분은 콜레스테롤, 빌리루빈, 담즙산염이고 무기염, 지방산, 인지질 등이 함유되어 있다. 담즙색소인 빌리루빈은 적혈구의 파괴에 의해 나온 헤모글로빈의 분해산물이고, 담즙산염은 간에서 콜레스테롤로부터 만들어진다. 담즙산염은 십이지장에서 지방을 유화시켜 미셀을 형성함으로써 지방, 지용성 비타민, 일부 미네랄의 소화와 흡수를 돕는다. 담즙산염은 간에서 십이지장으로 배출되었다가 문맥을 통해 재흡수되어 다시 간으로 들어가는 장간순환enterohepatic circulation을 한다. 담즙에는 장 점막의 유기적 통합성을 도와주는 면역글로불린이 함유되어 있고, 구리와 망간 같은 중금속의 일차적인 배설경로가 된다.

2) 담낭염cholecystitis

담낭에 염증이 생긴 것을 담낭염이라 하며, 급성 담낭염과 만성 담낭염이 있다. 대부분의 경우, 담석이 담관을 막아 담즙이 역류하여 발생한다. 담즙이 역류하여 순환계로 들어가면 담즙색소인 빌리루빈에 의해 피부와 눈에 노란색이 착색되는 황달jaundice이 일어난다.

(1) 원인 및 증상

급성 담낭염은 만성 담석증에서(자연적인 수축작용의 감소나 콜레시스토키닌에 대한 수축반응의 감소에 의해) 담즙의 울체가 일어나 발생하는 것이 대부분이고, 중환자나 기타 이유로 담낭에 담즙이 울체했을 때 담석 없이 일어나는 것이 있다. 담낭벽에 염증이 생기면서 팽만되고 감염이 일어나면서 환자는 오심, 구토, 복부팽만 등과 함께 상복부에 심한 복통이 일어난다.

만성 담낭염은 대체로 급성 담낭염이 약하게 반복되면서 오랜 기간 담낭에 염증이 생기는 것이다. 오랜 염증으로 담낭벽이 두꺼워지고 수축되고 섬유화되면서 결국에는 담낭의 제 기능을 잃어버리게 된다. 따라서 지방이 많은 식사를 하게 되면 증상은 더욱 악화된다. 증상은 오심, 미열과 간헐적인 복통이 일어난다. 만성 담낭염은 남자보다는 여자에서, 40세 이상에서, 담석이 있을 때, 급성 담낭염의 병력이 있을 때 발생위험률이 높다.

(2) 임상영양치료

담낭염 급성기에는 금식하며 정맥영양으로 영양을 공급한다. 이후 증상이 회복되는 것에 맞추어 탄수화물 위주의 유동식으로부터 연식, 일반식으로 진행한다. 식사는 저지방식으로 제공한다표 4-1 참고.

만성 담낭염의 경우 지방 제한은 환자 개개인의 적응도에 따라 실시한다. 지나친 지방의 제한은 담도계의 자극과 배출을 적절히 유지할 수 없으므로 바람직하지 않다. 복통과 복부팽만 증상이 있을 때에는 콩류, 양파, 무 등 가스를 발생시키는 식품도 주의한다. 과식하지 않도록 하며 환자가 비만인 경우에는 체중 조절이 필요하다.

3) 담석증cholelithiasis

간, 담낭 또는 담도에 담석gallstones, calculi이 형성된 것을 담석증이라 한다. 담석은 염증이나 여러 원인에 의해 담즙성분이 지나치게 농축, 침전되어 결석을 형성한 것이다. 담낭에 감염이 일어나지 않고 담석이 형성된 것을 담석증cholelithiasis이라 하고, 담낭에서 만들어진 담석이 담관으로 흘러나와 증세를 일으키는 것을 담관결석choledocholithiasis이라고 한다. 담석은 담낭에서 만들어지지만 드물게 담낭제거술 후에 담관이 협착된 부위 아래에 생기기도 한다.

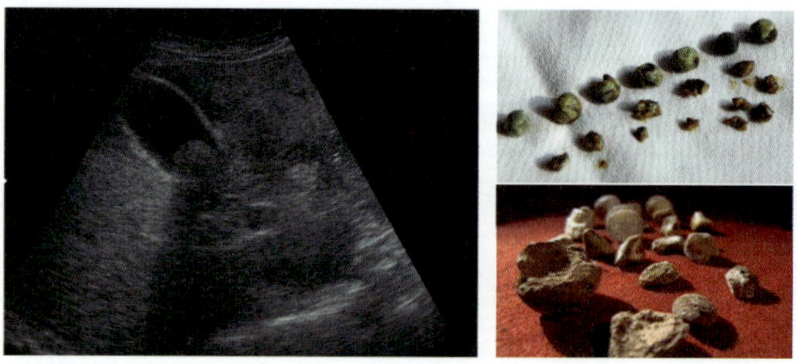

그림 4-7 담낭담석과 여러 가지 담석

(1) 원인

담석은 콜레스테롤 담석과 빌리루빈(색소성) 담석이 있다. 콜레스테롤 담석은 주로 담낭에 많이 생기며, 빌리루빈 담석은 담낭이나 담관에 발생한다. 담석증은 담석의 종류에 따라 발생 원인이 다르다.

콜레스테롤 담석은 콜레스테롤에 약간의 칼슘염과 빌리루빈 등이 함유되어 있는 결석이다. 콜레스테롤 담석은 여성(40대 이상), 임산부, 노인, 가족력, 비만(특히 복부비만), 당뇨병, 염증성 대장질환, 지질강하제나 피임약 또는 에스트로겐 같은 약물 사용자에서 발병하기 쉽다. 소화기 수술, 질병, 기아나 심한 칼로리 제한 등으로 인한 급격한 체중감소도 담석증의 원인이 될 수 있다.

빌리루빈 담석은 빌리루빈 중합체나 빌리루빈 칼슘염으로 이루어진 결석이다.

대부분 박테리아의 감염이나 만성적인 용혈에 의해 발생한다. 그 외에 간경화, 알코올 중독, 장기간의 정맥영양 등에 의해서도 발생할 수 있다.

(2) 증상

담석이 있어도 담관의 폐색을 일으키지 않는 경우 대부분은 증상이 나타나지 않는데, 증상이 나타나는 담석증은 심각한 합병증을 일으킬 수 있다. 증상은 복부통증, 오심과 구토, 복부팽만 등이다. 복부통증은 상복부에서 심하고 지속적으로 몇 분간 또는 몇 시간 동안 일어나며, 가슴이나 등으로 퍼져 나갈 수도 있다. 식사 후, 특히 기름기 있는 식품을 먹은 후에 통증이 일어난다. 담도산통이라고 불리는 통증은 명치와 우상복부에서 발생하여 1~4시간 지속되다가 사라진다. 대개 상복부 우측에 예리한 통증이 느껴지며 우측 견갑하부로 퍼지기도 한다.

담석이 담관으로 들어가서 담관을 막으면(폐색) 오심, 구토와 함께 심한 복통과 경련이 일어나는 담관결석choledocholithiasis이 생기고, 담즙이 십이지장으로 흘러가지 못해 울체하면 담낭염cholecystitis이 발생한다. 또한 담즙의 울체가 심해지면 담즙이 순환계나 간으로 되돌아가서 황달이나 간의 손상(이차적 담낭성 경화secondary biliary cirrhosis)이 야기되며, 담관의 말단부위가 막혀서 췌장관까지 막히면 췌장염이 발생할 수 있다.

(3) 치료

담낭절제술, 담석 용해제나 담즙 배출 촉진제 등 화학적 요법, 초음파나 레이저를 이용한 쇄석술shock-wave lithotripsy을 이용하여 치료한다.

① 수술

담석이 너무 크거나 개수가 많거나 지나치게 석회화되었으면 개복술laparotomy이나 복강경 laparoscopic procedure을 이용한 절제술을 실시한다. 담낭이 제거되면 총담관에 담즙이 고여 있다가 식사 때 십이지장으로 배출되므로 수술 후 회복되면 대부분의 환자는 문제가 없지만, 일부 환자는 설사, 복통, 기타 소화기 증상이 나타날 수 있다. 설사는 많은 양의 담즙이 대장으로 유입되어 하제의 역할을 하기 때문에 발생하고, 복통은 가끔 총담관에 남아 있거나 총담관에서 형성된 담석 때문에 발생한다. 가끔 수술 시 담관의 손상도 일어날 수 있다.

② 약물치료

약물로는 담즙산염이나 담즙산(chenodeoxycholic acid, ursodeoxycholic acid(ursodiol) 등)을 경구 투여함으로써 간에서 콜레스테롤 분비를 줄이고, 존재하는 담석의 콜레스테롤 결정을 녹인다. 담즙산인 우르소데옥시콜산ursodeoxycholic acid은 담석이 직경 5 mm 이하일 때 효과적이며, 6~12개월은 사용해야 한다. 용해 후 재발률이 높아 50% 이상이 재발한다.

③ 쇄석술

쇄석술은 증폭된 초음파(충격파)로 담석을 잘게 부숴서 장으로 배설될 수 있거나 담즙산에 녹을 수 있게 만드는 방법이다. 이 방법은 담석의 수가 적은 환자에게만 적용할 수 있으며, 직경이 20 mm 이하인 담석을 한 개 가진 환자에서 성공률이 높다. 담석은 재발이 잘되기 때문에 쇄석술도 재발률이 45% 이상 되는 것으로 보고되어 있다.

(4) 임상영양치료

담석증에 잘 걸리는 사람에게 담석증을 예방할 수 있는 특별한 식사관리는 없다. 담석증 발생과 관련된 영양요인으로 비만이나 심한 단식이 있으므로 이를 방지하는 것이 좋다. 담석으로 인한 통증이 있을 때나 담낭절제술 후 식사는 담낭염의 임상영양치료에 준한다.

4) 담낭암gallbladder cancer과 담관암cholangiocarcinoma

담낭암은 담낭세포에서 발생하는 담낭 선암종이 대부분이다. 담관암은 담관 상피와 비슷한 세포로 이루어진 종양으로 간내 담관암과 간외 담관암으로 나뉜다.

담낭암의 원인은 유전적 요인과 환경적 요인이 관여할 것이라고 추정되지만 아직 정확한 기전은 밝혀지지 않았다. 위험인자로는 담석, 만성 담낭염, 석회화 담낭 등 담낭질환, 바이러스, 화학물질이나 발암물질에 노출 등을 꼽고 있다. 담관암 역시 담관정체, 만성염증이나 감염, 발암물질에 노출, 기생충 감염(간디스토마) 등이 위험인자로 추정되고 있다. 담낭암이나 담관암은 초기에는 특별한 증상이 없기 때문에 조기진단이 어렵다.

증상으로는 체중감소, 피로감, 구토나 오심, 우측 상복부나 명치 아랫부분의 통증 등이 있고, 종양이 커져서 담관이 막히면 황달이 일어난다.

치료는 절제술을 시행하는 것이지만 조기진단이 어렵기 때문에 근치적 절제가 가능한 경우가 적어 대체로 예후가 불량하여 생존기간이 짧다.

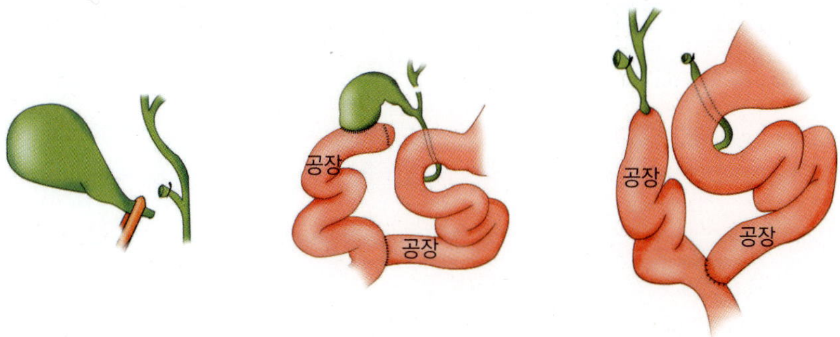

담낭절제술 담낭공장문합술 Roux-en-Y 담낭공장문합술 Roux-en-Y

그림 4-8 담도계 수술

CHAPTER

5

심혈관계 질환

1. 심혈관계의 구조
2. 혈관계 질환
3. 심장질환
4. 뇌졸중

CLINICAL NUTRITION

심혈관계 질환은 우리 몸에 피를 돌게 하는 심장과 혈관에 관련된 질병이다. 심장질환에는 관상동맥의 혈액 흐름이 어려운 협심증과 심근경색 등 허혈성 심장병과 심장근육의 박출능력 저하로 혈액이 고이는 울혈성 심부전이 있다. 혈관질환에는 혈압 이상인 고혈압과 저혈압이 있고, 혈액의 지질 성분 이상으로 나타나는 이상지질혈증이 있다. 혈액의 지질 성분 이상이 동맥벽을 약화시키는 동맥경화증으로 진행되면 동맥이 막히거나 터질 수 있다. 이 장에서는 이러한 심장질환과 혈관질환에 대하여 학습한다.

1. 심혈관계의 구조

심혈관계는 우리 몸의 영양소와 노폐물, 산소, 이산화탄소 등을 운반하는 역할을 한다. 심장은 두 개의 심방과 두 개의 심실로 이루어지며, 혈액은 정맥 혈관을 통해 심방으로 들어와 심실로 진입한 후 심실에서 동맥 혈관을 타고 빠져나간다. 좌심방과 좌심실에는 폐에서 산소가 용해된 동맥혈이 들어왔다 대동맥으로 나가고, 우심방과 우심실에는 온몸을 거쳐 이산화탄소를 포함한 정맥혈이 들어왔다 폐로 나간다. 좌심실을 나온 동맥혈이 대동맥과 동맥을 지나 모세혈관에서 조직에 산소를 내주고 이산화탄소를 수거하여 정맥과 대정맥을 거쳐 우심방으로 돌아오는 과정을 체순환systemic circulation이라 한다. 또한 우심실에서 폐동맥으로 나간 정맥혈이 폐에서 가스교환을 하고 폐정맥을 거쳐 좌심방으로 돌아오는 과정을 폐순환pulmonary circulation이라 한다그림 5-1. 심장에서 나오는 혈관 중 대동맥에서 갈라져 나온 관상동맥coronary artery은 심장 자체에 혈액을 공급하고 관상정맥동을 통해 우심방으로 들어가며, 이를 관상순환coronary circulation이라 한다.

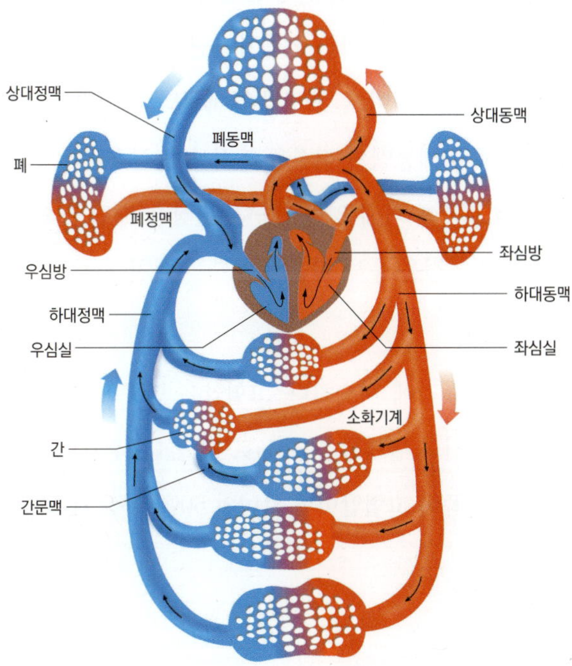

그림 5-1 심혈관계의 구조 및 체순환과 폐순환

2. 혈관계 질환

1) 고혈압hypertension

고혈압은 비만, 당뇨병, 이상지질혈증과 동반 이환되기도 하며 이를 대사증후군이라 한다. 관리되지 않은 고혈압은 뇌졸중, 심근경색, 심부전, 말초혈관질환 등 심혈관질환의 원인이 된다. 우리나라 성인 고혈압 유병률은 2021년 26.8%(남자 31.5%, 여자 21.7%)이고 고혈압 유병인구는 2021년에 1,374만 명이며, 2007년 708만 명에서 667만 명이 증가하였다. 실제로 질병을 가지고 있어도 인지하지 못하거나 치료를 받지 않는 경우도 많다. 우리나라 고혈압 환자의 인지율은 2021년 기준 70%, 치료율은 66%, 조절률은 48%로 환자의 절반에 미치지 못한다. 고혈압은 유전, 연령, 음주, 흡연, 운동, 스트레스 등 여러 요인과 관련되며 식생활이 발병과 예후에 미치는 영향이 크다.

(1) 원인

혈압은 심장에서 혈액을 내보내는 심근수축과 혈액이 세동맥에서 마주치는 말초저항에 기인한다. 심박출량 또는 말초저항 중 하나가 증가하면 혈압이 높아진다. 심박출량은 심박수 또는 혈액량이 증가할 때 높아지며, 말초저항은 세동맥의 직경이 좁아지면 크게 증가한다. 따라서 혈압은 심근수축과 세동맥의 직경을 조절하는 신경계와 수분 보유 또는 혈관수축의 원인이 될 수 있는 호르몬에 의해 영향받는다. 신장은 혈관수축과 수분 및 전해질 보유에 관여하는 호르몬 분비 조절을 통해 혈압에 영향을 미친다.

① 인종 및 가족력

고혈압 위험은 가족 구성원 간에 비슷하다. 고혈압은 인종에 따라 차이가 있어, 백인의 발병률은 23%인 데 비해 흑인의 발병률은 32%로 더 높다. 본태성 고혈압은 유전적 소인의 영향을 받으며 부모 중 한쪽이 고혈압이면 자녀의 50%, 부모가 모두 고혈압이면 자녀의 70%가 고혈압의 위험이 있다.

② 연령

고혈압은 연령이 증가하면 유병률이 증가한다. 2021년 우리나라 30세 이상 성인의 고혈압 유병률은 남자 31.5%, 여자 21.7%이지만, 70세 이상의 경우는 남자 61.4%, 여자 69.9%였다.

③ 대사증후군

비만으로 인슐린 저항성이 증가하여 고인슐린혈증이 되면 신장에서 나트륨을 보유하고 교감신경계를 자극하여 고혈압이 초래된다. 실제로 비만한 고혈압 환자(표준체중의 110% 이상)를 대상으로 5 kg 정도 체중을 감량하면 대부분 별다른 치료 없이도 혈압을 낮출 수 있다. 체중을 10 kg 감량하면 수축기혈압이 5~20 mmHg 감소하는 것으로 알려졌다. 조기 심뇌혈관질환 가족력(남자 55세 미만, 여자 65세 미만)이 있거나 비만인 경우(BMI 25 이상), 복부비만(복부둘레 남자 90 cm 이상, 여자 85 cm 이상), 이상지질혈증, 당뇨병 전단계, 당뇨병인 경우 고혈압 위험도 증가한다.

④ 스트레스

정신적 흥분, 불안, 스트레스, 과로, 긴장, 불안 등이 뇌와 자율신경계를 자극하면 혈압이 일시적으로 상승한다. 갑자기 기온이 떨어지면 혈관이 수축되어 혈압이 상승한다.

⑤ 내분비 호르몬

부신수질호르몬인 에피네프린과 부신피질호르몬인 알도스테론은 혈압을 상승시킨다. 에피네프린은 혈관 평활근을 수축시켜 말초저항을 증가시키며, 알도스테론은 신장에서 나트륨과 수분을 재흡수하여 혈류량을 증가시킨다.

⑥ 식사성 요인

- 나트륨 섭취 제한: 나트륨의 과잉 섭취는 체수분을 보유하기 위한 항상성 기전을 작동시켜 체액량을 증가시키고 이는 심박출량의 증가와 혈압 상승을 유도한다. 과잉 섭취된 나트륨은 혈장의 삼투압을 증가시키고 시상하부의 삼투압수용체가 이를 감지하면 뇌하수체 후엽에서 항이뇨호르몬(바소프레신)을 분비하여 신장 세뇨관에서 수분 재흡수를 촉진한다. 우리 식생활에서 나트륨의 주요 급원은 양념류와 김치류, 가공식품 중 라면, 국이나 찌개 등이다.
- 칼륨, 마그네슘, 칼슘의 적절한 섭취: 칼륨과 마그네슘, 칼슘은 고혈압의 예방 요인이다. 칼륨의 섭취는 고혈압을 개선하는 것으로 알려져 있으며, 이러한 효과는 나트륨을 과량

섭취하는 사람에게 더 크게 나타난다. 칼륨을 충분히 섭취하면 염분 재흡수의 필요가 감소하므로 레닌-안지오텐신계의 활성을 낮추어 염분과 수분의 배설을 증가시키고 세동맥 확장을 가져올 수 있다. 또 칼륨은 혈관 상피세포를 보호하므로 동맥벽의 상처로 인한 뇌출혈과 감염을 예방할 수 있어서, 뇌졸중의 위험도 낮출 수 있다. 미국고혈압협회AHA가 제안하는 칼륨 권장량은 4.7 g/일이며 DASHDietary Approaches to Stop Hypertension 식단이 제안하는 대로 과일과 채소를 많이 먹는 식단으로 충족시킬 수 있다.

마그네슘은 혈관 평활근의 수축을 억제하고 혈관 확장제 역할을 함으로써 혈압을 조절한다. DASH 식단은 마그네슘이 많은 식품인 푸른 채소와 견과류, 전곡류를 강조하고 있다.

칼슘의 영향은 급원식품에 따라 차이가 있어, 유제품이 아닌 다른 급원식품에서 섭취한 칼슘이 혈압을 조절하는 효과가 있다. 우유 속에 들어 있는 포화지방산과 콜레스테롤의 영향이거나 우유 단백질에서 유래한 펩타이드가 안지오텐신 전환효소 역할을 하여 혈압을 높임으로써 칼슘의 효과를 상쇄하는 것으로 알려져 있다.

- 지방: 지방을 많이 섭취하면 비만, 이상지질혈증과 함께 동맥벽이 탄력을 잃는 동맥경화증을 일으켜 혈압을 상승시킨다. 이때 지방의 양보다 중요한 것이 지방의 질이다. 포화지방산과 트랜스지방산은 동맥의 탄력을 떨어뜨려 혈압을 상승시키는 효과가 있으므로 섭취에 주의해야 하고 올리브유, 대두유, 생선유 등 불포화지방산은 혈압을 낮추는 효과가 있으므로 권장한다.
- 알코올: 매일 3~4잔 이상의 알코올을 섭취하면 고혈압 위험이 증가한다. 소량의 알코올 섭취는 혈압을 낮추는 것으로 알려져 있으나, 알코올은 고혈압 환자 5%의 발병 원인이며 알코올중독자의 30~60% 정도가 고혈압을 가지고 있으므로 알코올 섭취를 권장하지는 않는다.

(2) 증상 및 합병증

고혈압 초기에는 자각증상이 없다가 진행되면 두통, 구토, 어지러움, 경련, 귀울림, 불면증, 피로, 손발 저림, 어깨 결림 등이 나타난다. 더욱 악화되면 각종 장기의 말초 세동맥에 동맥경화를 일으켜 심근경색, 심부전, 협심증, 뇌출혈, 뇌경색, 단백뇨, 혈뇨, 신경화, 요독증, 신부전, 시력저하, 안저출혈 등 합병증을 가져온다.

고혈압은 죽상동맥경화증과 심장혈관계 질환의 일차적인 위험인자이다. 고혈압은 심장이 동맥으로 혈액을 방출하는 것을 어렵게 만들고 이것이 심근을 약하게 하여 심장 부정맥, 울혈성 심부전, 돌연사의 위험을 증가시킨다. 고혈압은 뇌졸중과 콩팥병의 주요 원인이다. 혈압 감소는 이러한 질환의 발병을 감소시킬 수 있다.

(3) 진단 및 분류

진단기준으로서의 혈압은 좌심실이 수축하여 체순환으로 빠져나간 혈액이 동맥혈관 벽에 미치는 압력을 말한다. 심장을 빠져나가는 순간의 혈압을 수축기 혈압이라 하고, 이후 심장이 이완되면서 정맥으로부터 심장으로 혈액이 들어오는 순간 동맥혈관 벽에 미치는 압력을 이완기 혈압이라 한다. 이완기에 심실의 압력은 0 mmHg에 가까우나 동맥혈관 벽에는 대기압과 비슷한 수준의 압력이 가해진다.

혈압은 연령, 성별, 식사, 자세, 심리상태, 측정 부위에 따라 측정치가 다르며 개인에서도 생물학적 변동폭이 넓어 측정할 때마다 다른 값이 나타날 수 있으므로, 고혈압 진단을 위해서는 20분 이상 휴식을 취한 후 안정 시 혈압을 2분 간격으로 2회 이상 측정하여 평균을 내어 진단한다. 병원에서는 고혈압으로 나타나지만 가정에서는 혈압이 정상인 백의고혈압 white-coat hypertension은 의사 앞에서 유독 긴장하는 경우이다. 반대로 병원에서는 혈압이 조절된 것으로 나오지만 가정에서는 혈압이 높은 가면고혈압masked hypertension도 있으므로 고혈압을 진단할 때 고려하여야 한다. 고혈압의 진단 기준은 표 5-1과 같다.

표 5-1 고혈압 진단 기준

분류	수축기혈압(mmHg)		이완기혈압(mmHg)
정상 혈압	120 미만	그리고	80 미만
주의 혈압	120~129	그리고	80 미만
고혈압 전단계	130~139	또는	80~89
1기 고혈압	140~159	또는	90~99
2기 고혈압	160 이상	또는	100이상
수축기단독고혈압	140 이상	그리고	90 미만

고혈압은 원인이 불확실하고 높은 연령층에서 주로 발병하는 본태성(1차성) 고혈압과, 다른 질병의 합병증으로 나타나는 속발성(2차성) 고혈압으로 구분된다. 전체 고혈압의 90%가 본태성 고혈압이며 인지되는 증상 없이 나타나는 경우가 많아 침묵의 살인자라 불리기도 한다. 본태성 고혈압은 속발성 고혈압에 비해 치료가 더 어렵다. 육체적·정신적 스트레스나 과로, 긴장도 고혈압을 유발할 수 있으며 비만도 고혈압의 위험요인이다. 체중이 10% 증가하면 혈압은 약 7 mmHg 정도 올라간다. 유색인종은 백인에 비해 고혈압 위험이 높으며, 여자보다는 남자인 경우, 흡연이나 과음을 하는 경우 고혈압 위험이 더 크다.

속발성(2차성) 고혈압은 주로 젊은 연령층에서 발병하는데, 여러 원인질환의 합병증으로 나타나고 이 중 80%가 신장질환에서 기인한다. 신장질환인 사구체신염, 신우염, 당뇨병성 신증, 신결석증, 신동맥경화, 신동맥협착증의 합병증으로 혈압이 상승하기도 한다. 내분비계의 이상도 고혈압을 일으킨다. 부신피질호르몬이 과잉분비되어 혈중 코르티솔 농도가 증가하는 쿠싱증후군은 체중 증가, 보름달 모양의 얼굴, 인슐린저항성, 안면홍조, 골다공증과 함께 고혈압이 주요 증상이다. 갈색세포종은 크롬친화성 세포에서 발생하는 종양으로 주로 부신수질에서 발생하며 카테콜아민을 과다 분비하여 고혈압, 두통, 발한, 심계항진 등의 증상을 나타낸다. 부신피질에서 알도스테론이 과다 분비되는 알도스테론증도 고혈압을 일으킨다. 자가면역질환인 바제도병(그레이브스병)은 갑상선호르몬이 과다 분비되어 맥박이 빨리 뛰며 고혈압이 나타난다. 뇌종양, 뇌출혈, 임신으로 인하여 혈압이 상승하는 경우도 있다. 경구피임약이나 스테로이드 제제를 장기복용하는 경우에도 고혈압이 발생한다.

(4) 치료(수술, 약물 등)

① 약물치료

고혈압이 심하지 않은 경우 이뇨제를 단독으로 사용한다. 가장 널리 쓰이는 이뇨제는 싸이아자이드thiazide 계열 이뇨제이다. 심장이나 신장의 기능이 저하된 고혈압 환자는 보다 효과가 강력한 고리 이뇨제인 푸로세마이드(라식스) 등을 사용한다. 싸이아자이드 계열 이뇨제와 고리 이뇨제는 소변으로 칼륨 배설을 증가시키므로 저칼륨혈증을 초래할 수 있다. 이때 칼륨 요구량이 증가하므로 칼륨 보존성 이뇨제인 스피로노락톤(알닥톤), 아밀로라이드(미다몰) 등을 처방하여 칼륨 손실을 막는다. 환자가 사용하는 이뇨제에 따라 혈중 칼륨 농도를 모니터링하고 영양지원을 고려한다.

교감신경 차단제는 베타 수용체와 알파 수용체에 작용하여 교감신경을 억제함으로써 혈압을 낮춘다. 베타 차단제는 심장을 보호하고 부정맥을 예방하는 효과가 있고, 알파 차단제는 전립선과 방광의 긴장도를 낮추는 효과가 있다. 안지오텐신 전환효소 억제제ACE inhibitors는 레닌-안지오텐신-알도스테론 시스템을 억제하여 혈압을 낮추며 마른기침, 신부전, 사생아 출산 등의 부작용이 보고되어 있다. 심장 세포막의 칼슘 채널에 작용하여 혈관을 확장시키는 칼슘 길항제도 사용된다. 본태성 고혈압의 발생 기전은 명확하게 밝혀지지 않았고 여러 병리적인 상황에서 발생할 수 있으므로 다양한 치료약이 존재하며 이 중 환자 개인에게 맞는 약물을 찾아 적용하게 된다. 대부분의 경우 부작용의 위험을 줄이기 위하여 2가지 이상의 약물을 복합 처방한다.

② 생활습관

모든 고혈압 환자는 생활습관의 교정이 필요하다. 비만인 경우 체중을 감량해야 한다. 체중은 체질량 지수가 25 이하가 되도록 한다. 체중 10 kg을 감량하면 5~20 mmHg의 수축기혈압 감소 효과를 볼 수 있다. 매일 30분 이상의 유산소운동을 하면 수축기혈압 4~9 mmHg가 감소한다. 알코올을 1~2잔 이하로 제한하면 혈압 감소 효과가 있다.

(5) 임상영양치료

① 식사요법

- 열량: 혈압을 낮추기 위해서는 적정 체중을 유지하는 것이 중요하다. 체질량지수가 25 이상이라면 혈압 조절을 위해 체중을 감량해야 한다. 체중을 1 kg 감량하면 혈압이 1 mmHg 감소한다는 연구보고가 있다. 체중조절을 위해서는 운동량을 늘리고 열량 섭취를 줄이도록 한다. 체중조절은 그 자체가 혈압을 조절할 뿐 아니라 고혈압 약물의 효과를 향상시키는 효과가 있다.
- 저염식: 2020 한국인 영양소 섭취기준에 심혈관질환과 고혈압 등 만성질환 위험감소를 위한 섭취기준chronic disease risk reduction intake: CDRR이 제정되었다. 나트륨의 만성질환 위험감소섭취량은 성인의 경우 2,300 mg이다. 고혈압의 경중에 따라 나트륨의 섭취를 제한하며, 1기 고혈압일 때는 나트륨을 하루 2,000 mg(소금 5 g) 섭취한다. 가공식

품과 나트륨 함량이 높은 음료를 제한하고, 식탁염을 사용하지 않는다. 음식을 조리할 때는 정해진 양의 염분을 사용하고, 우유 및 유제품은 하루 500 mL 이상 섭취하지 않는다. 2기 고혈압일 때는 나트륨을 1,400~2,000 mg(소금 3.5~5 g) 섭취한다. 앞에 제시된 내용에 추가하여 통조림, 치즈, 마가린, 샐러드드레싱을 사용할 때 저염제품을 확인하고, 대부분의 냉동식품과 즉석식품은 사용하지 않는다. 빵 종류는 하루에 2회 분량 이하로 제한한다. 3단계 고혈압일 때는 나트륨을 1,400 mg(소금 3.5 g) 이하로 제한한다. 이 경우에는 자연식품 중에서 나트륨 함량이 높은 채소를 제거하고, 음료나 조리수로 증류수를 이용해야 한다.

식사 중 나트륨의 급원은 조리 시나 식탁에서 첨가되는 양념류와 자연식품에 함유된 나트륨, 기타 나트륨 화합물이 있다. 나트륨, 간장, 된장, 고추장 등은 나트륨 함량이 높아 저염식에서 사용을 자제해야 한다. 표 5-2에 소금 1 g(나트륨 400 mg)에 해당하는 식품의 무게를 제시하였다.

표 5-2 소금 1 g(나트륨 400 mg)에 해당하는 식품

식품	무게(g)	목측량	식품	무게(g)	목측량
진간장	5	1작은술	토마토케첩	40	2½큰술
된장, 고추장	10	½큰술	마가린, 버터	80	5큰술
우스터소스	25	1⅔큰술	마요네즈	80	5큰술
배추김치	35	길이 3~4 cm, 5쪽	단무지	35	직경 6 cm 반달 모양 5쪽

출처 : 한국영양학회, 2009년 식품영양소함량자료집

자연식품 중에서 우유, 치즈, 달걀, 고기, 가금류, 생선과 같은 동물성 단백질 식품은 비교적 나트륨 함량이 높아 저염식을 조리할 때 주의하여 사용해야 한다. 채소 중 셀러리, 케일, 당근, 시금치, 근대 등은 1회 분량에 20~40 mg의 나트륨을 함유하고 있으므로 섭취에 주의해야 하며, 과일은 비교적 나트륨 함량이 낮다.

제과제빵에 들어가는 베이킹파우더와 같은 팽창제, 식품에 맛을 주기 위해 사용되는 MSGmonosodium glutamate, 아이스크림과 초콜릿 우유에 사용되는 알긴산나트륨sodium alginate, 방부 및 표백에 사용되는 황산나트륨sodium sulfate 등을 함유하고 있는 나트륨

잠재 식품을 선택할 때 주의해야 한다. 식품의 나트륨 함량을 표 5-3에 제시하였다. 또한 항생제, 감기약, 치약 등을 통해서도 나트륨이 섭취될 수 있으므로 이들을 사용할 때에는 사용량에 주의해서 과량 복용하지 않도록 한다.

표 5-3 나트륨이 많이 들어 있는 식품

분류	식품명	무게(g)	목측량	나트륨(mg)
곡류 및 전분류	라면	130	1봉지	1339
	식빵	30	1쪽	104
	소보로빵	80	1개	131
고기, 생선, 달걀 및 콩류	자반고등어	50	1토막	1,100
	소시지	40	3조각	640
	오징어	50	7.5×8.5×0.7 cm	490
	햄	40	2조각	533
	멸치	15	1/4컵	131
	굴	70	1/3컵	145
	돼지고기(등심)	40	1쪽	26
	달걀	55	1개(중)	58
	고등어	50	1토막	38
	쇠고기(등심)	40	1쪽	22
채소 및 과일류	무청김치	50	1/2컵	2,055
	배추김치	60	1/2컵	1,957
	깍두기	50	1/2컵	1,036
	오이지	30	1/2컵	680
우유 및 유제품	우유	200	1컵	132
	아이스크림	100	1/2컵	80
유지 및 당류	버터	6	1½작은술	19

저염식을 조리하기 위해서는 식품 자체의 아름다운 색, 신선한 맛과 향을 살리는 것이 좋다. 나트륨이나 간장 대신 식초, 레몬즙, 마늘, 양파, 겨자, 후추, 고추냉이 등의 향신료를 사용하여 싱거운 음식의 맛을 향상시킬 수 있다. 조림보다는 구이, 튀김이나 볶음으로 조리하는 것이 좋다. 국이나 찌개는 국물을 통해 나트륨을 섭취하게 되므로 국물의 양을 줄인다. 시판되는 저염식품을 선택할 수 있고 저염간장, 저염우유, 무염통조림, 저염버터, 저염치즈, 저염과자 등이 있다. 다만 이러한 제품 중에는 염화나트륨

NaCl 대신 염화칼륨KCl을 사용하는 경우가 있는데, 신장질환자는 염화칼륨KCl을, 간질환자는 염화암모늄NH_4Cl의 사용을 자제하여야 하므로 선택에 유의한다. 저염식에서의 허용식품과 제한식품을 표 5-4에 제시하였다.

표 5-4 저염식의 허용식품과 제한식품

식품류	허용식품	제한식품
음료수	우유, 과즙, 보리차, 홍차, 커피, 탄산을 넣은 음료수	통조림에 소금이 들어 있는 채소즙(토마토주스)
곡류	쌀, 보리, 조, 옥수수가루, 소금을 넣지 않고 만든 모든 종류의 곡식, 쌀이나 옥수수 튀긴 것	소금을 넣고 조리한 곡식
빵류		소금을 넣고 만든 빵류, 베이킹파우더나 베이킹소다를 넣고 만든 빵
달걀	모든 형태 허용	소금을 넣은 달걀
국류	소금, 된장, 해조류, 염장하여 건조한 생선 등을 넣지 않은 국	소금, 된장, 해조류, 멸치를 넣은 국
육류	쇠고기, 간, 돼지고기	통조림, 소금에 절인 고기, 베이컨, 햄, 장조림, 조린 고기나 치즈
생선류	신선한 생선, 소금을 가하지 않은 말린 생선	소금에 절인 생선, 조린 생선
지방	참기름, 식물성 기름	가염버터, 가염마가린, 마요네즈
채소류	감자, 고구마, 소금을 넣지 않고 조리한 신선한 채소류	김치, 깍두기, 장아찌, 통조림 채소, 해조류, 시금치, 셀러리, 냉동 채소류
과일류	모든 과일류	
당류	백설탕, 흑설탕, 잼	
후식류	젤리, 커스터드	케이크, 베이킹파우더나 베이킹소다를 넣은 과자
기타	고추, 후춧가루, 식초 등을 양념으로 사용	MSG, 소금이 함유된 조미료

- DASHdietary approaches to stop hypertension 식단: 1997년 발표된 임상연구에서 유래한 고혈압 예방 및 치료를 위한 식단으로서, 과일과 채소를 위주로 하여 저지방 유제품과 전곡류, 견과류, 가금류를 섭취하고, 붉은 고기, 단 음식, 설탕을 함유한 음료수를 제한한다. 칼륨, 칼슘, 마그네슘 섭취를 늘리고 콜레스테롤, 포화지방의 섭취를 줄일 수 있으며, 이를 통한 혈압의 감소가 관찰되었다. 또한 여기에 염분 섭취를 제한하였을 때 혈압 강하 효과가 더욱 커서 현재는 저염식을 포함하는 DASH 식단을 고혈압 예방과

치료식으로 사용하고 있다.

- 기타: 금주를 권장하며 허용하더라도 1일 맥주 1~2캔, 소주 1~2잔, 포도주 120~240mL 정도로 제한한다. 하루 3잔 이상의 알코올 섭취는 수축기혈압을 3 mmHg 정도 높인다. 칼륨은 Na/K ratio가 1 이하가 되도록 섭취를 늘리며 고리이뇨제를 사용할 때는 칼륨 배설이 증가하므로 보충해야 한다. 총 지방 섭취량을 제한하되 불포화지방산의 섭취량은 늘린다.

2) 저혈압hypotension

수축기 혈압이 100 mmHg 이하 또는 이완기 혈압이 60 mmHg 이하로 혈압이 낮아진 상태를 저혈압이라고 한다. 저혈압은 고혈압에 비해서 합병증이 적다.

(1) 원인과 증상

심장 쇠약, 암, 영양 부족, 내분비질환 등이 원인이 될 수 있고, 그 원인을 전혀 알 수 없는 본태성 저혈압인 경우도 있다. 이 경우에는 대개 위하수gastroptosis나 위이완증gastroatonia이 따른다.

증상이 없는 경우도 있으나 대개 무기력, 피로, 어지럼, 두통, 불면, 사지 차가워짐 등이 나타난다. 사지가 차가워지는 것은 혈관 내의 압력이 낮아서 신체의 말단까지 혈액이 운반되지 않기 때문이다. 또 정신적 자극에 예민하여 작은 일에도 가슴이 뛰고 빈혈증이 일어난다. 대체로 체질적으로 약하여 쉽게 피로를 느끼고 아침에 일어나기 어려워하며 항상 피로감이 있다.

(2) 치료 및 관리

가벼운 전신체조나 마사지를 하면서 보온에 유의하며 규칙적인 식습관과 균형 잡힌 식사를 유지하는 것이 중요하다. 고열량식과 동물성 단백질이 많은 고단백·고비타민식을 1일 3식 또는 4식으로 분배하여 무리 없이 식사하도록 한다. 동물성 식품을 너무 많이 섭취하면 오히려 포화지방산의 영향에 의한 동맥경화나 소화불량을 일으킬 우려가 있으므로 소화가 잘되는 우유, 달걀, 치즈, 간, 생선 등을 권장한다. 정상체중을 유지하며 신선한 과일과 채소, 수분을 적절히 섭취하고 식욕증진을 위해 노력해야 한다.

3) 이상지질혈증dyslipidemia

혈중 중성지방 또는 콜레스테롤의 농도가 비정상적으로 증가한 이상지질혈증은 동맥경화증의 주요 위험요인이다. 동맥경화증은 고혈압을 포함한 심뇌혈관질환의 원인이며 이들 질병은 우리나라는 물론 세계적으로 중요한 사망원인이다.

(1) 원인

이상지질혈증은 열량과 지방의 과잉 섭취가 위험요인이며, 여기에 유전적인 요인이 작용한다. 이상지질혈증의 위험요인 중 조절할 수 있는 인자는 식습관과 흡연, 스트레스, 당뇨와 고혈압이다. 특히 지방의 섭취가 많으면서 포화지방산과 콜레스테롤을 많이 섭취하거나 설탕과 탄수화물을 통해 고열량을 섭취하는 경우, 짜게 먹는 식습관 등은 이상지질혈증의 위험요인이다. 움직이지 않는 생활습관과 스트레스, 조절되지 않은 당뇨와 고혈압은 이상지질혈증을 초래할 수 있다. 흡연은 HDL을 낮추고 VLDL과 혈당을 높이므로 위험요인이다. 그 외에도 이상지질혈증은 남성에게서 많이 나타나고 가족력이 있는 경우 위험이 증가한다. 지단백의 대사와 관련된 효소인 지단백분해효소lipoprotein lipase, LPL의 합성에 관여하는 유전자의 결핍이나 LDL 수용체를 합성하는 유전자 이상 등은 가족을 통해 유전되는 이상지질혈증의 위험인자다.

① 지단백 대사

혈액 안에서 유리지방산은 알부민과 결합하여 이동하지만 중성지방, 콜레스테롤, 인지질은 지단백의 형태로 이동한다. 지단백은 전하를 띠지 않은 중심부(콜레스테릴 에스터와 중성지방)와 외곽부(인지질, 콜레스테롤, 단백질)로 구성된다. 지단백 표면에 전하를 띤 극성 잔기들은 지단백이 물에 용해될 수 있도록 한다. 콜레스테롤과 중성지방, 인지질, 단백질이 함유된 복잡한 입자인 지단백은 내용물의 비율에 따라 비중이 달라지기 때문에 전기영동이나 초원심분리를 통해 분류할 수 있다. 지단백의 표면에서 용해성을 증가시키는 아포단백질은 지단백 대사에 관여하는 효소의 활성을 조절하고 세포막 수용체가 지단백을 인지하여 지질이 이동하는 과정에 관여한다.

② 지단백의 종류

지단백의 종류는 표 5-5와 같이 유미지립chylomicron: CM, 초저밀도지단백very low density lipoprotein: VLDL, 저밀도지단백low density lipoprotein: LDL, 고밀도지단백high density lipoprotein: HDL이 있는데, 단백질을 많이 함유하고 중성지방을 적게 함유할수록 지단백의 밀도가 커진다.

표 5-5 혈중 지단백의 종류와 특징

<table>
<tr><th colspan="2"></th><th>CM</th><th>VLDL</th><th>LDL</th><th>HDL</th></tr>
<tr><td colspan="2">밀도(g/mL)</td><td><0.95</td><td>0.95~1.006</td><td>1.019~1.063</td><td>1.063~1.210</td></tr>
<tr><td colspan="2">전기영동</td><td>pre-β</td><td>β</td><td>α</td><td></td></tr>
<tr><td colspan="2">주된 생성장소</td><td>소장</td><td>간</td><td>혈류</td><td>간</td></tr>
<tr><td rowspan="4">성분 (%)</td><td>중성지방</td><td>90</td><td>60</td><td>10</td><td>5</td></tr>
<tr><td>콜레스테롤</td><td>5</td><td>10</td><td>50</td><td>20</td></tr>
<tr><td>인지질</td><td>3</td><td>18</td><td>15</td><td>25</td></tr>
<tr><td>단백질</td><td>2</td><td>10</td><td>25</td><td>50</td></tr>
<tr><td colspan="2">역할</td><td>섭취한 중성지방을 운반</td><td>합성한 중성지방을 운반</td><td>콜레스테롤을 운반</td><td>콜레스테롤을 간으로 역수송</td></tr>
<tr><td colspan="2">아포단백질</td><td>AI, AII, B48, C</td><td>B100, C, E</td><td>B100</td><td>AI, AII</td></tr>
</table>

(2) 종류와 진단

이상지질혈증은 보통 증상이 없으므로 선별검사가 필수적이다. 공복 후에 혈청 지질(총 콜레스테롤, 중성지방, HDL 콜레스테롤, LDL 콜레스테롤)을 측정하여 표 5-6의 기준에 따라 판정한다. LDL 콜레스테롤의 농도는 직접 측정할 수도 있지만 Friedwald 공식으로 계산할 수도 있다. 이 공식은 중성지방의 농도가 400 mg/dL 이하인 경우에 사용하며 직접측정과 약간의 오차가 존재한다. 표 5-7에는 1965년 Fredricson이 5가지로 분류하였고 WHO가 이를 세분화하여 6가지로 분류한 가족성 이상지질혈증이 정리되어 있다. 이상지질혈증은 증가한 지질의 종류에 따라 다음과 같이 분류된다.

표 5-6 한국인의 이상지질혈증 진단 기준

		진단기준 (mg/dL)
총 콜레스테롤	높음	≥ 240
	경계치	200~239
	정상	< 200
LDL 콜레스테롤	매우 높음	≥ 190
	높음	160~189
	경계	130~159
	정상	100~129
	적정	<100
HDL 콜레스테롤	낮음	< 40
	높음	≥ 60
중성지방	매우 높음	≥ 500
	높음	200~499
	경계	150~199
	적정	<150

Friedwald 공식 : LDL 콜레스테롤 = 총 콜레스테롤 - HDL 콜레스테롤 - 중성지방 ÷ 5

표 5-7 이상지질혈증의 분류 : 1965년 Fredricson이 5가지로, WHO는 6가지로 분류

형태	증가하는 지단백	증가하는 지질	원인	식사요법
I	CM	중성지방(식사성)	고지방식 LPL[1)]의 부족	지방 섭취 제한 알코올 제한
IIa	LDL	콜레스테롤	고에너지식, 고지방식 LDL 수용체 부족	콜레스테롤 제한 지방 섭취 제한 P/S ratio 1~2
IIb	LDL VLDL	콜레스테롤 중성지방 (내인성)	고에너지식, 고탄수화물식 LDL 수용체 부족 허혈성 심장질환	콜레스테롤 제한 지방 섭취 제한 P/S ratio 1~2 에너지, 탄수화물, 알코올 제한
III	IDL	콜레스테롤 중성지방	고지방식, 고탄수화물식 죽상동맥경화증 고요산혈증	콜레스테롤 제한 탄수화물 섭취 제한 체중 감소 양질의 단백질 섭취

형태	증가하는 지단백	증가하는 지질	원인	식사요법
Ⅳ	VLDL	중성지방 (내인성)	고탄수화물식 간의 VLDL 대사 저하 대부분 선천적임 가장 흔함	에너지, 탄수화물, 알코올 제한
V	CM VLDL	중성지방 (식사성) 중성지방 (내인성)	고지방식 고에너지식, 고탄수화물식 흔치 않음 (I 형+IV형)	지방 섭취 제한 에너지, 탄수화물, 알코올 제한

[1)] lipoprotein lipase 지단백분해효소

① 고콜레스테롤혈증hypercholesterolemia

유전이나 고지방 식사가 원인이 될 수 있지만(1차성) 당뇨병, 갑상선기능저하 및 신증후군의 합병증으로 올 수도 있다(2차성). WHO 분류에 의한 이상지질혈증 중 제IIa형(고LDL증)이 해당된다. 총 콜레스테롤과 LDL의 농도가 높아진다.

② 고중성지방혈증hypertriglyceridemia

WHO 분류의 제I형(고CM 혈증)과 제IV형(고VLDL혈증) 및 제V형(고chylomicron혈증, 고VLDL혈증)이 해당된다. 중성지방 농도가 비정상적으로 증가하고 VLDL이 증가하며 총 콜레스테롤과 LDL이 약간 증가한다. 비만, 단순당과 포화지방의 지나친 섭취, 음주, 운동부족 및 당뇨병 등이 원인이다.

③ 복합형

WHO의 분류에 의한 제IIb형(고LDL혈증, 고VLDL혈증)과 제III형(고LDL혈증)이 속하고 콜레스테롤 농도가 230 mg/dL, 중성지방이 200 mg/dL 이상으로 증가한다.

(3) 임상영양치료

이상지질혈증에서 식사조절은 가장 기본적인 치료방법이다. 과체중인 경우에는 에너지를 제한하며 증가된 지질의 종류에 따라 지방의 양과 종류, 콜레스테롤, 탄수화물 및 알코올의 섭취량을 조절한다.

① 고콜레스테롤혈증

혈청 콜레스테롤 농도는 콜레스테롤의 합성과 섭취에 의해 조절된다. 체내 콜레스테롤의

20% 정도는 음식으로 섭취한 콜레스테롤을 사용하며 나머지 80% 정도는 간이나 소장, 부신 등에서 합성된다. 콜레스테롤 섭취량에 따라 합성을 조절하는 항상성 기전이 작동하므로 콜레스테롤의 섭취량에 따라 혈청 콜레스테롤 농도가 큰 영향을 받지는 않고 개인차가 있다. 인슐린이 콜레스테롤 합성을 촉진하며 고지방식이나 고탄수화물식, 고에너지식은 콜레스테롤 농도를 증가시킨다. 이때 총 지방 섭취량보다는 지방의 종류가 미치는 영향이 크다.

포화지방산의 과잉섭취는 LDL-콜레스테롤을 상승시키며 미리스트산(C14:0)과 팔미트산(C16:0)의 영향이 가장 크다. 2020 한국인 영양소 섭취기준에서 만성질환 감소를 위한 포화지방산 섭취기준을 총 에너지의 7% 미만으로 제시하였다. 트랜스지방산은 쇼트닝이나 마가린 등 경화유를 만들 때 생산되어 가공식품에 주로 들어 있으며 LDL 콜레스테롤을 상승시키고 HDL 콜레스테롤을 감소시키므로 총 에너지의 1% 이하로 제한한다. 가공식품의 트랜스지방산 함량 영양표시는 의무사항이지만 1회 섭취량 당 0.2 g 미만인 경우에는 '0'으로 표시할 수 있어 주의하여야 한다. 단일불포화지방산MUFA은 LDL 콜레스테롤 농도를 낮춤으로써 심혈관계 질환의 위험을 낮추며 대표적인 단일불포화지방산으로는 올리브유에 들어 있는 올레산이 있다. 다가불포화지방산PUFA 중 대부분의 식물성 기름에 들어 있는 리놀산, 육류와 가금류나 난황에 들어 있는 아라키돈산 등 n-6 계열은 혈청 LDL 콜레스테롤, HDL 콜레스테롤, 중성지방의 농도를 모두 낮추므로 총 에너지 섭취량의 10% 이하가 되도록 섭취한다. n-3 계열 다가불포화지방산은 콜레스테롤 감소 효과는 작지만 혈청 중성지방을 낮추며, 염증 억제, 혈전 생성 방지, 혈압 강하, 부정맥 방지 등의 효과가 있으므로 충분히 섭취하는 것이 좋다. n-3 지방산 중 알파리놀렌산은 들기름, 아마씨유 등에 많이 들어 있고 EPA, DHA는 등푸른 생선에 많이 들어 있다.

콜레스테롤-포화지방 지수cholesterol-saturated fat index: CSI는 각종 식품이 혈중 콜레스테롤 농도에 미치는 영향을 쉽게 비교할 수 있도록 고안된 지수로서 다음과 같이 계산할 수 있다. CSI 수치가 높을수록 혈중 콜레스테롤을 증가시킬 것이라고 예측할 수 있다. 주요 식품의 교환단위당 포화지방산과 콜레스테롤 함량 및 CSI는 표 5-8에 제시하였다.

CSI = [콜레스테롤(mg/100g 식품)] × 0.05 + 포화지방산(g/100g 식품)

표 5-8 주요식품의 교환단위당 포화지방산과 콜레스테롤 함량 및 CSI

식품명	1교환단위	포화지방산(g)	콜레스테롤(mg)	CSI/1교환단위	CSI/100 g
달걀	55	1.73	261	14.8	26.89
돼지고기(삼겹살)	40	6.19	22	7.29	18.22
치즈	30	4.81	24	6.01	20.02
오징어	50	0.07	114	5.77	11.54
우유	200	4.34	22	5.44	2.72
쇠간	40	0.37	97	5.31	13.28
돼지고기(등심)	40	3.98	22	5.08	12.7
쇠고기(갈비)	40	2.58	28	3.98	9.94
쇠고기(안심)	40	2.45	28	3.87	9.67
닭고기(날개)	40	1.57	44	3.77	9.42
새우(닭새우)	70	0.08	67	3.40	4.86
참치(캔)	50	2.02	28	3.39	6.79
닭고기(가슴살)	40	0.22	28	1.62	4.06

식이섬유는 대장에서 박테리아에 의해 대사되어 콜레스테롤 합성을 방해하는 아세트산, 프로피온산, 부티르산을 생성한다. 식이섬유 중 불용성 식이섬유는 혈청 콜레스테롤 농도에 큰 영향을 주지 않으나 음식이 장에 머무는 시간을 감소시킨다. 펙틴, 검, 알긴산 등 수용성 식이섬유는 장에서 콜레스테롤과 결합하여 배설되고, 담즙산의 재흡수를 방해하며, 간에서 콜레스테롤 합성을 줄임으로써 혈청 콜레스테롤 농도를 낮춘다. 수용성 식이섬유를 5~10 g/일 섭취하면 혈청 LDL 콜레스테롤 농도가 5% 낮아지므로 하루 10~25 g 정도 섭취하도록 권장한다. 한편 불용성 식이섬유 중 갑각류에 들어 있는 키틴, 키토산은 혈중 콜레스테롤 농도와 혈압을 낮추는 효과가 있다.

포화지방산을 탄수화물로 대체하면 혈청 콜레스테롤 농도는 감소하지만 HDL 콜레스테롤이 감소하고 중성지방이 증가한다. 그러나 식이섬유를 함께 섭취하면 이러한 영향을 줄일 수 있다. 따라서 탄수화물은 수용성 식이섬유를 함유한 채소, 과일, 해조류 등을 섭취하고, 섭취량은 총 에너지의 60% 이하로 제한한다.

표 5-9 유지류와 어육류의 n-6 및 n-3 지방산 함량(g/100 g)과 그 비율(n-6/n-3)

유지류	n-3	n-6	n-6/n-3	어육류	n-3	n-6	n-6/n-3
면실유	0.00	53.18	∞	돼지고기	0.01	0.36	36
버터	0.00	2.38	∞	오리고기	0.13	3.80	29
옥수수기름	0.39	54.04	138.56	닭고기	0.02	0.34	17
참기름	0.38	48.57	127.81	소(우둔)	0.03	0.37	12
미강유	1.27	33.27	26.19	베이컨	0.29	3.27	11
돼지기름	0.67	9.63	14.37	닭(간)	0.24	0.37	1.54
쇠기름	0.29	3.14	10.82	장어	1.26	1.70	1.34
올리브유	0.6	7.8	13.0	임연수어	2.50	0.37	0.14
마가린	1.55	12.64	8.15	꽁치	3.24	0.32	0.09
콩기름	6.14	50.37	8.20	멸치	1.42	0.14	0.09
쇼트닝	0.85	5.30	6.23	고등어	4.01	0.34	0.08
채종유	8.85	22.54	2.54	정어리(통조림)	5.91	0.49	0.08
들기름	61.01	12.77	0.2				

② 고중성지방혈증

혈청 중성지방은 식사성 중성지방인 CM과 내인성 중성지방인 VLDL이 있다. 지방 섭취가 증가하면 식사성 중성지방(CM)이 증가하고 당질과 에너지를 과다 섭취하면 남은 에너지는 간에서 내인성 중성지방(VLDL)과 콜레스테롤 합성을 촉진한다. 지방 섭취를 제한하고 포화지방산은 중성지방 농도를 낮추는 다가불포화지방산으로 대체한다. 중성지방의 합성을 줄이려면 탄수화물과 총 에너지 섭취를 줄여야 하며 체중을 조절하여 정상체중을 유지하는 것과 알코올을 제한하는 것이 도움이 된다.

이상지질혈증의 식사관리

① 쇠고기, 돼지고기 : 힘줄과 기름 제거, 살코기 섭취
② 가공육류 : 지방이 많으므로 주의
③ 닭고기 : 껍질과 지방 제거, 튀김과 기름사용 주의
④ 생선 : 불포화지방산이 많으므로 자주 섭취
⑤ 조개, 갑각류 : 콜레스테롤에 주의, 포화지방산이 적으므로 가끔 섭취
⑥ 우유, 유제품 : 탈지우유나 저지방우유 사용
⑦ 기름 : 불포화지방산이 많은 식물성유 사용, 코코넛유와 팜유는 주의
⑧ 마가린, 쇼트닝, 튀김 과자 : 트랜스지방산 섭취 제한
⑨ 과일과 채소 : 충분히 섭취. 혈중 중성지방이 높은 경우 과일의 지나친 섭취는 주의
⑩ 빵, 밥, 고구마, 감자 등 곡류와 콩 : 지나친 섭취는 주의, 도정되지 않은 것 섭취
⑪ 땅콩, 호두, 잣 등 견과류 : 불포화지방이 많으나 고지방이므로 주의
⑫ 사탕, 초콜릿 : 단순당과 지방이 많으므로 제한
⑬ 조리법 : 찜, 구이, 조림 등 기름을 적게 사용
⑭ 나트륨 : 싱겁게 조리, 젓갈, 장아찌, 가공식품, 베이킹파우더, 화학조미료 사용 제한

4) 동맥경화증atherosclerosis

동맥벽이 굳어지며 탄력성이 감소되어 약해지거나 콜레스테롤이나 중성지방과 같은 물질이 침착되어 혈관 내강이 좁아지거나 협착(들러붙는 것) 또는 폐색(막히는 것)을 일으키는 질환을 동맥경화증이라 한다.

(1) 원인 및 병태생리

동맥혈관은 내피세포로 이루어진 내막과 평활근 세포로 이루어져 탄력성이 있는 중막, 섬유상의 외막으로 이루어져 있다. 내막과 중막 사이에는 내탄력판이 있고 중막과 외막 사이에는 외탄력판이 있어서 혈관의 탄력성을 더욱 강화시킨다. 내막은 혈액으로부터 직접 영양소와 산소를 공급받는 반면, 중막과 외막은 영양혈관이 있어서 따로 영양소와 산소를 공급받는다. 내막을 구성하고 있는 내피세포endothelial는 혈액의 흐름을 돕고 혈전이나 혈액 응고물을 용해하는 프로스타사이클린PGI을 생성한다.

동맥경화는 연령이 증가함에 따라 누구에게나 나타나는 자연적인 변화과정이다. 10세

까지는 지방이 혈관 벽에 붙고 그 후에는 지방의 축적으로 지방줄기fatty streak가 형성되지만 혈류에는 아무런 영향을 미치지 않는다. 20세 이후에는 결합조직이 지방줄기에 결합하여 섬유상 플라크를 형성하며 그 수가 30세 이후에 더욱 증가한다. 40세 이후에는 여기에 칼슘이 침착되어 동맥벽이 석회화되고 딱딱해지면서 탄력이 없어져 부분적으로 파열되어 출혈한다. 여기에 혈소판이 침착하여 혈전을 형성하게 되면 혈류에 지장을 준다 그림 5-2.

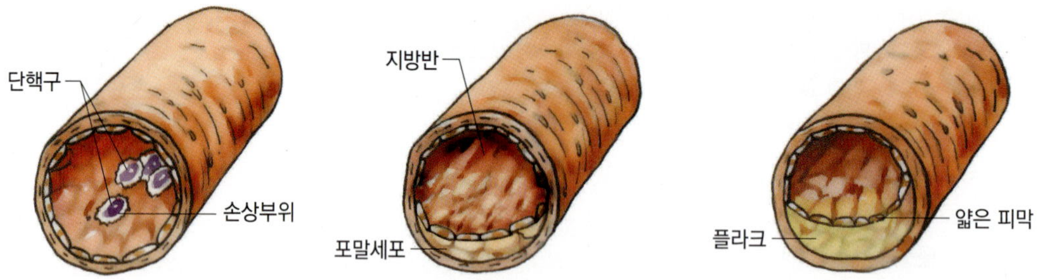

단핵구가 동맥벽의 손상에 반응한다.

단핵구가 혈관세포 아래로 미끄러지듯 들어가 LDL 콜레스테롤을 탐식하여 포말세포가 된다. 지방반이란 동맥벽에 생성된 포말세포의 얇은 층을 의미한다.

지방반이 두꺼워지고 플라크를 형성한다. 동맥은 플라크를 수용해서 확장되고 플라크는 쉽게 파열되고 혈전증이 생기게 된다.

그림 5-2 동맥경화의 진행과정

고혈압, 이상지질혈증, 흡연은 동맥경화증의 가장 중요한 세 가지 위험요인이다. 고혈압 환자는 계속되는 압력에 의해 동맥벽이 약화되면서 약해진 부위에 지질이 축적되기 때문에 동맥경화증을 악화시킨다. 이상지질혈증은 동맥의 플라크 형성에 직접적인 영향을 주는 위험인자인데, 이상지질혈증을 유도하는 식이성 요인, 간의 콜레스테롤 합성 증가, 간의 콜레스테롤 배설 장애, 장관에서 콜레스테롤 흡수 촉진 등이 간접적으로 동맥경화증의 위험인자가 된다. 그 외에도 비만, 당뇨병, 가족력, 스트레스 등의 다양한 요인이 동맥경화에 관여한다.

① 연령, 성별, 유전

동맥경화증의 조절할 수 없는 위험요인으로 알려진 것 중에는 연령과 성별, 유전이 있다. 관상동맥경화에 대한 민감성은 연령과 더불어 증가하여 24세 이후에는 매 5년의 연령 증가마다 관상동맥경화의 발생률과 사망률이 대략 2배로 증가한다. 폐경 전 여성은 남성에 비해 관상동맥경화 발생이 적지만, 폐경 후의 여성은 그 발생률이 증가하는 것으로 보아 여성의 성호르몬이 보호인자로 작용함을 알 수 있다.

② 흡연

니코틴은 카테콜아민의 분비를 자극하여 혈중 유리지방산의 양을 증가시키고 혈소판의 응집을 자극하며 혈액응고를 촉진한다. 따라서 흡연은 동맥경화를 개시하고 진전시킨다. 흡연은 특히 관상심장병의 다른 위험인자와 함께 있을 때 서로 상승작용을 한다. 관상심장병 위험률은 하루에 피우는 담배 개비 수에 좌우되고, 타르가 적은 담배를 피운다고 감소되지는 않는다. 동맥경화증의 위험은 금연에 의해 5% 정도 감소될 수 있고 15년이 지나면 평생 비흡연자와 비슷해진다.

③ 비만

동맥경화증에 비만이 미치는 영향은 분명하지 않다. 그러나 비만자는 정상인보다 LDL이 증가하고 HDL은 감소하며 더 많은 양의 콜레스테롤을 합성한다. 뿐만 아니라 비만은 고혈압, 당뇨병, 고콜레스테롤혈증과도 관련이 있어 동맥경화증을 유발하는 이차적 위험인자로 볼 수 있다.

④ 기타 위험요인

운동부족은 체중증가를 초래하여 LDL콜레스테롤 수준을 증가시킴으로써 동맥경화증의 발생에 관여하고, 스트레스는 교감신경을 자극하여 동맥경화에 관여한다. A type의 성격은 도전적이고 쉽게 분노하는 형으로 동맥경화증과 관련이 있다.

표 5-10 LDL-콜레스테롤을 제외한 심뇌혈관의 주요 위험인자

위험인자	위험 범위
연령	45세 이상 남성, 55세 이상 여성
관상동맥질환 조기발병의 가족력	부모, 형제자매 중 남자 55세 미만, 여자 65세 미만에서 관상동맥질환이 발병한 경우
고혈압	수축기혈압 140 mmHg 이상 또는 이완기혈압 90 mmHg 이상 또는 항고혈압제 복용
흡연	흡연하는 경우
저HDL-콜레스테롤	40 mg/dL 미만(60 mmHg 이상은 보호인자)

출처: 한국지질·동맥경화학회 (2018): 2018 이상지질혈증 진료지침

(2) 분류

비교적 굵은 혈관의 내막 내피세포에 콜레스테릴에스터나 중성지방과 같은 지질이 축적되고 칼슘이 침착되어 동맥이 딱딱해지고 탄력성이 없어지는 것을 죽상경화증(내막성동맥경화증atherosclerosis)이라 한다. 이는 동맥경화 가운데 가장 흔한 형태로서 대동맥, 관상동맥, 뇌저동맥 등 비교적 굵은 혈관의 분기부의 내막에 진행된다. 내피세포에 상처가 생기는 원인으로는 물리적인 힘, 즉 고혈압이 있고 혈중 LDL콜레스테롤 농도가 높아서 내피세포에 축적될 때, 또는 혈중 독성물질이 내피세포와 반응할 때 등이며 유전과도 관련이 있다.

동맥의 중막이 섬유화, 칼슘 침착을 일으키는 동맥의 노화현상을 중막경화증이라 한다. 사지나 목 부위의 근육동맥 중막에 변성과 괴사가 생기고 여기에 칼슘이 침착되면 석회화되어 탄력성이 저하됨에 따라 그 부위가 혈압에 의해 확장되어 동맥류를 형성한다. 중막성동맥경화는 당뇨나 노화와 관련된다.

소동맥이나 세동맥에 주로 발생하는 경화증을 세동맥경화증이라 한다. 신장, 뇌, 비장, 췌장 등의 세동맥의 내막이 내피세포의 증식으로 비후해지며 중막은 섬유화되어 신경화, 뇌출혈, 뇌경색 등을 일으킨다.

(3) 치료

동맥경화증의 약물치료는 담즙산흡착제, HMG-CoA 환원효소 억제제를 투여하거나 혈압강하제, 중성지방감소 약제, 혈당조절 약제 등을 사용한다. 풍선이나 스텐트를 삽입하는 경피적 관상동맥 중재술, 관상동맥우회로술 등 수술요법을 적용하기도 한다.

동맥경화증 환자의 혈장지질의 변화

- 총 지질량의 증가
- 콜레스테롤 증가
- 인지질 증가
- 콜레스테롤/인지질 비의 상승
- LDL의 증가
- LDL/HDL 비의 상승
- 지단백분해효소(LPL) 감소
- 중성지방의 상승
- 총 지방산량의 증가
- 총 유리지방산의 증가

(4) 임상영양치료

① 에너지

에너지 섭취를 줄여 체중을 감량하면 혈중 콜레스테롤과 중성지방 수치가 개선되는 효과가 있다. 동맥경화증을 예방하고 치료하려면 적정 체중을 유지하도록 한다.

② 지방

지방은 총 에너지 섭취량의 15~30% 이내가 되도록 한다. 지방의 과잉 섭취는 혈중 콜레스테롤을 상승시켜 동맥경화를 유발할 수 있다. 식물성 기름과 등푸른 생선에 들어 있는 다가불포화지방산은 콜레스테롤 감소 효과가 있다. '다가불포화지방산 : 단일불포화지방산 : 포화지방산'의 비(P : M : S)는 1 : 1 : 1로 섭취하고, n-6/n-3 지방산 비를 4~10으로 한다. 동물의 내장(골, 간, 콩팥), 난황, 버터, 돼지고기, 어란, 오징어, 게, 성게, 새우, 뱀장어 등 콜레스테롤 함량이 높은 식품은 섭취를 제한한다.

③ 단백질

총 에너지 섭취량의 7~20%를 양질의 단백질로 섭취하여 혈관의 탄력 증진에 도움을 준다. 지방함량이 높은 단백질 식품은 섭취를 제한한다.

④ 탄수화물

탄수화물은 총 에너지의 55~65%를 섭취한다. 설탕이나 과당 등 단순당을 피하고 복합당질의 형태로 섭취한다. 섬유소를 하루 20 g 정도 섭취하기 위해 덜 도정된 곡류, 채소류, 두류, 감자류를 자주 이용한다. 과일의 펙틴, 곤약 등에 있는 만닌, 해조류에 들어 있는 알긴산 등 수용성 식이섬유는 장내에서 담즙산과 결합하여 콜레스테롤을 체외로 배출시킴으로써 혈중 콜레스테롤을 낮추는 효과가 있으므로 하루 20 g 이상 섭취한다.

⑤ 비타민

비타민 E와 비타민 C는 지질과산화를 방지하기 때문에 동맥경화가 발생하는 과정을 지연시킬 수 있으므로 충분히 섭취한다. 알코올, 커피, 설탕이 다량 함유된 과자류, 탄산음료 등은 적게 섭취하고, 흡연이나 정신적 스트레스를 피한다.

⑥ 나트륨, 칼륨, 마그네슘

고혈압은 동맥경화증을 악화시키므로 혈압을 조절하기 위하여 나트륨 섭취량을 줄이고, 칼륨과 마그네슘의 섭취 증가를 위해 과일과 채소의 섭취를 늘린다.

3. 심장질환

1) 선천성 심장병

태아 때의 발육 부전, 모체로부터의 감염, 또는 유전적 요인으로 생기는 심장의 구조적 이상에서 오는 병을 선천성 심장병이라 한다. 심장판막의 협착증, 폐쇄 부전증 따위의 형태 이상과 심방과 심실 사이의 중격에 구멍이 뚫려 있는 중격 결손증, 폐동맥이 협착되어 산소 부족으로 손톱·발톱이 보라색이 되는 청색증 등이 있다. 이 외에 염증성 심장병에는 류머티즘성 심장질환, 심내막염, 심낭염, 심근염이 있다. 심장판막질환은 심장판막에 기능적 또는 구조적으로 비정상적인 문제가 생겨 혈액의 흐름을 방해하는 것으로 승모판막질환과 대동맥판막질환이 있다.

2) 울혈성 심부전congestive heart failure

(1) 원인

정상적인 심장은 조직의 대사적 요구를 충족시킬 만큼 충분한 혈액을 조직으로 보낼 수 있다. 심장이 조직으로 충분한 혈액을 보내지 못하게 되는 경우를 울혈성 심부전이라고 한다. 심장을 빠져나가지 못한 혈액이 정맥으로 역류하면서 조직에 혈액이 정체되는 것을 울혈이라 한다. 좌심실의 기능 저하는 폐순환계에 울혈을 일으키고 우심실의 기능 저하는 체순환계의 울혈을 일으킨다. 대개 좌심부전에 연이어 우심부전이 나타난다.

울혈성 심부전의 원인은 심장의 기능을 저하시키는 관상동맥경화증이나 심근염, 판막증, 부정맥, 좌심실비대, 고혈압 등이다. 심부전의 위험을 줄이기 위해서는 혈압을 조절해야 하며, 복부비만과 당뇨병을 포함하는 대사증후군도 심부전의 위험요인이다.

(2) 증상

심부전의 예후는 병의 조기 단계에 특별한 증상 없이 조직이 손상을 입는다는 면에서 동맥경화증과 공통점이 있다. 급성 심근경색처럼 심부전도 심근에 대한 스트레스나 충격 때문에 발생한다. 상해를 입은 심장은 혈류를 유지하기 위해 좌심실비대를 일으키고, 수개월에서 수년간 증상이 없이 이러한 상태가 지속되기도 한다. 이것을 심장의 리모델링이라고 하는데 심장이 입은 손상에 대한 보상적인 기전으로 교감신경계와 레닌-안지오텐신계, 사이토카인계가 활성화된 것을 말한다. 따라서 심부전 위험환자는 노르에피네피린, 안지오텐신 II, 알도스테론, 엔도테린, 바소프레신, 사이토카인(TNF-α, IL-1, IL-6)의 농도가 증가하며, 첫째, 심근 수축력의 증가, 둘째, 심장 비대, 셋째, 심박동수 증가, 넷째, 신장에서 나트륨과 수분의 보유 증가가 일어난다. 그러다 어느 순간 심장이 더 이상 보상기전을 유지할 수 없을 때 피로, 호흡곤란, 부종이라는 대표적인 증상과 함께 심부전이 발생한다. 여기서 병이 더욱 진전되면 수주 또는 수개월 후에 갑작스런 죽음으로까지 이어질 수 있다.

심부전의 증상은 좌심부전과 우심부전이 다르다. 좌심부전은 폐순환계의 울혈을 일으켜 호흡곤란, 청색증, 천식, 폐수종을 초래하고, 우심부전은 체순환계에 울혈을 일으켜 하지부종, 복수, 소화 장애를 가져온다.

(3) 치료 및 관리

① 식사요법

심부전의 식사요법은 심장의 부담을 경감시키고 심근 수축력을 증강시키며 부종을 방지하는 것을 목표로 한다.

- 에너지와 탄수화물: 심장의 부담을 덜기 위하여 자신의 표준체중보다 10% 감소된 체중을 유지하도록 총 에너지 섭취량을 조절하고, 소화성이 좋은 식품과 조리방법을 선택하며, 하루에 3회 식사보다는 5~6회로 나누어 소량씩 자주 먹는다. 섬유소는 장내에서 가스를 형성하여 심장에 부담을 주므로 제한한다.
- 단백질: 심부전은 위, 장, 간 등에도 울혈을 일으켜 단백질의 흡수장애와 간에서의 알부민 합성저하를 초래하므로 이를 보충하고 심근을 보수·강화하기 위하여 단백질을 충분히 공급한다. 경증일 때에는 1~1.5 g/kg을 주고 중등증이나 중증에서는 1 g/kg을 주

되 양질의 단백질로 섭취하도록 한다.

- 지방: 울혈로 혈류가 저하되고 혈전이 형성되는 등 혈관계질환을 쉽게 유발하므로 콜레스테롤, 중성지방 및 지단백 등의 혈중 농도를 낮추기 위해다가불포화지방산 : 단일불포화지방산 : 포화지방산'의 비(P:M:S)를 1:1:1로 하고 n-6/n-3는 4~10으로 유지하도록 한다. 따라서 포화지방산과 콜레스테롤 함량이 많은 동물성 기름보다는 식물성 기름을 이용하고 옥수수기름, 면실유, 참기름보다는 콩기름과 들기름을 섭취하며 등 푸른 생선을 섭취한다.
- 비타민과 무기질: 부종 방지를 위해서는 나트륨의 섭취량을 제한(1,200~2,400 mg/day)한다. 에너지를 제한하므로 비타민과 무기질은 충분히 보충하여야 한다. 부종을 제거하기 위하여 나트륨의 양을 제한하는데 경증에서는 하루에 8~10 g, 중등도증에서는 5 g 정도, 그리고 중증에서는 3g 미만을 처방한다. 특히 부종을 제거하기 위하여 이뇨제를 사용할 때는 나트륨과 함께 칼륨도 배설되어 저칼륨혈증을 유발할 수 있으므로 칼륨을 보충하여야 한다. 칼륨은 바나나, 오렌지주스, 감자, 토마토 등에 다량 함유되어 있다. 하루 1~1.5 L 이하로 수분을 제한하면 이뇨제 치료의 필요성을 감소시키지만 환자가 저염식을 잘 따르고 있다면 수분제한이 반드시 필요한 것은 아니다.
- 기타: 강한 향신료 및 탄산음료, 카페인 음료는 교감신경계를 자극하여 심장에 부담을 주므로 피하고, 너무 뜨겁거나 찬 음식도 피하는 것이 좋다.

② 약물치료

디기털리스digitalis와 같은 강심제는 심근수축력을 증강시켜 주며, 혈관확장제는 말초혈관 저항을 줄여 심장부담을 감소시킨다. 또한 이뇨제(싸이아자이드 계열 이뇨제, 고리 이뇨제)는 부종을 없애지만 요중 칼륨 배설을 증가시켜 저칼륨혈증을 초래하므로 칼륨의 보충이 필요하다.

표 5-11 심부전의 병태생리와 관리

구분		내용
병인		• 고혈압, 비만, 당뇨, 동맥경화, 관상동맥심장질환, 이상지질혈증 ⇒ 보상기전 : 교감신경계, 레닌-안지오텐신계, 사이토카인계 ⇒ 좌심실 비대 또는 심장질환에 대한 혈행 스트레스 • 식사 중 나트륨, 약물 불순응, 부정맥, 폐색전, 감염, 빈혈 ⇒ 좌심실 비대 또는 심부전
병태 생리	증상	• 호흡곤란, 피로, 건망증, 분노, 불면, 정신 착란 • 졸도, 두통, 마른기침 • 수분 정체 • 말초혈관 수축
	영양판정	• 신경성 무식욕증(거식증) • 메스꺼움, 복통, 복부팽만감 • 변비 • 소화불량 • 영양불량 • 심장성 악액질 • 저마그네슘혈증
관리	치료	• 안지오텐신 전환효소 억제제 • 안지오텐신 수용체 차단제 • 알도스테론 차단제 • 베타차단제 • 강심제(Digoxin) • 혈관확장제 • 세동제거기 이식술 • 심장 이식술
	영양 및 생활습관	• 저포화지방산, 저트랜스지방산, 저콜레스테롤 식사 • 저나트륨식(2 g/day 미만) • 전곡류, 과일, 채소의 섭취 증가 • 마그네슘 보충 • 티아민 보충 • 체중감소를 포함한 적정 체중의 유지 • 육체적 활동의 증가 • 수분 섭취를 2 L 이하로 제한 • 금연, 금주

3) 허혈성 심장병ischemic heart disease

(1) 원인

심허혈이란 관상동맥의 죽상동맥경화증atherosclerosis 때문에 심장으로 가는 혈류량이 부족한 것을 말하며, 이로 인한 부적절한 산소 공급은 심근의 일시적인 기계적·생화학적·전기적 기능장애를 일으킨다. 허혈의 갑작스런 발생은 보통 일시적인 좌심실 부전을 일으켜 합병증이 나타난다. 허혈의 가장 많은 원인은 관상동맥의 죽상경화증인데, 보통 내경이 좁아져 심장에 공급되는 혈류량이 줄어들어 심근에 산소요구량이 증가할 때 요구를 충족시키지 못하게 된다. 관상동맥의 죽상경화증으로 인한 경화나 협착은 혈액의 흐름을 원활하지 못하게 하여 심근의 허혈을 초래한다. 이것이 일시적일 때에는 협심증으로 나타나나, 혈관의 협착이나 폐색으로 심근이 혈액을 공급받지 못하면 세포가 괴사하는 심근경색이 초래된다.

고혈압, 이상지질혈증, 당뇨병, 비만 등 대사증후군은 죽상경화증의 위험요인이다. 이 외에도 흡연은 혈전을 생성하여 동맥경화를 일으키고 혈압을 상승시킨다. 스트레스는 신경계를 자극하여 카테콜라민의 분비를 증가시켜 교감신경계의 흥분을 일으켜 혈압을 상승시키고 심전도의 이상이나 부정맥을 야기할 수 있다. 심근경색은 남성이 여성에 비해 2~3배 많이 발생하고, 폐경기 이후의 여성, 정신노동자, A type 성격인 사람에게서 더 자주 발병한다. 한랭한 기후, 저온, 과로, 수면부족, 흥분, 과음, 폭식, 스트레스 등도 심근경색의 위험요인이다.

(2) 증상

① 협심증

관상동맥의 경화 또는 협착이 있는 사람이 노동이나 운동으로 심근의 산소 수요량이 과도하게 증가하면 일시적으로 심근의 산소 부족을 초래할 수 있다. 환자는 담배를 피우거나 스트레스를 받는 경우 또는 운동부하 시 갑작스런 흉부압박감, 쥐어짜는 듯한 통증, 호흡곤란, 불안, 상복부 통증, 때때로 옆구리 통증 등을 호소하게 된다. 통증은 보통 1~5분 지속되며 이후 가라앉는다. 그러나 한번 일어난 발작이 반복되면서 점점 심해지거나 휴식상태에서도 발작이 나타난다면 심근경색의 전조증상으로 볼 수 있으므로 주의를 요한다. 운동exercise, 흥분emotion, 과식eating은 협심증 발작의 3대 요인(3E)이고, 갑자기 사망할 수도 있으므로 협심증의 위험요인을 갖고 있는 사람은 일상생활에 주의가 필요하다.

② 심근경색

관상동맥이 폐색되어 해당 동맥으로부터 혈액을 공급받는 심근에 산소 공급이 차단되면 심근은 괴사가 일어나고 심장은 운동능력을 잃게 된다. 이때에는 강한 흉통이 지속되며, 협심증보다 증상이 심하고 오래 지속된다. 얼굴은 창백해지고 손발이 차며 식은땀을 흘리고 혈압 저하와 부정맥이 나타난다. 환자는 강한 불안감과 절망을 느끼며 오심, 구토와 함께 호흡곤란을 겪는다. 쇼크 상태가 30분 이상 지속될 수 있으므로 재빨리 응급처치를 하거나 전문의를 찾아야 한다. 중증일 경우에는 좌심부전과 혈압저하, 쇼크, 부정맥, 호흡곤란, 냉한, 어지럼증이 있고 환자의 50%가 2시간 이내 사망한다.

(3) 치료 및 관리

① 치료

급성 심근경색이 나타난 경우 1시간 이내 적절한 치료를 받은 환자의 50%는 치료를 통한 회복이 가능하지만, 발작 후 6시간이 지나면 회복을 기대하기 어렵다. 약물은 안정제와 진통제(모르핀), 혈청용해제(헤파린, 아스피린), 혈압강하제(니트로글리세린, 칼슘길항제, 베타차단제)가 사용된다. 막힌 혈관을 뚫기 위하여 경피적 관상동맥 성형술이나 관상동맥 우회로술을 실시하여 혈류를 확보해야 심근의 괴사로 인한 사망을 막을 수 있다.

② 식사요법

- 수술후의 영양관리: 영양관리의 초점은 회복과 상처치유에 있다. 처음 6~24시간 동안 절식하고, 증상이 완화되면 1~2일 동안 유동식의 형태로 나트륨(2,000 mg 미만)과 콜레스테롤이 적은 식사를 제공한다. 이후 3분죽, 5분죽, 전죽의 순서로 주되 탄수화물을 위주로 한 저지방· 저콜레스테롤식을 소량씩 자주 공급한다. 일반적으로 많은 양의 식사는 복부팽만감과 호흡곤란을 일으키므로 소량씩 자주 섭취한다.
- 장기간에 걸친 영양관리: 어느 정도 회복이 되면 정상식을 하되 동맥경화증 예방을 위한 식사요법을 기준으로 하여 콜레스테롤(100 mg/1,000 kcal)과 나트륨(2,000 mg/일), 포화지방산(P/S ratio 1~2)의 섭취를 줄이고 커피나 홍차 등 카페인이 함유된 음료는 허용되지 않는다. 체중감량이 필요하다면 에너지를 조절한다. 퇴원하기 전 반드시 환자 개인에 맞는 적절한 영양교육을 시행해야 한다.

4. 뇌졸중

뇌졸중stroke은 일명 중풍이라고 하며 크게 다음 두 종류로 구분할 수 있다. 먼저 뇌동맥경화증으로 인한 뇌혈관의 협착 또는 혈전에 의한 뇌혈관 경색으로 뇌의 일부로 가는 혈류를 완전히 차단하여 영양소와 산소 공급의 중단으로 뇌세포가 죽어 영구적인 뇌손상이 일어나는 경우로 허혈성 뇌졸중이라 한다. 뇌동맥 내 동맥류가 갑작스런 온도 변화나 스트레스로 인한 충격으로 파열되어 뇌실 안에 출혈이 일어나는 경우는 뇌출혈이라고 한다. 뇌졸중의 병인 및 기전은 매우 다양해서 여러 가지로 분류할 수 있지만 크게 허혈성과 출혈성으로 나뉜다.

1) 원인

뇌졸중 환자의 약 10%는 일과성 뇌일혈 발작을 경험한 후에 뇌경색을 일으킨다. 일과성 뇌일혈은 뇌조직의 국소적이고 일시적인 기능 소실을 말하며, 증상은 대개 2~15분 동안 지속되다가 24시간 이내에 완전히 회복된다. 가장 흔한 원인으로는 동맥경화증에 의한 뇌혈관의 협착을 들 수 있다.

서구에 비해 우리나라 뇌졸중 환자는 뇌출혈이 차지하는 비율이 높다. 뇌출혈은 심한 두통, 오심 및 구토가 발병 당시에 나타나고 전구증상이나 일과성 뇌일혈 발작이 없으며 뇌경색보다 급격하게 발생하고 발병 초기에 지속적으로 의식장애를 보일 수 있다. 뇌동맥의 약한 부분이 풍선처럼 부풀어 오른 동맥류가 고혈압이나 온도 차이, 스트레스 등의 원인에 의해 파열되면 뇌출혈이 일어난다.

위험인자로는 연령이 가장 중요하고, 고혈압과 흡연을 들 수 있다. 혈압이 높은 사람은 낮은 사람에 비해 4~7배의 위험률을 보이고, 흡연자의 위험률은 비흡연자의 1.5~3배가 된다. 고혈압 환자가 담배를 피우면 뇌졸중 발병률은 20배 이상 높아진다. 그 외에도 관상심장질환, 심방세동, 당뇨병, 경구피임약 복용 등이 있다.

2) 증상

허혈의 증상으로는 심한 급성 두통, 메스꺼움, 구토 등이 있고 허혈상태가 6시간 이상 지속되면 뇌세포가 죽게 되어 관련된 기능(언어, 운동, 감각 등)에 장애가 생긴다. 죽은 뇌조직이 크면 클수록 심각한 후유증이 나타난다. 뇌졸중이 발생하면 뇌조직에 독성물질이 쌓이고 혈관과 뇌 조직 사이의 막이 무너지면서 다량의 수분이 뇌로 유입되어 뇌가 부풀어 올라 뇌부종이 된다. 부풀어 오른 뇌가 주변의 정상 뇌조직, 특히 호흡과 심장박동을 담당하는 중뇌나 뇌간을 압박하면 생명이 위태롭다.

3) 치료 및 관리

(1) 치료

뇌졸중의 치료는 즉각적으로 실시해야 한다. 허혈상태가 6시간 이상 지체되지 않도록 가능한 한 빨리 응급처치를 할 수 있는 병원으로 환자를 옮겨야 한다. 고혈압성 뇌출혈은 혈압을 조절하면서 출혈량에 따라 약물 치료, 정위적 혈종제거술, 개두술 후 혈종제거술을 시행하여 뇌압을 조절하면 생명을 구하고 신경학적 장애를 개선할 수 있다. 뇌실 내 출혈이 동반되면서 수두증이 있는 경우에는 뇌실천자술을 시행하여 혈종 및 뇌척수액을 배액하여 뇌압을 조절하여야 한다.

(2) 약물치료

뇌졸중 치료제로는 항혈전제를 사용하는데 항혈소판제제와 항응고제가 있다. 항혈소판제제인 아스피린은 위장장애를 일으킬 수 있다. 항응고제로 사용되는 와파린은 출혈을 일으킬 수 있으므로 상처를 입지 않도록 주의하여야 하며, 비타민 K를 섭취하면 효과가 감소될 수 있으므로 와파린 치료기간에는 비타민 K의 섭취를 일정 수준으로 유지해야 한다. 비타민 K의 섭취량이 조절되지 않아 환자의 혈액응고가 지나치게 잘되거나 지연될 수 있으며, 두 경우 모두 환자의 생명을 위협할 수 있다.

(3) 식사요법

일단 뇌졸중이 발생한 후에는 콜레스테롤, 지방, 나트륨을 제한하는 것이 큰 도움이 되지 않는다. 수술 후에는 환자의 영양상태를 유지하며 전반적인 건강을 유지하고 회복과 재활을 돕는 것이 더 중요하다.

환자의 섭식능력은 뇌졸중의 정도와 발생 부위에 따라 다르다. 연하곤란은 뇌졸중에서 흔히 나타나는 합병증이자 독립적인 사망예측 인자로서 영양실조, 호흡기 감염, 입원 일수 증가를 가져올 수 있다. 환자가 씹거나 삼키는 데 어려움이 있으면 경구 섭취가 가능해질 때까지 영양지원을 시행해야 하고, 의식장애가 있는 경우에도 경관급식을 해야 한다. 뇌졸중 발작 직후에는 탈수에 유의하며, 메스꺼움과 구토가 없으면 유동식에서 시작하여 상행이양식을 적용한다.

비타민 K가 많이 함유된 식품

- 채소류 : 배추김치, 시금치, 들깻잎, 무시래기, 상추, 고춧잎, 쑥, 놋차잎, 모시잎풀, 김
- 두류 : 각종 콩류, 청국장, 낫토
- 육류 : 쇠간, 돼지간, 베이컨
- 난류 : 난황
- 과일 : 아보카도, 키위
- 향신료 : 겨자, 카레, 세이지, 타임
- 유지류 : 대두유, 카놀라유, 마가린, 마요네즈

CHAPTER 6

신장질환

CLINICAL NUTRITION

신장은 혈액을 여과, 분비, 재흡수하여 소변을 만드는 기관이다. 신장기능에 이상이 생기면 노폐물 배설이 원활하지 못하여 혈액 성분에 이상이 발생하며 여러 증상을 일으키게 된다. 이러한 증상은 소변량의 다소와 성분 변화로 진단할 수 있다. 소변 중 단백질 배설량이 하루 3.5 g을 초과하면 신증후군, 소변 배설량이 부족하면 신부전, 소변의 성분 이상으로 결정이 생기면 신결석이다. 신장은 내분비기능도 하기 때문에 신장질환은 여러 증상을 초래할 수 있다. 이 장에서는 신장질환의 영양에 대하여 학습한다.

1. 신장의 기능

신장은 후복벽에 접촉하는 복막후기관으로서 척추를 사이에 두고 강낭콩 모양으로 좌우 한 쌍이 있다. 신장은 혈액을 여과하여 소변을 생성하고 배설함으로써 노폐물을 제거하며 체액의 항상성을 조절한다. 또한 효소와 호르몬을 합성하고 비타민 D를 활성화하여 체액량을 조절하고 적혈구 합성을 유도하며 혈중 무기질 농도를 유지하는 기능이 있기 때문에, 신장에 이상이 생기면 체액의 불균형뿐 아니라 여러 가지 대사적 장애를 초래한다.

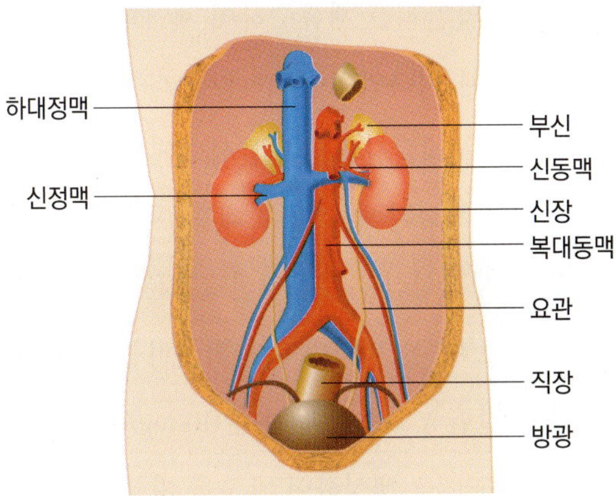

그림 6-1 신장의 위치와 관련 기관

1) 배설 기능

심장에서 방출된 혈액의 20%가 신장에 도달하며, 신장은 매일 약 1,600 L의 혈액을 여과한다. 사구체여과율glomerular filtration rate: GFR은 1분 동안 신장에 의해 생성되는 여과액(원뇨)의 용량으로, 여성의 경우 115 mL/min/1.73 m^2 남성의 경우 125 mL/min/1.73 m^2이며, 이는 하루 약 135~200 L에 해당한다. 이렇게 생성된 원뇨는 근위세뇨관, 헨레고리, 원위세뇨관을 거치게 되는데, 이 과정에서 수분과 포도당, 아미노산 등은 재흡수되고 요소, 암모니아, 크레아티닌 등 단백질 대사산물과 독성물질은 분비되어 약 1.5 L의 소변이 된다.

2) 조절 기능

신장은 Na^+/K^+의 재흡수를 통해 혈액의 전해질 농도를 조절하고 HCO_3^-/H^+의 재흡수를 통해 산-염기 평형을 유지한다. 신장이 분비하는 레닌renin이라는 효소는 간에서 합성된 안지오텐시노겐angiotensinogen이라는 혈장단백질을 안지오텐신angiotensin II로 활성화한다. 안지오텐신 II는 부신피질에서 알도스테론aldosterone이라는 스테로이드호르몬이 분비되게 하여, 원위세뇨관과 피질집합관에서 Na^+의 재흡수를 촉진하고, 이렇게 레닌-안지오텐신-알도스테론 시스템이 활성화되면 혈액량이 증가되어 혈압이 올라간다. 또한 신장은 체내 대사산물인 수소이온을 배설하고 알칼리를 재흡수하여 체액의 산도를 일정하게 유지한다.

섭취하였거나 피부에서 합성된 비타민 D는 간에서 25-(OH)콜레칼시페롤로 활성화되고, 이는 신장에서 1,25-$(OH)_2$ 콜레칼시페롤로 활성화된다. 활성형 비타민D는 소장에서 칼슘과 인의 흡수를 증가시키고 세뇨관에서 칼슘 재흡수를 촉진하며 뼈에서 칼슘을 용출하여 혈중 칼슘농도를 높인다. 부갑상선은 부갑상선호르몬parathyroid hormone: PTH과 칼시토닌calcitonin을 분비한다. 부갑상선호르몬은 비타민 D의 활성화를 자극하고 칼시토닌은 이를 억제하는 항상성 기전으로 혈중 칼슘농도를 일정 수준(10 mg/dL)으로 유지한다. 신장은 조혈인자인 에리스로포이에틴erythropoietin을 생성하여 골수를 자극하고 적혈구의 성숙을 돕기 때문에, 만성 신장질환 환자는 심한 빈혈을 초래할 수 있다.

3) 신장기능의 지표

신장기능이 저하되면 사구체여과율이 감소하며 혈중요소질소blood urea nitrigen: BUN와 혈중 크레아티닌, 혈중요산이 증가한다. 신증후군에서는 콜레스테롤이 증가하고 알부민 농도가 감소하여 부종이 나타나며, 만성콩팥병에서는 조혈작용이 감소하여 헤마토크릿과 헤모글로빈 농도가 감소한다표 6-1.

표 6-1 신장 기능의 혈액검사지표

혈액검사지표	정상범위	신장 기능 관련 변동
혈중요소질소(BUN)	8~20 mg/dL	신부전일 때 증가
크레아티닌	0.72~1.18 mg/dL	신부전일 때 증가 근육단백이 분해되면 증가
요산	3.5~7.2 mg/dL	신부전일 때 증가 농도 증가는 통풍의 원인
콜레스테롤	130~200 mg/dL	신증후군일 때 증가
알부민	3.5~5.2 g/dL	신증후군일 때 감소

2. 신증후군

신증후군nephrotic syndrome이란 특별한 한 가지 질병을 지칭하기보다 소변으로 단백질이 1일 3.5 g 이상(무작위 요단백/크레아티닌 비 3,000~3,500 mg) 배설되는 모든 신장장애를 통틀어 일컫는다. 단백뇨나 부종 외에 심혈관계 증상이 나타난다.

1) 원인

사구체가 손상되어 모세혈관 투과성이 비정상적으로 증가하여 발생한다. 신증후군 환자는 모든 연령층에서 발생하나 특히 생후 18~48개월의 유아에게 가장 흔하게 나타나며, 환자의 80%는 15세 미만이다. 만성 사구체신염, 국소분절 사구체경화증, 당뇨병성 신증, 전신 홍반성 낭창증이 발생 위험을 증가시키며, 말라리아 감염, 약물로 인한 손상, 간염 등으로 인해 발생하기도 한다.

2) 증상 및 합병증

단일 증상이 아닌 여러 증상이 나타나 신증후군이라고 한다. 요소 등의 질소화합물은 적당히 배설되고 고혈압이나 혈뇨는 잘 나타나지 않는 반면, 사구체 투과성 증가로 단백뇨가 심하게 나타난다. 단백뇨와 함께 나타나는 임상증상으로는 저알부민혈증, 부종, 혈중 지질농도 증가, 혈액응고 장애 등이 있다. 경우에 따라 신증후군이 악화되어 콩팥손상으로 진행된다.

(1) 부종

혈액 중 알부민이 소변으로 배설되어 혈중 농도가 낮아지면 혈장의 수분이 혈관 밖 조직에 축적된다. 게다가 신장기능 이상으로 나트륨이 체내에 축적되어 체수분이 증가하므로 부종은 더욱 심해진다.

(2) 심혈관계 증상

혈장 알부민이 감소되는 대신 간에서 지단백질 합성이 촉진되어 LDL과 VLDL의 혈중 수치가 상승하여 이상지질혈증이 된다. 혈관벽에서 지단백분해효소lipoprotein lipase: LPL가 감소하는 것도 VLDL 증가의 원인이 된다. 단백뇨는 혈액 응고를 저해하는 단백질의 손실을 초래하여 혈액 응고의 위험이 증가하므로 심장질환과 뇌졸중의 위험이 증가한다.

(3) 기타 증상

항체, 비타민D-결합단백질도 소변으로 손실된다. 항체가 고갈되면 면역능력이 저하되고 비타민D-결합단백질이 감소하면 혈중 칼슘농도가 낮아져 구루병의 위험이 증가한다. 단백뇨가 계속되면 단백질-에너지 결핍성 영양불량과 근육소모가 진행된다.

3) 치료

신증후군 증상을 완화하고 신장 손상을 예방하는 데 치료의 목적이 있다. 진단되는 모든 증상이 정상화되도록 식사요법과 약물치료를 병행한다.

신증후군에서 나타나는 다양한 증상을 정상화하기 위하여 증상에 따른 약물을 처방한다. 단백뇨를 치료하기 위하여 안지오텐신전환효소 억제제를 사용하고, 이뇨제, 항고혈압제, 이상지질혈증 치료제 등의 약물을 사용한다. 면역기능의 손상에 대처하기 위해 스테로이드계 항염제를 처방한다.

4) 임상영양치료

영양치료는 단백질-에너지 결핍성 영양불량을 예방하고 부종을 완화하는 데 도움이 된다.

① 에너지와 단백질

환자의 단백질과 에너지 필요량을 충족시키면 근육 손실을 최소화할 수 있다. 그러나 고단백식은 단백뇨를 악화시킬 수 있으므로 0.8~1.0 g/kg의 단백질에 소변으로 손실된 단백질량을 추가하여 생물가가 높은 단백질로 섭취한다. 에너지는 체단백질의 소모를 막기 위해 35 kcal/kg을 권장한다. 체중이 감소하거나 감염 증세가 있으면 에너지 섭취를 증가시킨다. 환자들은 대개 식욕이 없으므로 가능한 한 식욕을 촉진하는 것을 선택하여 소화가 잘 되도록 조리한다.

② 지방

포화지방과 콜레스테롤, 단순당이 적은 식사는 혈중 지질농도를 정상화하는 데 도움이 된다. 그러나 신증후군 환자들은 식사요법만으로 혈중 지질농도를 조절하기 어려우므로 혈중 지질농도를 낮추는 약물을 함께 처방한다.

③ 전해질

부종을 예방하고 개선하기 위해서 나트륨 1일 500 mg 이하의 무염식을 처방한다. 부종이 심하거나 고혈압이 있는 경우에는 염분 섭취를 더욱 제한하며 수분까지 제한할 수 있다. 부종이 빠지는 회복기에는 나트륨을 1,000~2,000 mg(식염으로 3~5 g)까지 늘릴 수 있다. 만약 부종 때문에 이뇨제가 처방되었다면 이뇨제의 특성에 따라 칼륨의 섭취량을 조절한다. 널리 쓰이는 고리 이뇨제와 싸이아자이드 계열 이뇨제는 소변으로 칼륨 배설을 증가시키므로 급식을 통해 칼륨을 보충해야 하고 칼륨 보존성 이뇨제인 스피로노락톤(알닥톤), 아밀로라이드(미다몰) 등을 처방할 수 있다. 칼륨 보존성 이뇨제를 사용할 때는 칼륨이 많은 식품의 섭취를 제한하고 대체염(염화칼륨)을 사용하지 않아야 한다.

④ 비타민과 무기질

골손실과 구루병을 예방하기 위하여 비타민 D와 칼슘 보충제를 처방하며, 그 외 발생할 수 있는 영양결핍을 예방하기 위해 종합비타민제를 복용하는 것을 권장한다. 영양소를 운반하는 단백질이 소변으로 손실되는 경우 해당 영양소의 결핍증이 생길 수 있다.

3. 사구체신염

사구체신염glomerulonephritis은 사구체 모세혈관에 염증이 일어나는 질환으로, 세균이나 바이러스 감염에 의해 나타나는 급성 사구체신염과 서서히 진행되어 사구체가 섬유질화하는 만성 사구체신염이 있다.

1) 원인

흔히 감기, 후두염, 편도선염, 기관지염, 중이염, 폐렴 등을 앓고 난 후 1~3주의 잠복기를 거쳐 급성 사구체신염acute poststreptococcal glomerulonephritis이 유발된다. 이 중 가장 흔한 유형은 연쇄상구균 감염 후 발생하는 급성 사구체신염이다. 이들 질환을 일으키는 세균이나 바이러스 등의 항원에 항체와 보체가 결합하여 면역 복합체를 형성하면 이것이 신사구체 기저막에 침착하여 그 부위에 염증을 일으킨다. 이와 같은 원인은 전체의 70%에 해당하며 나머지 30%는 원인이 밝혀지지 않았다. 3~10세의 어린이와 젊은 사람에게 이환율이 높고, 가을·겨울에 걸쳐 많이 발생되며, 추위와 과로도 원인이다.

만성 사구체신염chronic poststreptococcal glomerulonephritis은 급성 사구체신염에서 이행되기도 하지만, 대부분은 자각 증상 없이 만성으로 진행되는 경우가 많아 환자의 85%가 이에 해당된다. 사구체 염증의 진행이 장기화되면 사구체가 섬유질화된다.

2) 증상 및 합병증

급성 사구체신염은 두 개의 신장이 동시에 감염되는데, 특히 사구체의 모세혈관에 염증이 심해져 핍뇨, 단백뇨, 혈뇨, 부종, 고혈압 등이 나타나고 두통과 요통, 식욕부진, 권태감을 호소한다. 급성 사구체신염의 대부분은 수주에서 수개월이면 치유되나 때로는 만성 사구체신염으로 진행되기도 한다.

급성 사구체신염으로 인한 사구체 여과율의 감소는 소변량의 감소를 가져와 초기에는 핍뇨를 보이다 악화되면 무뇨가 나타나기도 한다. 소변량의 감소는 부종을 가져오고, 소변량이 증가하면 부종이 개선된다. 부종은 얼굴, 특히 눈 가장자리에 나타나고 하지에서 전신 부종으로 이어지면 흉수, 복수를 동반하게 된다. 핍뇨와 부종은 고혈압을 초래하여 수축기 혈압이 140~180 mmHg로 올라가고, 악화되면 200 mmHg 이상 증가한다. 고혈압이 계속되면 심장성 부종을 일으켜 심부전을 초래한다. 급성 사구체신염에서는 소변 중 알부민, 적혈구 등이 나타나며 (단백뇨와 혈뇨) 어린이의 경우에는 육안으로 확인되는 혈뇨를 보기도 한다.

만성 사구체신염은 급성 사구체신염보다 증상이 경미하여 증상이 없을 수도 있으나 대부분 두통, 야뇨, 단백뇨, 혈뇨 등이 약하게 나타난다. 그러나 병이 진행됨에 따라 고혈압, 단백뇨가 심해져 부종이 나타나며 만성 사구체신염의 말기는 만성콩팥손상으로 이어져 요독증을 초래하고, 식욕부진, 구토, 경련 등의 증상과 함께 사망에 이르기도 한다.

3) 임상영양치료

급성 사구체신염의 임상영양치료는 좋은 영양상태를 유지하면서 만성으로 진행되는 것을 방지하는 데 목표가 있다. 만성 사구체신염은 급성 사구체신염의 회복기와 유사하나 증상의 진행에 따라 다소 차이가 있다.

① 단백질

급성 사구체신염의 초기에는 소변량이 감소되면서 요소, 요산, 크레아티닌 등 혈중 질소량이 증가하므로 0.5 g/kg 이내(25~30 g)로 단백질을 제한하고, 점차 소변량이 늘어나면 사구체 세포의 재생을 위해 0.5~0.7 g/kg(40~50 g), 1.0 g/kg(50~60 g)으로 점차 단백질 섭취량을 늘리되 양질의 단백질로 공급한다. 만성 사구체신염은 단백뇨가 있을 수 있으므로 1.0 g/kg을 공급한다.

② 에너지

체단백의 분해를 막고 세포의 재생을 위해 충분한 에너지를 공급한다(35~40 kcal/kg).

탄수화물의 대사산물은 신장에 부담을 주지 않기 때문에 주로 탄수화물로 공급한다. 케톤증, 이상지질혈증, 동맥경화증을 유발할 수 있는 지방은 적당량 섭취한다.

③ 나트륨

소변량이 감소하고 부종과 고혈압이 있다면 나트륨 섭취를 제한하고, 회복되어 소변량이 증가한다면 어느 정도 섭취를 허용하므로 1,000~3,000 mg(식염 3~8 g 정도) 범위에서 소변량에 따라 조절한다. 일반적으로 핍뇨기에는 1,000 mg 이내(식염 3 g 미만)로 제한하고 부종과 고혈압이 소실되는 이뇨기에는 1일 1,000~2,000 mg(식염 3~5 g), 증상이 사라지는 회복기에는 2,000~3,000 mg(식염 5~8 g)의 나트륨을 공급한다.

④ 수분

핍뇨기에는 전날 소변량에 500 mL를 더한 양으로 수분 섭취량을 제한하다가 이뇨기에 들어서면 하루에 1,000~1,500 mL로 늘리고 부종과 고혈압이 없어지는 회복기에는 수분 섭취를 자유롭게 한다. 부종이 있으면 전날 소변량에 500 mL를 더한 만큼의 수분을 섭취하며, 부종이 소실되면 갈증이 없을 정도로 허용한다.

⑤ 칼륨

핍뇨기에 칼륨 배설이 저하되면 고칼륨혈증으로 갑작스러운 심장마비를 초래할 수 있으므로 섭취를 제한한다. 칼륨 함량이 높은 식품에는 살구, 감귤류, 오렌지주스, 바나나 등이 있다.

4) 기타 치료방법

급성 사구체신염을 예방하려면 감기 등의 원인질환을 악화시키지 말고 외출 후 귀가 시 양치질을 하며 충분한 휴식을 취하고 균형식을 섭취한다. 감염이 있을 때는 염증 치료를 위해 적절한 항생제를 이용한다. 안정과 보온은 체내대사를 억제하여 신장 부담을 줄이고, 신혈류량을 확보하여 소변량이 증가하도록 돕는다. 급성사구체신염의 정도에 따라 안정의 정도도 달라져 절대안정, 비교적 안정, 일상 업무 등으로 구분한다.

만성 사구체신염도 안정과 보온이 절대적으로 필요하다. 특히 허리 아래를 보온해야 하며, 따뜻한 방에 누워서 감기에 걸리지 않도록 주의한다. 또한 피부를 청결히 해서 피부로의 배설작용을 촉진하여 신장 배설작용의 부담을 덜어준다.

4. 급성 신손상

급성 신손상acute renal failure은 신장기능이 수시간 또는 수일 내에 급속하게 손상되어 소변 배설량이 감소하고 질소성 노폐물이 혈액에 축적되는 상태다. 신장의 기능이상은 약한 정도에서 심각한 정도까지 다양하고 사망률은 35~65%로 높은 편이지만, 즉시 치료하면 완치가 가능하다. 사구체여과율이 50%이상 감소하면 급성 신손상, 75% 이상 감소하면 급성 신부전으로 진단한다. 신손상이 심해지면 혈중 크레아티닌 농도가 상승한다.

1) 원인

급성 신손상은 종종 다른 질병으로 인해 나타나며 중한 질병, 심한 상해, 대수술에 의해 이차적으로 초래되기도 한다. 급성 신손상의 원인은 신전성prerenal, 신성renal, 신후성postrenal의 세 가지 요인으로 분류한다. 신전성 요인이란 신장으로 진입하는 혈류량이 갑작스럽게 감소하는 원인을 말하며, 심부전, 쇼크, 혈액량 감소와 같은 극심한 스트레스 요인과 연관된다. 원인을 해결하면 24~72시간 내에 신기능이 회복된다. 신성 요인은 신장조직을 손상시키는 감염, 독성물질, 약물, 직접적인 외상을 말한다. 신후성 요인은 요관을 폐색시켜 소변의 배설을 방해하는 요인들로 신결석이나 요로감염증, 전립선암 등이 있다. 급성콩팥손상을 일으킬 수 있는 원인 질병을 표 6-2에 제시하였다.

표 6-2 급성 신손상의 원인

신전성(prerenal) 요인(60~70%)	신성(renal) 요인(25~40%)	신후성(postrenal) 요인(5~10%)
• 혈류량과 혈압의 저하 : 용혈, 화상, 패혈증, 신증후군, 이뇨제 또는 항고혈압제 사용, 심한 탈수, 울혈성 심부전, 심근경색, 부정맥 • 신동맥 장애 : 혈전증, 색전증, 협착, 동맥류	• 혈관장애 : 당뇨병 • 신장폐색 : 염증, 종양, 결석, 조직상해 • 신장손상 : 감염, 독성물질, 약물, 대장균성 식중독	• 종양 : 방광암, 전립샘암 • 신정맥 혈전증 • 요관 폐색 : 협착, 종양, 결석 • 방광파열 • 임신

2) 증상 및 합병증

신장이 소변을 생성하거나 전해질과 pH, 질소성 노폐물의 혈중 농도를 조절하는 능력을 잃기 때문에, 무뇨 또는 핍뇨증, 전해질 농도 이상으로 인한 부종, 요독증 등이 나타난다 표 6-3.

표 6-3 급성 신손상의 진행단계에 따른 임상적 증상

진행단계	사구체여과율(GFR) 및 소변량	특징
핍뇨기	GFR < 25 mL/min 하루 500 mL 이하	사구체 여과율 감소(1~2주 지속) 1주 이상 지속되면 투석을 해야 함 혈중 요소, 크레아티닌, 칼륨, 인산 농도 상승
이뇨기	25 mL/min ≤ GFR < 55 mL/min 하루 3,000 mL 이하	세뇨관 재흡수능력 저하(1주간 지속) 다량의 수분과 전해질을 상실하므로 보충이 필요함
회복기	55 mL/min ≤ GFR 800 mL 이상(정상인 수준)	이뇨기 후 수주에 걸쳐 서서히 회복되는 시기 신장 기능의 정상화 급성 신손상 환자의 60%가 회복됨

환자의 절반가량은 하루 소변량이 500 mL 이하인 핍뇨증이 나타나며, 이 때문에 수분과 전해질 배설이 정상적으로 이루어지지 않아 나트륨과 칼륨, 인산, 마그네슘이 체내에 축적된다. 고칼륨혈증은 심박수의 변동과 심부전을 초래할 수 있으므로 주의해야 한다. 고인산혈증은 부갑상선호르몬의 분비를 과도하게 하고 혈중 칼슘 농도를 감소시킨다. 나트륨의 축적과 소변량의 감소는 급성 신손상에서 가장 흔한 증상인 부종을 초래하며 얼굴과 손, 발, 발목이 심하게 붓는다.

3) 진단 및 분류

급성 신손상은 사구체여과율 감소로 인하여 혈중 크레아티닌 농도가 상승하고 소변량이 감소하는 정도에 따라 1~3단계로 진단한다 표 6-4.

표 6-4 KDIGO 기준에 따른 급성 신손상의 진단과 분류

단계	크레아티닌	소변량
1	기저치보다 1.5~1.9배 증가	6~12시간 소변량 < 0.5 mg/kg/h
2	기저치보다 2.0~2.9배 증가	12시간 이상 소변량 < 0.5 mg/kg/h
3	기저치보다 3.0배 이상 또는 혈청크레아티닌 ≥ 4.0 mg/dL 또는 신대체요법 시작	12시간 이상 소변량 < 0.3 mg/kg/h 또는 12시간 이상 무뇨증

출처: Paul M. Palevsky (2013): KDOQUI US commentary on the 2012 KDIGO Clinical Practice Guideline for Acute Kidney Injury, Am J Kidney Dis, 61(5):649-672

4) 치료

급성 신손상의 치료는 수분과 전해질 균형을 회복하고 노폐물의 혈중 농도를 최소화하기 위하여 투석과 약물치료, 영양치료를 병행한다. 신장손상이 계속되지 않도록 급성 신손상의 원인질환을 치료한다.

(1) 신대체요법

급성 신손상 환자의 수분과 전해질 균형을 위하여 신대체요법을 실시한다. 이에 대한 자세한 내용은 이 장의 '7. 신대체요법'에서 다룬다.

(2) 약물치료

많은 약물이 소변을 통해 배설되므로 신장기능의 정도에 따라 약물 투여량을 결정한다. 부종에는 이뇨제를 처방하며 고리 이뇨제를 처방받았다면 칼륨 배설량이 증가하므로 칼륨의 섭취에 주의한다. 고칼륨혈증 환자에게는 위장관에서 칼륨이온과 결합하여 대변으로 배설하게 하는 칼륨교환수지를 처방한다. 고칼륨혈증을 빠르게 치료하려면 인슐린을 사용하여 세포외액의 칼륨이 세포 내로 일시적으로 이동하도록 해야 한다. 이때 저혈당증이 발생하므로 반드시 포도당을 함께 공급한다. 산독증이 있는 환자에게는 중탄산염을 경구 또는 정맥으로 투여한다.

5) 임상영양치료

임상영양치료는 투석을 하지 않는 경우와 혈액투석 또는 복막투석을 하는 경우에 각각 다르게 적용한다. 급성 신손상은 나트륨과 칼륨이 낮은 식사를 제공하며 소변량이 감소할 때에는 수분을 제한해야 한다. 전해질 및 수분 제한을 따르는 범위 내에서 최대한의 열량을 제공하고 단백질은 적당히 제한한다.

① 단백질

음질소 평형과 근육소모를 막기 위해 충분한 단백질을 섭취해야 하며 신장 기능, 이화 정도, 투석 여부에 따라 단백질 섭취량을 결정한다. 투석을 받지 않으나 신장 기능이 약한 환자는 단백질 섭취량을 0.8~1.0 g/kg으로 제한한다. 신장기능이 회복되었거나 투석을 하는 환자는 1.0~1.5 g/kg으로 단백질 섭취량을 높인다.

지속적 신대체요법을 받거나 이화상태가 심한 환자는 단백질 손실이 많아서 1.5~2.0 g/kg 이상을 공급한다. 하루 50 g 이하의 단백질을 섭취하는 환자는 칼슘, 철을 포함한 종합비타민을 보충해야 하고, 환자의 상태가 심각하여 식품 섭취가 어려운 경우에는 필수아미노산을 포함하는 정맥 내 고영양법을 실시할 수 있다. 패혈증이 있거나 근육이화가 심한 환자는 단백질을 더 많이 섭취하고, 질소성 노폐물의 배설을 위해 투석을 병행한다.

② 에너지

에너지는 30~35 kcal/kg가 권장되며 중환자의 경우 20~30 kcal/kg 또는 휴식대사량의 1.3.배에 해당하는 에너지를 공급한다. 바람직한 체중 유지를 위하여 충분한 에너지 섭취가 필요하지만 과다한 에너지 섭취는 이산화탄소 생성을 증가시켜 신장의 pH 조절 부담을 가중시키므로 주의한다.

③ 수분

체수분 상태를 평가하려면 체중 변화와 혈압, 맥박수, 피부와 점막의 외견을 살펴보아야 한다. 혈청 나트륨 농도로도 평가할 수 있는데 농도가 감소하면 체수분이 과도한 것이다. 수분평형을 위한 수분필요량은 소변량에 불감수분증설량인 500 mL를 더하여 계산한다. 발열이나 구토, 설사를 하는 환자는 수분섭취량이 더 증가해야 한다. 투석을 하는 환자는 좀 더 자유롭게 수분을 섭취할 수 있으며 1일 1,500~2,000 mL 정도의 수분이 허용된다.

핍뇨증이던 환자가 회복되면서 다량의 수분이 배설되는 이뇨증이 치료 초기에 나타나기도 한다. 이는 세뇨관 재흡수 능력이 충분히 회복되지 못하여 나타나는 일시적인 현상으로 소변량이 3,000 mL까지 증가하기도 한다. 이때 수분이 고갈되거나 전해질 불균형이 오지 않도록 주의해야 한다.

④ 전해질

칼륨과 인의 혈중 농도를 정확하게 검사하여 적절한 전해질 섭취량을 결정한다. 나트륨은 부종과 고혈압 예방을 위해 제한하며, 핍뇨증이 있는 환자는 나트륨 섭취량을 2~3 g으로 제한한다. 이뇨기에 있는 환자는 소변으로 전해질이 배설되기 때문에 전해질을 보충한다. 지속적 신대체요법을 사용하는 환자는 인 요구량이 증가한다.

5. 만성 콩팥병

신장기능이 급격하게 감소하는 급성 신손상과는 달리 점진적이고 비가역적으로 신장기능이 손상되는 만성 신장질환을 만성 콩팥병chronic kidney disease이라고 한다. 신장은 예비력이 큰 기관이어서 만성 신장질환은 수년간 특별한 증상 없이 진행되는 것이 일반적이다. 따라서 환자가 만성 신장질환을 진단받을 때면 이미 신장기능을 75% 이상 상실한 경우가 대부분이다.

1) 원인

당뇨병과 고혈압은 만성 콩팥병의 가장 대표적인 원인 질환으로, 각각 총 환자의 43%와 26%에 해당한다. 당뇨병성 만성 콩팥병의 경우는 혈당 관리와 함께 단백질과 전해질, 수분의 조절이 요구된다. 신장에 일어나는 염증성·면역성 질환이 만성콩팥병으로 진행되기도 한다. 드물게는 급성 신손상이 만성 콩팥병으로 이행되는 경우도 있다.

2) 증상 및 합병증

(1) 신장기능의 손상

만성 콩팥병의 초기단계에는 저하된 신장기능을 보완하기 위해 네프론이 비대해진다. 네프론이 파괴되면 남아 있는 네프론의 부담이 증가하여 과로로 인해 퇴화하면서 콩팥병에 이르게 된다.

초기단계에서는 식욕부진, 메스꺼움과 구토 등 소화기계 증상과 단백뇨, 혈뇨, 두통, 소양증, 고혈압, 신증후군이 나타난다. 만성 신장질환이 진행되면서 소변량이 감소하기 때문에 전해질과 호르몬의 불균형, 수분저류, 산독증, 빈혈, 출혈 등이 나타난다. 병이 깊어지면서 착란, 심혈관계질환과 말초신경염, 단백질-열량 결핍성 영양불량과 면역 감퇴, 골형성장애 등의 합병증이 초래된다. 생명 유지를 위해 투석이나 신장이식이 필요한 상태는 말기신장질환end-stage of renal disease: ESRD으로 분류한다표 6-5.

표 6-5 KDIGO 지침에 따른 만성 콩팥병의 단계

단계	정의	GFR (mL/min/1.73m^2)
1	GFR이 정상 또는 증가되는 신장 손상	≥ 90
2	GFR이 경한 감소를 보이는 신장 손상	60~89
3a	GFR이 경미한 감소에서 중정도의 감소를 보이는 신장 손상	45~59
3b	GFR이 중정도 감소에서 심한 감소를 보이는 신장 손상	30~44
4	GFR이 심한 감소를 보이는 신장 손상	15~29
5	신부전	<15 또는 투석

출처: National kidney foundation (2013): KDIGO 2012 Clinical Practice Guideline for the Evaluation and Management of Chronic Kidney Disease, Kidney International Supplements (2013) 3, 5~14

(2) 전해질과 호르몬 불균형

만성 콩팥병의 말기가 될 때까지 수분과 전해질 장애가 나타나지 않는다. 사구체여과율이 감소함에 따라 손상되지 않은 네프론의 활성이 오히려 증가하기 때문이다. 또한 감퇴된 신장기능을 보완하기 위한 수많은 호르몬의 작용으로 전해질 농도가 유지되지만, 이 때문에 합병증이 발생한다. 예를 들어, 혈청칼륨농도의 상승을 억제하기 위해 분비되는 알도스테론은 환자의 고혈압을 진행시키는 부작용을 낳는다. 부갑상선호르몬은 혈청 인의 상승을 억제하지만 골손실을 촉진하여 골형성장애를 일으킨다.

신장은 폐와 함께 산염기 평형을 유지하는 기관이기 때문에 만성 콩팥병에서는 산독증이 발생한다. 산독증이 심하지는 않으나 이를 중화하기 위해 뼈에서 용출되는 단백질과 인산염은 신성 골질환을 악화시킨다.

(3) 요독증uremia

신장기능이 손상되어 소변량이 감소하면 질소성 노폐물이 배설되지 못하고 혈액 중에 축적되며, 동시에 질병으로 인한 체단백의 분해가 가중되어 질소성 노폐물 생성은 증가하는데, 이러한 상태를 요독증이라 한다. 이때 나타나는 다양한 증상과 합병증을 요독증상이라 하며, 미세한 정신기능 이상과 신경근육계 변화를 일으킨다.

① 진단 기준

사구체여과율이 15 mL/min 미만이고 BUN이 60 mg/dL를 초과할 때 발생한다. 이때 혈중 요소농도가 정상의 5배 이상인 고요소혈증이 나타나고 혈중 크레아티닌 농도는 10~12 mg/dL이다.

② 증상

증상은 구토, 구취, 식욕부진, 미각변화(금속성 맛), 메스꺼움, 설사 등 소화기계 증상과 호흡에서 암모니아 냄새가 나거나 폐렴, 늑막염, 객혈 등 호흡기계 증상, 피로, 기면, 착란, 두통, 혼수, 경련 등 중추신경계 증상 등 전신 증상이 나타난다. 출혈이나 빈혈 등 혈관계 증상, 요소상urea frost, 반상출혈, 소양증 등 피부 증상, 심근염 부정맥 등 심장순환계 증상, 골연화증, 구루병 등 신성 골이영양증, 저체온, 당질대사 장애 등 전신 증상이 나타난다. 가끔 급성 신손상의 원인질환의 증상과 요독증의 증상을 구별하기 어려울 수도 있다.

- 호르몬 합성능력 손상: 에리스로포이에틴의 생성이 감소하면 빈혈을 일으키며, 비타민D의 활성화가 감소하면 골질환이 발생한다.
- 호르몬 분해능력 손상: 성장, 생식, 수분평형, 혈당조절, 영양소 대사 등에 관여하는 호르몬의 불균형이 발생한다.

- 출혈이상: 혈소판 기능과 혈액응고인자의 결함으로 지혈이 지연되고 멍이 쉽게 들며 소화기관의 출혈과 빈혈이 발생한다.
- 심혈관계질환 위험 증가: 고혈압과 인슐린 저항성이 나타나고 이상지질혈증이 발생한다.
- 면역감퇴: 면역반응이 감퇴하여 감염의 위험이 크게 높아지고 이로 말미암아 종종 사망한다.

③ 관리

요독증의 전신 증상이 나타난 후에는 사망에 이른다. 따라서 요독증이 되기 전에 투석이나 신장이식 수술을 해야 한다. 요독증이 있는 경우 단백대사산물의 생성을 줄이기 위해 저단백·무단백식(0.5~0.6 g/kg)을 하고, 체단백의 분해를 막기 위해 충분한 열량을 공급하며, 필요하다면 정맥영양으로 포도당을 공급할 수 있다. 나트륨과 칼륨의 섭취도 제한한다.

(4) 단백질-에너지 결핍성 영양불량

신장질환 환자는 질병의 초기단계부터 단백질과 에너지 섭취가 부족하며, 이 때문에 영양결핍과 근육소모가 나타난다. 식욕부진, 호르몬 장애, 메스꺼움, 구토 등은 식품섭취량 감소를 초래하며 구토, 설사, 위장관 출혈, 투석 등으로 인한 영양소 손실도 영양결핍의 원인이다.

3) 치료

만성 콩팥병 치료의 목적은 질병의 진행속도를 늦추고 증상을 완화하며 합병증을 예방하는 것이다. 식사량 측정은 단백질-에너지 결핍성 영양불량과 체중감소를 예방하는 데 도움이 된다. 생존을 위해서는 반드시 투석을 해야 하며 신장이식을 고려해야 한다.

(1) 신대체요법

만성 콩팥병 환자는 생존을 위하여 반드시 신대체요법 또는 신장이식이 필요하다. 신대체요법에 대해서는 209쪽 '7. 신대체요법'에서 다룬다.

(2) 약물치료

만성 콩팥병의 일부 합병증은 약물치료를 통해 조절한다. 고혈압을 치료하면 질병의 진행속도를 늦추고 심혈관계질환의 위험을 낮출 수 있으므로 항고혈압제를 자주 처방한다. 빈혈을 치료하기 위해 주로 에리스로포이에틴을 주사한다. 혈청 인 농도를 감소시키기 위해서는 인산염결합제를 음식과 함께 복용하고, 산중독증을 중화하기 위해 중탄산염을 사용한다. 비타민D 활성형 보충제calcitriol는 혈청 칼슘농도를 높이고 부갑상선호르몬 농도를 낮추는 데 도움이 된다.

4) 임상영양치료

환자의 식사는 질병의 진행정도와 합병증에 따라 다르다. 신장질환식은 복잡하며 영양소 요구량도 질병의 진행과정에 따라 자주 바뀌므로 특히 영양사의 역할이 중요하다. 신장질환의 단계별 영양치료지침이 **표 6-6**에 요약되어 있다. 혈액투석과 복막투석은 영양소 요구량에 다르게 영향을 미치므로 영양판정 결과에 따라 환자의 섭취량을 결정한다.

① 에너지

표준체중을 유지하고 근육소모를 예방하기 위하여 충분히 섭취한다. 가능하면 고에너지 식품과 음료를 선택하며 사탕이나 꿀, 설탕, 잼, 샐러드드레싱, 마가린 등을 권장한다. 단 복막투석을 하는 환자는 투석액에 포함된 약 1일 800 kcal 상당의 포도당을 투석과정에서 공급받으므로 이 점을 고려하여 에너지 섭취량을 계산한다. 복막투석을 장기간 지속하는 경우에는 체중이 과도하게 증가하지 않도록 주의한다.

② 단백질

신장질환의 진행을 늦추기 위해 저단백식을 처방하며 체중 1kg당 0.8을 권장한다. 저단백식은 질소성 노폐물을 적게 생성하므로 요독증의 위험을 낮추고, 고단백식에 비해 인의 함량이 낮아 고인산혈증의 위험도 줄인다. 그러나 신장질환 환자에게 나타나는 단백질-에너지 결핍성 영양불량과 근육소모를 방지하기 위하여 반드시 단백질을 섭취해야 하며, 그중 50%는 동물성 단백질을 섭취하여 필수아미노산을 적절히 공급한다. 투석을 하는 환자는 질소성 노폐물뿐 아니라 일부 아미노산도 손실되므로 단백질을 심하게 제한하지 않는다.

표 6-6 만성 콩팥병의 영양소 권장량

영양소	투석 전	혈액투석	복막투석
에너지	25~35 kcal/kg		
	-	-	*투석을 통해 흡수되는 에너지 포함[1]
단백질 *50%는 동물성단백질	0.55~0.6 g/kg (3~5단계)	1.0~1.2 g/kg	1.0~1.2 g/kg *복막염을 동반한 경우 단백질 요구량 증가
수분	제한하지 않음 소변량 감소하면, 소변량+500 mL	소변량 + 1,000 mL	소변량 + 1,000 mL 투석으로 2.0~2.5 L 수분 제거 부종시 1~3 L로 제한
나트륨	투석 전 : 2,300 mg 미만	혈액투석 : 2,300 mg 미만	복막투석 : 2,000~3,000 mg 체중변화와 혈압에 따라 조정
칼륨	혈중농도에 따라 개별적으로 처방	2,000~3,000 mg 혈중 농도에 따라 조절	2,000~3,000 mg 혈중 농도에 따라 조절
칼슘	800~1,000 mg	2,000 mg 이하 (칼슘보충제 포함) 식사로 칼슘 섭취가 부족하면 보충제 섭취	
인	혈중농도에 따라 개별적으로 처방	PTH 농도 증가하거나 혈중 인 5.5 mg/dL 초과하면, 800~1,000 mg	
기타	투석 전	혈액투석	복막투석
	• 혈중 25(OH)비타민D 30 nm/dL 미만이면 비타민D 보충	• 혈중 25(OH)비타민D 불충분 또는 결핍이면 비타민D 보충 • 혈청페리틴 100 ng/dL 미만이거나 트랜스페린 포화도 20% 미만이면 철 보충	• 혈청페리틴 100 ng/dL 미만이거나 트랜스페린 포화도 20% 미만이면 철 보충 • 고콜레스테롤혈증인 경우 콜레스테롤과 포화지방산 제한 • 이상지질혈증인 경우 단순당과 알콜 제한 • 과체중인 경우 단순당 제한

[1] 투석액으로부터 얻는 에너지 = 포도당 함량(g/L) × 3.4 kcal × (0.6~0.7) × 투석액량(mL)
포도당 함량(g) = 투석액 농도(%) / 100(mL) × 1,000 mL

③ 지방

혈중 지질농도가 상승하고 심혈관질환의 위험이 증가하므로 포화지방과 콜레스테롤을 제한해야 하지만 증가된 에너지 요구량을 감당하기 위하여 고지방식품을 섭취해야 한다. 견과류와 종실류, 식물성 기름을 사용한 샐러드드레싱, 마요네즈, 콩제품을 선택하여 불포화지방산을 주로 섭취하도록 한다.

④ 수분과 나트륨

소변 배설량, 체중의 변화, 혈압의 변화, 혈청 나트륨 농도에 따라 수분과 나트륨의 섭취량을 결정한다. 체중과 혈압의 상승은 나트륨과 수분이 체내에 많다는 의미이고, 나트륨 섭취를 약간만 제한해도 체수분 배설 효과가 있다. 수분은 소변량이 감소하기 전에는 제한할 필요가 없으며, 탈수 또는 과수화 상태가 아니라면 수분 섭취량은 소변량에 따라 결정된다. 투석을 하는 경우 1일 약 900 g의 체중 증가만 이루어지도록 수분과 나트륨 섭취량을 조절하며, 이렇게 증가된 과도한 수분은 다음번 투석을 통해 제거한다.

⑤ 칼륨

칼륨 권장량은 혈청 칼륨 농도, 신장기능, 약물복용, 투석방법에 따라 결정된다. 투석을 하지 않는 경우 혈청 칼륨 농도에 따라 개인별로 칼륨 섭취량을 조절하며, 칼륨 소모 이뇨제를 사용한다면 칼륨 보충제를 복용한다. 혈액투석 환자에게는 주로 칼륨을 제한하지만, 복막투석 환자는 보다 자유롭게 칼륨을 섭취할 수 있다. 모든 신선한 식품에 칼륨이 들어 있지만 일부 과일과 채소는 칼륨이 다량 들어 있어 주의해야 한다. 바나나, 아보카도, 콩, 시금치, 토마토, 우유, 당밀, 견과류, 커피는 칼륨 함량이 높다. 칼륨, 나트륨, 인의 섭취량을 조절하기 위하여 신장질환의 식품교환표표 6-7를 사용한다. 식품선택을 한 후에는 칼륨의 섭취량을 줄이는 조리법을 활용한다.

표 6-7 신장질환의 식품교환표

식품군		단백질(g)	나트륨(mg)	칼륨(mg)	인(mg)	에너지(kcal)
곡류군		2	2	30	30	100
어육류군		8	50	120	90	75
채소군	1(칼륨 저함량)	1	미량	100	20	20
	2(칼륨 중함량)			200		
	3(칼륨 고함량)			400		
지방군		0	0	0	0	45
우유군		6	100	300	180	125
과일군	1(칼륨 저함량)	미량	미량	100	20	50
	2(칼륨 중함량)			200		
	3(칼륨 고함량)			400		
에너지보충군		0	3	20	5	100

칼륨을 적게 섭취하는 방법

- 푸른잎 채소와 과일의 섭취를 줄인다.
- 채소를 잘게 잘라 다량의 물(재료의 10배 정도)에 최소한 2시간 이상 담가둔다. 또는 다량의 물에 데치거나 삶아낸 후 그 물을 버리면 채소 내의 칼륨이 줄어든다.
- 채소의 껍질과 줄기에는 칼륨이 많으므로 껍질과 줄기를 제거하고 잎만을 사용한다.
- 과일은 항상 껍질을 벗겨 먹도록 하며 생과일보다는 통조림 과일을 선택한다.
- 칼륨이 많이 포함된 식품은 한꺼번에 다량 섭취하지 말고 소량씩 나누어 먹는다.
- 나트륨을 칼륨으로 대체한 대체염이 있으므로 소금을 선택할 때 주의한다.

⑥ 칼슘과 인, 비타민D

인의 배설이 감소하여 고인산혈증이 되면 부갑상선 기능이 항진되어 신성 골이영양증이 생기므로 만성 콩팥병에서는 인의 섭취를 엄격히 제한해야 한다. 혈청 인농도가 높은 환자는 인산염 결합제를 식사와 함께 섭취한다. 신장이 비타민D를 활성화하지 못하면 칼슘 흡수기전에 손상이 생기므로 비타민D를 보충한다. 투석이 시작되면 인을 제한하고 칼슘과 비타민D를 보충하는 것이 기본적인 치료법이다. 칼슘과 비타민D를 동시에 섭취할 때 생길 수 있는 고칼슘혈증을 막기 위해 혈청 칼슘 농도를 수시로 확인한다.

고단백식에는 인이 많으므로 단백질제한식을 하면 인의 섭취도 제한된다. 그러나 투석이 시작되면 단백질 섭취가 자유로우므로 인을 조절하기 위해 인산염 결합제가 반드시 필요하다. 우유나 유제품은 칼슘이 풍부하지만 인 함량도 높기 때문에 식사에서 제한하는 것이 좋다. 칼슘 필요량을 충족시키려면 칼슘 보충제를 복용해야 한다.

⑦ 비타민과 무기질

신장질환식은 비타민과 무기질의 섭취가 부족하고 투석을 하는 경우에는 수용성 비타민과 미량무기질이 투석액을 통해 손실되므로 영양보충제를 반드시 공급해야 한다. 엽산과 비타민B_6 등 수용성 비타민을 영양권장량에 따라 보충하고 비타민C는 60~100 mg으로 제한하여 신장결석이 형성되지 않도록 한다. 비타민A와 비타민E를 함유한 보충제는 과도하게 축적될 수 있으므로 권장하지 않는다. 철분 결핍증을 개선하기 위해서는 보충제를 경구 복용하는 것보다 에리스로포이에틴을 주사하면서 철분을 정맥으로 투여하는 것이 훨씬 효과적이다.

⑧ 경장영양과 정맥영양

체단백의 분해를 막기 위해서는 충분한 에너지 섭취가 요구되지만 식품에는 단백질과 전해질이 포함되어 있으므로 신장에 부담을 준다. 식사 섭취량이 부족한 환자에게는 경장영양과 정맥영양으로 필요한 영양소를 공급할 수 있다. 소변량이 적으므로 경장영액은 표준조제식보다 에너지 밀도가 높고 단백질과 전해질 농도가 낮은 농축영양액(1.5~2.0 kcal/mL, 400~700 mOsm)을 사용한다.

혈액투석을 하는 동안 영양소를 주입하는 것을 투석액 내 정맥영양이라 한다. 흔히 아미노산, 덱스트로오스, 지질, 일부 미량무기질을 공급하며, 정맥영양액의 수분이 투석과 동시에 제거된다는 이점이 있다.

⑨ 식사수응도

신장질환 환자의 식사요법은 제한이 너무 많고 엄격하여 환자의 수응도가 낮다. 단백질, 수분, 나트륨, 칼륨, 인 등의 영양소를 제한하기 위해서는 식품선택이 제한적일 수밖에 없으므로 식사가 단조로워지기 쉽다. 단조롭고 불편한 식사요법을 준수하기 위해 참고할 만한 몇 가지 방법을 아래에 제시하였다.

신장질환 식사요법을 준수하기 위한 방법

① 수분 섭취량의 조절 : 1일 수분필요량에 해당하는 물을 일정한 용기에 채운 후, 음료나 국물을 먹을 때마다 동량의 물을 덜어낸다. 약을 먹기 위해 필요한 물을 반드시 남겨둔다.
② 갈증 : 껌이나 사탕을 먹는다. 음료를 얼려서 먹으면 수분을 오래 섭취할 수 있다. 입 안이 마를 때는 구강청결제로 양치질을 한다.
③ 에너지 섭취량의 증가 : 음식에 참기름이나 들기름을 넣어 조리하고, 샐러드드레싱이나 마요네즈를 듬뿍 넣는다. 튀김이나 부침 등의 조리법을 활용한다.
④ 좋아하는 채소를 더 먹는 방법 : 칼륨을 제거하는 조리법을 사용한다. 채소를 잘게 잘라 물에 담가놓거나 데치고, 껍질이나 줄기는 제거하고 먹는다.
⑤ 단조롭지 않은 식사 : 마늘, 양파, 고추, 카레, 후추, 레몬 같은 향신료를 넣어 맛을 낸다. 허용된 음식을 새롭게 조합하여 식단을 작성하고 새로운 조리법을 활용한다.

Kempner's diet

1944년 Kempner가 신장질환 환자를 위해 고안한 식이로 고혈압과 당뇨 환자에게도 적용되었다. 쌀과 과일을 주는 저단백 · 저지방 · 저나트륨식으로 에너지는 2,000kcal 내외이며 소금은 엄격히 제한된다. 장기간 Kempner식을 실시할 때 영양결핍의 가능성이 크므로 단기간에만 시행하며, 최근 임상영양에서는 거의 적용하지 않는다.

6. 당뇨병성 신장질환

장기간 지속되는 고혈당으로 인한 신장 손상은 당뇨환자가 투석치료를 받게 되는 원인이다. 신장 기능이 감소하여도 증상이 나타나지 않는 경우가 많아서 당뇨병이 있는 경우 정기적으로 추적관찰하며 혈당과 혈압을 조절하여 신장 기능을 보존하기 위한 노력이 필요하다.

1) 원인

당뇨병성 신장질환diabetic nephropathy은 연령이 많거나 당뇨 유병기간이 길 때, 혈당 조절이 안 되는 경우, 이상지질혈증을 수반하는 경우, 비만인 경우, 흡연하는 경우, 인슐린저항성이 큰 경우에 발병 위험이 증가한다.

2) 임상영양치료

신장기능이 저하되면 단백질 섭취를 제한하면서 탄수화물과 지방의 섭취가 증가하므로 단순당을 사용하게 되는데 이는 당뇨병 식사지침의 일부 조정을 요구한다. 단순당을 사용할 때 가급적 식사와 간식을 고루 배분하여 급격하게 혈당이 증가하지 않도록 식사계획을 하여야 한다. 조절되지 않은 고혈당은 미세혈관 합병증과 대혈관 합병증을 초래할 수 있으므로 당화혈색소가 6.5% 미만이 되도록 노력한다.

① 단백뇨

소변의 알부민/크레아티닌 비가 30 μg/mg 이상일 때 단백뇨라고 한다. 알부민뇨가 있거나 사구체여과율이 감소한 환자에게 단백질 제한이 도움이 된다는 근거가 부족하여서, 단백질 섭취량은 0.8 g/kg으로 권고한다. 단백뇨가 있는 당뇨병 환자는, 에너지 섭취량은 당뇨병 섭취기준을 따르고 단백질 섭취를 제한하지는 않지만 고단백식이 사구체 손상을 악화시킬 수 있으므로 주의한다. 사구체여과율 감소로 인한 혈압 상승을 막기 위하여 나트륨 섭취량은 2,300 mg 이하로 제한한다.

② 만성 콩팥병

단백질 섭취를 제한하면 사구체여과율의 감소나 만성 콩팥병의 발생을 감소시키고 과도한 단백질 섭취는 신장기능을 저하시키므로 단백질은 0.8 g/kg을 공급한다. 이보다 적은 경우 단백질-에너지 영양불량이 발생할 수 있다. KDIQI 가이드라인은 당뇨와 만성 콩팥병을 동시에 가진 경우 단백질을 0.6~0.8 g/kg 섭취하도록 권고하고 있어서 환자에 따라 개별화하여 적용할 필요가 있다.

7. 신대체요법

신장기능이 감소하여 노폐물 제거가 원활하지 않은 환자에게 신대체요법renal replacement therapy은 생명을 유지시켜 주는 중요한 방법이다. 신대체요법으로는 혈액투석과 복막투석이 있다. 만성 콩팥병에서 투석은 영구적인 치료방법으로 사용되거나 신장이식을 하기 전까지 생명을 유지시키는 방법이다. 급성 콩팥병에서 투석은 수분과 전해질 평형을 회복하기 위해 사용된다.

투석은 체내에 불필요하게 축적된 수분과 노폐물을 확산과 삼투, 초여과 과정을 통해 제거한다. 혈액과 조성이 비슷한 투석액과 환자의 혈액 사이에 반투막이 존재하여 거름막 역할을 하면서 물질교환이 일어난다. 제거해야 하는 노폐물은 투석액에 전혀 들어 있지 않으므로 혈액에서 투석액으로 이동하며, 제거하지 않을 성분은 혈액과 투석액의 농도를 동일하게 하여 이동하지 않도록 한다. 때로는 체내에 필요한 물질을 혈액으로 공급하기 위해 투석액에 첨가하기도 한다.

혈액 중 알부민과 기타 단백질은 수분을 보유하게 하므로 삼투로는 수분을 제거하기 어렵다. 투석기는 펌프를 이용하여 투석액에 음압을 주고 혈액에 양압을 주어 용질과 함께 수분이 반투막을 통과하도록 하는데, 이 과정을 초여과라 한다.

1) 혈액투석hemodialysis

환자의 혈액을 투석기(인공신장)를 통과하게 하여 청정화된 혈액을 다시 환자에게 주입하는 것을 혈액투석이라 한다그림 6-2. 보통 1회 투석에 3~4시간이 소요되고, 1주일에 3회 정도 실시한다. 대부분의 환자는 투석센터를 방문하여 치료를 받고 있으나, 소수의 환자는 가정용 혈액투석 프로그램을 이용하기도 한다.

혈액투석을 할 때 혈관 연결 부위에 감염이 일어나거나 혈액이 응고하고, 두통, 메스꺼움, 구토, 홍분 등의 증상이 발생할 수 있다. 투석을 하는 동안 종종 근육경련이 발생하고, 혈액이 투석기를 순환하는 동안 저혈압이 나타날 수 있다. 빈혈이 심한 환자가 혈액투석을 하면 빈혈이 악화될 수 있다.

투석을 하는 경우 변경된 식사요법은 표 6-6에 제시하였다. 혈액투석을 하는 경우 단백질 요구량은 투석으로 손실되는 아미노산을 보충하기 위해 증가하나(1.0~1.2 g/kg), 감염 유무나 요독증상 등을 고려하여 결정하여야 한다.

혈액투석 환자는 수분 섭취량을 소변량에 1,000 mL 더한 양을 섭취할 수 있다. 투석 사이 기간에 체중이 4% 이상 증가하지 않도록 수분 섭취를 엄격히 제한해야 한다. 부갑상선 호르몬 농도가 증가하면 인의 섭취량을 줄여야 하고, 이때 칼슘 균형을 맞추기 위해 비타민D와 칼슘 보충제를 복용해야 한다.

2) 복막투석peritoneal dialysis

복막투석에서는 복막이 반투막의 역할을 한다. 복강에 카테터를 삽입, 투석액을 주입하고 4~6시간 동안 머무르게 한 후 체외로 배출, 다시 새로운 투석액으로 교체한다. 지속적

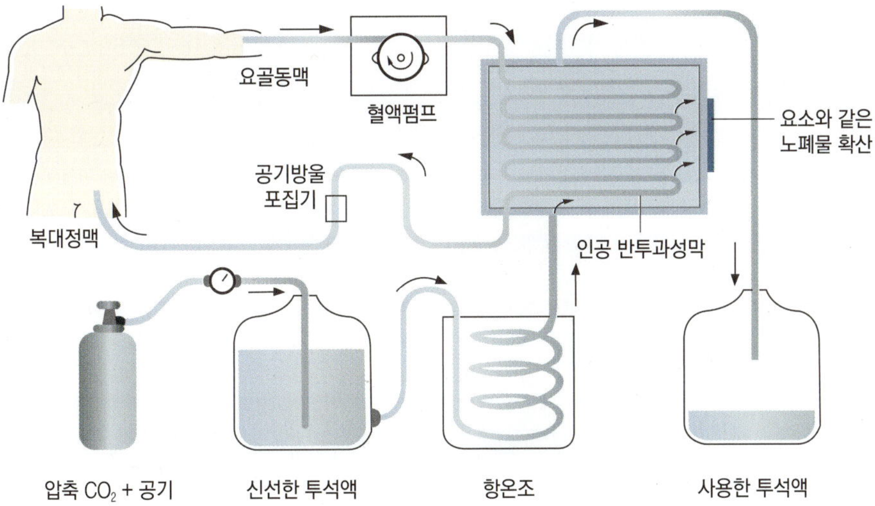

그림 6-2 혈액투석

외래복막투석continuous ambulatory peritoneal dialysis, CAPD은 2L의 투석액을 하루 3~4회, 4~6시간 복강에 머무르게 한 후 배출한다. 투석액을 배출하고 새로 주입하는 데 약 30분가량 소요된다. 기계를 이용한 압력차를 만들 수 없는 복막투석에서 삼투압을 형성하기 위한 방법은 고농도의 포도당을 사용하는 것이다. 이렇게 주입된 포도당이 노폐물과 교체되면서 투석액 내 포도당의 60~80%가 환자의 혈액으로 흡수되므로 체중증가와 고혈당증, 고중성지방혈증이 발생할 수 있다.

복막투석은 복잡한 기계가 필요 없고 식사 제한도 적으며 투석을 편리하게 할 수 있는 장점이 있으나, 카테터 부위의 염증이나 복막염이 흔하게 나타난다. 카테터 내에 혈액이 응고하여 막힐 수 있고, 투석액 부피에 의한 복부 탈장도 일어날 수 있다.

복막투석을 하는 경우 식사요법은 혈액투석에 비해 자유롭지만, 혈액투석보다 단백질과 비타민 등 영양소 손실이 많고, 투석액을 통해 흡수되는 포도당 때문에 에너지섭취량을 제한해야 한다. 단백질 손실은 복막염이 있는 경우 15~36 g/day까지 증가하므로, 혈중요소질소와 크레아티닌, 요독증상, 체중 등을 모니터링하여 증가된 단백질 요구량에 맞게 식사를 조정해야 한다. 복막투석 환자의 에너지섭취량은 에너지요구량에서 투석액을 통해 흡수되는 에너지를 빼고 계산한다표 6-6. 복막투석을 통해 하루에 2.0~2.5 L의 수분을 제거

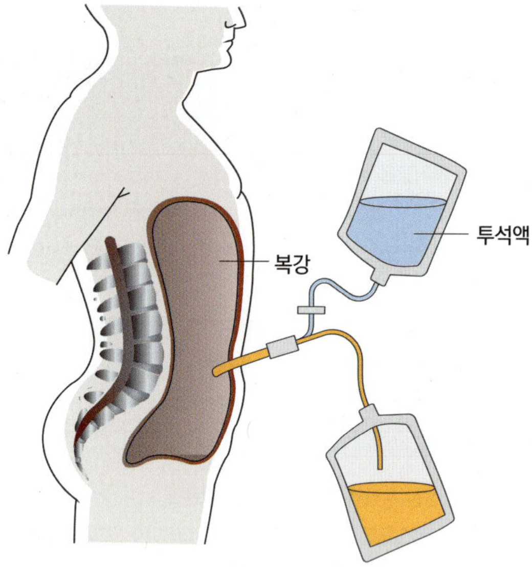

그림 6-3 복막투석

할 수 있으므로 수분 섭취는 배설량을 고려하여 균형있게 섭취하고, 부종이 있을 경우에는 나트륨 제한과 함께 수분 섭취를 1.0~3.0 L로 제한한다.

3) 지속적 신대체요법

지속적 신대체요법은 24시간 동안 지속적으로 적용하는 혈액투석 방법이다. 혈액투석에 비하여 체외로 노출되는 혈액량이 적고 혈류의 흐름이 느리고 초여과되는 수분의 양도 적어서 환자의 혈압에 미치는 영향이 적고 하루에 많은 양의 수분을 제거할 수 있다. 급성 신손상 환자에게 지속적 신대체요법을 적용하면 제한 없이 영양공급이 가능하며 다량의 수혈도 가능하여 치료에 도움이 된다.

지속적 신대체요법을 적용하는 경우 에너지는 25~35 kcal/kg을 공급한다. 단백질은 약 10~17%가 손실되므로 양의 질소평형을 위하여 1.5~2.0 g/kg의 단백질 공급을 권장한다.

8. 신장이식

말기 신장질환 환자에서 투석을 대체하는 가장 좋은 치료법은 신장이식renal transplantation 이다. 그러나 연령, 건강상태, 경제적 어려움, 요관 이상 등의 이유로 수술을 받기 어려워서 말기 신장질환 환자 중 신장이식을 받는 경우는 20%에 미치지 못한다.

1) 면역억제제 치료법

신장이식수술 후에는 조직거부반응을 예방하기 위하여 코르티코스테로이드, 사이클로스포린과 같은 면역억제제를 다량 투여한다. 면역억제제는 메스꺼움, 구토, 설사, 포도당불내증, 혈중 지질농도의 변화, 체수분 축적, 고혈압, 감염 등의 부작용이 있다. 식품을 매개로 한 감염의 위험도 증가하므로 가급적 음식은 익혀서 제공하고 식기를 소독하고 주변 환경을 청결하게 유지하여야 한다.

2) 식사요법

수술에 의한 스트레스와 약물에 의한 이화작용 때문에 단백질과 에너지 요구량이 증가하지만, 일단 회복기에 접어들면 약물 부작용에 대응하는 식사요법이 필요하다.

① 단백질과 에너지

초기에는 30~35 kcal/kg을 공급하다가 점차 25~30 kcal/kg까지 에너지섭취량을 감소시킨다. 수술 직후에는 단백질을 1.3~1.5 g/kg 공급하지만 6~8주가 지나면 1.0 g/kg으로 감소하여 처방한다.

② 탄수화물과 지방

면역억제제로 인한 고혈당증은 약물이나 인슐린 치료뿐 아니라 탄수화물 섭취량의 조절로도 개선할 수 있다. 혈중 지질농도도 자주 상승하므로 포화지방은 총 에너지의 10% 미만으로, 콜레스테롤은 300 mg 미만으로 제한한다.

③ 전해질과 수분

나트륨과 칼륨, 인은 신장이식 후 자유롭게 섭취할 수 있지만, 일부 면역억제제 때문에 고칼륨혈증이나 저인산혈증이 생길 수 있으므로 혈청 전해질 농도를 주의깊게 관찰한다. 스테로이드계 면역억제제는 소변으로 칼슘을 배설시키므로 하루 1,200 mg을 처방하며 칼슘 보충제를 사용한다. 수분은 더 이상 제한하지 않는다.

9. 신결석

신결석renal calculus은 요관에서 형성되는 결정 덩어리로 보통은 증상이 없지만 결석이 요관을 막거나 이동하면 극심한 통증이 일어난다. 신장결석은 결석 구성물질이 소변에서 농축되어 작은 결정체를 형성하여 덩어리로 자라면서 만들어진다. 신장결석의 약 75%는 수산칼슘 결석이며 나머지는 요산, 아미노산, 또는 스트루비트(암모늄 인산마그네슘) 등으로 만들어진다. 소변량이 감소하거나 요관이 막히거나 결석을 형성하는 물질의 농도가 증가하면 결석 형성이 촉진된다. 결석이 요관을 통과할 때 지속적으로 극심한 통증을 일으킬 수 있는데 이를 신장급성통증이라 한다. 통증은 등쪽에서 시작되어 결석이 방광으로 이동함에 따라 강도가 심해진다. 통증이 심해지면 메스꺼움과 구토가 일어나며 방광에 도달하면 순식간에 통증이 멎는다. 결석이 이동하는 동안 신장이나 요관에 상처가 생겨 혈뇨가 나타난다. 결석의 위치에 따라 잦은 배뇨, 배뇨 불능과 같은 합병증이 나타난다. 요관을 통과할 수 없는 결석은 요로 폐색을 초래하며 감염을 일으키기도 한다. 그러나 대부분의 신장결석은 심각한 문제를 일으키지 않으며 작은 결석은 간단한 치료로 요관을 통해 체외로 배설시킬 수 있다.

희석된 소변에 용해된 용질은 결정체를 형성하기 어려우므로, 신장결석이 생기는 사람들은 하루 소변량이 최소한 2,500 mL가 되도록 날마다 3,000 mL의 수분을 섭취한다. 사과나 포도주스는 결석의 위험을 증가시키므로 수분섭취를 대체하여 섭취하지 않는 것이 좋다. 신장결석은 소변량을 최소한 1,500 mL 정도를 유지함으로써 예방할 수 있다.

1) 수산칼슘 결석

(1) 원인

수산칼슘 결석이 있는 환자들에게 가장 흔한 증상은 고칼슘뇨증hypercalciuria이다. 고칼슘뇨증은 소장에서 칼슘이 과도하게 흡수되거나 세뇨관에서 칼슘 재흡수가 손상될 때, 부갑상선호르몬과 비타민D의 농도가 상승할 때 나타난다.

고수산뇨증hyperoxaluria도 수산칼슘 결석의 결정체 형성을 촉진한다. 고수산뇨증은 수산의 체내 합성이 증가하거나 식사를 통한 수산의 흡수가 증가할 때 나타난다.

(2) 약물치료

소변 중 칼슘과 수산의 농도를 감소시키는 것을 목표로 처방하며, 요산 농도도 반드시 낮추어야 한다. 티아자이드Thiazide 계열의 이뇨제는 신세뇨관에서 칼슘 재흡수를 증가시켜 칼슘의 소변 배설량을 감소시킨다. 콜레스티라민cholestyramine은 수산의 흡수를 방해하고, 알로퓨리놀allopurinol은 요산의 체내 생성을 억제한다.

(3) 식사요법

① 수분

결석의 원인에 관계없이 하루에 적어도 2,000 mL의 소변을 생성할 정도로 다량의 수분을 섭취한다. 취침 시 수분을 섭취하면 기상 시 배설되는 가장 농축된 소변을 희석시킬 수 있다. 소변을 희석시키면 결석을 형성하는 무기질의 결정화를 막는다. 수분 공급원으로는 물이 가장 좋고 차, 커피, 와인, 맥주도 결석형성을 억제한다. 그러나 자몽주스나 인산을 함유한 청량음료는 좋지 않다.

② 칼슘

수산칼슘 결석 환자는 정상인의 섭취량인 700 mg보다 약간 적은 600~700 mg의 칼슘을 섭취한다. 400 mg 정도의 저칼슘식은 소장에서 수산의 흡수를 증가시켜 소변 중 수산 배설을 증가시킴으로써 수산결석의 위험이 있으므로, 칼슘을 제한하는 경우에는 수산의 섭취도 제한해야 한다. 식사를 통한 칼슘은 장에서 수산과 결합하여 수산의 흡수를 억제해 칼슘결석의 형성을 억제하는 효과가 있지만 칼슘보충제는 이러한 효과가 없으므로 가능하면 식사를 통해 칼슘을 섭취하도록 한다.

③ 수산

수산의 흡수율은 10~20%이며, 체내에서 거의 대사되지 않고 신장을 통해 배설된다. 소변 중 수산의 50~70%는 글리옥실산glyoxylate에서 생성되고, 35~55%는 비타민C에서 생성되며, 비타민 B_6는 수산합성을 억제한다. 따라서 비타민C 보충제 섭취를 피하고 비타민B_6가 충분한 음식은 권장한다. 건강한 성인의 하루 수산 배설량은 15~40 mg이며, 고수산함유식품 섭취 시 50%까지 증가한다. 소변 중 '수산:칼슘'비율은 1:5로 수산이 적기 때문에 수산의 농도가 결석 형성에 크게 영향을 미친다. 소변의 수산 농도를 증가시키는 식품으로는 딸기, 시금치, 초콜릿, 아몬드, 땅콩, 녹차 등이 있다.

표 6-8 식품 중 수산 함량(100 g당)

식품명	적은 식품(2 mg 이하)	보통 식품(2~10 mg 이하)	많은 식품(10 mg 이상)
음료	병맥주, 콜라, 위스키, 포도주	커피(1일 2잔 이하)	생맥주, 차, 코코아
우유	버터, 전유, 저지방유, 탈지분유, 허용된 과일이 함유된 요구르트		
육류 및 육가공품	달걀, 치즈, 쇠고기, 양고기, 돼지고기, 가금류, 생선, 조개류	정어리	토마토 소스가 첨가된 제품, 땅콩버터, 두부
채소류	양배추, 콜리플라워, 버섯, 양파, 완두콩(생, 냉동), 감자, 무	아스파라거스, 브로콜리, 당근, 옥수수, 오이, 완두콩 통조림, 라마콩, 양상추, 토마토	콩, 겨자, 사탕무, 셀러리, 파슬리, 실파, 부추, 가지, 고추, 상추, 근대, 케일, 물냉이, 고구마, 시금치, 호박
과일류 및 주스류	사과주스, 아보카도, 바나나, 체리, 자몽, 자몽주스, 청포도, 망고, 멜론, 수박, 복숭아, 파인애플주스, 서양자두(프룬)	사과, 살구, 건포도, 체리, 크렌베리주스, 오렌지, 오렌지주스, 복숭아, 배, 파인애플, 말린 프룬	블랙베리, 블루베리, 프루츠칵테일, 포도, 레몬 껍질, 오렌지 껍질, 딸기, 귤, 이상의 과일로 만든 주스
빵 및 전분류	마카로니, 국수, 밥, 스파게티, 빵	옥수수빵, 스펀지케이크, 스파게티(토마토 소스가 든 통조림)	과일케이크, 옥수수, 밀의 배아
유지류	베이컨, 마요네즈, 샐러드드레싱, 식물성유, 버터, 마가린		견과류, 땅콩, 아몬드, 호두
기타	코코넛, 젤리, 잼(허용된 과일로 제조), 레몬, 라임주스, 소금, 후추, 수프(허용된 재료로 제조), 설탕		초콜릿, 코코아, 식물성 수프, 토마토 수프, 마멀레이드

④ 동물성 단백질, 나트륨, 비타민D

동물성 단백질과 나트륨, 비타민D는 과잉 섭취할 때 소변 중 칼슘 배설을 촉진한다. 특히 육류 위주의 동물성 단백질 과다 섭취는 신결석의 발생을 증가시킨다. 채식주의자의 결석 형성률이 1.2%인 데 비해 일반인의 결석 형성률은 3.8%이다.

2) 요산 결석

(1) 원인

신결석의 5~10%를 차지하는 요산 결석은 소변이 비정상적으로 산성이거나 소변 중 요산 농도가 높은 경우 생성된다. 혈액과 소변 중 요산 농도가 상승하는 대사성 장애인 통풍과 관련이 있으며 감염, 용혈성 빈혈, 백혈병과 같은 소모성 질환은 체조직 분해가 증가하여 퓨린이 다량 생성되므로 요산의 위험을 증가시킨다. 퓨린이 풍부한 식사표 6-9도 혈중 요산농도 증가의 원인이다.

표 6-9 퓨린이 적은 식품과 풍부한 식품

퓨린이 적은 식품	퓨린이 풍부한 식품
우유, 달걀, 도정한 곡류, 과일류, 해조류, 채소류(시금치, 버섯, 아스파라거스 제외)	동물의 내장(뇌, 신장, 간, 췌장, 흉선), 육류(고기국물, 육류농축액), 등푸른 생선(멸치, 청어, 고등어, 정어리, 연어), 조개류(가리비), 콩류, 시금치, 버섯, 아스파라거스

(2) 약물치료

요산의 소변 배설량을 감소시키는 알로퓨리놀과 소변의 산도를 조절하는 구연산칼륨을 사용한다.

(3) 식사요법

요산의 전구체인 퓨린의 섭취량을 조절하기 위해 육류, 전곡, 두류의 섭취를 제한한다. 퓨린 제한식은 요산농도 조절에 도움이 되지만, 모든 육류와 가금류, 어패류에 상당량의 퓨린이 들어 있기 때문에 장기간 엄격한 식사조절을 하는 것은 현실적으로 어려운 일이다. 또한 소변의 pH가 5.5 이하로 낮으므로 이를 중화하기 위해 알칼리성 식품을 섭취한다. 다른 신결석과 마찬가지로 소변을 희석하기 위해 하루 3 L 이상의 수분을 섭취한다.

3) 시스틴 결석과 스트루비트 결석

(1) 원인

시스틴 결석은 유전병인 시스틴뇨증 환자에게 형성될 수 있는 결석으로 신세뇨관에서 아미노산인 시스틴을 재흡수하지 못하여 생긴다. 스트루비트 결석은 암모늄인산마그네슘으로 구성되며, 요소가 세균에 의해 분해되어 암모니아를 생성함으로써 소변이 알칼리성이 되어 결석이 생성된다.

(2) 약물치료

시스틴 농도를 낮춰주는 페니실라민penicillamine과 티오프로닌tiopronine, 소변의 산도를 개선시키는 구연산칼륨을 사용한다. 스트루비트 결석은 요로감염을 예방하는 것만으로도 예방이 가능하며 이미 결석이 생겼을 때는 항생제 치료가 필요하다.

CHAPTER

7

비만

1. 비만의 정의와 분류
2. 체중조절 및 비만의 원인
3. 비만의 진단 및 평가
4. 동반 질환
5. 비만의 치료
6. 소아청소년 비만
7. 식사장애

CLINICAL NUTRITION

최근 식생활의 변화와 신체 활동량의 감소로 비만이 증가하고 있다. 비만은 심각한 보건 문제 중 하나로 치료가 필요한 만성질환이다.

비만은 장기간의 에너지 소비와 섭취의 불균형으로 체지방이 정상 이상으로 증가한 상태를 말한다. 비만은 인슐린저항성을 증가시키고 2형 당뇨병, 고혈압 등의 심혈관계 질환뿐 아니라 각종 암의 발생 위험을 증가시키므로 절제된 생활습관을 통해 예방하여야 한다.

1. 비만의 정의와 분류

1) 비만의 정의

비만obesity이란 체지방이 과도하게 축적된 상태를 말하므로, 체격이 우람해도 근육이 발달하고 골격이 큰 경우는 비만으로 보기 어렵고, 날씬하게 보여도 체지방 비율이 높으면 비만이다. 여러 원인에 의해 섭취 에너지와 소모 에너지 간 균형이 깨지면 섭취 에너지 중 소모되고 남은 부분이 지방으로 전환되어 축적된다.

2) 비만의 분류

(1) 원인에 따른 분류

단순(일차성) 비만은 특별한 원인 없이 에너지 섭취가 소모보다 많을 때 발생하여 전체 비만자의 95%를 차지한다. 반면 쿠싱증후군, 난소기능부전, 갑상선기능저하 등의 내분비 질환이나 뇌의 만복감 중추장애와 같은 시상하부 장애로 비만이 되는 경우는 증후성(이차성) 비만으로 분류된다.

(2) 지방세포의 수와 크기에 의한 분류

지방조직은 지방세포의 크기가 커지거나 지방세포수가 많아지면 증가된다. 지방세포는 크기가 커진 후 수가 증가하는데, 지방세포수는 생후 1년간 급속히 증가된 후 정체하다가 사춘기에 집중적으로 증가하며 성인기에 멈춘다. 성인기 이후 지방축적은 지방세포의 크기를 증가시키며, 비만자가 정상인보다 지방세포당 지방의 양이 많다. 그러나 성인이라도 지방세포의 크기가 어느 정도 커지게 되면 다시 지방세포수가 증가하게 된다.

비만은 지방조직의 형태에 따라 지방세포 증식형 비만hyperplastic obesity과 지방세포 비대형 비만hypertrophic obesity으로 분류된다. 지방세포 증식형 비만은 지방세포의 수가 증가한 비만으로 어린 나이에 흔히 나타나며, 지방세포 비대형 비만은 지방세포의 크기가 증가한 비만으로 성인이 된 후에 나타난다. 혼합형 비만은 지방세포 증식형 비만과 비대형 비만을 모두 포함하는 심한 비만으로 사춘기나 어린 시절의 비만이 성인이 된 후에도 계속되는 고도

표 7-1 비만의 분류

구분 방법	분류	
원인	단순(일차성) 비만	증후성(이차성) 비만
	섭취량이 소모량보다 많을 때	내분비 또는 시상하부장애 등
발생 시기	소아비만(지방세포 증식형)	성인비만(지방세포 비대형)
	• 어린 나이에(생후 1년간 혹은 4~11세) 과잉 에너지 공급으로 발생 • 지방세포의 수와 크기가 모두 증가하여 성인비만으로 연결됨 • 지방세포의 수는 잘 줄어들지 않아 치료가 어렵고 재발하기 쉬움	• 성인기 이후 기초 대사량과 활동량 감소로 발생 • 과량의 에너지 섭취로 지방세포의 크기가 증가하며 체지방의 증가량이 과다하면 지방세포의 수도 늘어남 • 비교적 체중 감량이 쉽고 재발 위험성이 적음
체지방 분포 및 질병 위험도	남성형 비만	여성형 비만
	• 복부비만, 중심성 비만, 상체형 비만, 사과형 비만 • 심장병, 뇌졸중, 당뇨, 고혈압, 암과 같은 만성질환 위험도 증가 • 복부에 있는 지방은 크고 대사적으로 왕성하여 운동이나 다이어트로 감량이 비교적 쉬움	• 둔부 비만, 하체형 비만, 말초성 비만, 서양배형 비만 • 대사증후군 위험도가 낮음 • 하체의 지방세포는 활동성이 낮아 감량이 어려움 • 다이어트를 반복하면 나중에 복부비만이 될 가능성이 높아짐
지방의 위치	내장지방형 비만	피하지방형 비만
	• 복강의 내장 주변에 지방이 저장 • 성인병 위험 증가	• 복벽에 일정한 두께로 지방이 저장

비만에서 볼 수 있다. 일단 유년기에 지방세포수가 증가하면 줄이기 어렵고 언제라도 비만이 될 소인을 지니게 된다.

(3) 지방조직 분포에 의한 분류

지방조직의 체내 분포 상태에 따라 상완 및 복부에 지방이 많이 축적된 경우를 복부비만, 또는 남성형 비만android obesity이라 하고, 둔부 및 대퇴부에 축적된 경우를 둔부비만 혹은 여성형 비만gynecoid obesity으로 분류한다.

체질량지수가 비슷해도 체지방의 분포에 따라 비만 합병증의 발생 양상에 차이가 있다. 복부비만은 체내 대사장애를 가져오므로 생활 습관병인 심장병, 관상동맥질환, 뇌졸중, 고혈압, 당뇨병, 이상지질혈증 등을 발병시킬 수 있다. 복부에 있는 지방은 몸 안쪽 깊이 저장되므로 내장지방 형태의 비만이 되기 쉽다. 내장지방세포에서는 다양한 아디포카인adipokine

이 분비되어 인슐린저항성에 영향을 끼친다. 즉 내장지방의 축적으로 인슐린저항성이 증가하여 혈당이 상승하고 혈청 중성지방 상승, HDL-콜레스테롤 저하 등의 이상지질혈증 dislipidemia이 유발된다.

2. 체중조절 및 비만의 원인

1) 체중조절

(1) 단기 및 장기 조절

① 단기 조절

체중의 단기 조절은 공복hunger, 식욕appetite, 포만감satiety 등을 조절하는 인자들과 관련이 있다. 포만감은 식후 과잉의 음식이 저장되어 있는 상태이며, 공복은 흡수 후 저장분이 사용되었을 때를 말한다. 공복에 대한 생리적 자극이 포만감에 대한 자극보다 강하며 공복감보다 포만감을 극복하기가 더 쉽다. 젊은이가 노인에 비해 식이섭취의 단기 변화에 대한 조절력이 더 강하다. 정상체중에 전형적인 식사, 일반적인 활동을 하는 젊은이와 노인을 대상으로 식사량을 줄이거나 늘렸을 때 젊은이의 경우 더 먹거나 적게 먹음으로써 체중을 조절하는 데 비해, 노인들은 칼로리 섭취 변화에 대한 즉각적인 반응을 보이지 못한다. 즉, 노인이 젊은이보다 식이섭취의 단기 변화를 조절하는 능력이 떨어져서 쉽게 체중이 감소하거나 증가할 수 있다.

② 장기 조절

장기 조절은 체중 증가나 감소 등 정상 체조성이 깨졌을 때 지방조직에서 특정 신호가 분비되는 되먹이 기전이다. 지방세포에서 혈액으로 분비된 신호전달 단백질인 아디포카인의 공통적인 특징은 급격한 환경의 변화보다는 체중변화나 인슐린감수성의 변화와 같이 장기적인 항상성의 변화에 반응하여 대처하는 것이다. 즉 지방조직은 지방을 축적하는 저장고로서뿐 아니라, 남아 있는 에너지 저장량을 감지하여 그 정보를 아디포카인 분비를 통해 에너지를 소모하는 다른 조직들에 알려주는 역할을 한다.

(2) 고정점 이론

비만하지 않은 성인의 경우 각자가 유지해야 할 체중과 지방량을 고정하는 통제체제를 가지고 있다. 이러한 통제체제 때문에 성인이 장기간 일정 체중을 유지할 수 있으며, 일정 기간의 식사요법이나 운동 후에도 다시 이전의 체중으로 돌아가거나, 일정 기간 저에너지식을 주었을 때도 예상했던 것보다 체중 감소가 적다. 이러한 생리적 조절점을 고정점set point이라고 한다. 고정점 이론에 준하면 특정 형태의 비만은 고정점이 높게 정해졌기 때문으로 생각할 수 있다. 즉 일시적으로 체중이 감소하지만, 유전적으로 고정점이 정해져 있어 기초대사량resting energy expenditure: REE이 낮아지면서 다시 원래의 체중으로 돌아가거나 에너지 섭취가 억제됨에 따라 소모도 감소되어 에너지 균형 상태로 되돌아간다.

(3) 에너지 섭취 및 체중조절 인자

① 식사성 열발생 에너지

에너지 소비는 기초대사량, 활동에 사용된 에너지, 식사성 열 발생 에너지diet induced thermogenesis 또는 식이성 발열 효과thermic effect of food: TEF에 의해 이루어진다. 식사량, 식사의 조성, 이전에 섭취한 식사, 인슐린저항성, 신체 활동 그리고 연령 등이 식품에 의한 열 발생에 영향을 준다.

② 기초대사량

기초대사량은 전체 에너지 소비량의 60~70%를 차지하며, 나이가 들거나 에너지 섭취량이 줄면 감소된다. 기아나 반 기아 상태처럼 충분한 에너지가 공급되지 못하면 기초대사량은 에너지를 절약하기 위해 빠르게 감소되었다가 다시 충분한 에너지가 제공되면 원래의 수준으로 되돌아온다.

③ 활동량

수의적인 활동에 소비되는 에너지는 전체 에너지 소비 중 가장 변화가 많은 요소이다. 정상상태에서 신체활동에 의한 에너지 소비는 총 에너지 소모량의 15~30%를 차지한다. 활동량의 감소는 에너지 소비를 줄이고 따라서 체중증가를 초래한다.

④ 신경전달물질과 호르몬

식품의 섭취는 중추와 말초 신경에서 통제된다. 뇌의 신경전달물질은 신체조직에서 오는 신호에 대응하여 식욕을 조절하는 역할을 한다. 시상하부의 섭식중추는 부교감신경을 자극하여 식품섭취를 증가시키고 지방합성을 촉진한다. 반면 포만중추는 교감신경을 자극하여 음식섭취를 감소시키며 지방분해를 증가시킨다.

⌛ 렙틴leptin과 아디포넥틴adiponectin

렙틴은 지방조직에서 분비되는 가장 대표적인 호르몬으로 체내 에너지 상태를 지방조직에서 뇌로 전달하는 역할을 한다. 렙틴은 시상하부에 호르몬처럼 작용하여 식욕을 억제하고 에너지 소비(활동량 또는 기초대사량)를 높인다. 비만 유전자인 ob가 결여된 쥐의 경우 렙틴 합성이 안 되므로 정상 쥐에 비해 체중이 증가하며, 이때 렙틴을 주사하면 지방세포의 지방이 감소된다. 인간에서 렙틴이 결핍되는 것은 매우 드문 경우이고 대부분의 비만한 사람은 렙틴 저항성 때문에 혈장 렙틴 농도가 증가한다. 이것은 당뇨병 환자가 인슐린 저항성으로 혈청 인슐린이 증가하고 당뇨가 되는 것과 마찬가지다. 렙틴과 함께 지방조직에서 분비되는 아디포넥틴은 근육 및 간에서 지방산 산화를 촉진하고 인슐린민감성을 높이는 역할을 한다. 비만한 사람과 2형당뇨병 환자는 아디포넥틴의 혈액농도가 감소한다.

또한 지방조직에서 분비되는 아디포카인들은 다른 조직이나 기관에 신호로 작용하여 열량을 섭취· 저장하게 하거나 사용하게 한다. 그 외에 식품과 위 점막의 기계적인 접촉이나 소장 근육과의 접촉은 장 호르몬의 분비를 자극하여 만복감을 준다.

⌛ 섭식조절에 관여하는 호르몬

공복시 위와 십이지장에서 분비되는 그렐린(ghrelin)은 시상하부에서 신경펩티드 Y분비를 증가시켜 식욕을 증가시킨다. 섭취한 지질과 단백질의 자극으로 십이지장에서 분비되어 장운동 및 췌장액 분비를 촉진하는 콜레시스토키닌은 시상하부에 작용하여 포만감을 증가시킨다. 탄수화물과 지질의 섭취시 인슐린분비를 촉진하고 글루카곤 분비를억제하는 글루카곤유사펩타이드는 식욕을 억제시킨다.

2) 비만의 원인

(1) 식사행동 및 과식

비만은 장기간의 식습관과 생활습관이 누적되어 발생하며 하루 세 끼 식사와 식행동에 의해 많은 영향을 받는다.

① 섭식조절중추

공복감을 느끼게 해주는 시상하부의 섭식중추가 지나치게 자극되거나, 만복감을 느끼게 해주는 포만중추가 잘 자극되지 않아 포만감을 느끼지 못하는 경우 과식을 유도한다. 식사속도가 빠르고 씹는 횟수가 적을수록 소화흡수 속도가 느려지므로 혈당 상승 속도도 저하된다. 즉 시상하부의 섭식중추가 계속 자극되어 포만중추가 가동되기도 전에 많은 양을 먹게 되므로 과식을 하게 된다.

② 식사횟수 및 간격

식사를 제한하여 하루 한 끼의 식사를 하는 경우 지방 생성 효소들의 활성이 증가한다. 반면 1일 식사 분량을 소량씩 여러 번 나누어 식사를 하면 공복시간이 짧아 과식하는 일이 적어진다. 따라서 식후 인슐린 분비가 과도하게 증가되지 않으며, 식품에 의한 열 발생이 증가되고 소비되는 에너지가 많아진다.

③ 야식

야식증후군night-eating syndrome은 하루 섭취하는 칼로리의 최소 25% 이상(대개는 50% 이상)을 저녁식사 이후 다음 날 아침까지 섭취하는 경우로 비만한 사람에게서 흔히 관찰되는 매우 잘 알려진 섭식 장애의 하나이다. 신체는 낮 동안은 교감신경의 작용이 활발하여 에너지를 소비하고, 밤에는 부교감신경이 교감신경의 작용을 억제하여 에너지를 축적시킨다. 따라서 같은 양의 음식이라도 낮보다 밤에 섭취하면 지방으로 빨리 전환되어 체내에 훨씬 더 많이 축적된다.

④ 고지방 식사

일반적으로 고지방 식사는 맛이 좋고 에너지 밀도가 높아 과다한 열량섭취를 유발할 수 있다. 또한 고지방 섭취 시 흡수된 지방을 체지방으로 전환하는 과정은, 과잉 포도당을 글리코겐으로 저장하는 경우나 아미노산으로부터 아미노기를 제거한 후 탄소골격으로부터 지방을 합성하는 경우보다 소비되는 에너지 양이 적기 때문에 고지방 식사가 비만 발생에 영향을 미친다.

(2) 에너지 소비 감소

기초대사량 감소나 활동량 감소는 에너지 소비를 줄이고 따라서 체중이 증가하게 된다. 1일 에너지 소비는 기초대사량, 활동대사량, 식품성 열 발생 에너지로 구성된다.

① 기초대사량 저하

기초대사량은 인체의 생명기능 유지에 필요한 대사량으로, 1일 소비에너지의 약 60~70% 정도를 차지하는데 개인에 따라 차이가 크다. 기초대사량은 체표면적, 성별, 체온, 호르몬, 나이, 영양상태, 임신 등 여러 요인의 영향을 받는다. 특히 여성은 폐경기 이후 기초대사량이 저하된다. 기초대사량이 저하되면 쉬는 동안에도 에너지를 더 적게 사용하므로 섭취량을 이전 그대로 유지하여도체중이 증가하게 된다. 잦은 다이어트, 빈번한 저열량식 또는 단식은 기초대사량을 저하시킨다.

② 활동량 감소

활동에 의한 에너지소비량은 인체의 에너지 요구량의 20~30%로 기초대사량 다음으로 많은 양을 차지하며 활동의 종류나 활동강도, 활동시간, 체중 등에 따라 다르므로 에너지 소비량 중 개인 간 차가 가장 크다. 최근 과학의 발달로 일상적인 활동량이 부족하여 비만 인구가 늘어가고 있고, 일부 비만인들은 비활동적인 성향을 보인다.

③ 식사성 열 발생 에너지 저하

식사 후 몇 시간 동안은 휴식대사량 이상으로 에너지가 소모되며 주로 에너지가 열로 발산되므로 체온 상승효과를 가져온다. 이와 같이 식품의 대사, 즉 소화·흡수·이동·저장을 위해 필요한 에너지를 식품성 열 발생 에너지라고 하며, 전체 에너지 소비량의 약 10%를 차지한다.

식사성 열 발생 에너지는 섭취한 열량 영양소 종류에 따라 다르며 일반적으로 혼합식이 섭취 시 총 에너지 섭취량의 약 10% 정도다. 식사성 열 발생 에너지는 단백질이 가장 높고

지방이 가장 낮으며, 아침에 높고 저녁에는 낮다. 따라서 지방섭취가 많거나 저녁에 먹으면 에너지 소비가 저하되어 그만큼의 여분의 에너지가 저장된다.

적응 대사량adaptive thermogenesis과 짝풀림 단백질Uncoupling protein

적응을 위한 에너지 소모량인 적응 대사량은 큰 환경변화에 적응하는 데 요구되는 에너지이다. 특히, 추운 환경에 노출되거나 지나친 과식을 했을 때 또는 상처 및 기타 스트레스 상황에서 열 발생으로 소모되는 에너지로 갈색지방조직에 의한 열 발생 기전과 관련이 있다.

갈색 지방조직은 혈관이 많이 분포되고 미토콘드리아가 많다. 특히 짝풀림 단백질을 가지고 있어 지방의 산화과정에서 생성된 에너지가 ATP 생성에 쓰이지 못하고 열로 생산되어 체온유지에 쓰이거나 발산되어 없어진다. 신생아나 추운 지역에 사는 사람에게는 체온유지를 위해 열 생산이 필수적이다. 인간은 갈색지방조직을 매우 미량 가지고 있어 체온조절에서의 역할은 아직 규명되지 않았다. 갈색지방조직에서 발견되는 짝풀림 단백질은 다른 조직에서도 발견되며, 기초대사율에 영향을 주고 비만을 억제하는 것으로 알려져 있다. 갈색지방조직은 체중의 약 1% 정도를 차지하며 비만인은 갈색지방 세포수가 적다.

(3) 유전

유전적인 요인은 비만이 될 수 있는 민감성을 결정하며, 개인의 식품 섭취량, 활동량, 대사과정에 광범위하게 영향을 준다.

비만의 발생은 가족력과 관련이 있다. 가족 구성원은 유전적 소인뿐 아니라 식습관, 문화적 배경 및 생활양식 등이 비슷한 환경에서 생활하므로 이러한 관련성이 유전적 요인에 의한 것인지 공유하는 환경적 요인에 의한 것인지 구분하기는 쉽지 않다. 비만과 관련된 만성질환 발병 또한 가족력과 연관이 있다. 유전적으로 기초대사량이 낮은 것도 비만인의 특징이다.

(4) 심리적 요인

정신적 스트레스와 심리적인 불안 등을 음식을 통해 해결하려고 과식을 하게 되면, 그로 인해 에너지 불균형을 초래하여 비만이 된다. 비만인들은 특히 스트레스를 느낄 때 과식하는 경향을 보인다.

(5) 내분비계 이상

내분비계 이상이 주된 비만 원인은 아니지만 비만과 호르몬 사이에는 밀접한 관계가 있다. 뇌의 섭식조절 부위인 시상하부의 종양, 감염 등으로 종종 비만이 초래될 수 있으나 사람에서는 드물다. 또한 뇌하수체와 부신질환에서도 비만이 초래될 수 있는데 쿠싱 증후군은 뇌하수체 기능 이상으로 비만을 초래하는 가장 일반적인 형태이다. 뇌하수체 종양이나 뇌하수체 세포들의 부적절한 활성증가로 부신피질자극호르몬adrenocorticotrophic hormone: ACTH이 과잉 분비되면 부신피질을 자극하여 코티솔을 과잉 생성시켜 복부비만을 초래한다. 갑상선호르몬 분비가 감소하면 교감신경 활성에 대한 반응이 저하되어 적응 열 발생 및 기초대사율이 감소되고, 여분의 에너지가 지방으로 전환되어 비만이 될 수 있다. 이 외에도 성선 기능저하증, 인슐린종, 다낭성 난소 증후군 및 성장호르몬이 결핍된 성인에서 비만이 나타날 수 있다.

(6) 금연

금연 후에는 휴식대사율이 감소되므로 1일 에너지 소비량이 감소(100 kcal/일)되어 체중이 증가되는 경우가 있다. 이렇게 에너지 소비 감소에 의한 체중증가는 금연 후 증가된 체중의 약 1/3 정도에 해당하며, 나머지 2/3는 금연 후 칼로리 섭취 증가에 기인한다. 체중증가를 이유로 금연을 중단하지 않도록 금연 전에 식사 및 운동 조절을 강조하여 체중증가가 일어나지 않도록 해야 한다.

(7) 환경요인

과학, 교통수단의 발달, 자동화된 가전제품의 보급, 실내 취미생활의 증가 등으로 활동량이 감소하게 됨으로써 체중이 증가한다. 또한 다양한 가공식품의 발달과 배달 음식의 증가로 손쉽게 음식을 공급받을 수 있으므로 에너지 섭취량과 소비량 간의 불균형 때문에 비만 발생이 증가한다.

기타 항우울제 등과 같은 정신 활동성 약물이나 성별, 연령, 교육정도, 직업, 사회 경제적 지위 등의 사회 경제적 요인도 비만에 영향을 준다.

3. 비만의 진단 및 평가

1) 진단

동반 질환의 위험을 고려하여 한국인 성인비만 기준은 체질량지수 25 kg/m^2 이상으로 한다. 성인 복부비만의 기준은 허리둘레를 측정하여 남자 90 cm, 여자 85 cm 이상이다.

표 7-2 한국인에서 체질량지수와 허리둘레에 따른 비만 진단 기준 및 동반 질환 위험도

분류*	체질량지수 (kg/m^2)	허리둘레에 따른 비만 동반 질환의 위험도	
		< 90 cm(남자) < 85 cm(여자)	≥ 90 cm(남자) ≥ 85 cm(여자)
저체중	<18.5	낮음	보통
정상	18.5~22.9	보통	약간 높음
비만전단계	23~24.9	약간 높음	높음
1단계 비만	25~29.9	높음	매우 높음
2단계 비만	30~34.9	매우 높음	가장 높음
3단계 비만	≥35	가장 높음	가장 높음

*비만전단계는 과체중 또는 위험체중으로, 3단계 비만은 고도비만으로 볼 수 있다.

출처: 대한비만학회, 비만진료지침. 2022

2) 평가

비만은 체격지수, 체지방비율, 체지방 분포에 따라 평가할 수 있다.

표 7-3 비만의 평가

종류		적용방법
체지방률 평가	생체 전기저항 측정법	• 인체에 미세한 전류를 흘려준 후 되돌아오는 저항을 측정 • 지방조직이 많을수록 저항이 많이 발생 • 전기저항 값과 성별, 신장, 체중을 사용 회기식으로 체수분량, 체지방, 제지방량을 구함 • 체지방의 분포를 구체적으로 측정하지 못함
	피부두겹 두께	• 캘리퍼를 이용하여 삼두근, 견갑골 하부, 장골 상부의 피부두겹두께를 측정하여 체지방을 계산 • 피하지방이 전체의 50% 정도라는 가정하에 실시 • 내장지방 비율이 높으면 체지방량이 적게 추정될 수 있음
체지방 분포 평가	허리둘레 측정	• 가장 들어간 부분을 측정하며 복부지방을 평가하는 방법 • 복부비만은 2형 당뇨병, 대사증후군과 심혈관질환의 유병률과 관련
	이중에너지 방사선	• 인체의 다른 조직과 지방조직의 에너지 흡수율이 다름을 이용 • 체지방량과 분포 부위를 측정
	컴퓨터 단층촬영	• 컴퓨터 단층촬영(CT)이나 자기공명영상(MRI) 등을 이용 복부의 피하지방과 내장지방을 측정 • 내장지방/피하지방 ≥ 0.4 : 내장지방형 비만 • 내장지방/피하지방 < 0.4 : 피하지방형 비만 • 내장지방 면적 > 100 cm^2 : 내장지방형 비만
체격 지수	체질량지수	• BMI=체중(kg)/{신장$(m)^2$} 표 7-2
	이상 체중비	• 이상체중=(실제체중/표중체중)×100 • 110≤~<120 : 과체중, ≥120 : 비만 • 표준체중 - 대한당뇨병학회 남자: 표준체중(kg)=키(m)×키(m)×22 여자: 표준체중(kg)=키(m)×키(m)×21 - 브로카법 신장≥160cm: (신장(cm) − 100)×0.9 150cm≤신장<160cm : (신장(cm) − 150)×0.5-100 신장<150cm: (신장(cm) − 100)

4. 동반 질환

비만은 심혈관계 질환, 뇌졸중, 대사증후군, 골관절염, 요통, 고요산혈증, 통풍, 각종 암(특히 유방암, 자궁내막암) 등 다양한 질병과 관계가 있다. 비만과 관련된 질환은 표 7-4와 같다.

표 7-4 비만의 동반질환

종류	대사이상에 의한 질환	과도한 체중에 의한 질환
심뇌혈관계	관상동맥질환, 고혈압, 뇌경색(허혈성), 울혈성심부전	폐색전증, 하지정맥류, 정맥혈전색전증
위장관계	담석, 비알코올성지방간질환	식도역류, 탈장
호흡기계	천식, 수면무호흡증, 저환기증후군	
대사내분비계	2형당뇨병, 인슐린저항성, 대사증후군, 이상지질혈증, 고요산혈증, 통풍	
종양	• 여자: 유방암(폐경후), 자궁내막암, 난소암, 자궁경부암 • 남자: 전립선암 • 남녀공통: 위암, 결장직장암, 간암, 췌장암, 담낭암, 신장암, 백혈병, 다발성골수암, 림프종	
비뇨생식기계	생식샘저하증, 월경장애, 다낭성난소증후군, 불임, 산모임신합병증, 태아기형, 콩팥질환, 성조숙증, 여성형유방, 발기부전	스트레스요실금, 산모임신합병증(난산, 제왕절개위험)
근골격계		운동제한, 허리통증, 골관절염, 척수질환
신경계	특발성 두개뇌압 상승, 치매	넓적다리감각이상증
정신심리		우울증, 불안증, 자존감 저하, 식이장애, 삶의 질 저하
기타	피부감염	치주질환

출처: 대한비만학회, 비만진료지침 2022

1) 대사증후군

(1) 대사증후군의 중요성

대사증후군metabolic syndrome은 인슐린저항성과 비만 등에 의해서 여러 심혈관계 위험인자들이 한 사람에서 나타나는 상태를 말한다. 복부비만인 사람에게서 2형 당뇨병이나 이상지질혈증, 고혈압이 동반되어 나타나는 현상으로, 대사증후군이 있는 사람은 심장병이나 뇌졸중으로 갑자기 사망하는 경우가 많다. 비만한 사람은 정상체중과 비교해서 2형 당뇨병 유병률이 5배 이상 증가하고 지방간이 발생할 수 있으며, 폐쇄성 수면무호흡증 등의 질환이 발생하기도 한다.

인슐린저항성은 대사증후군과 대사증후군 관련 인자들의 일차적인 원인이며, 비만은 인슐린저항성을 일으키는 원인으로 생각되고 있다. 복부비만이 심해지면 염증성 아디포카인과 혈액응고 이상을 일으키는 아디포카인이 증가하고, 인슐린 민감성을 증가시키는 항염증성 아디포카인인 아디포넥틴은 감소하여 인슐린저항성을 증가시킨다. 특히 복부비만인 경우 고혈압, 이상지질혈증, 고혈당증을 보이며, 말초조직의 인슐린저항성이 심하고 간에서 인슐린 제거가 감소하여 고인슐린혈증이 더욱 현저해진다. 즉 지방분해 활성이 높은 복강 내 지방에서 배출된 다량의 유리지방산이 간으로 유입되면, 간에서 포도당이용률이 낮아지고 인슐린 결합 및 작용이 방해된다. 또 말초조직에서도 유리지방산의 유입으로 포도당 이용률이 낮아져서 인슐린저항성을 나타낸다. 이때 인슐린저항성을 보상하기 위해 췌장에서는 정상인에 비해 더 많은 인슐린을 분비하게 되어 고인슐린혈증이 된다. 이러한 현상이 장기간 지속될 때 췌장은 피로해져 결국 2형 당뇨병을 유발하게 된다. 역학조사에 의하면 세계적으로 비만의 증가에 의해서 대사증후군으로 진단되는 사람들이 증가하는 것으로 알려져 비만이 대사증후군의 원인이 됨을 증명하고 있다.

(2) 대사증후군 진단 기준

여러 진단 기준이 있지만 일반적으로 아래의 기준 중 세 가지 이상 해당되면 대사증후군으로 진단한다.

① 복부비만

- 한국인 및 동양인 기준 허리둘레가 남자 ≥ 90 cm, 여자 ≥ 80 cm

② 고혈압

- 수축기혈압 ≥ 130 mmHg 또는 이완기혈압 ≥ 85 mmHg (혹은 고혈압 치료제 사용중)

③ 혈당

- 높은 공복혈당 ≥ 100 mg/dL (혹은 당뇨병 치료제 사용중)

④ 고중성지방혈증

- 중성지방 ≥ 150 mg/dL 이상 (혹은 이상지질혈증 사용중)

⑤ 고밀도지단백 콜레스테롤(HDL-cholesterol)이 낮은 경우

- 남자 < 40 mg/dL
- 여자 < 50 mg/dL (혹은 이상지질혈증 치료제 사용중)

2) 근골격계 이상

체중이 과도하게 증가하면 허리, 무릎, 발목, 발바닥 등에 과도한 무게가 가해져서 통증이나 부담을 느끼게 된다. 즉 척추와 관절에 기계적인 압박을 주게 되어 요통과 골관절염 위험도를 증가시킨다. 또한 체중이 증가함에 따라 요산의 생성이 증가되고 축적되어 통풍을 초래한다.

3) 정신적·사회적 문제

비만한 사람은 사회적 편견과 차별 대우를 받게 되어 혼자 지내는 시간이 많고 감정적·사회적 문제를 더 유발할 수 있다. 비만한 사람들은 주변인에게 거부당하게 되어 부정적인 자아 이미지나 낮은 자아존중감을 가지게 되고 때로 는 심각한 우울증에 빠지기도 한다.

4) 호흡기능 이상

비만인은 누웠을 때 기도가 좁아지게 되며 수면무호흡증을 잘 일으켜 돌연사를 유발할 수 있다.

5) 암

비만인 여성은 유방암, 자궁암, 담낭암 등의 발생비율이 마른 여성보다 더 높고, 비만인 남성은 결장, 직장, 전립선암 등의 발생 비율이 마른 남성보다 더 높다.

6) 담석증

체지방이 증가하면 지방조직에 축적된 콜레스테롤 양도 증가하게 된다. 따라서 콜레스테롤 대사율이 항진되므로 담즙 내 콜레스테롤 농도가 높아져서 담석(콜레스테롤 결석) 형성이 촉진된다. 담석증은 체지방이 많은 여성이 남성보다 발병률이 더 높다.

5. 비만의 치료

비만 치료의 목적은 건강을 유지할 수 있는 최적의 체중에 도달하고 이를 유지하므로써 비만으로 발생되는 질환의 위험과 정신적 불편함을 줄이는것이다. 초기에는 비만의 치료 방법이 에너지 제한식에만 집중되어 있었는데, 생활습관의 변화와 활동량 증가를 통한 체중감량뿐 아니라 감량된 체중의 유지가 중요함이 인식되었다. 장기간에 걸친 꾸준한 체중감량이 지방 저장량 감소에 유리하며, 단백 조직의 손실 및 급격한 기초대사량 감소를 막을 수 있다.

체중감량의 최종 목표는 비만으로의 진행과정, 가족력, 체구성 비율, 지방의 분포, 합병증과 관련된 증상 등을 고려해야 하며 체지방량에 초점을 맞추어 개별적으로 정해져야 한다. 치료 전 체중의 5~10%를 6개월 내에 감량하는 것을 체중감량의 일차목표로 한다그림 7-2. 같은 에너지를 섭취하더라도 체중감량 속도는 다르다. 남자는 비슷한 체중의 여자에 비하여 제지방량이 많고 기초대사량이 높기 때문에 더 빨리 체중감량을 할 수 있으며, 더 비만한 사람이 체중이 적게 나가는 사람에 비해 같은 양의 에너지를 섭취했을 때 더 빠른 체중감량을 보인다.

비만은 생활습관, 환경, 유전 등과 관련된 복잡한 문제이기 때문에 가장 성공적인 체중감량 프로그램은 건강한 식품 선택, 운동, 생활습관 변화로 구성되어야 한다. 약물 치료나 수술은 특정 상황에서 실시할 수 있으나 식사습관을 바꾸고 활동량을 증가시키는 것의 대체 방법으로 쓰여서는 안 된다.

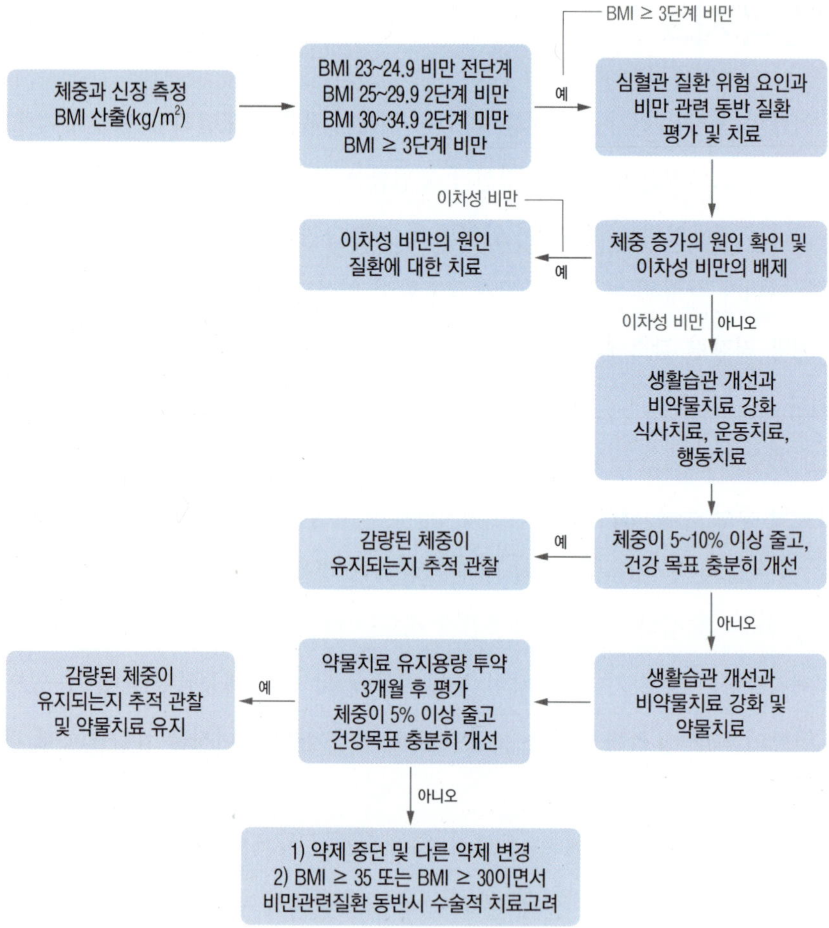

그림 7-1 비만 치료의 단계

출처: 대한비만학회, 비만진료지침 2022

1) 비만의 영양치료

합병증의 위험을 낮추고 건강을 증진할 수 있는 수준으로 체지방을 감소시키는 것이 비만 영양치료의 목표이다. 성공적인 영양치료를 위해서는 영양상태를 정확하게 파악하여 개개인에 적합한 프로그램을 수립하여 실시하고 지속적인 추후 관리가 이루어져야 한다.

(1) 에너지

① 에너지 섭취량 결정

에너지는 적정체중을 달성하고 유지할 수 있는 수준으로 결정한다. 에너지 섭취량은 실제 섭취량에 근거하여 결정하거나 환자의 1일 필요량을 계산한 후 체중감량을 위해 필요한 만큼의 에너지를 감하여 처방할 수 있다. 에너지 섭취량 계산 시 실제 체중을 기준으로 하면 필요량이 과다하게 산정되는 문제가 있으므로 조정체중을 이용하기도 한다. 안전하고 효과적인 저열량 식사를 계획하기 위해서는 평소의 식사 섭취량을 근거로 적절한 영양소가 포함될 수 있도록 균형 잡힌 저열량 식사를 계획하여야 한다. 에너지 섭취량을 결정할 때는, 먼저 비만도와 활동 정도에 따라 필요량을 산출한 후 계산된 양보다 하루 500kcal씩 줄이거나 20% 정도 감량하여 일주일에 0.4~0.5 kg 정도(최대 1 kg)의 체중을 줄이도록 한다표 7-5, 표 7-6.

표 7-5 활동에 따른 에너지 요구량

활동 강도	직종	단위체중당 필요에너지(kcal/kg)
가벼운 활동	일반사무직, 관리직, 기술자, 어린 자녀가 없는 주부	25~30
보통 활동	제조업, 가공업, 서비스업, 판매직 외 어린 자녀가 있는 주부	30~35
강한 활동	농업, 어업, 건설 작업원	35~40
아주 강한 활동	농번기의 농사, 임업, 운동선수	40~

표 7-6 에너지 필요량과 처방 에너지 계산

분류	특징	에너지 필요량 산출 방법 / 예	에너지 처방
표준체중 이용	• 빠른 체중감량을 원할 때 적용 • 아주 엄격한 방법	• 표준체중을 기준으로 활동강도에 따라 처방 예) 여자, 신장 162 cm, 체중 69 kg, 보통 활동 표준체중 = (162−100)×0.9 = 55.8 비만도 = (69−56)/56×100 = 23% ⇒ 비만 1일 필요에너지 : 56 kg×30 kcal/kg = 1,680 kcal	•1주일에 0.4~0.5 kg 정도(최대 1 kg)의 체중을 줄일 경우 적용 체중별 열량 필요량에서 1일 300~500 kcal를 감량한 양을 처방 - 운동하지 않을 때: 500 kcal를 감량한 에너지 양을 섭취량으로 처방 - 운동을 할 때 : 300 kcal를 감량한 에너지 양을 섭취량으로 처방하고 200 kcal에 준하는 운동을 권장
조정체중 이용	• 현재 체중이 표준체중에 비해 많이 초과될 때, 즉 비만도가 30~40% 이상일 때 적용 • 엄격한 방법	• 조정체중=표준체중+(현재체중−표준체중)/4 예) 여자, 신장 162 cm, 체중 75 kg, 보통 활동 비만도 = (75−56)/56×100 = 34% ⇒ 고도비만 조정체중 = 56+(75−56)/4 = 60.75 kg 1일 필요에너지 : 61 kg×30 kcal/kg = 1,830 kcal	

분류	특징	에너지 필요량 산출 방법 / 예	에너지 처방
현재 체중 이용	• 약간 천천히 감량되나 감량이 쉽고 오래 지속 가능 • 요요현상이 적음 • 관대한 방법	• 현재 체중을 기준으로 활동강도에 따라 처방 예) 여자, 신장 162 cm, 체중 69 kg, 보통 활동 표준체중 = (162−100)×0.9 = 55.8 비만도 = (69−56)/56×100 = 23% ⇒ 비만 1일 필요에너지 : 69 kg×30 kcal/kg = 2,070 kcal	
평소 섭취량 이용	• 환자 충격이 최소 • 아주 관대한 방법	• 평소섭취량보다 하루 200 kcal씩 줄이거나 20% 정도를 감량 1주일에 0.4~0.5 kg 정도(최대 1 kg)의 체중을 줄이는 방법 • 1주일에 2 kg 이상의 감량은 어지럽고 기운이 없어져서 오래 지속하기 어렵다	
안정시 에너지 소모량 이용	• 개개인의 상황에 맞게 열량 제한 정도를 개별화	• Mifflin-St Jeor 공식을 이용 안정시 에너지 소모량을 산출한 후 활동계수를 곱함 여자 : 10×체중(㎏)+6.25×키(㎝)-5×나이-161 kcal/일 남자 : 10×체중(㎏)+6.25×키(㎝)-5×나이+5 kcal/일 활동계수 가벼운활동 : 1.3, 더 활동적일 때 : 1.4~1.5	

② 에너지 제한식

• 저열량식low calorie diet: LCD: 에너지 섭취를 500~1,000 kcal 정도 감량한 식사로 영양적으로 적절한 일상적 식사가 가능하다. 에너지 섭취가 낮으면 탄수화물, 단백질, 지방의 비에 상관없이 체중감량이 일어난다. 그러나 3대 영양소의 비율에 따라 체중감소의 정도나 패턴이 다르게 나타나며 부작용도 다르다. 저열량식은 저지방 중탄수화물식과 같은 균형 잡힌 저열량식balanced LCD과, 저탄수화물 고지방식이나 저탄수화물 고단백식과 같은 불균형 저열량식unbalanced LCD이 있다.

균형 잡힌 저열량식은 식품교환표를 이용한 식사처방으로 비교적 안전한 방법이다. 비만의 정도, 나이, 활동량 등을 고려하여 제한 에너지를 결정하며 일반적으로 지방의 에너지 비율을 15~20%, 탄수화물의 비를 50~60%로 하고 단백질을 20~25%로 하는 다이어트 방식이다. 이 식사는 탄수화물 중에서도 전곡, 콩류, 채소, 해조류의 복합당질의 섭취를 유도함으로써 식이섬유 섭취를 늘리고 지방섭취는 줄인다. 단백질은 흰살 생선으로 섭취했을 때 지방함량을 낮출 수 있으며 튀기는 것보다 구이나 찜으로 섭취한다. 지방은 필수지방산이 부족하지 않도록 등푸른 생선, 견과류, 올리브유, 콩기름 등을 통해서 섭취하도록 한다. 그러나 될 수 있는 대로 지방함량이 낮고 지방 열량비가 30% 미만인 음식을 택하는 것이, 전체 식사를 지방 20% 미만으로 하기에 좋다. 비만 환자의 상당수가 갑작스런 식사량의 변화와 이로 인한 공복감 때문에 식사처방을 제대로 이행하지 못하므로 저열량식을 계획할 때는 환자의 생활습관과 식품에 대한 선호도를 고려하여야 한다.

- 초저열량식very low calorie diet: VLCD: 체중당 10kcal 이하를 공급하여 하루에 보통 400~800 kcal를 섭취하는 매우 적극적인 치료 방법으로, BMI 30 이상으로 다른 식이요법으로 효과를 보지 못했거나 BMI 27 이상의 비만으로 인한 합병증이 있는 사람에게 적용된다. 소모량보다 훨씬 적은 에너지를 섭취하므로 부족한 에너지를 체지방으로 보충하여 단기간에 체중이 빨리 감소된다. 그러나 목표 체중에 다다르지 못하고 중도에 탈락하는 경우가 많으며 기초대사량의 감소로 원래 체중으로 돌아가기 쉽다. 케톤증에 의해 생리불순, 탈수, 신부전, 통풍, 골다공증이 증가되고 심부정맥 저혈당, 메스꺼운 구토, 변비 등이 초래되며 기면, 피곤, 어지럼증, 신경질, 구취, 건성피부, 탈모, 빈혈 등과 혈청 콜레스테롤 상승, 급작스런 사망 등이 발생할 수 있다. 보통 실시기간은 12~16주로 의사의 관리하에 이루어져야 한다.

  초저열량식은 에너지는 제한하되 케톤증, 체조직 단백질, 전해질의 손실을 최소화할 수 있도록 탄수화물, 생물가가 높은 단백질, 필수지방산을 포함하는 최소한의 지방, 권장 섭취량을 충족시킬 수 있는 비타민 및 무기질을 포함하여야 한다. 또한 기초대사량의 저하도 막고 단백질을 근육조직에 보유하기 위해 정상적인 운동을 권한다. 일반적으로 초저열량식은 상업적인 조제식을 많이 이용한다.

- 단식: 반드시 의사의 지시하에 실시되어야 하며 급속한 체중감소가 필요한 사람으로 기존의 다이어트에 반응하지 않은 사람, 예를 들어 수술 예정인 비만한 사람의 치료 등을 위해 허용된다. 충분한 물, 비타민, 무기질의 공급이 필요하다. 일주일에 평균 2kg 정도의 체중이 감량되며 체액 손실로 저혈압이 발생할 수 있고, 근육 손실, 장기 단백질 손실 등을 초래할 수 있다. 탄수화물의 섭취 불량으로 극도의 케토시스에 의해 케톤증이 유발되며 혈청 콜레스테롤이 높아진다. 또한 간의 글리코겐이 고갈되므

로 혈당도 서서히 감소하여 저혈당이 된다. 단식에 의해 기초대사율이 저하되어 식사를 시작하면 여분의 에너지가 쉽게 지방조직에 축적되므로 이전 체중 혹은 그 이상으로 돌아가기 쉽다.

불균형 저열량식

불균형 저열량식은 탄수화물을 100g 미만으로 하면서 지방 열량비를 55~65%, 단백질 열량비를 15~25%로 섭취하는 저탄수화물 고지방식과 탄수화물 열량비를 40~45%, 지방은 30% 이하로 섭취하면서 달걀, 생선, 닭고기, 육류 위주의 식사를 하거나 식품 대신 상업적인 단백질 포뮬라인 액상 단백질을 하루에 3~5회 섭취하여 단백질 열량비를 25~30% 정도로 유지하는 저탄수화물 고단백식이 있다.
저탄수화물 고지방식은 지나치게 탄수화물의 함량을 낮추어 인슐린 저하를 가져와 극심한 체지방 분해를 일으키면서 초기 체중감량 효과가 크나 장기적으로는 효과가 미미하고 케톤체 생성이 늘어나는 부작용이 있다. 또 지나친 저탄수화물식이는 충분한 식이섬유소를 섭취하기 어려우며 지나친 지방섭취로 혈청 콜레스테롤이 증가하고 심혈관계 질환의 위험이 높아진다. 고지방식이는 혈청 렙틴을 저하시켜 공복감을 자극하여 더 과식하게 만든다. 우리나라는 전통적으로 고탄수화물식사를 섭취하므로 저탄수화물식이를 시행하기가 힘들며, 지방의 섭취비율을 55~65%로 유지하기도 힘들다.
단백질은 탄수화물에 비해 포만감이 커서 식사량 조절이 용이하고 다른 영양소에 비해 열 발생이 많으며, 칼로리 제한에 따르는 제지방 조직의 손실을 줄이는 효과가 있다. 그러나 **저탄수화물 고단백식** 역시 케톤체 생성이 늘어나고 혈중 요산이 증가하여 신장에 부담을 준다. 포화지방 함량이 높은 단백질 급원식품의 섭취가 증가될 경우 혈청지질 상태를 악화시킬 수 있으므로 단백질 급원식품에 대한 주의를 기울여야 한다.

간헐적 단식

지속적으로 에너지 섭취를 적절하게 제한하는 대신 식사 제한을 하는 시기를 정하여 식사를 조절하는 방법으로 에너지 섭취를 제한하는 날과 그렇지 않은 날을 설정하거나 하루 중 음식물을 섭취하는 시간대를 설정하여 섭취한다. 간헐적 단식은 지속적인 에너지 제한방법에 비해 체중감량이 유의적이지 않거나 있어도 정도가 크지 않아 장기간 비만식사치료의 한 방법으로 포함시키기에는 근거가 제한적이다.

(2) 지방

지방은 위 체류시간이 길어서 포만감을 유지하고 지용성 비타민의 공급과 이용 및 필수지방산의 공급에 필요하다. 고지방식은 열량이 높고 포화지방 함량이 높아 혈중지질 수치에 좋지 않은 영향을 줄 수 있다. 포화지방, 트랜스지방 및 콜레스테롤의 과잉 섭취도 혈중

지질 수치에 좋지 않은 영향을 주며, 섭취를 제한하면 총 콜레스테롤과 LDL-콜레스테롤이 저하된다. 따라서 성인 기준 지방은 총 열량의 15~30%로 권장하고 포화지방은 총 열량의 7% 미만, 트랜스지방 섭취는 1% 미만으로 최소화하도록 권장한다(한국인 영양소 섭취기준, 2020). 또한 19세 이상 성인 남녀에서 콜레스테롤 섭취량을 300 mg/일 미만으로 권고하고 있다.

(3) 탄수화물

① 탄수화물 섭취량

탄수화물은 과도하게 섭취하면 에너지 섭취량을 증가시키고 혈액 중성지방 수치를 증가시킬 수 있어 탄수화물 섭취량을 적절한 수준으로 유지하는 것이 중요하다. 비만한 사람의 경우 에너지제한과 함께 총 에너지의 55~65% 정도로 탄수화물 섭취를 조절할 것을 권장하고 있다(보건복지부· 한국영양학회, 2020). 또한 단백질을 절약하고 케톤증 및 심한 수분손실 예방을 위해서 하루 최소 100 g 이상의 탄수화물을 섭취하여야 한다. 하루 100 g 이하의 탄수화물을 섭취하면 인슐린 분비량이 감소하고 뇌와 같이 포도당을 에너지원으로 사용하는 조직에 필요한 칼로리 공급을 위해 단백질이 분해되어 포도당 신생작용에 쓰이게 된다.

② 혈당지수와 당부하지수

혈당지수glycemic index는 식후 당질의 흡수속도를 반영하여 탄수화물의 질을 나타내는 것으로, 각 식품의 탄수화물 50 g을 섭취한 후 2시간 동안 혈당 변화를 표준식품이나 포도당 50 g을 섭취한 경우를 100으로 하여 비교한 상대수치이다.

저혈당지수식low GI diet은 혈당지수가 높은 음식을 피하고 혈당지수가 낮은 음식 위주로 선택하도록 하는 것이다. 소아 및 성인을 대상으로 한 몇몇 연구에서 저혈당지수식이 체중조절에 효과적이라는 결과가 보고되면서 비만 식사요법의 하나로 제시되고 있다. 혈당지수가 낮은 식품은 혈당을 천천히 증가시키고 유지시켜 포만감을 지속시킴으로써 불필요한 음식 섭취를 하지 않게 하며, 인슐린저항성을 개선하는 효과가 있다. 반면 혈당지수가 높은 식품은 혈당을 빠르고 급격하게 증가시켰다가 다시 빠른 속도로 감소시켜 공복감을 느끼게 한다. 혈당이 갑자기 높아지면 인슐린이 다량으로 분비되어 혈당을 근육이나 간으로 운반하는 속도가 빨라진다. 따라서 당은 근육과 간에 온전히 축적되지 못하고 남은 당이 지방세포로 운반되어 지방으로 쌓여 비만을 초래할 수 있다. 또한 혈당지수가 높은 식품은 인슐린의 농도가 높아져 지방을 태우기보다는 탄수화물을 태우고, 혈당지수가 낮은 식품은 탄수화물 대신 지방을 태우게 되어 자연스럽게 복부지방을 줄일 수 있다.

표 7-7 일부 식품의 혈당지수와 당부하지수

	식품	혈당지수(GI) *포도당=100	1회 분량(g)	탄수화물 함량 (g/1회 분량)	1회 분량당 당부하지수(GL)
저혈당지수 식품	대두콩	18	150	6	1
	우유	27	250	12	3
	사과	38	120	15	6
	배	38	120	11	4
	밀크초콜릿	43	50	28	12
	포도	46	120	18	8
	쥐눈이콩	42	150	30	13
	호밀빵	50	30	12	6
	현미밥	55	150	33	18
중간혈당지수 식품	파인애플	59	120	13	7
	페이스트리	59	57	26	15
	고구마	61	150	28	17
	아이스크림	61	50	13	8
	환타	68	250	34	23
고혈당지수 식품	수박	72	120	6	4
	늙은호박	75	80	4	3
	게토레이	78	250	15	12
	콘플레이크	81	30	26	21
	구운감자	85	150	30	26
	흰밥	86	150	43	37
	떡	91	30	25	23
	찹쌀밥	92	150	48	44

출처: 대한당뇨병학회. 식품교환표 TET 2010

체중관리를 위한 저혈당지수 식사계획 시에는 에너지와 당부하지수glycemic load를 함께 고려해야 한다. 당부하지수는 탄수화물의 흡수속도뿐 아니라 탄수화물의 양을 고려하여 혈당을 예측하는 값으로 식품의 혈당지수와 1회 분량당 들어 있는 탄수화물의 양을 곱하여 100으로 나눈 것이다. 예를 들어 고구마의 혈당지수는 44로 감자 85보다 낮지만, 찐감자는 열량이 100 g당 84 kcal 정도이고, 고구마는 100 g당 125 kcal로 감자의 열량이 고구마보다 더 낮다.

저혈당지수식의 인슐린저항성 개선이나 체중조절 효과를 단정하기 위해서는 더 많은 연구가 필요하나, 같은 종류의 식품 중 혈당지수가 높은 것보다는 낮은 것들이 식이섬유, 비타민 및 무기질 등이 풍부하므로 이들 식품을 선택하는 것이 전체적인 건강상태 개선에 도움이 된다.

과당과 비만

과당의 섭취증가가 비만 및 대사증후군 증가와 관련이 있을 것으로 생각되고 있다. 과당은 흡수된 후 간으로 이동하여 빠른 속도로 대사되는데, 포도당과는 달리 인슐린이 필요하지 않고 혈당에 미치는 영향이 적은 것으로 알려져 과거 당뇨병 환자를 위한 감미료로 제안되기도 했다. 그러나 과량의 과당섭취는 식욕억제 효과가 작고 포도당 존재 시 간에서 포도당으로 전환되기보다 지방산 합성경로로 가는 특성이 있어 체중증가를 초래한다. 이는 과당이 포도당 해당과정에서 중요한 속도조절 단계인 포스포프락토키나아제(phosphofructokinase)에 의한 반응 단계를 우회하게 되므로 간에서 포도당보다 빠르게 아세틸 CoA로 전환되어 지방산 합성에 쓰이기 때문이다. 또한 혈청 중성지방 및 인슐린 저항성을 증가시키므로 과당섭취를 적정수준 이내로 조절하려는 노력이 필요하다. 과당은 과일 및 채소 등 자연식품에도 함유되어 있는데, 천연식품에 함유된 과당 외에 각종 가공식품에 첨가되어 있는 과당의 섭취가 급속히 증가하면서 과잉 섭취가 문제가 되고 있다.

③ 식이섬유

식이섬유는 영양밀도를 낮추고 포만감을 주어 섭취량을 조절하는 데 도움이 된다. 또한 식이섬유를 충분히 섭취하면 배변활동이 촉진되어 체중감량 시 섭취량 부족으로 발생하는 변비를 예방할 수 있다. 뿐만 아니라 식이섬유의 충분한 섭취는 혈액 지질을 개선하고 혈당 상승을 방지한다. 따라서 채소, 전곡류, 과일 등을 통한 식이섬유 섭취가 권장되고 있으며 National Heart, Lung and Blood Institute의 비만지침에서는 하루 20~30 g의 식이섬유 섭취를 권장하고 있다. 그러나 비만한 사람이 일반인을 위한 권장수준보다 많은 양을 섭취해야 한다는 근거는 없다. 미국과 캐나다의 경우 역학적 임상자료들을 근거로 하여 14 g/1,000 kcal을 충분섭취량의 기준으로 정하고 있으며, 우리나라의 경우 2020년 한국인 영양소 섭취기준에서도 식이섬유 충분섭취량 기준치를 12 g/1,000 kcal로 하여 1일 남성 25 g, 여성 20 g을 충분섭취량으로 권장하는 것을 유지하였다.

(4) 단백질

에너지제한 정도가 클수록 단백질 섭취에 주의를 기울여야 하는데 100kcal 제한 때마다 1.75 g 정도의 단백질을 증가시켜야 한다. 건강한 성인의 경우 체중 kg당 0.8~1 g의 단백질 섭취가 권장되지만, 저지방식을 섭취했을 때는 표준체중 kg당 1.2~1.5 g의 단백질 섭취가 권장되고 있다. 비만 또는 과체중인 경우 체중감량을 위해 에너지를 제한하므로, 이로 인한 체단백 손실을 방지하고 단백질 영양상태가 적정수준으로 유지될 수 있도록 표준체중 kg당 1.0~1.5 g 정도의 단백질 섭취가 권장된다.

(5) 비타민과 무기질

비타민과 무기질은 에너지를 제한하는 경우 부족하게 되기 쉽다. 특히 1,200 kcal 이하의 에너지가 제공될 경우 수용성 비타민, 칼슘, 철분 등이 부족하지 않도록 하며, 에너지 섭취 수준이 매우 낮을 경우 보충제를 공급하여야 한다. 따라서 감량식사를 하는 경우에는 어육류, 저지방 유제품, 채소 및 과일류가 다양하게 포함된 식사를 해야 한다. 또한 비만 환자의 경우 산화적 스트레스가 증가된 상태이므로 식사를 통한 비타민, 무기질 등의 항산화 영양소 섭취에 주의를 기울여야 한다.

(6) 수분

저열량 식사를 하는 경우에는 에너지를 공급하기 위하여 단백질이 분해되면서 질소 노폐물이 증가하므로, 이를 배설하기 위해 충분한 양의 수분 섭취가 중요하다. 또한 저탄수화물 식사를 하는 경우 케톤체의 배설을 위해 많은 양의 수분이 요구된다. 따라서 하루 1 L 이상 혹은 1 kcal당 1 mL 이상의 수분 섭취가 권장된다.

(7) 알코올

알코올은 다른 영양소는 없는 반면 1 g당 7 kcal의 높은 칼로리를 내며, 간에 지방을 축적시키고 체내 지방 산화를 방해한다. 그뿐만 아니라 알코올의 과다섭취는 혈액 내 중성지방을 증가시키고 복부지방 축적의 위험인자로 작용한다. 알코올은 탄수화물이나 단백질 식품에 비해 높은 칼로리를 함유하고 있음에도 포만감을 주지 못하며, 음식물 섭취에 의한 에너지 섭취를 줄여주지 못한다. 또한 술 자체뿐 아니라 함께 섭취하는 기름진 안주도 에너지 섭취를 높일 수 있다.

알코올이 체중에 미치는 영향은 개인의 상태, 알코올 섭취빈도, 음주량 등에 따라 다르다. 알코올 중독자처럼 하루 에너지 섭취량의 상당 부분을 알코올로 대체하게 되면 체중증가가 발생하지 않지만 음식을 섭취하면서 알코올로 인해 에너지가 추가되는 경우에는 체중이 증가한다.

이와 같이 알코올은 체중증가의 한 요인이 될 수 있고 대사적으로도 좋지 않은 영향을 미칠 뿐 아니라 과다섭취는 영양불량의 원인이 될 수 있으므로 비만 또는 과체중인 사람들은 1회 1~2잔 정도로 알코올 섭취를 제한한다.

2) 비만의 운동치료

운동 프로그램은 개개인에 맞게 계획한다. 운동 시 필요한 기술에 대한 지도를 통해 적절한 운동을 할 수 있도록 하며, 너무 어렵거나 힘들지 않아서 지속적으로 할 수 있는 운동이 가장 성공하기 쉽다. 운동은 체지방량에 비해 제지방량을 증가시킴으로써 체중감량 시 제지방 손실과 기초대사량의 감소를 막는다. 그 외에도 운동은 심혈관계를 강화시키고 인슐린에 대한 민감성을 증가시키며 여분의 에너지 사용을 통해 에너지 소비를 증가시키는 긍정적인 효과가 있다.

(1) 운동의 종류

체중조절의 목표는 체지방만 줄이는 것이므로 체지방의 연소를 위해서는 산소흡입이 충분하여야 하며 적어도 20분 이상의 시간이 필요하다. 유산소운동이란 중간 정도의 강도에서 큰 근육을 사용하여 몸 전체를 움직이는 운동으로, 유산소 대사과정(TCA 회로, 전자전달계)을 통하여 운동에 필요한 에너지를 공급한다. 지속적인 유산소운동은 지방 소비를 증가시키므로 체지방의 연소에 최적의 운동이다. 유산소운동은 운동이 끝난 후에도 인체로 하여금 수시간 동안 계속해서 에너지를 더 연소하게 하여 대사율을 계속 높여주는 효과가 있다. 또한 지속적인 운동으로 근육조직이 증가하게 되면 기초대사율이 증가해 운동을 하고 있지 않는 휴식상태에서도 많은 열량을 쓰게 된다.

근력운동은 체지방 소모보다는 근육을 키우고 체단백질량을 증가시키는 데 도움이 되는 운동으로, 에너지 제한 시 근육량을 유지하면서 기초대사량의 저하를 방지하므로 요요현상의 예방에 도움이 된다. 근력운동으로 근육의 무게가 늘어나면 기초대사량이 증가되어 가만히 있어도 에너지 소비가 증가된다. 따라서 유산소운동과 근력운동을 병행하는 것이 체중감량을 위한 이상적인 운동 형태이다.

(2) 운동의 강도 및 지속시간

운동강도에 따라 산소가 쓰이는 정도와 우선 소모되는 영양소가 다르기 때문에 효과적으로 지방을 연소시키기 위해서는, 최대 산소소모량의 60~80%의 운동 강도가 적당하다. 강한 운동 시에는 단시간에 에너지를 공급해야 하는데 지방대사에서는 에너지를 얻는 것이 느리기 때문에 ATP의 필요에 빠르게 대응하지 못한다. 따라서 해당과정을 통해 산소 공급 없이 탄수화물인 포도당이 일차적인 에너지의 급원이 된다. 최대 산소소모량의 80% 이상에 해당하는 운동에서는 필요한 전체 에너지를 주로 탄수화물로부터 얻는다. 운동강도를 최대 산소소모량의 60~80%로 하면 지방으로 쓰이는 에너지 비율은 30% 정도로 최대 산소소모량의 50% 정도 되는 저강도 운동에 비하여 낮으나, 전체적으로 소비되는 에너지가 저강도 운동에 비하여 높다. 따라서 체중감량을 목적으로 유산소운동을 할 때는 최대 산소소모량의 60~80%의 강도가 효율적이다. 최대 산소소모량의 60~80%를 유지하려면 맥박으로는 최대 맥박수의 70~90%를 유지하여야 한다. 최대 맥박수는 220에서 자신의 나이를 뺀 값으로 계산한다. 또한 운동자각도로 판단하면 등이 땀에 젖을 정도이고 숨이 차기는 하나 옆 사람과 대화를 나눌 수 있을 정도를 의미한다.

운동 초기에는 인슐린의 분비가 감소하고 글루카곤의 분비가 증가되어 근육이나 간의 글리코겐으로부터 포도당을 생성한다. 따라서 운동 초기에는 글리코겐, 특히 근육 글리코겐의 분해로 생성된 포도당이 에너지원으로 이용된다. 운동이 진행되면서 교감신경계로부터 카테콜아민의 분비가 촉진되어 지방의 분해가 활발해지고 운동 초기 증가했던 호흡상이 점차 감소하는데, 이는 에너지 생성이 글리코겐에서 오는 것보다 지방산으로부터 오는 것이 많아짐을 반영한다. 따라서 지방조직에서 분해되어 나온 혈중 지방산이 주 에너지원으로 쓰이기 위해서는 적어도 20분 이상 운동을 계속해야 하며, 체중감량을 위해서는 30~60분 정도가 바람직하다. 이때 운동 지속시간은 최대 산소소모량의 60~80%를 소모하는 본 운동시간이며, 준비운동이나 스트레칭, 마무리 운동에 소요되는 시간은 포함되지 않는다.

표 7-8 운동의 효과

분류	종류	생리적 효과	건강 효과
유산소운동	걷기, 조깅, 수영, 하이킹, 줄넘기, 계단오르내리기, 인라인 스케이트, 자전거 타기	에너지 소비량 증가 식욕 낮춤 기초대사량 상승 스트레스, 우울증 완화 HDL-콜레스테롤 증가 인슐린 민감성 개선	전신지구력 향상 심장기능 향상 혈관기능 향상 폐기능 향상
무산소운동	100미터 전력질주, 역도, 덤벨, 팔굽혀펴기, 윗몸일으키기, 요가, 필라테스, 유도	기초대사량 상승 근육량 증가 HDL-콜레스테롤 증가 인슐린 민감성 개선	운동능력 증가 근육의 크기 증가 근력 증가 골밀도 증가

3) 비만의 행동치료

장기간의 체중조절을 보장하기 위해서는 균형 잡힌 생활방식이 확립되어야 한다. 행동치료의 목적은 비만을 일으킨 잘못된 생활습관과 식습관 및 섭식 행동을 스스로 인식하고 수정하여 자기 스스로 행동을 통제하는 것이다. 비만치료를 위한 행동수정은 자가관찰, 자극조절 및 보상의 3단계로 이루어진다표 7-9. 자가관찰이란 먹는 음식과 먹는 행동에 영향을 주는 조건들을 과정, 장소, 시기, 마음 상태 등을 함께 기록하는 것을 말하며, 개인의 식행동을 이해할 수 있는 수단이 된다. 자극조절이란 먹게 만드는 자극을 최소화하기 위해 환경을 변화시키는 것을 말한다. 행동수정만으로는 다른 치료보다 체중감소율이 높지 않으나 다른 방법에 비해 감량한 체중을 오랫동안 유지할 수 있으며, 중도포기율이 20% 미만으로 다른 치료방법들보다 낮은 편이다. 뿐만 아니라 자기통제 및 사회적·심리적 측면에서도 개선의 가능성이 있다는 점에서 중요하다.

표 7-9 체중조절을 위한 행동수정

방법		내용
인식의 재구성		실천 가능한 목표를 세움 갑작스런 행동변화보다 점차적인 행동변화를 유도 식사계획 시 개인의 기호가 반영되어야 더 잘 지킬 수 있음
자가관찰	식사행동	먹는 시간, 장소, 종류, 양, 기분 등을 기록
	활동량과 운동	시간, 종류, 힘든 정도 등을 기록
자극조절	일상생활에서	음식을 보이지 않는 곳에 저장하기 작은 크기의 그릇과 수저를 사용하기
	음식구입 시	배부른 상태에서 구매하기 구매할 식품을 미리 정한 후 사고 충동구매 억제하기 냉동식품이나 인스턴트식품 사지 않기 꼭 필요할 때까지 장보기를 연기하기
	조리 시	한 끼에 먹을 수 있는 양만큼만 만들기
	식사습관	먹을 만큼의 양만 담아서 먹기 천천히 먹기 - 음식을 입에 떠 넣는 사이에 수저 내려놓기, 다음 음식을 떠 넣기 전에 완전히 씹기 음식이 아깝다고 억지로 먹지 말기 - 음식을 약간 남기기 책을 보거나 TV를 볼 때 먹지 않기 정해진 시간과 장소에서만 식사하기 음식을 사양하는 공손한 태도 익히기 불안하거나 우울할 때는 식사를 피하기 식사 후 바로 식탁을 떠나기
보상	긍정적인 보상	자가관찰 기록을 기준으로 충동 조절을 잘했을 때 상 주기 특정 행동에 대해 특정 상을 주도록 계약을 설정하기 가족이나 친구에게 말이나 물질로 상을 주도록 협조 구하기 점차 자신이 보상을 줄 수 있도록 훈련하기
	부정적인 보상	벌을 주거나 용돈을 줄이거나 야단을 치는 것

표 7-10 비만 치료방법의 특징과 문제점

방법	특징	문제점
식사요법	신속한 감량 효과 초저열량식에 다른 여러 가지 부작용 우려	운동과 병행하지 않으면 요요현상이 우려됨
운동요법	근육의 증가로 기초대사량 증가 다이어트 관련 스트레스와 우울 경향 해소 요요현상의 우려가 없음	식사요법과 병행하지 않으면 감량속도가 느림
행동수정	재발률과 중도포기율이 낮음 자기통제와 사회 심리적 개선이 가능 식사요법과 운동요법도 행동수정의 일부임	느린 감량 효과

4) 비만의 약물치료

비만치료는 우선 식사, 운동 및 생활습관의 변화를 통해 체중감량을 시도하는 것이 기본이 되어야 한다. 체질량지수가 25 kg/m^2이면서 비약물치료 효과가 없는 경우에는 약물치료가 쓰일 수 있다. 이러한 경우 약물치료는 비만치료에 도움이 될 수 있으나 약물의 효과, 안전성 및 투약 중지 후의 체중 재증가 등의 문제가 발생할 수 있으며 식사조절, 운동 및 행동치료와 병행이 되지 않고 단독으로 실시할 경우에는 효과가 적다. 따라서 비만 환자에게 약물치료는 비만으로 인한 심혈관 및 건강상의 문제로 체중감량이 필요한 경우에만 적용되어야 하며, 약물 사용에 따른 이점과 문제점을 심도 있게 평가한 후 결정할 것을 권장하고 있다. 또한 비만 치료제는 장기적인 사용이 필요하므로 약제의 작용, 용량 및 부작용에 대한 정확한 지식을 갖고 사용하는 것이 필요하다.

비만치료에 이용되는 약물은 지질흡수억제제와 식욕억제제 등이 있다. 지방흡수억제제인 제니칼의 성분은 올리스타트Orlistat로 지방분해 효소인 리파아제에 대한 억제제로 작용, 중성지방이 지방산으로 분해되어 장관 내로 흡수되는 것을 차단함으로써 체중감량 효과를 나타낸다. 제니칼은 중성지방의 흡수를 30%까지 억제하므로 지용성 비타민의 흡수도 억제되기 때문에 장기간 사용할 때는 지용성 비타민의 보충이 필요하다. 그 외 위장관계 부작용으로 지방변, 빈번한 배변, 대변실금 등이 있다. 이러한 부작용을 최소화하기 위해서는 식사의 지방함량을 에너지의 30% 이하로 낮추는 것이 필요하다. 제니칼은 만성흡수장애증후군이나 담즙 정체가 있는 환자에게는 사용을 금한다. 식욕억제제는 시상하부에 작용하여 포만감을 증가시키거나 식욕을 억제하여 체중을 감소시킨다.

표 7-11 비만치료제의 특성

약물명 (상호명)	Orlistat (제니칼)	Naltrexone/Bupropin (콘트라브)	Liraglutide (삭센다)	Phentermine/Topiramate ER (큐시미아)
작용 기전	췌장 리파제 억제/지질흡수억제	아편류·진통제길항제/항우울제/식욕억제	GLP-1 유사제/식욕억제	교감신경 흥분제/항전간제/식욕억제
주요 부작용	지방변, 배변 증가	구역질, 설사, 피로, 근육통, 상기도감염, 피부발진	구역, 설사, 소화장애, 저혈당, 피로, 수면장애	감각이상, 어지러움, 미각이상, 불면증, 변비, 구강건조
사용 금기	흡수불량증후군 중증 간기능장애	조절되지 않는 고혈압, 중추신경계종양, 말기신장애, 소아청소년, 젊은 성인의 우울증, 녹내장	갑상선 수질암, 다발성 내분비선 종양 2형, 중기 만성신질환, 중증간기능장애, 췌장염	관상동맥질환, 말기 신장애, 중증간기능장애, 녹내장

출처 : 대한비만학회, 비만진료지침, 2022

5) 비만의 수술치료

고도비만 환자의 치료는 식사조절, 운동, 행동치료 및 약물치료 등의 보편적인 방법으로 성공적인 결과를 얻기 어렵다. 체질량지수가 35 이상이거나 30 이상이면서 비만 동반 질환을 가지고 있는 환자에서 비수술적 체중감량에 실패한 경우 시행한다. 비만대사수술은 조절형 위밴드술, 위소매절제술, 루와이위우회술, 담췌 우회술/십이지장 전환술 등이 효과와 안전성이 입증된 것이며, 환자의 상태에 맞게 선택한다.

표 7-12 비만 치료에 적용되는 비만대사 수술

수술방법	조절형위밴드술	위소매절제술	루와이위우회술	담췌우회술/십이지장전환술
모식도	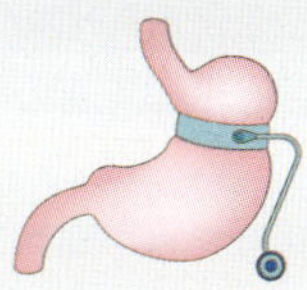	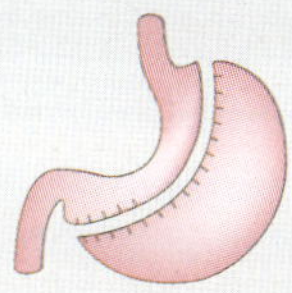	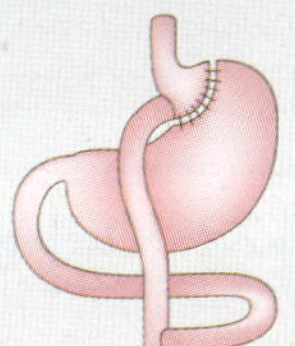	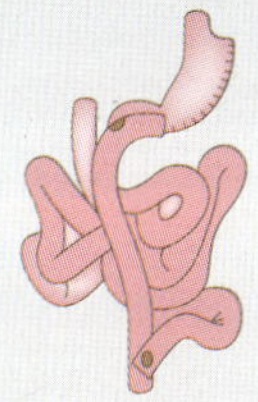
수술 역사	30여 년	10-15 년	50여 년	20여 년
수술 방법	조절형 밴드를 거치하여 15-20 mL 용적의 작은 위주머니를 형성	위를 수직 방향을 따라 약 80% 절제하여 위 용적을 감소시킴	약 30 mL 용적의 작은 위주머니를 형성하고 잔여 위와 상부 소장 일부를 우회함	위소매절제술 후 유문을 보존한 상태에서 십이지장-회장을 문합하여 공장 전체와 상부 회장을 우회함
체중감량 기전	식사 제한	식사 제한	식사 제한 + 일부 흡수 제한 유도	식사 제한 + 흡수 제한
가역성	완전 가역적	비가역적	부분적으로 가역적	부분적으로 가역적
체중감량 효과 (중장기 초과체중 감소율, %EWL*)	2년: 50% 10년: 40%	2년: 60% 10년: 5~55%**	2년: 70% 10년: 60%	2년: 70~80% 10년: 70%
장단점 및 합병증	체내 삽입한 이물질로 인한 장기 합병증 발생이 상대적으로 빈번하여, 최근 시행 빈도 급감하는 추세(10년 내 30~40%가 밴드 제거 혹은 교정 수술 필요)	수술 후 위식도역류질환 발생 혹은 악화 가능. 장기추적 시 체중 재증가 발생 빈도가 상대적으로 높음.	우회된 위에 대한 정기적 내시경 검진이 어려움. 덤핑증후군, 변연부 궤양의 발생위험이 있음. 미량원소 결핍이 발생할 수 있어 주기적인 검사 및 적절한 보충이 필요	단백질 및 미량영양소 결핍의 발생이 빈번하여 평생 결핍 가능한 영양소의 보충 섭취가 필요함

출처 : 대한비만학회, 비만진료지침, 2022

6) 체중순환

체중순환weight cycling이란 체중이 감소했다가 다시 증가하는 것이 반복되는 경우를 말하며 요요현상이라고 한다. 체중순환은 여러 가지 부정적인 영향을 미치는 것으로 보고되고 있다. 체중순환은 체중증가 후 체중감량을 더욱 어렵게 하거나 더 빨리 체중을 다시 증가시킬 수 있다. 체중순환자는 체지방과 체중이 증가하게 되고 심혈관계질환과 관상동맥질환으로 인한 사망률이 높다. 또한 체중순환은 부정적인 심리 및 행동결과를 야기하여 체중감량 시도의 횟수가 증가할수록 식사장애의 발생 빈도가 증가하고 증상이 더 심해진다. 따라

서 효과적인 체중관리를 위해서는 체중감소에 앞서 체중을 유지할 수 있는 방법을 습득하는 것이 중요하다.

6. 소아청소년 비만

1) 특성

소아청소년 비만은 성인이 된 후까지 지속되고 비만 동반 질환이 발생할 가능성이 높다. 비만 아동은 지방간, 소아 2형 당뇨병, 이상지질혈증, 고혈압 및 동맥경화증 같은 비만 합병증을 동반하는 경우가 많으며, 성인이 된 후에도 고혈압, 이상지질혈증, 고인슐린혈증 등 여러 문제를 유발할 수 있다.

소아청소년은 성장단계에 맞는 체중을 유지하도록 정상적인 성장과 발달에 필요한 충분한 영양소를 공급할 수 있어야 한다. 즉 체내 지방량은 감소시키면서 근육의 성장 발달은 계속될 수 있도록 충분한 에너지와 단백질이 제공되어야 한다. 특히 청소년기는 태아기와 영아기를 제외하고 성장속도가 가장 빠른 시기이므로 청소년의 체중당 필요 에너지 및 영양소 필요량이 소아나 성인보다 높다. 또한 청소년의 성장 시기는 나이보다 성적 성숙도와 밀접한 관계가 있으므로, 에너지 섭취량을 조절할 때 성장과 성숙 단계를 고려하여야 한다.

2) 평가

소아청소년은 성장기에 있으므로 성인기준을 적용하여 비만을 판정할수 없다. 아동의 비만도는 성별, 신장별 표준체중을 이용하거나 체질량지수 표준곡선 또는 체격지수를 이용하여 평가한다표 7-13. 체질량지수 표준곡선을 이용해 성별연령별 표준치와 비교했을 때 85~94백분위수는 비만전단계(과체중), 95백분위수 이상은 비만으로 판정한다.

표 7-13 소아청소년 비만의 판정

<table>
<tr><th>종류(단위)</th><th>방법</th><th colspan="3">판정</th></tr>
<tr><td rowspan="3">표준체중 이용[1]</td><td rowspan="3">비만도(%)=(현재체중−표준체중)÷표준체중×100
표준체중: 성별, 신장별 50백분위수 체중</td><td colspan="2">경도 비만</td><td>120~129</td></tr>
<tr><td colspan="2">중등도 비만</td><td>130~149</td></tr>
<tr><td colspan="2">고도 비만</td><td>≥150</td></tr>
<tr><td rowspan="4">체질량지수 이용[2]</td><td rowspan="4">체질량지수(kg/m²)
연령별 체질량지수 기준</td><td colspan="2">비만 전단계</td><td>85~94백분위수
1년간 체질량지수 3~4 증가</td></tr>
<tr><td rowspan="3">비만</td><td>1단계</td><td>95백분위수</td></tr>
<tr><td>2단계</td><td>95백분위수의 120~139%</td></tr>
<tr><td>3단계</td><td>≥95백분위수의 150%</td></tr>
</table>

[1] 출처: 대한영양사협회, 임상영양관리지침서 4판, 2022

[2] 출처: 대한비만학회, 비만진료지침, 2022

3) 소아 대사증후군의 진단

체질량지수 표준곡선을 이용하여 판정했을 때 과체중 위험군이나 비만군에 속하는 모든 소아 청소년에 대하여 대사증후군 선별검사를 시행한다. 소아 청소년의 경우 대사증후군 진단에 공통적으로 적용되는 기준은 없으나, 미국 콜레스테롤 교육프로그램의 성인치료패널(NCEP ATP III)을 소아의 실정에 맞게 변형하여 다음 5가지 기준 중 3가지 이상에 해당하는 경우로 한다.

① 복부비만 : 연령 및 성별 허리둘레≥90백분위수

② 고중성지방혈증: 중성지방≥110 mg/dL

③ 낮은 고밀도지단백 콜레스테롤HDL-cholesterol ≤40 mg/dL

④ 높은 공복혈당≥110 mg/dL

⑤ 고혈압: 연령, 성별, 신장에 따른 혈압≥90백분위수

4) 치료

소아청소년 비만 치료 목표는 정상적인 성장에 필요한 에너지와 영양소를 공급하고 적절한 생활 습관을 익혀 적정 체중을 유지하는 것이다. 따라서 영양치료, 운동치료, 행동수

정을 포함한 포괄적 생활습관을 교정할 것을 권고한다. 집중적으로 영양치료, 운동치료 및 행동수정을 시행한 경우에도 체중이 지속적으로 증가하고 비만 동반 질환의 조절이 어려우면 전문가에 의한 약물치료를 고려한다.

(1) 영양치료

소아청소년 비만의 영양치료는 정상적인 성장단계에 맞는 체중을 유지하고 성장과 발달을 위해 필요한 에너지 및 영양소를 충분히 공급하는 것이다. 스스로 식품선택이 어려운 소아의 경우 식사관리에서 부모의 역할이 중요하다.

에너지는 평상시 섭취량을 고려하여 신장과 연령에 맞는 에너지를 결정하고 평소 섭취량보다 20~30% 적은 에너지를 공급한다. 중등도 비만 이상의 경우 영양치료를 실시하는데 한달에 1~2 kg의 체중을 감소시키기위해 1일 200~500 kcal의 에너지를 줄여 6~12개월에 10%씩 감소하도록 한다. 너무 지나치고 엄격한 에너지 제한은 성장을 저해하고 스트레스를 야기할 수 있으므로 바람직하지 않다. 특히 근육의 성장발달을을 위해 충분한 단백질을 제공하여야 한다.

표 7-14 소아청소년을 위한 한국인 영양소 섭취기준

영양소	1~2세	3~18세
탄수화물(%)	55~65	55~65
단백질(%)	7~20	7~20
지질(%)	20~35	20~35

영양과 건강에 관한 올바른 지식의 습득이 중요하며 부모교육과 함께 비만아의 인지수준에 맞는 식생활지도를 실시한다. 시기별 영양교육의 특징은 **표 7-15**와 같다.

표 7-15 시기별 영양교육의 특징

시기	특징
영유아기	• 부모의 비만치료 필요성 자각이 중요 • 편식교정 • 고열량 간식 제공 제한
학령기	• 기초적인 영양지식 이해 • 성장발달에 필요한 영양섭취 • 활동량 증가 • 올바른 생활습관 형성
청소년기	• 비만 원인 파악 및 이해: 폭식, 불규칙한 식사시간, 식사량, 아침결식, 야식 등 • 합병증 동반성 고려하여 무리한 다이어트 주의 • 균형잡힌 식단을 통한 체중조절 • 임상적 평가와 영양상담 필요

(2) 운동치료

체중조절을 위해서는 에너지 섭취량의 조절과 활동량의 증가가 필수요소이다. 생활습관 개선과 운동을 통해 활동량을 늘려 에너지 소모를 증가시키고 최소한 현재 체중을 유지하면서 아동의 자연적인 성장에 따라 바람직한 체중이 되도록 해야 한다. 활동프로그램은 자발적으로 참여할 수 있도록 즐길 수 있는 운동으로 구성한다.

일반적으로 비만을 예방하고 치료하기 위해 권장되는 운동은 유산소운동이지만 근력을 키우고 몸매를 탄탄하게 하는 근력운동, 몸의 유연성을 좋게 하는 스트레칭을 고루 하는 것이 좋다. 빠르게 걷기, 조깅, 실내 자전거 타기, 계단 오르기, 수영, 등산, 에어로빅 등 큰 근육을 사용하는 유산소운동을 최소 주 3~5회 이상, 한 번에 30~60분간 지속적으로 하는 것이 바람직하다. 너무 격렬하거나 장시간 하는 운동은 소아에게 오히려 운동으로 인한 상해의 위험성이 있다. 체중감소에 효과적인 운동강도는 약간 숨이 차지만 대화가 가능할 정도가 좋으며, 아동 스스로 운동강도를 느낌으로 구별할 수 있도록 하는 것이 좋다. 지방을 줄이기 위해서는 자신의 최대 심박수의 40~70%의 범위에 속하는 유산소성운동을 선택하는 것이 좋으며, 소아들의 경우 심박수가 1분에 130~150회, 비만아의 경우 170회 이상 넘지 않는 것이 적당하다. 근력운동은 근력이 부족하여 쉽게 피로해하는 아이들에게 지구력을 키워주기에 아주 효과적인 운동이다. 윗몸일으키기, 팔굽혀펴기, 벽에 대고 조금 앉

앉았다가 일어서기 등 주로 자신의 체중을 이용하여 쉽게 할 수 있는 것으로 구성하는 것이 좋다. 운동 전후 10분 정도 스트레칭을 하면 근육의 긴장을 완화하고동작을 자유롭고 쉽게 할 수 있게 하므로 본 운동 시 근육의 부상을 예방할 수 있다.

(3) 행동수정

행동수정은 체중조절 프로그램에서 성공적으로 사용되고 있으며 체중의 유지를 위해 중요하다. 학령기에는 보호자에 의한 관리가 가능하나 사춘기 이후에는 어려우므로, 스스로 외부 자극을 조절할 수 있는 능력을 배양하는 것이 중요하다.

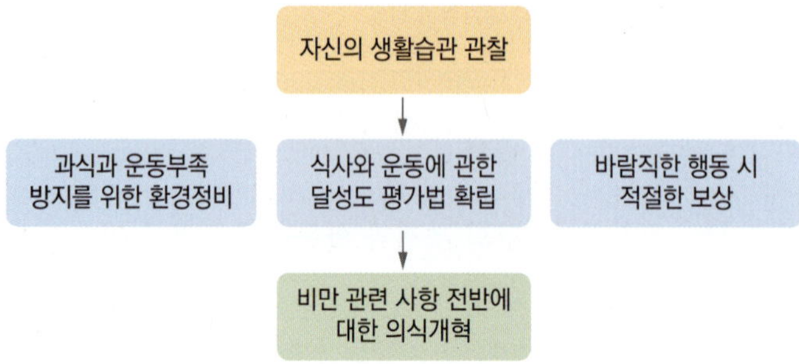

그림 7-2 비만 소아 및 청소년 행동수정

소아 대사증후군의 관리

대사증후군의 중요한 병태생리는 비만에서 오는 인슐린 저항성이므로 인슐린 저항성을 줄이는 것이 중요하다. 복부비만, 고중성지방혈증, 낮은 HDL-콜레스테롤, 고혈압, 높은 공복 혈당을 조절하기 위하여 과일, 채소, 통곡물 섭취를 증가시키고 운동요법을 통해 신체활동을 증가시켜야 하며, 질환의 중증도에 따라 제한적으로 약물치료를 시행할 수 있다. 인슐린 감수성 개선제는 소아에서는 원칙적으로 사용하지 않으나, 인슐린 저항성이 매우 심할 때는 제한적으로 사용한다.

7. 식사장애

신경성 식욕부진anorexia nervosa과 신경성 대식증bulimia nervosa은 청소년과 젊은층 여성에 영향을 주는 식사장애eating disorder로, 뚱뚱해지는 데 대한 두려움 때문에 체중에 지나치게 집착하는 것이 주된 증상이다.

1) 신경성 식욕부진

(1) 특성

신경성 식욕부진증은 심한 식사제한으로 반기아 상태를 유지하거나 약제를 이용한 강제 배설로 지나친 체중감소를 보이는 정신과적 질환이다. 주로 사춘기를 갓 지난 소녀들이 위험군이며 체중감소는 자기절제의 성공으로, 체중증가는 자기조절의 실패로 받아들인다. 또한 신경성 식욕부진증 환자는 자신의 체형에 대한 왜곡된 인식을 가져 심한 영양불량 상태인데도 비만하다고 생각한다. 신경질적인 우울, 열등의식, 타인이 자신에 대해 어떻게 생각하는지에 대한 지나친 집착, 근심, 수면 부족, 불면증 등의 증상이 나타난다. 신경성 식욕부진증 환자에게서 나타나는 우울증은 부분적으로 기아에 대한 스트레스 때문으로 알려져 있으며, 특히 식품과 관련되어 강박적인 특성을 보인다.

신경성 식욕부진증은 기아로 인해 발생하는 심한 영양불량(악액질cachexia)과 유사하게 근육쇠약, 피로, 당 신생 증가에 의한 글리코겐 고갈, 근육분해, 체중감소 등의 증상을 보인다. 신경성 식욕부진증이 장기간 지속되면 무월경 증상을 보이며 맥박수가 감소하고 갑상선 기능저하, 골다공증, 변비, 빈혈 등의 생리적 변화를 가 져올 수 있으며 면역기능 저하로 질병에 대한 저항력도 감소한다.

(2) 치료

신경성 식욕부진증의 치료를 위해서는 환자의 의학적, 정신과적, 심리학적, 영양학적 문제를 다루기 위해 각 분야의 전문인으로 구성된 종합적인 접근이 바람직하다. 체중감소를 방지하고 목표체중을 유지하기 위하여 점진적으로 에너지 섭취를 증가시키면서 규칙적이고 균형 잡힌 식사습관을 갖도록 한다. 섭식에 따라 처음에는 수화과정과 글리코겐이 채워지면서 체중이 증가하기 시작하고 차차 제지방과 체지방이 증가한다.

갑작스런 체중증가를 예방하기 위해서 탄수화물의 섭취를 줄이고 끼니를 거르지 않고 소량씩 자주 먹는 것이 좋다. 환자의 체중증가는 소변량, 부종의 정도, 조직의 수화정

신경성 식욕부진증의 진단 기준

- 1단계 : 표준체중 유지를 거부하고 표준체중의 85% 이하로 저하되거나 성장 기간에도 체중증가를 보이지 않으며 키와 나이에 맞는 체중의 85% 이하로 저하되거나 체질량 지수 17.5 이하
- 2단계 : 처음 체중보다 25% 이상 감소
- 저체중인데도 살찌는 것에 대한 극도의 공포를 가짐
- 자신의 체중이나 체형을 표현하는 방식이 왜곡되어 지나치게 외모나 체중을 강조하고 현재 저체중의 심각성을 거부
- 체중감소를 유발할 수 있는 다른 질병이 없음
- 생리 후 여성에게서는 무월경증 혹은 최소한 3번 이상 생리를 연속적으로 하지 않음
- 폭식이 동시에 나타나는 신경성 식욕부진증 환자의 경우 감성 조절이 잘 안 되며 기분이 잘 변하고 자살 충동 등을 나타냄
- 종류
  - 제한형 : 지난 3개월 동안 규칙적 폭식, 자기유발 구토, 완화제, 이뇨제 또는 관장제 남용없이 단지 섭취거부나 과도한 운동만을 시행
  - 폭식형 : 지난 3개월 동안 규칙적인 폭식, 자기유발 구토에 완화제 이뇨제 또는 관장제를 남용

도, 대사율, 이전의 비만 정도, 운동량에 따라 영향을 받으나 1주일에 0.5 kg 정도 증가되도록 계획하는 것이 좋다. 열량은 나이와 키를 고려한 체중의 90%를 회복 목표로 정한다. 처음에는 환자가 저인산혈증, 부정맥, 정신착란 등으로 위험할 수 있으므로 저열량으로 30~40 kcal/kg(하루 1,000~1,600 kcal) 정도를 처방하며 나중에는 70~100 kcal/kg(하루 3,000~4,000 kcal) 정도로 증가시킨다. 단백질은 이상체중 kg당 권장량만큼 처방하거나, 에너지의 15~20%로 하되 생물가가 높은 것으로 한다. 탄수화물은 에너지의 55~60%로 하되 변비예방을 위해 식이섬유를 풍부하게 섭취하도록 한다. 지방은 에너지의 20~25% 정도가 적당하나, 환자가 지방에 대해 거부감이 심할때는 15~20%로 줄일 수 있다. 저칼륨혈증이 잘 일어나므로 잘 익은 바나나, 오렌지주스 등 칼륨이 풍부한 음식을 충분히 섭취하도록 한다. 섭식이 시작되면 수주 안에 변비, 부종, 체중 증가가 나타날 수 있으나 일시적인 것이다. 변비가 심한 경우에는 식이섬유를 충분히 섭취하게 하고, 영양제 처방 시 철이 변비를 악화시키므로 철이 들어 있지 않은 영양제를 처방한다. 또한 부종이 심하면 염분 섭취를 줄여야 한다.

초기에는 환자의 위장 부담을 최소화하는 식품을 선택해야 하며, 경구 섭취가 불충분했을 때는 정맥주사 또는 튜브를 통한 영양공급 방법으로 보충할 수 있으나 구강 섭취가 우선적으로 이루어져야 한다. 활동량을 줄이기 위하여 환자를 누워 있게 하는 것이 체중증가에 도움이되고 자신을 환자로 자각하게 하여 병원 치료에 순응하게 하는 효과가 있다.

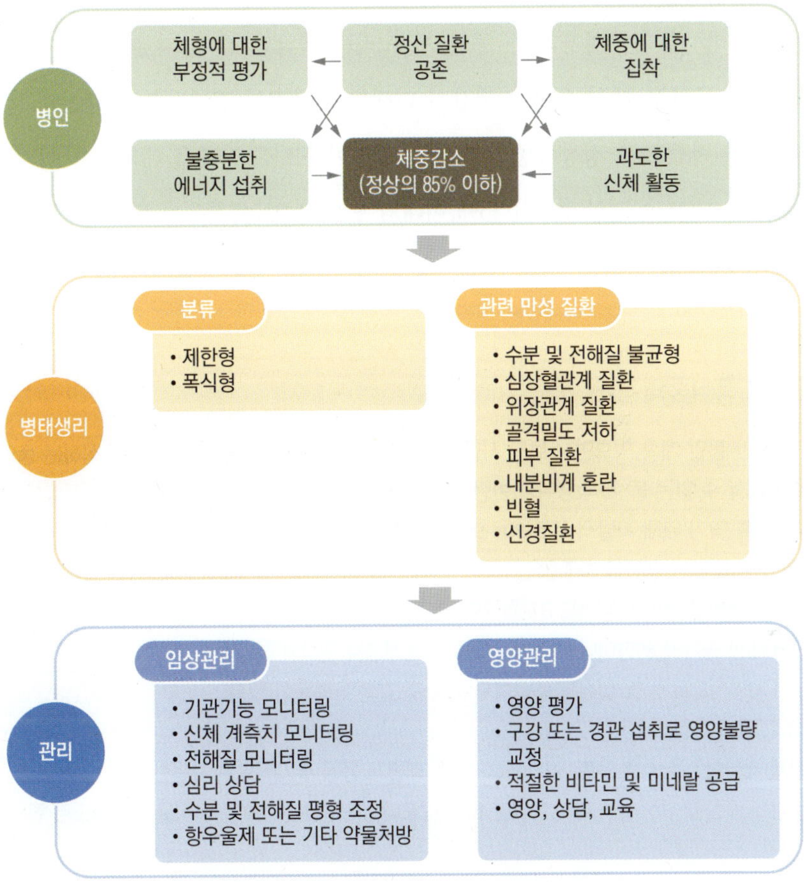

그림 7-3 신경성 거식증의 병태 생리 및 관리

2) 신경성 폭식증

(1) 특성

신경성 폭식증은 체형과 체중에 대한 불만으로 자신을 부정적으로 평가하여 충동적으로 남몰래 마구 먹기(폭식)를 한 후 체중증가를 방지하기 위하여 구토, 이뇨제, 또는 지사제를 사용하여 강제 배설purging을 하거나 절식이나 인위적인 구토, 과다한 운동 등의 극단적인 행위를 반복하는 정신적 질환이다. 반복된 절식과 과식으로 인체의 생리적·생화학적 균형이 교란되며, 계속되는 구토로 식도와 위가 파열되고, 산성의 토사물이 입·식도·후두의 점막을 부식시키며 치아의 에나멜 층을 파괴한다. 폭식증 환자는 체중조절을 위해 극도로 저열량식사를 하지만 깨어 있는 동안 계속 먹는 생각만 한다. 자긍심의 부족과 다이어트를 지속하지 못하는 데서 오는 죄책감이 더해져 극단적인 절망감으로 자살의 충동을 느끼기도 한다. 일반적으로 정상체중인 경우에도 일어나므로 진단을 내리기가 쉽지 않다. 환자들의 체중은 대체로 정상체중의 15% 이내의 범위에 있는 경우가 많으나 체중의 변화가 자주 급격하게 나타난다.

신경성 폭식증의 진단 기준

- 최근 2시간 동안 계속 먹으면서 보통 사람에 비해 엄청나게 많은 양을 먹었거나, 폭식하는 동안 먹는 것을 자제할 수 없는 등 폭식 행위가 빈번함
- 체중증가를 막기 위해 자발적 구토(80~90% 환자에게서 나타남), 설사제, 이뇨제 등을 쓰거나 심한 운동, 관장 등의 제거 행동을 자주함
- 폭식과 강제배설 행동이 적어도 3개월 안에 주 평균 1회 이상 있음
- 자신에 대한 평가가 체형이나 체중에 의해 과도하게 좌우된다고 생각함
- 자신이 자발적으로 음식 섭취를 중단하지 못할 것 같은 두려움이 있음
- 폭식의 2가지 유형
  - 강제 배설형 : 폭식 후 구토, 설사제, 이뇨제, 배변제 등을 주기적으로 사용함
  - 비강제 배설형 : 폭식 후 제거 행위는 하지 않으나 과도한 운동, 혹은 단식을 주기적으로 함

(2) 치료

신경성 폭식증 환자는 체중감소를 목적으로 폭식과 강제 배설을 한다. 신경성 폭식증 치료의 장기 목표는 체중감소이나 먼저 폭식-강제배설 순환을 끊고 정상 식사 행동을 회복하는 것이 중요하다.

에너지는 체중을 유지하는 선에서 처방하되 기초대사량(해리스-베네딕트 식에 의해 구함)

에 1.2~1.3을 곱해 필요한 열량을 구한다. 체중감소를 위해 식사제한을 할 경우 폭식-강제 배설 행동이 더 악화될 수 있으므로 정상적인 식사행동이 회복될 때까지 체중감량을 피한다. 단백질은 이상체중 kg당 권장량만큼 처방하거나 에너지의 15~20% 선으로 생물가가 높은 것으로 처방한다. 탄수화물은 에너지의 55~60%로 하고 변비 예방을 위해 식이섬유의 섭취를 늘린다. 지방은 에너지의 20~25%로 하며 필수지방산 공급에 유의한다. 비타민, 무기질은 에너지에 비해 충분히 공급하여야 하므로 치료 시작단계에서는 보충제를 사용할 수 있다. 변비가 있을 때는 철이 함유된 영양제는 피한다. 식사행동이 안정된 후 필요하면 체중감량을 실시한다.

신경성 폭식증 환자를 위한 영양중재 프로그램은 일반적으로 규칙적인 식사패턴 회복, 외모나 체중에 대한 신념 변화, 재발 방지 등의 3단계로 구성된다. 규칙적이고 다양한 식사를 위하여 환자가 평소 기피하던 음식이 체중에 영향을 주지 않음을 이해시키는 것이 좋다. 또한 신경성 폭식증 환자는 충동적이어서 술을 많이 마시거나 진정제, 각성제 등을 남용하기도 하므로 술이나 약물을 피하도록 교육하며, 카페인이 들어 있지 않은 음료를 권장한다. 체중은 일주일에 한 번만 측정하도록 하고, 계획된 폭식을 치료에 포함시켜 환자가 폭식 후 죄책감을 느끼지 않도록 할 수 있으며, 환자 자신이 가치가 있는 사람이고 여러 가지 면에서 장점이 많다는 자신감을 길러주는 것이 중요하다.

CHAPTER

8

당뇨병

1. 분류 및 증상
2. 진단
3. 대사
4. 합병증
5. 약물치료
6. 임상영양치료
6. 소아청소년기 당뇨병

CLINICAL NUTRITION

당뇨병은 인슐린의 분비나 작용 또는 두 가지 모두의 결함으로 발생한 고혈당에 의해 야기되는 질병으로 탄수화물, 단백질, 지방 대사에 영향을 미친다. 인슐린은 췌장 랑게르한스섬의 β-세포에서 분비되는 호르몬으로, 우리 몸이 에너지를 사용하고 저장하는 데 관여한다. 인슐린의 작용이 효율적이지 않으면 고혈당이 발생하며, 이 때문에 당뇨병의 단기 또는 장기 합병증이 발생한다.

당뇨병은 나이가 들면서 유병률이 증가하며, 민족에 따라서도 유병률이 달라진다. 당뇨병으로 인한 사망률 또한 날로 증가하고 있는데, 이는 조기 진단과 치료에 의해서 감소할 수 있다.

1. 분류 및 증상

당뇨병은 1형 당뇨병, 2형 당뇨병, 임신성당뇨병 및 기타 당뇨병으로 분류되며, 정상과 임상적 당뇨병의 중간단계를 당뇨병 전단계라 한다

1) 당뇨병 전단계

혈당의 항상성이 손상된 경우를 당뇨병 전단계prediabetes라 하며 공복혈당장애impaired fasting glucose와 내당능장애impaired glucose tolerance를 포함한다. 이러한 상태는 공복혈장 포도당fasting plasma glucose이나 경구포도당부하검사oral glucose tolerance test에 의해 판명되며, 당뇨병 전단계 환자는 임상적 당뇨병으로 발전할 가능성이 높고 심혈관계질환의 발병 위험도 높다.

2) 1형 당뇨병

1형 당뇨병type I diabetes의 가장 주된 원인은 췌장 β-세포의 파괴이며 일반적으로 절대적인 인슐린 결핍이 초래되고 이로 인해 고혈당hyperglycemia, 다뇨polyuria, 다갈polydipsia, 체중감소, 탈수, 전해질 교란electrolyte disturbance과 케톤산증ketoacidosis이 발생한다표 8-1. 1형 당뇨병 환자는 전체 당뇨병 환자의 5~10%를 차지하며, 생존과 케톤증 예방을 위해서 인슐린의 공급이 필수적이다. 여러 연령대에서 다 발생할 수 있으나 주로 어린이들이나 젊은이들에게서 나타난다. 발병 초기에는 어느 정도 β-세포가 남아 있어 인슐린이 합성되어 분비되나 점차 β-세포의 파괴가 진행되어, 결국 인슐린의 합성 및 분비가 전혀 되지 않는다.

1형 당뇨병은 면역매개성 당뇨병immune-mediated diabetes mellitus과 특발성 당뇨병idiopathic type 1 diabetes mellitus의 두 가지 형태로 분류된다.

표 8-1 1형 당뇨병의 병태생리와 관리

<table>
<tr><td>병인</td><td>면역매개성
특발성</td><td colspan="2">• β-세포 파괴로 인슐린의 절대적 결핍
• 인슐린저항성 없음</td></tr>
<tr><td rowspan="4">병태생리</td><td rowspan="4">증상</td><td colspan="2">• 고혈당: β-세포 파괴와 인슐린 투여량에 따라 변동폭 큼
• 다뇨, 다갈, 다식
• 심각한 체중감소
• 전해질 교란
• 케톤산증: 흔함</td></tr>
<tr><td>• 대혈관질환</td><td>- 관상동맥질환
- 말초혈관질환
- 뇌혈관질환</td></tr>
<tr><td>• 미세혈관질환</td><td>- 망막변증
- 신증</td></tr>
<tr><td colspan="2">• 신경장애</td></tr>
<tr><td rowspan="3">관리</td><td rowspan="2">임상관리</td><td colspan="2">• 날마다 혈당 모니터링
• 당화혈색소 측정</td></tr>
<tr><td>• 투약(모든 환자에게 필요)</td><td>- 인슐린 투여
- 인슐린 펌프</td></tr>
<tr><td>영양관리</td><td colspan="2">• 모든 환자에게 필요하나 식사요법만으로는 불충분
• 식품섭취와 인슐린 작용시간 동기화 : 인슐린 투여량이 정해진 경우 식사시간과 탄수화물 섭취량을 일정하게 조절
• 식사의 탄수화물 함량에 식전 인슐린 투여량을 맞춤
• 어린이인 경우 성장 발달에 충분한 에너지와 영양소 섭취</td></tr>
</table>

(1) 면역매개성 당뇨병

자가면역에 의한 췌장 β-세포의 파괴로 발생한다. 유전적 소인이 있는 경우에 발생하며 인슐린을 생산하는 β-세포가 자가면역에 의해 파괴된다. 자가면역에 의한 β-세포의 파괴에는 여러 가지 유전적 소인이 관여한다.

면역매개성 당뇨병은 주로 아동기나 청소년기에 발생하지만, 어느 시기에나 발병할 수 있으며 노년기에 발병되기도 한다. 어린이나 청소년에서는 케톤산증이 첫 번째 증상으로 나타나며, 일부는 심하지 않은 중 정도의 고혈당 상태로 있다가 감염이나 스트레스가 있을 경우 심한 고혈당이나 케톤산증을 보이며, 두 증상이 동시에 수반되기도 한다.

(2) 특발성 당뇨병

소수의 1형 당뇨병 환자는 그 원인이 알려져 있지 않은 경우가 있는데, 이를 특발성 당뇨병이라 한다. 대부분 아프리카나 아시아인에서 나타나며 영구적으로 인슐린 부족증을 보여 케톤산증이 발생하나 자가면역의 증거를 찾을 수 없어 특발성 당뇨병으로 분류된다.

3) 2형 당뇨병

2형 당뇨병type II diabetes은 인슐린 분비와 작용의 복합적 결함에 의해 발생하며 인슐린저항성과 상대적 인슐린 부족증을 보인다. 2형 당뇨병은 초기에 진단을 받지 못하는 경우가 많은데 이는 진행성 질환으로 고혈당이 서서히 점진적으로 발생하며, 초기에는 환자가 당뇨병의 전형적인 증상을 느낄 만큼 증상이 심각하지 않기 때문이다. 당뇨병으로 진단받기 전이라 하더라도 이미 혈관 합병증의 위험이 있다.

2형 당뇨병의 위험요소는 유전, 당뇨병 가족력을 포함한 환경, 나이, 비만(특히 복부비만), 신체활동 부족, 임신성 당뇨병 경험, 당내성 손상 등이며, 인종, 민족 등의 영향을 받는다. 또한 체지방 과다와 비만 유병기간 등도 2형 당뇨병의 위험요소로 대두되고 있다. 서구에서는 2형 당뇨병 환자의 대부분이 비만이지만 우리나라의 경우 비만하지 않은 환자들도 많다 표 8-2.

대부분의 경우 2형 당뇨병은 인슐린 저항과 당뇨병의 진전에 따른 β-세포의 파괴가 모두 원인으로 작용한다. 인슐린 저항의 주요 표적기관은 근육과 간이며, 인슐린 저항이 발생하면 일시적으로 인슐린의 분비가 증가하여 혈당을 정상으로 유지한다. 그러나 당뇨병이 진행되면서 인슐린의 생성이 점차적으로 감소하게 된다. 2형 당뇨병에서 고혈당은 인슐린 저항으로 인해 식후 혈당이 증가하는 것으로부터 시작되는데, 이 때문에 2차적으로 공복혈당도 증가하게 된다. 가장 심각한 문제는 고혈당이 인슐린의 민감성과 인슐린 분비에 미치는 유해한 영향으로 이를 당 독성glucotoxicity이라 한다. 인슐린저항성은 또한 지방세포에서도 나타나 지방분해lipolysis를 유도하고 결과적으로 순환 유리지방산의 농도를 증가시킨다. 증가된 지방산은 인슐린 민감도를 더 감소시키며 췌장의 인슐린 분비를 손상시키고 간의 포도당 생성을 증가시킨다(지방 독성lipotoxicity). 위 두 가지 손상이 2형 당뇨병의 진행에 중요한 역할을 하며 치료의 중요한 표적이 된다.

2형 당뇨병 환자는 당뇨병의 일반적인 증상을 나타내는 경우도 있고 나타내지 않는 경우도 있다. 일반적으로는 1형 당뇨병에서와 같은 다뇨, 다갈, 다식증 및 케톤증이 드물다. 또한 초기에는 인슐린의 혈장농도가 감소하지 않으므로 외부에서 인슐린을 공급할 필요가 없고 인슐린에 대한 세포의 감수성을 높이는 약물(경구용 혈당강하제) 치료를 한다. 그러나 일부 환자들의 경우 결국에는 만족스러운 혈당조절을 위하여 외부에서 인슐린 주입이 필요하다. 또한 아프거나 수술로 인한 스트레스에 의해 고혈당이 발생했을 때도 인슐린이 필요하다.

표 8-2 2형 당뇨병의 병태생리와 관리

<table>
<tr><td>병인</td><td>유전
운동부족, 노화, 비만
열량 과잉 섭취</td><td colspan="2">•인슐린 작용 부족 : 인슐린의 양은 적정량 또는 과량-20~30% 환자에게만 인슐린 투여가 필요함
•인슐린저항성</td></tr>
<tr><td rowspan="2">병태생리</td><td>임상소견</td><td colspan="2">•인슐린 분비와 작용이 비정상
•포도당의 세포 내 수송감소, 식후 혈당증가
•이른 아침 간에서 포도당 방출(당신생) 증가</td></tr>
<tr><td>증상(가변적)</td><td colspan="2">•고혈당 : 혈당 변동 폭이 1형 당뇨병보다 작으며 인슐린 투여에 영향받지 않음
•다뇨, 다갈, 다식
•발병초기에는 비만이나 병의 진행에 따라 체중감소</td></tr>
<tr><td rowspan="3">관리</td><td rowspan="2">임상관리</td><td>•모니터링</td><td>- 혈당
- 당화혈색소</td></tr>
<tr><td>•투약 : 구강 혈당강하제</td><td>- 설포닐유레아
- 비설포닐유레아 secretagogues
- α-글루코시다아제 저해제
- 티아졸리디네디온
- 인크레틴</td></tr>
<tr><td>영양관리</td><td colspan="2">•혈당, 지질이상, 혈압을 개선할 수 있는 생활습관 개선
•영양교육 : 탄수화물 계산법, 지질 변형
•5~10% 체중감소를 유도할 수 있는 에너지 제한
•섭취와 투약의 적정성 평가를 위해 혈당 모니터링</td></tr>
</table>

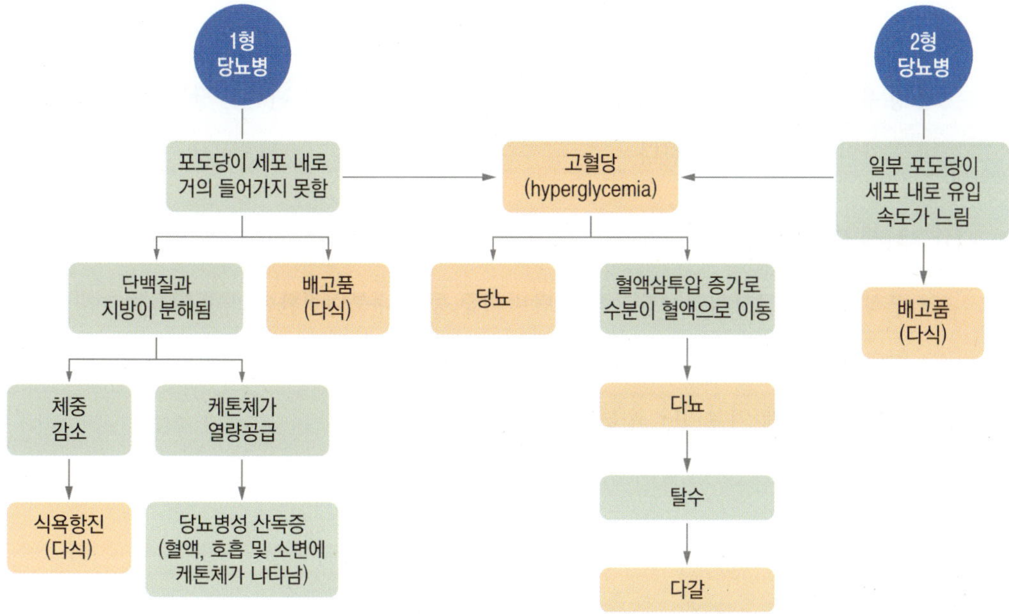

그림 8-1 1형과 2형 당뇨병의 대사적 변화에 따른 급성 임상적 증상

4) 임신성 당뇨병

임신성 당뇨병gestational diabetes mellitus: GDM은 포도당 불내성glucose intolerance이 임신기간에 발견되거나 처음으로 진단된 경우를 말한다. 임신 전에 1형 또는 2형 당뇨병 진단을 받은 경우에는 임신성 당뇨병으로 분류되지 않는다. 임신성 당뇨병은 주로 임신 2~3분기에 진단되며, 이 시기에는 인슐린 길항 호르몬insulin-antagonist hormone의 수준이 증가하고 인슐린 저항이 발생한다. 임신성 당뇨병이 적절하게 치료되지 않으면 태아 사망률 및 유병률이 증가하고 임신중독증, 조산 및 수술적 분만율이 증가한다. 특히 임신 말기에 혈당조절이 잘되지 않으면 거대아 출산, 태아의 저혈당 증세 및 호흡곤란 증세 등을 초래할 수 있다.

임신성 당뇨병 환자의 대부분은 분만 후 혈당이 정상화되고 인슐린 감수성이 호전된다. 그러나 분만 후 검사 시 혈당이 정상화되었다고 해도, 임신성 당뇨병 여성은 2형 당뇨병 발생의 고위험군이므로 정기적으로 검사를 시행하고 적절한 생활습관을 유지하는 것이 좋다.

5) 기타 당뇨병

특정 유전이나 수술, 약물, 영양불량, 감염 또는 다른 질환과 관련된 당뇨병으로 전체 당뇨병 환자의 1~2%를 차지한다.

(1) 2차성 당뇨병

- 쿠싱증후군, 갑상선기능항진증, 말단비대증 등의 내분비질환에 의한 당뇨병
- 인슐린 분비를 방해하는 약물이나 인슐린 작용을 저해하는 약물에 의한 당뇨병
- 인슐린 수용체 이상이나 유전적 질환에 의한 당뇨병
- 췌장손상이나 간질환 등의 기타 질환에 의한 당뇨병

(2) 영양실조형 당뇨병

개발도상국에서 발생하는 영양실조와 관련된 당뇨병으로 영양실조로 인한 췌장의 기능부전에 따른 인슐린 분비 부족이나 여러 가지 환경적 요인에 대한 민감성 등이 원인이나 다뇨, 다갈, 체중저하가 나타나고, 성장기나 당뇨병 발생 전에 영양결핍, 특히 단백질의 섭취부족으로 표준체중의 90% 이하인 저체중의 상태에서 발병하는 것이 특징이다. 인슐린 투여가 반드시 필요하며, 임상학적 소견에 따르면 1형과 2형의 중간형이다.

2. 진단

1) 공복혈장포도당, 경구포도당부하 및 당화혈색소

당뇨병 진단은 **표 8-3**과 같이 공복혈장포도당, 경구포도당부하검사 및 당화혈색소glycosylated hemoglobin: HbA1c를 이용하며, 반드시 다음날 다시 한 번 검사하여 확인하여야 한다.

혈당이 높으면 성숙한 혈색소와 포도당이 결합하여 당화혈색소가 생성된다. 혈당이 증가할수록 당화혈색소량도 증가하는데, 당화혈색소는 정상혈색소에 비해 산소 결합력이 낮아 혈관 퇴화의 원인이 된다. 증가된 당화혈색소의 농도가 정상수준으로 회복되려면 혈당이 정상적으로 조절된 후에도 5~6주 정도가 소요된다. 즉 당화혈색소는 최근 2~3개월 동안

의 혈당조절 능력을 가장 적확하게 반영하므로 당뇨병 환자가 병원을 방문하기 전의 당뇨병 관리 정도를 알 수 있다. 당화혈색소가 6.5% 이상이면 당뇨병으로 간주한다.

당뇨병의 진단 기준은 표 8-3과 같으며, 임신성 당뇨병의진단 기준은 표 8-4와 같다.

표 8-3 당뇨병의 진단 기준

구분	정상	당뇨병 전단계		당뇨병
		공복혈당장애	내당능장애	
공복 혈장포도당[1]	<100 mg/dL	100~125 mg/dL		≥126 mg/dL 또는[3]
경구포도당부하 2시간 후 혈장 포도당[2]	<140 mg/dL		140~199 mg/dL	≥200 mg/dL 또는[3]
당화혈색소	-			≥6.5 %

[1] 공복혈장포도당: 8시간 이상 금식 후 측정한 혈당

[2] 75g경구포도당부하 2시간 후 혈장포도당

[3] 부작위 혈장포도당(식사시간과 무관하게 낮에 측정한 혈당) ≥ 200 mg/dL이면서 당뇨의 전형적인 증상 (다뇨, 다음, 설명되지 않는 체중감소)기 있는 경우도 당뇨병으로 진단

출처: 대한당뇨병학회, 당뇨병 진료지침, 2023

표 8-4 임신성 당뇨병의 선별과 진단

구분	내용	
임신 후 첫 병원 방문 시	1) 모든 임신부는 임신 후 첫 병원 방문 시 공복혈장포도당, 무작위혈장포도당, 또는 당화혈색소를 검사한다. 2) 다음 중 하나 이상에 해당하면 당뇨병이 있었던 것으로 진단한다. • 공복혈장포도당 ≥ 126 mg/mL • 무작위혈장포도당 ≥ 200 mg/mL • 당화혈색소 ≥ 6.5%	
임신 24~28주	1단계 접근법	2단계 접근법
	75g 경구포도당내성검사: 아래 기준을 하나 이상 충족 시 임신당뇨병으로 진단 • 공복혈장포도당 ≥ 92 mg/mL • 포도당 부하 후 1시간 혈장포도당 ≥ 180 mg/mL • 포도당 부하 후 2시간 혈장포도당 ≥ 153 mg/mL	50g 경구포도당내성검사 후 양성(포도당부하 후 1시간 혈장포도당≥130 mg/mL)이면 100 g 경구포도당내성검사 시행: 아래 기준을 둘이상 충족시 임신당뇨병으로 진단 • 공복혈장포도당 ≥ 92 mg/mL • 포도당 부하 후 1시간 혈장포도당 ≥ 180 mg/mL • 포도당 부하 후 2시간 혈장포도당 ≥ 155 mg/mL • 포도당 부하 후 3시간 혈장포도당 ≥ 140 mg/mL

출처 : 대한당뇨병학회, 당뇨병 진료지침, 2023

경구포도당부하검사 방법

1. 검사 전 적어도 3일 동안 평상시의 활동을 유지하고 하루 150 g 이상의 탄수화물을 섭취한다
2. 검사 전 날 밤부터 10~14시간 금식 후 공복혈장포도당 측정을 위한 채혈을 한다
3. 250~300 mL의 물에 희석한 포도당 75 g이나 150 mL의 상품화된 포도당용액을 5분 이내에 마신다.
4. 포도당을 마시고 2시간 후에 포도당부하 후 혈장포도당 측정을 위한 채혈을 한다(포도당용액을 마시기 시작한 시간을 0분으로 한다).
5. 필요한 경우 포도당부하 후 30분, 60분, 90분째 혈장포도당을 측정할 수 있다.

2) 혈청 인슐린과 C-펩타이드 농도

C-펩타이드는 췌장에서 생성된 프로인슐린의 일부로 혈액 중에서 인슐린과 1:1로 분리되므로 혈중 인슐린 농도와 C-펩타이드 농도는 같은 비율이다. C-펩타이드 농도를 측정함으로써 당을 섭취한 후 일어나는 인슐린의 분비 시간과 양을 예측할 수 있다. 정상범위는 공복 시 1~2 ng/mL, 당부하 검사 시 2시간 후 4~6 ng/mL이다.

3) 요당

혈당치가 180 mg/dL 이상이 되면, 신세뇨관 포도당 재흡수율이 초과되어 소변으로 당이 배설된다. 요당은 스틱이나 테이프를 이용하여 손쉽게 측정할 수 있으며, 하루에 소변으로 20 mg 이하의 포도당이 배설되는 것이 정상인데 당뇨병 환자는 그 이상 배설한다. 그러나 요당검사가 양성이라 하여도 모두 당뇨병은 아니므로 혈당검사를 병행하는 것이 정확하다.

3. 대사

1) 탄수화물 대사

인슐린은 혈액으로부터 세포 내로 포도당을 수송할 뿐 아니라 세포 내에서 포도당의 연소와 글리코겐 형성을 촉진한다. 식사 후 혈당이 상승하면 인슐린이 분비되어 혈중 포도당

이 간, 근육 세포내로 빠르게 운반된다. 포도당은 세포 내에서 해당과정, TCA 회로, 전자전달계를 거쳐 ATP를 만들며 여분의 포도당은 간이나 근육에서 글리코겐의 형태로 저장됨으로써 혈당을 낮춘다. 식사 후 3~4시간이 지나 혈당이 공복 시 혈당으로 떨어지면 간의 글리코겐 분해로 생성된 포도당과, 아미노산, 글리세롤, 피루브산 또는 젖산이 포도당으로 전환되는 당신생에 의해 혈당치가 유지된다. 혈당의 조절은 인슐린과 인슐린 길항 호르몬인 글루카곤, 부신피질자극호르몬ACTH, 글루코코르티코이드, 에피네프린, 갑상선호르몬, 성장호르몬 등에 의해 조절된다. 당뇨병 환자는 인슐린의 분비 또는 작용 부족으로 세포내로 포도당 수송이 어려워 세포가 포도당을 이용하지 못하므로 배고픔을 느껴 먹고자 하는 욕구가 생긴다(다식). 또한 글리코겐의 분해와 당신생이 증가하여 고혈당을 초래한다.

혈당치가 신장의 역치인 180 mg/dL 이상이 되면 세뇨관에서 포도당 재흡수가 완전하게 안 되므로 소변으로 포도당이 배설된다. 소변으로 포도당이 배설될 때 물과 나트륨의 배설도 함께 증가하므로 소변량이 증가하며(다뇨), 이 때문에 갈증이 생기고(다갈), 물을 많이 마시게 된다(다음)그림 8-2.

2) 지질 대사

당뇨병 환자는 포도당의 이용감소, 글리코겐 합성 저하, 간의 글리코겐 저장량 감소로 당대사에 의한 에너지 공급이 부족하여 지방분해가 촉진된다. 인슐린이 부족하면 지단백분해효소lipoprotein lipase: LPL의 활성은 저하되고 호르몬 민감성 리파아제hormone sensitive lipase: HSL의 활성이 증가된다. 따라서 혈중 지단백질의 농도가 높아지고 지방조직에 저장되었던 중성지방이 많이 분해되어 혈중 유리지방산의 농도가 증가한다. 또한 간에서 아세틸-CoA로부터 콜레스테롤의 합성이 증가하여 혈중 콜레스테롤을 상승시킨다. 지질대사 이상으로 인한 혈중 중성지방이나 유리지방산, 콜레스테롤의 증가는 이상지질혈증을 유발하며 동맥경화증 유발 가능성을 증가시킨다. 증가된 혈중 유리지방산은 여러 조직에서 에너지원으로 사용된다. 또한 간에서도 지방산의 β-산화로 아세틸-CoA가 많이 생성되지만 탄수화물대사 저하로 옥살로아세트산이 부족하여 아세틸-CoA가 TCA 회로로 들어가지 못하고 케톤체ketone body를 형성하여 케톤증ketosis을 유발한다. 케톤체가 혈액 중에 증가하면 당뇨병성 케톤산증diabetic ketoacidosis이 발생하며 호흡 시 썩은 과일 냄새가 나고 소변량이 증가된다. 또한 피로감, 메스꺼움, 식욕감퇴 등이 나타나고 심하면 당뇨병성 혼수diabetic coma상태가 된다 그림 8-2.

3) 단백질 대사

당뇨병 환자는 인슐린이 부족하거나 저항성이 있어 포도당을 에너지원으로 이용하지 못하므로 간과 근육에서 지방분해뿐 아니라 단백질 분해도 촉진된다. 이때 생성된 아미노산은 당신생에 의해 포도당으로 전환되어 혈당을 증가시킨다. 또한 아미노산이 에너지원으로 직접 사용되기도 하는데, 아미노기가 간으로 운반되면서 요소 합성이 촉진되어 요 중 질소 배설량이 증가한다. 인슐린이 부족하여 근육으로 곁가지아미노산(발린, 루신, 이소루신)이 유입되지 못하여 혈중 농도가 상승된다. 이와 같이 체단백질이 많이 분해되면 신체쇠약, 성장저하, 감염에 대한 저항력 저하 등이 발생한다그림 8-2.

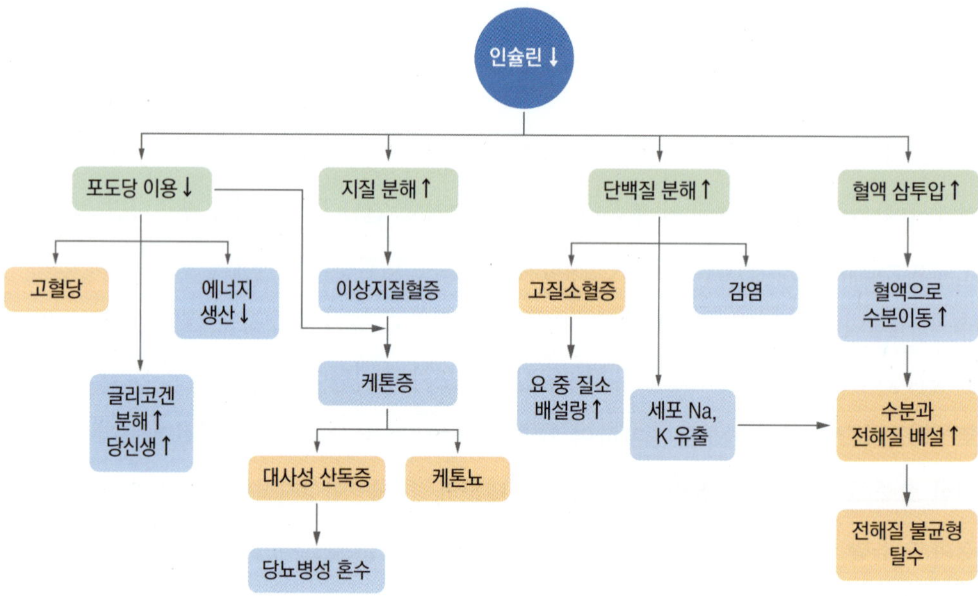

그림 8-2 당뇨병의 대사이상

4) 전해질 대사

당뇨병 환자는 혈당상승으로 혈액의 삼투압이 증가되어 수분이 세포에서 혈액으로 이동된다. 혈액 포도당과 케톤체가 배설될 때 다량의 수분이 함께 배설되어 요량이 증가하고, 이 때문에 탈수 및 갈증이 유발된다. 또한 체단백의 분해에 따라 세포 내 칼륨이 유출되며 나트륨, 칼륨 등 전해질이 케톤체와 함께 소변으로 배설되어 전해질 대사에 이상이 생기게 된다그림 8-2.

4. 합병증

당뇨병의 합병증은 이환기간 및 혈당조절과 관계가 있으며, 급성과 만성으로 나뉜다.

1) 급성 합병증

급성 합병증은 고혈당, 고혈당 고삼투압질 상태hyperosmolar hyperglycemic state, 당뇨병성 케톤산증diabetic ketoacidosis, 저혈당 등이 있다.

(1) 고혈당증

고혈당hyperglycemia의 원인은 과식, 단순당 및 열량 섭취증가, 고지방식사, 과다한 간식 등의 식사성 요인과 스트레스, 생리주기, 임신, 운동, 감염, 여명현상 등 대사적 요인이 있다. 또 인슐린 주사 부위 카테터가 막힌 경우, 반동성 고혈당증, 인슐린 보관 잘못으로 약효가 저하된 경우, 잘못된 인슐린 처방 등 인슐린 투여 관련 요인이 있다.

심한 고혈당이 지속되면 고혈당 고삼투압질 상태과 당뇨병성 케톤산증이라는 2가지의 급성 대사성 합병증이 발생할 수 있다. 고삼투압성 고혈당 고삼투압질 상태는 주로 고령의 2형 당뇨병 환자 특히 복막투석을 하는 경우에 나타난다. 케톤체는 상승하지 않지만 글루카곤 등의 길항 호르몬이 과다하게 분비되어 당생성이 증가되면서 혈당이 600 mg/dL까지 증가하여 중추신경장애가 나타난다. 당뇨병성 케톤산증은 인슐린의 절대적 또는 상대적 결핍으로 발생하며 2형 당뇨병에서도 발생될 수 있으나 주로 1형 당뇨병에서 발생된다. 과식을 하거나 인슐린 투여량이 충분하지 않을 때, 혹은 중단되었을 때 발생하기도 하고 감염, 수술, 상처, 심한 우울증이나 불안 등으로 과다하게 분비된 길항 호르몬에 대응할 정도의 인슐린이 체내에 흡수되지 못할 경우에도 발생한다표 8-5.

표 8-5 고혈압 고삼투압질상태와 당뇨병성 케톤산증의 비교

구분	고혈당 고삼투압질 상태	당뇨병성 케톤산증
위험군	2형 당뇨병 환자(주로 고령층)	주로 1형 당뇨병 환자
원인	•수분섭취 부족 •심근경색, 뇌졸중, 감염성 질환, 심한 스트레스, 탈수로 혈당이 지속적으로 상승되는 경우(>600mg/dL) •인슐린 또는 경구용 혈당강하제 치료를 중단하는 경우	•인슐린 부족으로 과잉의 케톤체 생성 •인슐린 투여량 부족 또는 중단 •식사처방을 따르지 않을 때
기전	•길항 호르몬의 과분비로 간의 당생성이 증가하여 혈당이 증가하고 중추신경장애가 발생 •고혈당, 고삼투압성으로 인한 탈수	•인슐린 부족으로 체지방이나 체단백이 분해되어 과잉의 아세틸 CoA 생성. 그 결과 케톤체 형성이 증가하여 케톤증 발생
병태생리	•혈당조절이 어려움 •혈당, 나트륨 농도 상승으로 혈액 삼투압 증가 •지속적인 고혈당으로 요당, 삼투성 이뇨 •탈수로 인한 저체액증, 혈액농축 •혈액 점성증가로 혈류량이 감소하여 조직 저산소증 •신경 징후 증상 •혈중요소질소와 크레아틴 상승 •인슐린 작용이 일부 유지되어 케톤증은 예방됨	•인슐린이 절대적으로 부족하여 혈당조절이 어려움 •케톤체 상승으로 대사성 산독증 •글루카곤, 카테콜아민, 성장호르몬, 코티솔 등의 분비 증가로 케톤산증 악화 •삼투성 배뇨로 전해질과 수분 상실
증세	•초기 : 다뇨, 탈수, 피로, 권태, 오심, 구토 •후기 : 저체온, 발작, 혼미, 혼수, 근육쇠약, 패혈증, 출혈, 위장관계증상(복통, 설사)	•초기 : 다갈, 다뇨, 피로, 권태, 졸림, 식욕부진, 오심, 구토, 복통, 근육위축 •후기 : 호흡 시 아세톤 냄새, 저혈압, 약한 맥박, 혼미, 혼수
치료	•병원치료가 원칙 •수분과 전해질 불균형을 교정하기 위하여 정맥으로 수액 공급 •혈당조절을 위해 소량의 인슐린 투여 •혼수, 발작, 쇼크 같은 증상 발생 예방	•정맥으로 수액공급 •소량 인슐린 정맥투여 •극심한 산독증일 때 수액 대신 전해질용액 투여. 때로는 중탄산염을 정맥주사 •고혈당과 당뇨가 감소되면 혈당저하를 막기 위해 5% 포도당 용액 보충 •혼수상태가 회복되면 과일주스, 탈지유, 과즙, 채소즙, 맑은 국물을 주고 점차 일반식으로 이양

(2) 저혈당증

혈당이 60 mg/dL 이하로 내려가 여러 가지 신경 및 정신 증세를 나타내는 경우로 인슐린 주사나 경구용 혈당 강하제를 사용하지 않는 환자는 거의 저혈당hypoglycemia이 나타나지 않는다. 즉 인슐린 치료를 받는 환자가 인슐린이나 분비 촉진 약물을 사용하면서 음식 섭취 및 신체활동에 변화가 있거나 약물 용량이 과할 때 저혈당이 유발될 수 있다. 혈당이 정상 이하로 떨어지면 먼저 교감신경계가 자극되어 식은땀, 손 떨림, 가슴 두근거림, 빈맥, 안면 창백 등의 증상이 나타날 수 있다. 또한 중추신경계 활성을 억제하는 증상인 구토, 시야장애, 공복감, 졸림, 어지러움 등이 나타날 수 있다. 혈당이 50 mg/dL 이하로 심하게 저하되면 이상행동을 보이거나 경련이 유발되고 심하면 혼수상태에 빠질 수 있다. 저혈당 시 필요한 단순당 15~20 g을 포함하는 식품은 설탕(15g), 꿀 1큰술, 주스 또는 청량음료 3/4컵(100 mL), 요구르트 1개, 사탕 3~4개 등이다.

표 8-6 저혈당 원인, 치료 및 예방

구분		내용
원인	식사	•식사량이 갑자기 줄었거나 굶었을 경우 •식사시간이 지연되었을 경우 •식사시간이 불규칙할 경우 •과음 또는 공복에 술을 마신 경우 •설사나 구토가 심할 경우
	운동	•운동을 평소보다 심하게 할 경우 •공복상태에서 운동을 할 경우 •혈당이 낮을 때 운동을 할 경우
	약물	•인슐린 주사량이 많은 경우 •경구혈당강하제를 처방량보다 많이 복용한 경우 •인슐린 필요량을 높였던 문제(다른 질병, 스트레스 등)가 해결된 경우
치료		•혈당 측정 후 15~20 g의 포도당이나 탄수화물 함유식품 섭취 •10~15분 후 혈당 재측정, 계속 60 mg/dL 이하면 1회 더 15 g 탄수화물 섭취 •혈당조절 후 혈당을 120~130 mg/dL 정도로 유지할 수 있도록 적당량 섭취 •다음 식사까지 1시간 이상 남은 경우 복합탄수화물과 단백질 식품을 추가로 섭취 •탄수화물 투여로 교정이 안 되는 심한 저혈당 시는 글루카곤의 응급 투여 •의식이 없을 경우 기도가 막힐 수 있으므로 경구섭취를 금하고 병원으로 후송→포도당정맥주사(10~25 g)
예방		•균형 잡힌 식사와 규칙적인 운동 •규칙적인 식사시간이나 간식시간 •규칙적인 혈당 측정 및 기록 •처방대로 약물 투여 •가족, 친구, 동료들에게 저혈당의 증상과 치료법을 알려줌 •운전, 장시간 보행, 산행 등을 할 경우 저혈당을 대비하여 포도당 함유 음식 소지 •야간 저혈당을 막기 위하여 취침 전 혈당을 100~140mg/dL 정도로 유지하고 취침 전 혈당이 이보다 낮으면 간식 섭취

2) 만성 합병증

당뇨병의 만성 합병증은 대혈관질환macrovascular disease, 미세혈관질환microvascular disease 및 신경장애neuropathy가 있다. 대혈관질환은 관상심장병coronary heart disease, 말초혈관질환 peripheral vascular disease, 뇌혈관질환cerebrovascular disease이 흔하며 당뇨병 환자는 이들 질환이 더 악화된다. 미세혈관질환은 소혈관의 흐름에 문제가 생긴 경우이며 신증nephropathy과 망막병증retinopathy이 있다. 당뇨병성 신경장애는 신경손상으로 발생한다그림 8-3.

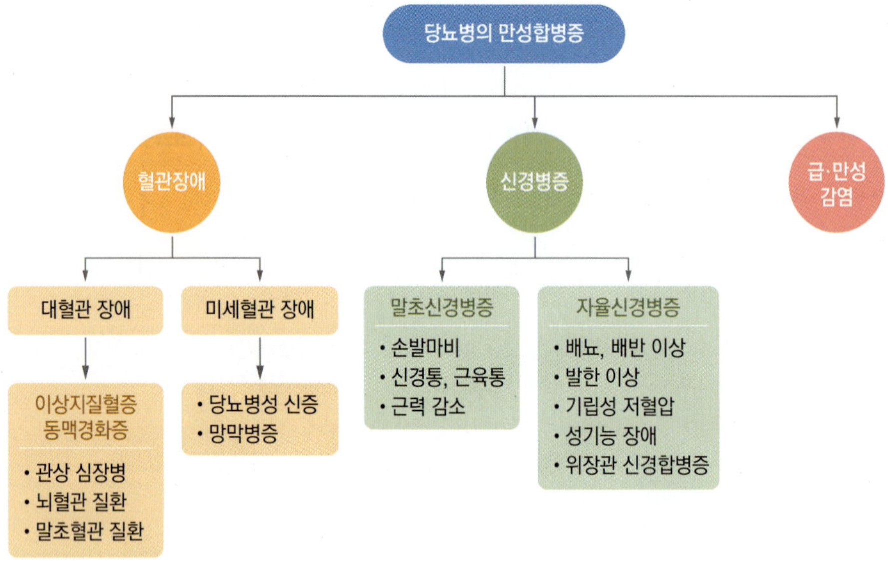

그림 8-3 당뇨병의 만성합병증

(1) 대혈관 질환

인슐린저항성은 특히 복부비만인 경우 많이 발생하며 지질대사 이상, 고혈당, 내당능장애 등 대사증후군의 여러 가지 대사 변화를 초래하고 대혈관 합병증의 유병률을 증가시킨다. 유전, 흡연, 앉아 있는 생활습관, 고지방식, 콩팥병(신부전), 미세 알부민뇨증 등도 대혈관질환의 위험요인이다.

① 지질대사 이상

당뇨병 환자들은 지질대사 이상을 보여 심혈관계 질환의 유병률이 증가된다. 2형 당뇨병의 경우 콜레스테롤과 중성지방이 증가하고 HDL-콜레스테롤이 감소된다. 더구나 LDL-콜레스테롤이 심각하게 높지 않아도 동맥경화를 일으키는 작고 밀도가 큰 LDL 입자가 증가한다. 일단 LDL-콜레스테롤치를 낮춰야 하는데 임상영양치료와 함께 신체활동 증가, 체중감소, 금연 등이 효과가 있다. 그러나 혈당조절이 잘 안 되고 생활습관 변화에도 LDL-콜레스테롤 수준이 감소하지 않으면 HMG-CoA 환원효소 저해제인 스타틴Statin을 사용한다. 당뇨병과 대혈관질환을 함께 가지고 있는 환자의 경우 혈전 생성을 막기 위하여 아스피린이 처방되기도 한다.

② 고혈압

당뇨병 환자의 고혈압 치료는 대혈관 또는 미세혈관 질환의 위험을 감소시킨다. 따라서 당뇨병 환자는 심혈관질환이나 심혈관질환 위험인자를 동반하지 않는 경우는 140/90 mmHg, 심혈관질환이 있거나 표적장기 손상(알부민뇨, 만성신장질환, 망막변증, 좌심실 비대) 또는 심혈관질환 위험인지를 동반한 경우는 혈압이 130/80 mmHg 이하로 유지되도록 자주 혈압을 측정하여야 한다. 만일 임상영양치료를 통해 목표 혈압치에 도달하지 못하면 레닌-안지오텐신renin-angiotensin계를 차단하는 약물치료도 함께 처방받아야 한다. 포화지방, 트랜스지방 및 콜레스테롤 섭취를 엄격하게 조절하는 동시에 체중감량, 절주, 신체활동 증가와 함께 DASHdietary approaches to stop hypertension 다이어트가 혈압조절에 도움이 된다.

(2) 미세혈관 질환

① 당뇨병성 신증

신장의 모세혈관 손상으로 생기는 증상으로 단백질, 특히 알부민이 소변으로 배설되는 증세를 보이다가 더 진행되면 사구체 경화를 초래하고 만성 신부전 상태가 된다. 초기 임상 증세는 미세 알부민뇨증microalbuminuria으로 경미하지만 점차 소변의 알부민 수준이 증가한다(30~299 mg/24 hr). 특별한 치료를 하지 않으면 임상적 알부민뇨증clinical albuminuria, 즉 신증으로 발전하게 된다. 혈당과 혈압을 정상으로 유지하는 것이 당뇨병성 신증의 예방과 지연에 가장 중요하다. 신장기능이 더 손상되면 단백질, 나트륨, 칼륨, 수분 등을 조정해야 하는데 이때는 신장질환식에 우선한다.

② 망막병증

망막병증은 망막의 모세혈관에 생기는 병변으로, 당뇨병으로 인한 실명의 원인이 된다.

망막병증은 3단계로 나누는데 가장 초기단계는 망막의 모세혈관에 병변이 발생하며 산소와 영양소의 요구량 증가로 새로운 혈관이 생성된다. 더 심한 단계로 진행되면 점차 망막의 미세혈관 구조가 상실되고, 이러한 상태가 계속되면 망막 저산소증이 초래된다. 가장 진전된 단계는 망막의 시신경 원판이나 다른 부위에 산소결핍으로 새로운 혈관이 증식되는 단계이다. 새로 형성된 혈관은 쉽게 파열되어 출혈이 유발되고 초자체 출혈과 망막박리를 초래하여 시력을 상실하게 된다.

(3) 당뇨병성 신경병증

만성적 고혈당은 신경손상을 초래하며 1형과 2형 당뇨병 환자의 60~70%가 당뇨병으로 인한 신경병증이 있다. 말초신경병증은 손과 발의 감각을 조절하는 신경에 영향을 주며, 자율신경병증은 여러 조직을 조절하는 신경기능에 영향을 준다. 저혈압과 심장 신경자극에 대한 반응감소로 통증이 없는 허혈성 심장병을 유발하거나 발기부전을 초래하는 등 심혈관계와 성기능에 영향을 준다. 또한 위장관계 신경분포의 손상으로 오심이나 식도염, 갑작스런 위배출, 영양소 손실, 설사나 변비 등이 초래된다. 위장관 신경합병증의 발생 시에는 복부 팽만감을 최소화시키고 조기만복감, 메스꺼움, 구토 조절이 필요하다. 따라서 하루 식사는 소량으로 자주 하는 것이 좋으며 고형음식을 먹기 어려울 때는 유동식을 이용한다. 엄격한 혈당조절이 당뇨성 신경병증의 발생위험을 감소시킨다.

5. 약물치료

1) 인슐린

(1) 대상

인슐린은 모든 1형 당뇨병 환자에게 필수적이며, 2형 당뇨병 환자 중 식사요법과 경구 혈당강하제로 혈당이 조절되지 않는 환자, 임신성 당뇨병, 케톤산증이나 고혈당 고삼투질성

혼수 등의 응급환자에게 주로 적용된다. 또한 식사요법이나 경구 혈당강하제로 조절이 잘되는 2형 당뇨병 환자가 수술이나 감염 등의 스트레스로 인슐린 요구량이 갑자기 증가할 때에도 일시적으로 적용된다. 성인 1형 당뇨병 환자에게는 다회인슐린주사나 인슐린펌프를 이용한 치료를 한다.

(2) 종류

인슐린은 휴먼 인슐린과 아날로그 인슐린(인슐린유사체)이 있다. 인슐린은 작용시간에 따라 초속효성, 속효성, 중간형, 지속형, 혼합형으로 구분되며, 효과 발현시간, 최대 효과시간, 효과 지속기간이 다르므로 환자의 병세와 혈당치, 식사내용을 고려하여 각 환자에게 가장 적합한 인슐린의 종류와 투여량을 결정하여야 한다. 또한 인슐린 주사 후 효과 발현 시간과 식사시간이 잘 맞아야 효력이 좋으므로 식사시간을 철저히 지켜야 한다.

우리 몸은 기능을 유지하기위해 식사시간에 관계없이 24시간 내내 일정량의 포도당이 필요하며 포도당이 세포 내에 들어가서 사용되기위해서는 인슐린이 필요하다 이처럼 적지만 일정한 양의 인슐린이 하루 24시간 동안 꾸준히 분비되는 것을 기저인슐린basal insulin이라고 한다. 한편, 식후에는 갑자기 많은 양의 포도당이 흡수되어 혈당이 높아지므로 혈당을 일정하게 유지하기위해 많은 양의 인슐린이 짧은 시간동안 분비되어야 한다. 이와 같이 식사직후 짧은 기간동안 많은 양으로 분비되는 인슐린을 식사인슐린bolus insulin, meal time insulin이라고 한다. 하루동안 혈중 포도당을 조절할 수 있도록 인슐린 제품도 인슐린의 분비양상에 따라 식사인슐린과 기저인슐린으로 개발되어있다**표 8-17**.

(3) 투여방법

인슐린은 단백질이므로 소화관에서 가수분해되어 비활성화되므로 구강으로는 섭취할 수 없고 정맥이나 피하 내에 주사하여야 한다.

표 8-7 국내 시판 인슐린 제품 및 특성

상품명	효과 발현	최대 효과	지속시간	주사시간
초속효성인슐린유사체				
인슐린 리스트로(둠제브)	2	1~2시간	4~6시간	
인슐린 아스파트(피아스프)	4	1~3시간	3~5시간	식사 직전-식전 15분
인슐린 아스파르트(노보래피드)	10~15분	1~3시간	3~5시간	(식사 인슐린)
인슐린 리스프로(휴마로그)	10~15분	1~2시간	3~5시간	
인슐린 글루리진(애피드라)	10~15분	1~2시간	2~5시간	
속효성 인슐린(단기작용 인슐린)				식전 30분
레귤러 인슐린(휴물린 알)	30분	2-3시간	6.5시간	(식사 인슐린)
중간형 인슐린(중기작용 인슐린)				식전 30~45분
NPH 인슐린(휴물린 엔)	1-3시간	5-8시간	18시간	(기저 인슐린)
지속형 인슐린 유사체(장기작용 인슐린)				
인슐린 디터머(레버미어)	3~4시간	6~8시간	24시간	하루 한 번
인슐린 글라진(란투스)	1.5시간	없음	24시간	같은 시간
인슐린 디글루덱(트레시바)	1시간	없음	42시간 이상	(기저 인슐린)
인슐린 글라-300(투제오)	6시간	없음	24~36시간	
혼합형 인슐린				
지속형+속효성				
휴물린 70/30	30~60분	2~3시간 6~10시간	10~16시간	
지속형+초속효성				
휴마로그믹스 70/30	15분	1.5시간	10~16시간	
노보믹스 70/30	15분	1.5시간	10~16시간	
노보믹스 50/50	15분	1.5시간	10~16시간	

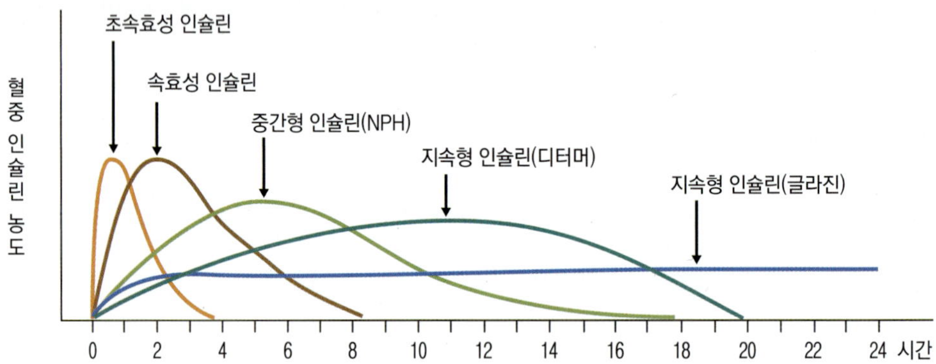

출처: 대한당뇨병학회 당뇨병진료지침, 2023; 대한당뇨병학회 당뇨병 교육자가 알아야할 핵심 지식, 2018

2) 경구용 혈당강하제

(1) 대상

2형 당뇨병 환자 중 혈당조절이 필요하고 식사요법을 충실히 시행해도 고혈당이 지속되는 경우 사용하며 사용기간 중에도 그 유효성을 확인하여야 한다.

(2) 종류

현재 임상에서 사용되는 약제들은 작용기전상 인슐린 분비 촉진제, 인슐린 감수성 증강제, 소화관에서 탄수화물의 분해 흡수를 지연시키는 약물 등으로 분류할 수 있으며표 8-8, 그 작용기전이 서로 다르기 때문에 단독으로 사용될 뿐 아니라 병합요법으로도 널리 사용되고 있다.

표 8-8 경구용 혈당강하제의 종류와 특징

구분	작용기전 및 복용법	체중 변화	저혈당 (단독)	당화혈색소 감소(단독)	주의점
메트포민(metformin)	• 간에서 당신생성 감소 • 말초 인슐린민감성 개선 • 저용량으로 시작하여 점차 증량 • 식사와 함께 투약	없음 또는 감소	없음	1.0~2.0%	• 젖산산증, 소화장애(설사, 구역, 구토, 복부팽만, 식욕부진, 소화불량, 변비, 복통), 비타민 B_{12} 결핍 • 금기: 신장장애(사구체여과율)<30, 급성 및 만성 대사산증
설폰요소제(sulfonylureas)	• 췌장 베타세포에서 인슐린 분비 증가 • 식전 복용	증가	있음	1.0~2.0%	• 관절통, 요통, 기관지염 • 저혈당 위험이 높은 환자에서 주의해서 사용, 용혈성 빈혈(G6PD 결핍 환자)
알파글루코시다제 억제제 (a-glucosidase inhibitors)	• 상부위장관에서 다당류 흡수 억제 • 식후혈당 개선 • 하루 3회, 식사 직전 복용	없음 또는 감소	없음	0.5~1.0	• 소화장애(복부팽만감, 방귀 증가, 묽은 변, 배변 횟수 증가 등), 급성간염 • 금기: 소화흡수장애를 동반한 만성장질환
메글리티나이드제 (meglitinides)	• 췌장 베타세포에서 인슐린 분비 증가 • 식후혈당 개선 • 하루 2~4회, 식사 직전 복용	증가	있음	0.5~1.5%	• 상기도감염, 변비 • 금기: 겜피브로질과 병용투여 금기
티아졸리디네디온제 (thiazolidinediones)	• 근육, 지방조직 인슐린 민감성 개선 • 간에서 당신생성 감소 • 식사에 관계없이 1일 1회 복용	증가	없음	0.5~1.4%	• 심부전악화, 부종, 골절위험 증가 • 금기: NYHA Class III/IV 심부전, 활동성 방광암

구분	작용기전 및 복용법	체중 변화	저혈당 (단독)	당화혈색소 감소(단독)	주의점
SGLT2 억제제 (SGLT2 inhibitors)	• 신장에서 포도당 재흡수 억제 • 소변으로 당 배설 증가 • 식사에 관계없이 복용	감소	없음	0.5~1.0	• 케토산증, 체액량 감소, 요로성 패혈증 및 신우신염, 회음괴사성근막염, 생식기 진균 감염 • 금기: 투석
GLP-1 수용체 작용제 (GLP-1 receptor agonists)	• 포도당의 인슐린 분비 증가 • 식후 글루카곤 분비 감소 • 위배출 억제 • 식후혈당 개선 • 식사와 관계없이 피하주사(일 1~2회 또는 주 1회)	감소	없음	0.8~1.5%	• 췌장염, 금성신장손상, 중증 간장애, 신장장애, 중증 위마비를 포함한 중증 위장관질환(권장되지 않음), 당뇨병망막병증, 급성담낭질환 • 금기: 갑상선수질암 또는 다발성 내분비신생물)의 과거력 또는 가족력
DPP-4 억제제 (DPP-4 inhibitors)	• 인크레틴(GLP-1, GIP) 증가 • 포도당의존 인슐린 분비 증가 • 식후 글루카곤 분비 감소 • 식후 혈당 개선 • 식사에 관계없이 복용	없음	없음	0.5~1.0	• 췌장염, 중증의 관절통, 물집유사물집증, 심부전으로 인한 입원 위험 증가

출처: 대한 당뇨병학회 당뇨병진료지침 2023

6. 임상영양치료

1) 당뇨병 전단계의 임상영양치료

당뇨병 전단계의 임상영양치료의 목표는 건강한 식습관을 갖게 하고 신체활동을 증가시켜 적절한 체중을 유지시키며 2형 당뇨병 및 심혈관계 질환의 위험을 감소시키는 것이다. 비만이 인슐린저항성에 미치는 영향이 크기 때문에 체중감량은 당뇨병 전단계 상태의 환자나 대사증후군 환자에게 매우 중요하다. 또한 교육, 지방섭취 및 에너지 섭취 감소, 규칙적인 운동 등을 포함한 프로그램은 체중감량에 효과적이다.

(1) 식사

가장 바람직한 식사는 장시간 실천할 수 있는 에너지 제한식이며, 전곡이나 식이섬유를 많이 섭취하면 당뇨병의 위험을 줄일 수 있다. 뿐만 아니라 전곡류 섭취는 체중감소와 관계없이 인슐린 민감도를 개선시키고, 식이섬유의 섭취가 증가하면 인슐린 분비능이 증가하여 인슐린저항성 극복에 기여한다. 또한 중등도의 알코올 섭취(하루 1~3잔: 15~45 g 알코올)는 2형 당뇨병, 관상심장병, 뇌졸중의 위험성을 감소시킨다고 보고되고 있으나 이전에 술을 마시지 않았던 사람의 경우 알코올 섭취가 당뇨병의 위험을 감소시키는지에 대한 근거는 없다.

(2) 운동

규칙적인 운동은 체중증가를 예방하고 감량된 체중을 유지하는 데 중요하다. 2형 당뇨병과 같은 만성적인 건강문제의 위험성을 줄이기 위해서는 하루 30분 정도 중등도 운동을 규칙적으로 하는 것이 중요하다. 체중증가를 예방하기 위해서는 하루 30~60분, 체중감량 후 다시 증가하는 요요현상을 막기 위해서는 60~90분 정도의 규칙적인 운동이 필요하다. 뿐만 아니라 규칙적인 운동은 체중감소와 관계 없이 인슐린 민감도를 개선시킨다.

2) 당뇨병의 임상영양치료

당뇨병의 영양치료 목적은 혈당, 지질 및 지단백 양상, 혈압 등을 개선할 수 있는 생활습관의 역할을 강조하는 것이다표 8-9. 당뇨병 환자를 위한 임상치료는 환자 개개인에 맞게 계획되어야 하며, 스스로 영양관리를 할 수 있도록 교육과 상담이 필요하다. 3대 영양소의 적정섭취 비율에 치중하던 이전과는 달리 대사, 치료목적, 환자의 수용도 등에 근거하여 개개인에 적합한 영양처방을 권장하고 있다. 임상영양치료의 효과는 혈당, 당화혈색소, 지질수준, 혈압, 체중, 삶의 질 등을 측정하여 확인할 수 있다.

표 8-9 당뇨병의 영양치료 목적

1	• 정상 또는 정상에 가까운 수준으로 혈당 유지 • 혈관질환 감소를 위하여 지질과 지단백 양상 개선 • 혈관질환 위험을 감소시킬 수 있는 혈압 유지
2	영양소 섭취와 생활습관을 개선하여 당뇨병의 만성합병증의 발병을 예방 또는 지연
3	개인적·문화적 기호나 생활습관 개선의지 등을 고려한 개개인의 영양필요량의 설정
4	과학적 근거에 입각하여 식품선택을 제한하고 먹는 즐거움을 유지

(1) 영양관리

① 에너지

체중조절은 1형 당뇨병 환자보다는 인슐린저항성을 보이는 2형 당뇨병 환자에서 더 중요하나, 1형 당뇨병 환자도 체중이 과다하면 적절한 수준으로 조절하는 것이 필요하다. 비만한 2형 당뇨병 환자에서 에너지 섭취량을 제한하면 혈당조절과 인슐린저항성이 개선된다. 인슐린저항성은 비만한 경우 증가되는데 체지방의 양뿐 아니라 체지방 분포와도 관련이 있어 내장지방이 많은 경우 더 증가한다. 따라서 비만하거나 과체중인 당뇨병 환자는 체중을 감량하여야 한다. 체중감량의 목표는 현재의 체질량지수뿐 아니라 과거의 체중력을 고려하여 환자가 유지 달성할 수 있는 수준으로 결정하여야 한다. 당뇨병 환자의 에너지 섭취량은 환자의 체격, 신체활동 정도, 체중조절의 필요성, 평소 칼로리 섭취량, 개인의 순응도 등을 고려하여 적정수준으로 정하는데, 비만하거나 고령자의 경우 에너지 섭취 수준을 조금 낮게 설정할 필요가 있다. 그러나 지나친 에너지 제한은 장기적으로 체중감량에 효과적이지 않으며 여러 가지 영양적, 의학적 문제를 초래하므로 바람직하지 않다.

표 8-10 성인 당뇨병 환자의 열량 필요량 결정

육체적 활동이 거의 없는 환자	표준체중 × 25~30 kcal/일
보통의 활동을 하는 환자	표준체중 × 30~35 kcal/일
심한 육체 활동을 하는 환자	표준체중 × 35~40 kcal/일

② 탄수화물

전곡, 과일, 채소 등 탄수화물을 포함한 식품은 비타민, 무기질, 식이섬유 및 에너지의 좋은 급원이므로 건강한 사람뿐 아니라 당뇨병 환자에게도 중요하다. 탄수화물은 식후 혈당 수준을 결정짓는 중요한 요인이므로 당뇨병 환자의 경우 탄수화물을 줄이도록 권고하는것이 혈당개선에 도움이 될 수 있다. 개인의 식습관에 따라 탄수화물 섭취량을 조절할 수 있다.

탄수화물 양뿐 아니라 종류에 따라 식후 인슐린 분비와 혈당이 달라진다. 혈당지수가 높은 탄수화물을 포함한 음식의 섭취는 식후 혈당, 혈중 유리지방산을 증가시켜 인슐린저항성을 유발할 수 있다.

③ 식이섬유

수용성 식이섬유는 위배출gastric emptying 시간을 지연시키며, 불용성 식이섬유에 비해 당뇨병 환자의 혈당 및 인슐린 요구량을 감소시킨다. 또한 만복감을 주고 혈청 콜레스테롤 및 중성지방을 저하시킨다. 수용성 식이섬유를 많이 함유한 식품으로는 콩류(말린 콩류, 완두콩, 렌즈콩), 채소 및 과일류, 오트밀, 고섬유 시리얼 제품 등이 있으며 2020 한국인 영양소 섭취기준에서 식이섬유의 하루 충분섭취량은 성인기준 남자 30 g, 여자 20 g으로 정하고 있다.

④ 감미료

설탕의 섭취를 제한할 필요는 없으나 당뇨병 환자는 다량의 설탕이 함유된 음식은 주의하여야 한다. 설탕을 많이 함유한 음식 중에는 지방이 많이 함유되어 있는 음식이 많고, 과잉 섭취할 가능성이 있으므로 주의하여야 한다.

열량을 내는 감미료는 설탕, 과당 및 솔비톨, 만니톨, 자일리톨과 같은 당알코올류가 있다. 과당은 세포내 흡수에 인슐린을 필요로 하지는 않으나 과다 섭취 시 결국 포도당으로 전환되어 혈당을 높이고 지방합성 증가로 혈액 내 중성지방이 증가되므로 주의하여야 한다. 그러나 과일이나 채소에 자연적으로 존재하는 과당의 섭취는 상대적으로 자유로울 수 있다. 당알코올glucose alcohol은 설탕이나 다른 탄수화물에 비해 혈당지수 및 열량이 낮으나 (2kcal/g) 당알코올을 함유한 식품은 위장관계 문제나 설사를 유발할 수 있다.

사카린saccharin, 아스파탐aspartame, 네오탐neotame, 아세설팜kacesulfame-k, 수크랄로오스sucralose 등은 열량이 없는 감미료이다. 미국의 FDA는 열량이 없는 감미료를 포함한 모든 식품에 대하여 허용섭취량acceptable daily intake: ADI, 즉 평생 섭취하여도 위험이 없는 하루섭취량을 정하고 있다.

혈당지수GI 및 당부하지수GL와 당뇨병

당뇨병의 예방

저혈당지수 및 저당부하지수 식사가 2형 당뇨병을 예방할 수 있는지에 대해서는 논란이 있어 왔다. 아직 임상적인 근거를 갖춘 결론을 도출하기에는 전향적인 중재연구가 부족하지만 최근 여러 연구에서 혈당지수가 높은 음식을 계속 섭취하는 것은 당뇨병의 발생 위험을 증가시키며, 혈당지수와 당부하지수가 낮은 음식을 섭취하면 당뇨병의 위험을 감소시킬 수 있다는 것을 시사하고 있다. 그러나 같이 섭취하는 음식의 종류에 따라 달라질 수 있어서 혈당지수가 음식선택의 유일한 기준이 될 수 없다.

당뇨병의 치료

당뇨병 환자는 인슐린의 분비나 작용에 장애가 있어 섭취한 탄수화물에 대해 식후 혈당이 더 민감하게 반응한다. 따라서 저혈당지수 음식의 이로운 효과는 정상인에 비해 당뇨병 환자가 더 크다. 여러 연구에서 저혈당지수 식사의 혈당개선효과에 대해 보고되어 있으나 혈당개선효과가 나타나지 않은 연구들도 있다. 그러나 당뇨병 환자들을 대상으로 저혈당지수 식사의 혈당개선 효과를 연구한 임상 연구들을 메타분석한 결과 저혈당지수 식사는 고혈당지수 식사에 비해 당화혈색소를 개선하였다. 이 결과에 근거해 미국 당뇨병학회에서는 혈당지수 및 당부하지수를 고려하는 것이 탄수화물 총량만을 고려하는 것에 비해 추가적인 혈당조절 효과가 있다고 하였다. 따라서 아직 논란의 여지는 있으나 당뇨병 환자와 당뇨병 위험군의 적절한 혈당 관리 및 당뇨병의 예방을 위해 혈당지수 및 당부하지수를 고려하는 것이 유익하다.

*238쪽 참조

⑤ 단백질

당뇨병 환자의 단백질 필요량은 일반인의 영양섭취 기준량과 동일하다. 당뇨병 환자는 체단백의 이화로 면역력 및 근력 감소가 나타날 수 있어 양질의 단백질을 충분히 섭취하여야 한다. 신장질환 진행의 지연을 위해 단백질 섭취를 제한할 필요에 대한 근거가 부족하며, 진행된 당뇨병 신장질환의 경우 저알부민혈증, 영양불량 및 전반적인 건강 약화가 일어날 수 있어 단백질 영양상태를 주의깊게 관찰해야 한다. 미세 단백뇨를 보이는 경우 신장기능 악화를 지연시키기 위해서 체중 kg당 0.8~1.0 g 정도로 단백질 섭취를 제한한다.

⑥ 지방

당뇨병 환자의 지방 섭취는 심혈관계 질환 병력을 가진 환자와 동일하게 한다. 섭취량은 전체 에너지의 25%가 넘지 않도록 하고, 포화지방은 전체 에너지의 7% 이하로 섭취한다. 트랜스지방은 최소화하거나 섭취하지 않도록 하고 콜레스테롤은 1일 300 mg 미만으로 조절한다. LDL-콜레스테롤을 줄이기 위해 포화지방의 섭취를 줄이고 오메가 3계 지방산을 포함한 다가불포화지방이나 단일불포화지방을 섭취하도록 한다.

⑦ 알코올

합병증이나 특별한 의학적 문제가 없으며 혈당조절이 잘되는 환자의 경우, 적당량의 알코올을 식품과 함께 섭취하면 혈당이나 인슐린 수준에 미치는 영향은 거의 없다. 그러나 다량의 알코올 섭취는 고혈당을 초래할 수 있으며 장기적으로 과량의 알코올을 섭취하면 혈압이 증가하고 심근경색의 위험이 증가된다. 특히 알코올 의존성이 있거나 임신한 여성 또는 간질환, 췌장염, 진전된 신증과 같은 의학적인 문제가 있는 경우에는 알코올을 제한하여야 한다. 뿐만 아니라 비만한 환자의 경우 알코올은 1 g당 7 kcal의 열량을 내므로 식사계획에 알코올의 섭취로 인한 열량섭취도 고려되어야 한다. 또한 탄수화물과 함께 섭취하면 혈당이 상승될 수 있으므로 탄수화물이 함유된 술을 마실 경우 탄수화물의 양을 고려해야 한다.

알코올은 간에서 포도당 신생을 방해하므로 특히, 인슐린 치료를 받는 환자가 음식을 섭취하지 않고 알코올만 섭취할 경우 저혈당을 초래할 수 있다. 또한 경구용 혈당강하제를 복용하는 2형 당뇨병 환자의 경우, 알코올이 간에서의 약물대사에 영향을 미쳐 혈당조절에 문제가 발생할 수 있다.

⑧ 나트륨

혈당조절과 더불어 혈압조절은 당뇨병 합병증의 예방 및 지연을 위해 매우 중요하다. 당뇨병의 합병증인 심혈관계 질환의 위험은 혈당뿐 아니라 혈압이 조절되어야 감소되는데, 짜게 먹는 경우 혈압이 상승될 뿐 아니라 식욕이 증가될 수 있어 나트륨 섭취량을 제한할 필요가 있다. 고혈압 유무에 상관없이 1일 나트륨 섭취를 2,300 mg 이하로 제한하고 고혈압이 있거나 신장 합병증(하루 1 g 이상의 단백뇨)이 동반된 경우 2,000 mg 이하로 제한하는 것이 좋다.

⑨ 미량영양소

보충제의 섭취는 환자가 비타민 또는 미네랄의 결핍상태인 경우에만 유익하다. 크롬, 칼륨, 마그네슘, 아연 부족은 당불내성을 더 악화시킬 수 있다.

(2) 식사계획 방법

① 식품교환표

영양소 구성과 열량 조성이 비슷한 식품끼리 묶어놓은 것으로, 동일한 식품군 내에서 같은 열량을 내는 식품의 무게를 정해 놓은 것이 교환단위이다. 따라서 같은 식품군 내에서 같은 교환단위끼리 교환이 가능하며 당뇨병 환자를 위한 식사를 계획할 때 식품교환표를 이용한 방법이 많이 사용된다.

② 식품교환표를 이용한 식사계획

당뇨병 환자를 위한 식사계획 시 가장 많이 사용되고 있는 방법으로 탄수화물 섭취량에 따른 열량별 각 식품군 교환단위수의 예를 표 8-11에, 1,500 kcal 및 1,800 kcal 식단의 예는 표 8-12에 제시하였다. 식사요법에 대한 환자의 순응도를 높이기 위해서는 가능한 환자의 여건과 기호도를 고려하여 개별화해야 한다.

일반당뇨식

- 1형 당뇨병 환자는 반드시 식간 및 야간에 간식이 필요하고 식사시간을 일정하게 지켜야 한다.
- 2형 당뇨병 환자의 1일 에너지 분배는 1일 3식 균등하게 배분하는 것이 원칙이며, 처방된 에너지를 초과하여 섭취하지 않도록 엄격히 관리해야 한다.

합병증이 있는 당뇨병식(당뇨병 신장질환)

당뇨병 신장질환 에너지별 식품군 교환단위수 배분과 식단의 예는 표 8-11~표 8-16에 있다.

표 8-11 탄수화물 섭취량에 따른 성인당뇨병 환자의 에너지별 식품군 교환단위수 배분

에너지 (kcal)	식품군							
	곡류군	어육류군		채소군	지방군	우유군		과일군
		저지방	중지방			저지방	일반	
탄수화물 50~55%								
1,200	5	1	3	6	3	0	1	1
1,300	6	1	3	6	3	0	1	1
1,400	6	2	3	6	3	0	1	1
1,500	7	2	3	7	4	0	1	1
1,600	7	3	3	7	4	0	1	1
1,700	8	3	3	7	4	0	1	1
1,800	8	3	3	8	5	1	1	1
1,900	9	3	3	8	5	1	1	1
2,000	9	3	3	88	5	1	1	2
2,100	9	3	4	8	6	1	1	2
2,200	10	3	4	8	6	1	1	2
2,300	10	3	5	8	6	1	1	2
2,400	11	3	5	9	6	1	1	2
2,500	12	3	5	9	6	1	1	2
2,600	12	3	6	9	7	1	1	2
2,700	12	3	6	10	8	1	1	3
2,800	13	3	6	10	8	1	1	3
탄수화물 40~45%								
1,500	5	3	4	7	6	1	0	1
1,800	6	4	4	8	7	2	0	1
2,100	7	4	5	9	8	2	0	2
탄수화물 60~65%								
1,500	8	2	2	7	3	0	1	1
1,800	9	3	2	8	4	0	1	2
2,100	11	3	2	9	5	1	1	2

- 이상지질혈증을 동반하고 있는 경우 포화지방의 제한을 위해 저지방 우유를 권장한다.
- 우유군을 1교환만 섭취하기 원한다면 우유군 1교환을 내신하여 중지방 1교환에 과일군 1교환으로 대체하여 섭취할 수 있다.
- 1일 에너지를 1,400 kcal 이하로 섭취할 경우 다양한 식품을 이용하더라도 한국인 영양소섭취기준에 못미칠 수 있어 종합영양제의 보충이 필요할 수 있다.

출처: 대한당뇨병학회. 당뇨병 식사계획을 위한 식품교환표 활용지침, 2024

표 8-12 식단의 예 1: 1,500 kcal

	곡류군	어육류군			채소군	지방군	우유군		과일군
		저지방	중지방	고지방			일반	저지방	
1일 교환단위	7	2	3	-	7	4	1	-	1

	아침	점심	저녁	간식
식품군	현미밥, 콩나물국, 달걀말이, 달래초무침, 호박나물, 나박김치	흑미밥, 시금치된장국, 임연수지짐, 닭살조림, 파프리카양파볶음, 청경채겉절이	보리밥, 소고기미역국, 맥적구이 참나물 두부무침, 새송이버섯볶음, 배추김치	-
곡류군	2 교환단위	3 교환단위	2 교환단위	
	현미밥 140 g (2/3공기)	흑미밥 210 g (1공기)	보리밥 140 g (2/3공기)	
어육류군	1교환단위	2교환단위	2교환단위	
	달걀 55 g	닭가슴살 40 g, 임연수 50 g	소고기 20 g, 두부 40 g, 돼지고기 40 g	
채소군	2.5 교환단위	2 교환단위	2.5 교환단위	
	콩나물 30 g, 달래 20 g / 호박 50 g, 나박김치 35 g/ 오이 40 g	파프리카 35 g, 청경채 35 g, 양파 35 g/시금치 35 g	새송이버섯 50 g, 배추김치 25 g, 미역 35 g,	
지방군	1교환단위	1.5 교환단위	1.5 교환단위	
	식용유 5 g	식용유 8 g	식용유 3 g, 참기름 5 g	
우유군	-	-	-	일반 1교환단위
				우유 200 mL
과일군	-	-	-	1교환단위
				딸기 150 g

출처: 대한당뇨병학회. 당뇨병 식사계획을 위한 식품교환표 활용지침, 2024

표 8-13 식단의 예 2: 1,800 kcal

	곡류군	어육류군			채소군	지방군	우유군		과일군
		저지방	중지방	고지방			일반	저지방	
1일 교환단위	8	3	3	-	8	5	1	1	1

	아침	점심	저녁	간식
식품군	현미밥, 근대된장국, 두부조림, 조기구이, 깻잎순나물, 백김치	흑미밥, 오이냉국, 새우전, 소고기가지볶음, 아삭이고추된장무침, 깍두기	보리밥, 무국, 오징어초무침, 달걀찜, 실곤약콩나물잡채, 부추김치	우유, 액상요구르트, 바나나
곡류군	2 교환단위	3교환단위	3 교환단위	
	현미밥 140 g (2/3공기)	흑미밥 210 g (1공기)	보리밥 210 g (1공기)	

식품군	아침	점심	저녁	간식
	현미밥, 근대된장국, 두부조림, 조기구이, 깻잎순나물, 백김치	흑미밥, 오이냉국, 새우전, 소고기가지볶음, 아삭이고추된장무침, 깍두기	보리밥, 무국, 오징어초무침, 달걀찜, 실곤약콩나물잡채, 부추김치	우유, 액상요구르트, 바나나
어육류군	2교환단위	2교환단위	2교환단위	
	두부 80 g, 조기 20 g	새우 40 g, 쇠고기 40 g	달걀 55 g, 오징어 50 g	
채소군	2.5 교환단위	2.5 교환단위	3 교환단위	
	근대 350 g, 깻잎순 70 g, 백김치 50 g	아삭이고추/가지 35 g, 양파/당근 35 g, 깍두기 55 g	무 35 g, 미나리 35 g, 오이 20g, 부추김치 50 g	
지방군	2교환단위	2교환단위	1교환단위	
	식용유 5 g, 참기름 5 g	식용유 10 g	참기름 5 g	
우유군	-	-	-	저지방 1교환단위
				액상요구르트 100 g
				일반 1교환단위
				우유 200mL
과일군	-	-	-	1교환단위
				방울 토마토 100 g, 토마토 25 g

출처: 대한당뇨병학회. 당뇨병 식사계획을 위한 식품교환표 활용지침, 2024

표 8-14 식단의 예 3: 1,800 kcal (지중해식 & DASH 식단 적용)

	곡류군	어육류군			채소군	지방군	우유군		과일군
		저지방	중지방	고지방			일반	저지방	
1일 교환단위	6	4	4	-	8	7	0	2	1

식품군	아침	점심	저녁	간식
	호밀빵, 훈제연어, 카프레제 샐러드, 브로콜리 볶음, 양배추레몬피클	귀리비빔밥(소고기볶음, 계란후라이), 홍합맑은무국, 동치미	흑미밥, 미소국, 닭가슴살구이, 해물두부스테이크, 견과류샐러드, 열무김치	떠먹는 요구르트, 우유, 토마토
곡류군	2 교환단위	2교환단위	2 교환단위	
	호밀식빵 70 g	귀리밥 140 g (2/3공기)	흑미밥 140 g (2/3공기)	
어육류군	2교환단위	3교환단위	3교환단위	
	연어 50 g, 모짜렐라치즈 30 g	홍합 70 g, 쇠고기 40 g, 달걀 55 g	닭가슴살 40 g, 해물 50 g, 두부 80 g	

식품군	아침	점심	저녁	간식
	호밀빵, 훈제연거, 카프레제 샐러드, 브로콜리 볶음, 양배추레몬피클	귀리비빔밥(소고기볶음, 계란 후라이), 홍합맑은무국, 동치 미	흑미밥, 미소국, 닭가슴살구이, 해물두부스테 이크, 견과류샐러드, 열무김치	떠먹는 요구르트, 우유, 토마토
채소군	2.5 교환단위 브로콜리 70 g, 샐러드채소 70 g, 양배추레몬피클 35 g	3 교환단위 무 35 g, 비빔밥 채소 104 g, 동치미 35 g	2.5 교환단위 샐러드 70 g, 열무김치 50 g, 팽이버섯 25 g	
지방군	2교환단위 올리브유 10 g	2교환단위 올리브유 5 g , 참기름 5 g	3교환단위 올리브유 7.5 g, 견과류 4 g	
우유군	-	-	-	저지방 1교환단위 떠먹는 요구르트 100 g, 저지방우유 200mL
과일군	-	-	-	1교환단위 샐러드에 포함된 방울토마토 100 g, 토마토 25 g

출처: 대한당뇨병학회. 당뇨병 식사계획을 위한 식품교환표 활용지침, 2024

표 8-15 당뇨병 신장질환-에너지별 식품군 교환단위수 배분 (단백질 < 15%)

에너지 (kcal)	식품군							
	곡류군	어육류군		채소군	지방군	우유군		과일군
		저지방	중지방			저지방	일반	
1,600	9	0	2	7	6	0.5	0	2
1,700	10	0	2	7	6	0.5	0	2
1,800	11	0	2	7	6	0.5	0	2
1,900	11	0	3	7	7	0.5	0	2
2,000	11	0	3	7	7	0.5	0	3
2,100	12	0	3	7	7	0.5	0	3
2,200	12	0	4	7	8	0.5	0	3
2,300	13	0	4	7	8	0.5	0	3
2,400	14	0	4	7	8	0.5	0	3
2,500	15	0	4	7	8	0.5	0	3

출처: 대한당뇨병학회. 당뇨병 식사계획을 위한 식품교환표 활용지침, 2024

표 8-16 합병증이 있는 당뇨병식(당뇨병 신장질환)의 식단 예(1,800 kcal)

끼니	식단명	교환단위수	분량
아침	잡곡밥 뭇국 갈치 지짐 시금치나물 오이생채	곡류군 3	잡곡밥 210g
		어육류군 1	갈치지짐 50g
		채소군 2	쇠고기뭇국(무 30g) 시금치나물(시금치 60g) 오이생채 50g
		지방군 1.5	갈치지짐(식용유 5g) 시금치나물(참기름 2.5g)
간식	우유 인절미	일반우유군 0.5 곡류군 1.5	우유 100mL 인절미 75g
점심	보리밥 콩나물국 버섯불고기볶음 야채튀김 배추김치	곡류군 3	보리밥 210g
		어육류군 1	버섯불고기볶음(쇠고기 등심 40g)
		채소군 2.5	콩나물국(콩나물 30g) 버섯불고기볶음(느타리 버섯 25g) 야채튀김(양파 35g, 당근 20g, 애호박 20g) 배추김치 25g
		지방군 3	버섯불고기볶음(식용유 2.5g, 참기름 2.5g) 야채튀김(식용유 10g)
간식	방울토마토	과일군 1	방울토마토 300g
저녁	잡곡밥 감자채국 취나물 가지볶음 배추김치	곡류군 3.5	잡곡밥 210g 감자채국(감자 70g)
		채소군 2.5	감자채국(양파 30g, 쪽파 10g) 취나물(취 50g) 가지볶음(가지 50g) 배추김치 25g
		지방군 1.5	감자채국(참기름 2.5g) 취나물(들기름 2.5g) 가지볶음(식용유 2.5g)
간식	배	과일군 1	배 1/4쪽

탄수화물 계산법

탄수화물 계산법은 탄수화물 섭취량에 초점을 맞추는 식사 계획법으로, 여러 연구에서 탄수화물의 총섭취량이 혈당조절에 중요하다는 것이 확인되었다. 탄수화물 계산법은 탄수화물 섭취 목표 설정 및 섭취량 모니터링에 유용하다.

특징

- 탄수화물 섭취량은 엄격하게 조절
- 그 외 어육류군, 채소군은 일반적인 건강을 위한 식사지침에서 제시하는 내용을 따름

(1) 장점: 탄수화물 섭취에만 초점을 두어 비교적 쉽게 이해하고 혈당조절을 잘할 수 있다.

(2) 단점: 탄수화물 섭취량 계산과 혈당측정 시행에 어려움이 있을 수 있고 에너지 섭취량이 많아져 체중이 증가될 수 있다.

탄수화물 계산법의 분류

- 기본 탄수화물 계산법(basic carbohydrate counting) : 당뇨병환자가 탄수화물이 함유된 식품을 알고, 매일 비슷한 시간에 일정량의 탄수화물을 배분하여 탄수화물 섭취를 일정하게 하는 것이다. 탄수화물 급원식품과 하루 섭취량을 알고 적용할 수 있게 한다.
- 고급 탄수화물 계산법(advanced carbohydrate counting) : 다회인슐린주사법이나 인슐린펌프 사용환자에게 적용하는 방법으로 탄수화물 섭취량과 인슐린 주사량을 통해 인슐린 탄수화물 비를 확인하여 실생활에 적용한다. 평소와 다르게 식사했을 때 인슐린 탄수화물 비를 이용하여 인슐린 양을 조절할 수 있게 한다.

식품교환표를 활용한 탄수화물 계산법

- 식품교환표의 1교환단위당 탄수화물 함량을 그대로 적용하는 방법으로, 간편하게 탄수화물 섭취량을 계산할 수 있다.

식품교환표의 1교환단위당 탄수화물 함량을 활용한 방법의 예시

끼니	음식명	탄수화물 급원/교환단위	탄수화물 함량
아침	식빵 2쪽 삶은 달걀 2개 양상추 1접시 우유 1컵(200 mL)	곡류군/2교환단위 – – 우유군/1교환단위	23 g×2=46 g 10 g×1=10 g
점심	해물칼국수(생칼국수 90 g) 깍두기 5개	곡류군/3교환단위	23 g×1=23 g
간식	사과 1/2개	과일군/1교환단위	12 g×1=12 g
저녁	현미밥 1공기 콩나물국 삼치구이 1토막 시금치나물 1접시 배추김치 5쪽	곡류군/3교환단위	23 g×3=69 g
계			206 g

출처: 대한당뇨병학회. 식품교환표활용지침. 2024

• 탄수화물 12g을 1탄수화물 선택단위로 설정하는 방법
① 곡류군 1단위: 2탄수화물 선택단위
② 우유군, 과일군 1단위: 1탄수화물 선택단위
(1) 장점: 각 식품의 탄수화물 함량을 확인하는 것보다 간편하게 탄수화물 섭취량을 계산
(2) 단점: • 각 식품군 1교환단위당 탄수화물 기준량이 실제 개별식품의 탄수화물 함량과 다름
• 환자가 섭취하는 모든 식품이 식품교환표에 포함되지 않으므로 제품에 부착된 영양표시나 다양한 영양소 DB를 활용하여 탄수화물을 계산해야 함

탄수화물 12 g을 기준으로 한 1 탄수화물 선택단위를 활용한 방법의 예시

끼니	음식명	탄수화물 선택단위	탄수화물 함량
아침	식빵 2쪽 삶은 달걀 2개 양상추 1접시 우유 1컵(200 mL)	4탄수화물 선택단위 - - 1탄수화물 선택단위	12 g×4=48 g 12 g×1=12 g
점심	해물칼국수(생칼국수 90 g) 깍두기 5개	6탄수화물 선택단위	12 g×6=72 g
간식	사과 1/2개	1탄수화물 선택단위	12 g×1=12 g
저녁	현미밥 1공기 콩나물국 삼치구이 1토막 시금치나물 1접시 배추김치 5쪽	6탄수화물 선택단위	12 g×6=72 g
계			216 g

출처: 대한당뇨병학회. 식품교환표활용지침. 2024

탄수화물 계산법의 예(고급탄수화물 계산법)

다회인슐린주사법이나 인슐린펌프를 이용하는 환자의 식전 인슐린 투여량이 6단위인데 60 g의 당질을 섭취한 후 혈당 상승이 허용된 범위 내였다면 이 환자의 인슐린:탄수화물 비는 4:60=1:15이다. 이 환자가 평상시보다 점심을 좀 더 많이 먹기를 원한다면 점심의 탄수화물 함량을 계산한다. 계산한 탄수화물의 함량이 90 g이라면 이 환자는 식사 전에 인슐린 6단위를 투여받아야 혈당이 잘 유지된다고 볼 수 있다. 대개 추가로 섭취하는 탄수화물의 양이 15 g 이내라면 추가로 인슐린을 투여받을 필요가 없다. 또한 운동 등을 할 때 인슐린:탄수화물 비가 조금 달라질 수 있다(예를 들면 1:10에서 1:12 정도).

3) 운동요법

건강한 사람의 경우 근육운동은 인슐린 수준을 저하시키고 길항 작용을 하는 호르몬(특히 글루카곤)의 분비를 증가시켜 간에서 포도당의 생성이 증가한다. 그러나 운동 근육을 위해 포도당 사용 또한 증가되므로 운동 시 혈당의 변화가 많지 않다.

(1) 당뇨병 환자의 운동효과

당뇨병 환자의 규칙적인 운동은 혈당개선, 인슐린 감수성 개선, 심혈관질환 위험감소, 체중감량 등에 도움이 되어 삶의 질을 향상시킨다. 또한 2형 당뇨병 고위험군에서는 규칙적인 운동이 당뇨병 발생 예방 및 지연에 효과적이다. 당뇨병 환자의 운동계획은 관심도, 연령, 일반적인 건강상태, 평상시 운동정도 등을 고려하여 세워야 한다.

1형 당뇨병 환자의 경우 운동에 대한 혈당 반응은 전체적인 혈당조절 정도, 운동 시작 시 혈당 및 인슐린 수준, 운동 시기, 강도, 기간, 운동 전 음식 섭취, 이전의 건강상태 등에 따라 달라진다. 이 중 가장 중요한 요인은 운동 중 그리고 운동 후의 인슐린 수준이다. 만일 인슐린 수준이 높으면, 운동 근육으로 포도당 유입이 증가하여 저혈당이 발생한다. 반대로 혈당조절이 불량한 당뇨병 환자는 인슐린 부족으로 혈당과 유리지방산의 유출이 증가하여, 결과적으로 케톤산증이 유발되고 고혈당을 야기할 수 있다. 2형 당뇨병의 경우 운동을 하면 인슐린 감수성이 증가하여 운동을 하고 있는 동안뿐 아니라, 운동 후에도 말초 조직에 의한 포도당 사용이 증가하므로 혈당조절이 용이해진다. 운동에 의한 인슐린 감수성의 증가는 체중감소와 무관하게 발생하는 것으로 알려져 있다. 또한 운동은 길항 호르몬의 영향을 감소시키고 그 결과 간에서의 포도당 유출이 감소하여 혈당조절에 기여한다.

(2) 운동방법 및 주의점

중등 강도의 운동을 일주일에 150분 이상 시행할 것을 권장하고 있다. 운동에 의한 혈당조절 효과는 72시간 이상 지속되지 않으므로 적어도 이틀에 한 번은 운동을 해야 하며, 매일 30분 이상 운동하는 것이 가장 바람직하다. 유산소운동과 동일하게 근력운동도 인슐린 감수성을 개선시키는 것으로 알려져 있어, 2형 당뇨병 환자의 경우 유산소운동과 근력운동을 병행하도록 권장하고 있다.

합병증으로 증식성 망막증이나 심한 비증식성 망막증이 있는 경우, 심한 신경병증이 있는 경우에는 운동에 의한 다양한 합병증 및 혈관 합병증을 증가시킬 수 있으므로 주의하여야 한다표 8-17. 그 외 운동 시 주의사항으로는 운동 전후, 운동 중에 혈당을 측정하여 운동에 따른 혈당 변화를 파악하여야 하며, 저혈당에 대비하여 사탕이나 당분이 든 음식을 지니고 다니는 것이 좋다. 또한 발이 편하고 통풍이 잘되는 운동화를 준비하고 운동 후 발 상태를 관찰하여야 한다. 너무 강한 운동이나 장시간 운동은 혈당이 급증하거나 케톤 생성 우려가 있으므로 삼간다. 공복 상태, 고혈당(300 mg/dL 이상), 케톤증, 인슐린 최대 작용시간의 경우에는 운동을 금한다.

표 8-17 당뇨병 환자에서 운동요법의 장점과 단점

장점	단점
• 혈당조절 개선 및 만성합병증 개선 • 인슐린 감수성 증가 • 혈중 LDL-콜레스테롤 및 중성지방 저하 • 경증·중등도 고혈압의 개선 • 에너지 소비로 인한 체중 감소 • 휴식 시 맥박수 저하 및 심부하 감소 • 육체적 수행력의 증가 • 삶의 질과 만족감 개선	• 중등도 혹은 장시간 운동 시 저혈당 발생 • 심한 강도의 운동 시 고혈당 발생 • 혈당조절 안 되는 환자에서 혈당과 혈중 케톤의 급격한 증가 • 당뇨병의 만성합병증 악화 - 심혈관계 합병증 위험성 증가 : 심근경색증, 부정맥, 급사 - 증식성 망막증 : 안구 내 출혈, 망막 박리 - 신증 : 일시적인 단백뇨 증가 - 말초신경병증 : 연조직과 관절 손상 증가 - 자율신경병증 : 운동에 대한 심장 반응 저하, 최대수행능력 감소, 탈수에 대한 반응 저하

7. 소아청소년기 당뇨병

우리나라 소아청소년기의 1형 당뇨병 발생률은 꾸준히 증가하고 있다. 이와 더불어, 소아청소년기의 비만률이 증가하면서 18세 이하 소아청소년 2형 당뇨병 환자수도 증가하고 있다. 소아청소년기는 성장과 성적성숙이 이루어져야하는 시기이므로, 충분한 영양이 공급되도록 해야 한다. 또한, 성적성숙에 따라 인슐린 민감도가 변화되며, 자기관리 능력이 미숙하며, 저혈당 발생 시 신경학적 후유증의 위험이 크므로 이러한 성인과 다른 특징을 고려하여 관리되어야 한다.

1) 임상영양치료 목표

소아청소년은 정상적인 성장발달을 위하여 적정 에너지를 제공하고 합병증을 예방하는 것이 무엇보다 중요하다. 소아청소년기의 혈당관리 목표는 저혈당 위험에 대한 고려가 중요하여 2014년까지는 연령별로 혈당 조절 목표를 다르게 적용하였으나 이에 대한 과학적 근거 부족으로 2015년부터는 연령별로 같은 혈당조절 목표를 적용하고 있다표 8-18.

표 8-18 소아청소년기 목표 혈당과 당화혈색소

	2018국제소아청소년 당뇨병학회(ISPAD)	2021 미국당뇨병학회(ADA)
공복 혈당	70~130 mg/dL (4.0~7.0 mmol/L)	90~130 mg/dL (5.0~7.2 mmol/L)
식후 혈당	90~180 mg/dL (5.0–10.0 mmol/L)	
자기 전 혈당	80~140 mg/dL (4.4~7.8 mmol/L)	
당화혈색소	<7% (<53 mmol/mol)	<7% (<53 mmol/mol)

출처: 대한영양사협회, 임상영양관리지침서, 2022

2) 영양관리

식사의 배분은 1일 3회 식사, 2~3회 간식으로 하되 간식은 아동의 평소 섭취량, 활동량, 인슐린 치료를 고려해서 결정한다. 아직 성장과정에 있으므로 정상아동의 필요량을 기준으로 성장에 필요한 적절한 에너지를 섭취하도록 해야 한다. 총 에너지 중 탄수화물 55~60%, 단백질 15~20%로 하고 지방은 30% 이하로 하되 포화지방과 트랜스지방의 섭취를 줄이고 P:M:S 비율을 1:1:1로 한다. 콜레스테롤 섭취는 1,000 kcal당 100 mg, 1일 300 mg 이하로 제한한다. 탄수화물은 매끼 식사로 25~30%, 간식으로 8~10%를 배분한다. 단백질은 매끼 식사와 간식에 공급하는 것이 원칙이나 식사 간격이 좁으면 매 끼니에만 공급하고, 간식은 과일군이나 곡류군으로 계획할 수 있다.

간식은 종류나 양이 적절하게 유지될 수 있도록 해야 한다. 탄수화물을 함유한 음료는 혈당조절을 어렵게 할 뿐 아니라 비만을 유도할 수 있으므로 피하는 것이 좋으며, 갈증이

날 때는 물을 우선적으로 마시도록 교육한다. 문제가 되는 간식을 대체하는 방법과 간식의 양, 먹는 방법 등에 관한 교육도 필요하다. 인슐린 치료 시에는 하루 2~3회 간식을 제공하고, 야식은 혈당반응이 천천히 일어나도록 탄수화물과 단백질로 구성한다.

학교급식도 영양사와 부모, 아동 모두 식단을 보고 어떻게 조절할지 사전 검토가 필요하며 식품 선택법에 대한 아동의 인지와 조절능력에 대한 평가가 필요하다. 또한 학교급식에 부적절하거나 부족한 부분이 있을 때는 도시락을 준비하거나 추가로 식품을 먹게 할 수도 있다.

외식 시 섭취하는 음식은 열량이 높고 영양소가 불균형일 때가 많으며 염분 함량이 높다. 따라서 외식의 문제점에 대해 인식시키고 횟수를 줄이거나 메뉴 선택에 주의할 필요가 있다. 외식 시에는 식품군이 골고루 배합된 음식을 선택한다. 기름이 많이 사용된 음식이나 패스트푸드를 줄이고 개인접시를 이용하여 본인의 양에서 벗어나지 않도록 해야 한다.

3) 특별한 경우의 관리

(1) 운동

인슐린 최대 작용시간에는 운동 중 또는 운동 후 저혈당 증세가 유발될 수 있으므로 활동량을 줄이고 운동을 피하는 것이 좋다. 혈당이 80 mg/dL 이하인 경우에는 운동 시 추가 섭취가 필요하다. 운동 시 추가 칼로리는 운동 전에 간식으로 먹거나 정규식사 때 추가해서 먹는다. 운동시간에 따라 식사 및 간식 시간, 내용을 조정하여야 하며 특히 인슐린 치료를 받는 경우 저혈당에 대비하여 사탕이나 젤리를 가지고 다니도록 한다. 또한 혈당이 잘 조절되지 않은 상태에서 무리한 운동은 고혈당 증세를 유발할 수 있으므로, 혈당이 300 mg/dL 이상인 경우 운동을 삼간다. 운동 시 추가 섭취 필요량은 8~24이다.

(2) 아플 때

몸이 아플 때는 스트레스로 인한 호르몬 변화로 혈당이 상승하고 인슐린 요구량이 증가한다. 따라서 몸이 아파서 음식을 제대로 먹지 못하더라도 최소한 평소 정도의 인슐린 주사가 필요하며 혈당이 떨어진 경우에만 인슐린 용량을 줄인다. 케톤산증을 예방하기 위해서는 일정량의 탄수화물과 함께 인슐린 주사가 필요하다. 음식 섭취가 힘들 때는 부드러운 음식을 소량씩 자주(1일 5~6회) 공급하는 것이 좋다. 아플 때는 우유 1단위나 곡류 또는 과일 1단위를 제공할 수 있다. 그러나 메스꺼움이나 구토, 설사를 할 때는 우유나 유제품 섭취는 적절하지 못하다. 메스껍고 구토가 있으면서 혈당이 80 mg/dL 이하이거나, 하루 3회 이상 240 mg/dL를 넘을 경우에는 병원에 가야 한다.

(3) 인슐린 사용 시 유의사항

인슐린을 사용하는 경우 영양요구량은 정상 아동과 동일하나 식사와 간식 시간, 매일 섭취량을 일정하게 해야 한다. 식사를 하루 5~6회로 나누어 계획하되, 인슐린 최대 작용시간에 영양소가 공급되게 열량을 배분하고 매일 식사시간이 30분 이상 차이 나지 않게 식사시간을 일정하게 한다. 혈당을 안정시키기 위해서 식사 및 간식 섭취 시 열량, 탄수화물, 단백질이 균등하게 배분되도록 계획한다. 속효성과 중간형 인슐린 주사 시 인슐린 최대 작용시간에 맞춰 식사 및 간식을 계획하며, 저혈당이 유발될 수 있으므로 이 시간에 운동을 피한다. 즉 중간형 인슐린의 최대 작용으로 밤 동안 혈당이 떨어질 때에는, 취침 전 혈당이 높더라도 야식의 양을 줄이거나 중단하지 않아야 한다. 또한 취침 전 혈당이 지속적으로 높으면, 저녁 식전 속효성 인슐린 용량을 증가시키고 저녁 식전 섭취하는 식품의 종류와 양을 조절한다. 반면, 취침 시 혈당이 낮거나 저녁 활동량이 증가된 경우에는 야식의 양을 늘린다.

CHAPTER

9

조혈이상

1. 개요
2. 조혈기전
3. 조혈 관련 영양소
4. 조혈이상

CLINICAL NUTRITION

순환계는 신체의 각 조직과 세포에 산소와 영양물질을 공급하고 노폐산물을 받아 몸 밖으로 배출하는 기관이다. 단 3~5분간만 산소가 차단되어도 우리는 사망하게 된다. 산소 부족 시 가장 먼저 타격을 입는 조직은 뇌세포이고, 이때의 손상은 신체기능을 광범위하게 손상시키므로 적혈구의 조혈은 생명을 유지시키는 주요 기전이다. 세포에 원활하게 산소가 공급되지 않는 증상을 빈혈이라고 하며, 그 원인은 적혈구 조혈과 관련한 여러 가지 영양소의 부족, 유전적 요인, 골수의 상해, 기타 질환 등 다양하다. 빈혈의 주요인은 철 부족이지만, 강력한 산화제인 철이 과잉으로 흡수되어 신체에 축적되어도 심각한 결과를 초래한다. 또한 백혈구의 감소나 증가는 면역과 관련한 여러 가지 증상을 유발한다.

1. 개요

1) 한국인의 빈혈 유병률과 추이

2021년 국민건강영양조사 결과에 의하면 전체 인구 중 만 10세 이상 조사대상자의 빈혈 유병률은 남자는 3.1%, 여자는 13.6%였다. 국민건강영양조사에서 빈혈은 헤모글로빈 농도(10~11세 11.5 g/dL 미만, 12~14세와 15세 이상 비임신 여성 12 g/dL 미만, 임신 여성 11 g/dL 미만, 남성 13 g/dL 미만)를 기준으로 판정한다.

연령별로 나누어 보았을 때 남성은 70세 이전에는 10% 미만으로 유지되던 빈혈유병률이 70세 이상에서는 25.9%로 급증하여 남성 노인층에서의 빈혈 발생률이 매우 높았다. 여성은 10대에 7.4%였던 빈혈 유병률이 30대에서는 14.2%로 상승하고, 40대에는 18.9%에 달하고 있다. 폐경 후 여성의 빈혈 유병률은 9.9% 대로 감소하였다가 남성과 마찬가지로 70세 이후 25.9%로 다시 증가하고 있다. 따라서 한국인 중 빈혈의 취약 계층은 여성에서는 가임기 중 후반기(30~40대)와 남녀 모두 70세 이후 노인층이라 할 수 있다. 70대 이상 노

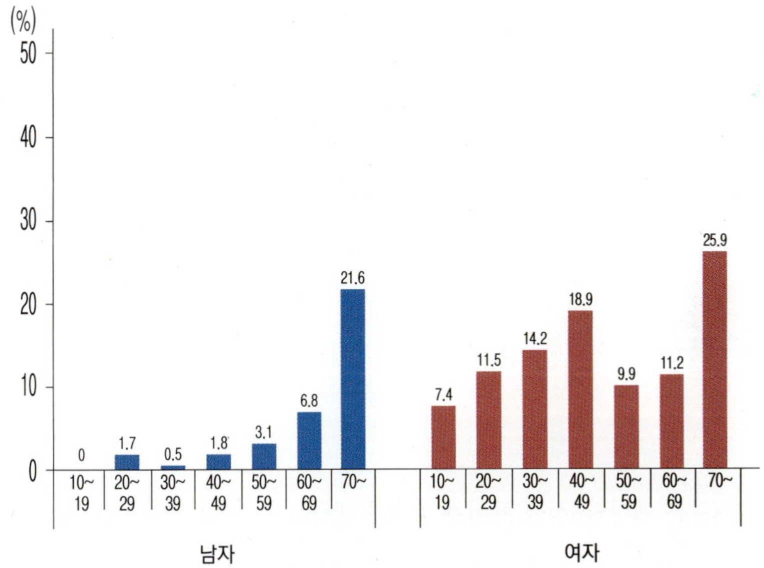

그림 9-1 한국인 빈혈 유병률, 2021년
출처: 2021년 국민건강통계, https://knhanes.kdca.go.kr/

인층의 빈혈유병률이 남녀 불문하고 높아짐은 고령사회에서 일반적으로 나타나는 현상이다. 100세 시대를 맞이하고 있는 한국의 경우도 고령 노인층의 빈혈 유병률을 낮출 수 있는 대책이 필요하다.

2) 한국인의 철 섭취량

2022년 국민영양통계에 의하면 한국인 중 철결핍성 빈혈의 고위험군에 해당하는 가임기 여성 중 19세 이상 여성의 철 섭취량은 7.8~8.8 mg/일이었으며 70세 이상 남녀 노인의 철 섭취량은 각각 9.9 mg/일, 7.4 mg/일였다. 주요 가임기인 20~30대 여성의 권장섭취량(14 mg/일) 대비 섭취 비율은 55% 정도에 불과하였으며, 70세 이상 남녀 노인층의 섭취량은 권장섭취량(남자 9 mg/일, 여자 7 mg/일)보다 많았다. 한국인들의 주요 철 급원식품은 푸른잎 채소와 곡류인데 젊은 층에서 이러한 식품들의 섭취량이 감소하면서 2015년 이전에 비하여 철 섭취량이 많이 감소하였다.

빈혈의 종류

WHO는 빈혈을 원인에 따라 분류하고 있다. 영양불량성 빈혈과 신기능부전성 빈혈(renal insufficiency anemia), 만성염증성 질환의 빈혈(anemia of chronic inflammation: ACI), 그리고 원인미상의 빈혈(unexplained anemia: UA) 등이다. 영양불량성 빈혈의 원인이 되는 영양소는 철, 엽산, 비타민 B_{12} 등이다.

2. 조혈기전

1) 혈액

인체의 혈액량은 체형별, 성별 차이가 있지만 대략 4.5~5.5 L 정도이다. 혈액을 원심분리하면 아래층에는 혈구들이 가라앉고 위층에는 혈장이 뜨게 되며, 혈장에서 응고단백질인 피브린을 제거하면 혈청이 된다. 전혈에 대한 세포층(혈구)의 비율을 헤마토크릿hematocrit이라 하며 빈혈 판정 지표로 사용된다.

혈액의 고형성분으로는 적혈구, 백혈구와 같은 세포성분과 세포질이 떨어져 나와 생성된 혈소판 등이 있다. 혈액 액상 성분의 91%는 수분이며, 단백질이나 무기질 등의 영양성분이 포함되어 있다.

2) 조혈

혈액의 세포들이 만들어지는 과정을 조혈hematopoiesis, hemopoiesis이라 한다. 모든 혈구 세포의 기원은 줄기세포stem cell에서 비롯된다. 인간의 경우, 태아 시기에는 줄기세포가 간에서 조혈과정을 담당하지만 출생 전에 줄기세포가 골수로 이동하여 출생 후에는 골수가 주 조혈기관이 된다. 골수의 조혈 조직은 일일 약 5,000억 개의 혈액세포를 생산한다. 혈구는 골수양조직myeloid tissue인 장골, 늑골, 흉골, 추골체, 두개골과 림프조직인 림프절, 편도선, 지라, 가슴샘 등에서 분화되고 성숙된다. 혈구세포들은 동일한 줄기세포로부터 유래하며 적혈구와 백혈구, 림프구의 모세포로 분화한 후 각각의 세포를 생성한다.

세포 중 가장 많은 수를 차지하는 적혈구는 혈액 1 mm^3 안에 450~500만 개 정도 존재한다. 적혈구는 줄기세포에서 적혈구모세포와 망상적혈구를 거쳐 탈핵된 후 혈관으로 나오는데, 이 과정에서 크기는 작아져서 가장 작은 성숙된 적혈구의 상태가 된다. 적혈구에는 핵이 없어 혈관계 내에서는 분열하지 못하며, 평균 수명인 120일이 지나면 지라와 간에서 파괴되어 처리된다. 적혈구의 1/3은 헤모글로빈으로 채워져 있으며, 한 개의 적혈구는 11억 분자의 산소를 운반할 수 있다. 헤모글로빈은 가운데 철원자를 가진 헴heme기와 글로빈 펩티드가 결합된 구조 4개씩을 포함한다. 따라서 적혈구의 생성에는 단백질과 철이 필수성분이며 헤모글로빈 분자의 합성에 관여하는 수용성 비타민과 같은 영양소들이 필요하게 되므로, 이러한 영양소 결핍이 일어나면 적혈구 부족에 의한 빈혈이 발병된다. 특히 철은 헤모글로빈의 구성성분이자 산소 운반자의 역할을 하므로 적혈구 기능의 핵심이라 할 수 있는 원자이다. 철은 강력한 산화제이므로 인체 내에서 단독으로 존재하지 않는다. 이러한 의미에서 헤모글로빈은 철을 결합하여 안전한 상태로 존재하게 함으로써 인체를 보호하는 요인이라고도 볼 수 있다. 반면, 철의 섭취량이 부족하면 철이 없는 적혈구가 생성되어 산소 운반 기능이 감소한다. 다행스럽게도 철은 특별한 배설기전이 없어 세포의 탈락이나 출혈을 통해서만 배설되게 되므로 1일 배설량은 극히 적다. 가임기 여성은 월경으로 인한 정기적인 실혈이 철결핍의 원인이 되고 있다.

백혈구는 세포질에 과립이 있는 과립백혈구와 과립이 없는 무과립백혈구로 나뉜다. 백혈구는 골수에서 분화되어 과립백혈구가 되며 과립의 염색성에 따라 호중구, 호산구, 호염기구로 분류된다. 성인에서 백혈구 수치는 혈액 1 mm^3당 5,000~10,000 정도이며, 호중구가 그중 60% 이상을 차지한다. 백혈구의 수명은 체내 염증 여부와 관련이 있지만 평균 2주 이내로 보고 있다. 염증이 발생하면 과립백혈구는 모세혈관을 통해 조직으로 누출되어 나가 외부의 이물질을 처리하고 함께 대식세포 등에 의해 처리되므로 그 수명이 일정하지는 않다.

무과립백혈구들로는 림프구와 단핵구가 있다. 모두 인체의 면역기능을 담당하고 있는 세포로, 그 중 림프구는 혈구세포의 30% 정도를 차지하고 있는 주요 면역세포로 림프절이나 흉선에서 성숙된다

3) 조혈의 조절

적혈구 조혈은 세포의 산소 요구량에 달려 있다. 적혈구의 수나 기능이 퇴화되어 세포에 충분한 산소를 공급하지 못하면, 골수에 신호를 보내 조혈작용을 하게 한다. 신장에서는 적혈구생성인자erythropoietin가 합성되는데 이 인자는 호르몬처럼 작용하는 조혈물질이다. 따라서 신기능 부전 환자에서는 적혈구 생성인자가 잘 합성되지 않아 빈혈이 발생하게 된다. 백혈구 조혈은 백혈구 생성과정의 여러 단계에서 사이토카인cytokines에 의해 조절된다.

골수는 적색의 상태로 있을 때 조혈기능이 활발하며, 나이가 들면 적색골수는 점차 지방이 들어차게 되어 황색골수로 대치된다. 따라서 노화가 진행되면 혈구 생산력이 감소한다.

3. 조혈 관련 영양소

적혈구 생성에는 많은 영양소가 필요하다. 글로빈 단백질과 헴heme으로 구성되는 헤모글로빈 생합성을 위하여 단백질의 전구체인 아미노산들이 필요하고, 헴의 전구체인 프로토

포피린의 합성이 이루어져야 한다. 단백질과 프로토포피린의 합성은 핵과 세포질에서 여러 단계의 반응을 거쳐 완성되는 복잡한 과정이며, 이 과정에서 엽산과 비타민 B_{12}, 피리독신(비타민 B_6)이 필요하게 된다. 여기에 최종적으로 철 원자가 유입되면 헴기의 합성이 완성된다. 따라서 엽산, 비타민 B_6, 비타민 B_{12}, 철 원자 중 어느 하나라도 부족하면 헤모글로빈의 합성에 영향을 주므로 빈혈을 유발할 수 있다. 그 외에 적혈구가 세포로서 기본 골격을 완성하기 위해서는 단백질이 필요하다. 성장기에 있거나 임신과 같이 필요량이 급증할 때 단백질이 충분히 공급되지 못하거나 흡수불량을 일으키는 경우, 적혈구뿐 아니라 백혈구들의 생산성도 떨어져 조혈기능과 면역력이 저하된다.

한 번 만들어진 적혈구라 해도 적혈구세포막을 구성하고 있는 불포화지방산이 산화되어 세포막이 손상되면서 적혈구의 수명이 짧아지기도 한다. 이러한 현상에 대처하기 위하여 인체는 항산화 기전을 다양하게 가지고 있는데 적혈구막의 산화억제는 주로 비타민 E 등의 항산화 영양소에 의해 수행된다. 따라서 인체에 비타민 E가 부족할 경우는 적혈구가 빨리 파괴되어 용혈성 빈혈 증상을 보이게 된다.

표 9-1 조혈과 관련된 영양소 : 결핍증

영양소	빈혈 유형	진단 및 증세
Fe	소구성 저색소성 (microcytic hypochromic)	변형적혈구증다증(poikilocytosis) 백혈구, 혈소판 정상 골수 내 적혈구 증가 골수 내 염색성 있는 철의 결핍
엽산과 비타민 B_{12}	거구성 (macrocytic)	변형적혈구증다증 호중구 감소증 호중구 핵의 분화 혈소판 감소증 골수 내 비정상적인 거구성 적혈구(megaloblast)의 증가 골수 내 백혈구 전구체와 거핵아세포 증가
비타민 B_6	소구성	변형적혈구증다증 백혈구 감소증 골수 내 환상철모구(sideroblasts)
비타민 E	용혈성	적혈구 수 감소
단백질	정상 혈구 혈액의 희석	혈장단백질 저하

4. 조혈이상

조혈능력이 저하되면 인체에 필요한 산소 공급이 원활하지 않아 세포의 건강이 위협을 받게 된다. 조혈이상의 대표적 증상인 빈혈은 적혈구의 수가 부족하거나 적혈구의 크기와 모양이 정상적이지 않은 경우, 적혈구 내의 헤모글로빈이 부족한 경우에 발생하며 결과적으로 산소운반능력이 저하되면서 인체의 면역력이 감소하게 된다. 빈혈 진단은 혈액 속의 적혈구 수, 헤모글로빈 농도, 헤마토크릿치가 정상치 이하로 감소하는 것으로 볼 수 있지만 임상에서는 일반적으로 세계보건기구WHO의 기준인 헤모글로빈 농도로 진단한다. 그 기준은 아래와 같이 연령과 성별에 따라 조금씩 다르다.

표 9-2 빈혈의 진단 기준(WHO 기준)

연령/성별		헤모글로빈(g/dL)
소아	6개월~5세 미만	11.0
	5세~12세 미만	11.5
	12세~15세 미만	12.0
성인	남자	13.0
	여자	12.0
	임신부	11.0

그 외에 적혈구 지수로 평균적혈구용적mean corpuscular volume, MCV, 평균적혈구혈색소mean corpuscular hemoglobin, MCH, 평균적혈구혈색소농도mean corpuscular hemoglobin concentration, MCHC 등이 사용된다. 평균적혈구용적는 적혈구 하나하나의 평균부피를 나타내는 지표이므로 적혈구의 크기가 정상에서 벗어난 빈혈의 판정에 사용할 수 있으며 헤마토크리트/적혈구수×1000으로 산출한다(정상범위 80~100 fL). 평균적혈구혈색소는 적혈구 내의 혈색소의 평균 무게를 나타내며 헤모글로빈/적혈구수로 산출된다(정상범위 26~34 pg). 평균적혈구혈색소농도는 적혈구의 평균 혈색소농도로 헤모글로빈/헤마토크리트로 산출된다(정상범위 320~360 g/L).

빈혈의 종류로는 적혈구의 크기가 작아지는 소구성 빈혈microcytic anemia과, 적혈구의 크기가 정상보다 크고 미숙한 상태로 골수에서 배출되는 거구성 빈혈macrocytic anemia이 있다. 또한 혈구의 생성은 정상이거나 그 이상으로 유지되지만 적혈구의 수명이 짧아지는 용혈성 빈혈hemolytic anemia 역시 보일 수 있다.

빈혈은 발병 요인에 따라 영양불량성과 비영양요인성으로 나누어 볼 수도 있는데 비영양요인성 빈혈은 의료적인 처치가, 영양불량성 빈혈은 임상영양학적인 관리가 중요하다.

표 9-3 영양불량성 빈혈의 원인과 위험요인

원인		위험요인
섭취 부족	철 엽산 비타민 B_{12}	식사력 식품 알레르기 여부 식품 알레르기 여부
흡수 불량	철 엽산 비타민 B_{12}	위수술, 셀리악스프루(celiac-sprue) 셀리악스프루 염증성 소장 질환 소장 절제 수술 후
필요량 증가	철 엽산	임신 : 빠른 성장 임신
지속성 출혈	철	월경 과다 소화관 내 출혈
반복되는 용혈	비타민 E	혈뇨

1) 영양불량성 빈혈

영양불량 상태는 적혈구의 크기나 모양에 영향을 주어 빈혈을 유발하는데 소구성, 거구성, 용혈성 빈혈로 크게 나누어 볼 수 있다. 소구성 빈혈의 원인은 철의 생체 이용률에 문제가 있거나 단백질이나 철, 비타민 B_6, 비타민 C, 구리, 망간 등의 무기질 부족 때문에 헴의 합성이 원활히 일어나지 않을 때 발생한다. 또한 구리, 아연, 납, 카드뮴과 같은 중금속의 오염이 있을 때도 소구성 빈혈이 생기게 된다. 거구성 빈혈은 적혈구의 크기가 정상보다 크며 충분히 성숙되지 않은 적혈구가 순환계를 돌아 일어나는 빈혈이다. 원인은 비타민 B_{12}나 엽산 등의 영양상태 불량으로 DNA 합성과 세포의 성숙이 잘 일어나지 않아 발생하는 빈혈 증상이다. 용혈성 빈혈은 비타민 E의 부족에서 오는 빈혈로, 적혈구가 수명을 다하지 못하고 빨리 파괴되어 발생한다.

(1) 소구성 빈혈

① 철결핍성 빈혈

철의 대사

철은 상당히 강력한 산화촉진제이므로 인체에서 유리상태로 돌아다니게 되면 세포막들을 손상시켜 치명적인 결함을 초래하게 된다. 체내에 부족할 때보다 많을 때 더 위험한 영양소이므로 철의 흡수율은 엄격히 통제되고 있는데, 영양소 중에서도 가장 낮은 흡수율을 보이는 것 중의 하나이다.

철은 인체 내에서 주로 헤모글로빈(약 75%)과 미오글로빈(5%)으로 존재하며 그 외에 시토크롬cytochromes, 퍼옥시다아제peroxidases, 카탈라아제catalases 등의 효소 내에 헴의 형태로 존재한다. 총 철의 20% 정도는 단백질과 결합하여 페리틴ferritin이나 헤모시데린hemosiderin의 형태로 간, 지라, 골수 내에 존재한다. 또한 체내 철의 0.1% 미만은 운반형으로, 주로 베타글로불린β-globulin과의 결합형인 트랜스페린transferrin으로 존재한다.

철은 십이지장과 공장에서 흡수되며 흡수율은 체내 철 저장량, 흡수되는 철의 형태, 음식 속에 공존하는 인자 등에 의해 크게 영향을 받는다. 동물성 식품에서 유래한 철의 40%는 헴의 형태(헴철heme-iron)로 존재하며 흡수율은 25% 정도이다. 헴철은 십이지장과 공장 전역에서 흡수되며 식사 내 다른 요인에 의하여 영향을 거의 받지 않아 흡수율이 우수하다. 그러나 헴철의 흡수율도 항상 일정한 것은 아니며, 체내 저장철의 양이 적을 때는 흡수율이 증가하고 저장철의 양이 많을 때는 감소한다. 식물성 식품 속의 철과 동물성 식품에서 유래한 철의 60% 정도는 비헴철non heme-iron로서 소장 상부에서 능동적인 경로를 통하여 흡수되며, 그 흡수율은 10% 미만이다. 비헴철은 식이 내 여러 인자에 의하여 흡수율에 영향을 받으며 위장관 내에서 어떤 형태로 존재하는지에 따라서도 흡수율이 좌우된다. Fe^{2+}은 Fe^{3+}에 비하여 흡수율이 좋으며 장 점막에서 분비되는 철 환원효소나 비타민 C의 환원작용에 의하여 Fe^{2+} 형태가 유지된다. 비헴철은 곡류에 많은 인산과 피틴산, 채소에 많은 수산, 탄닌과 같은 폴리페놀 등에 결합하여 흡수율이 감소하고, 비타민 C나 육류, 어류, 가금류 등의 동물성 조직을 함께 섭취하면 흡수율이 증가한다. 한국인의 철 섭취기준을 정할 때 성인의 평균 철 흡수율은 12%를 적용하여 평균필요량을 산출하고 있다.

철은 배설기전이 따로 없는 영양소이다. 출혈에 의한 손실이 없다면 유일하게 배설되는 경로는 세포의 탈락에 따른 것이며, 그 양은 1일 0.5 mg 미만이다. 따라서 남성은 출혈증상이 없는 한 성장이 끝난 성인기에 많은 양의 철이 필요하지 않다.

그러나 가임기의 임신하지 않은 여성은 월경에 의하여 일정량의 혈액을 손실하게 되므로 조혈을 위하여 철의 보충이 필요하다. 월경혈에 의한 손실량은 인종별로 차이가 있으나 한국인은 1일 평균 0.5 mg 정도이다. 임신기에는 태아와 태반 저장량 약 315 mg, 임신기 모체의 적혈구 증가분 약 290 mg, 분만 시 출혈로 인하여 약 200 mg을 손실하게 되며, 15개월 정도 무월경으로 인해 철 약 250 mg이 보유된다.

수유기에는 모유를 통한 손실량을 고려해야 하며, 모유 1 L당 평균 0.5 mg의 철을 함유하고 있으며 1일 평균 수유량 780 mL를 적용하면 1일 0.27 mg을 손실하게 된다. 따라서 임신과 출산 후 6개월간 모유 수유를 한다고 가정하면 전 과정 동안 모체의 철 손실량은 500 mg 이상이 된다.

원인

철결핍성 빈혈은 대개 경제 수준이 낮은 지역에서 영양불량으로 발생한다. 역학연구 결과에 의하면 경제와 교육 수준이 낮은 계층에서 빈혈빈도가 높았으며, 종교적인 이유로 채식 위주의 식생활을 지속하는 경우 역시 빈혈빈도가 높았다. 이러한 지역에서는 철 급원식품 섭취량의 절대부족, 주로 철 흡수율이 낮고 비헴철의 흡수를 방해하는 식이인자를 다량 함유하는 식물성 식품 섭취, 위생상태 불량으로 인한 흡혈성 기생충 감염 등의 이유로 빈혈 발병률이 높고 신체기능이 저하되어 있는 것을 볼 수 있다. 특히 임산부에서 보이는 철결핍성 빈혈은 빈혈 증세를 심각한 수준으로 이끌고 심기능 부전을 초래하며 유산과 조산, 사산뿐 아니라 신생아 이병률을 높이는 것으로 보고되어 있다. 영아들의 빈혈 원인으로는 미숙아로 태어나 철 섭취가 부족한 경우, 우유 알레르기나 셀리악병이 있는 경우, 너무 빨리 생유로 이행시킨 경우 등을 들 수 있다. 노인들의 철결핍성 빈혈 원인은 소화기관 내 출혈이나 총식품 섭취량의 부족으로 인한 철 섭취 부족이다. 성인의 철결핍성 빈혈의 주원인은 소화기관 내로의 잠복성 출혈, 월경에 의한 혈액 손실, 임신기 필요량 및 손실량 증가, 기타 위절제나 소장 상부의 절제수술을 받은 후의 흡수불량증 등을 들 수 있다.

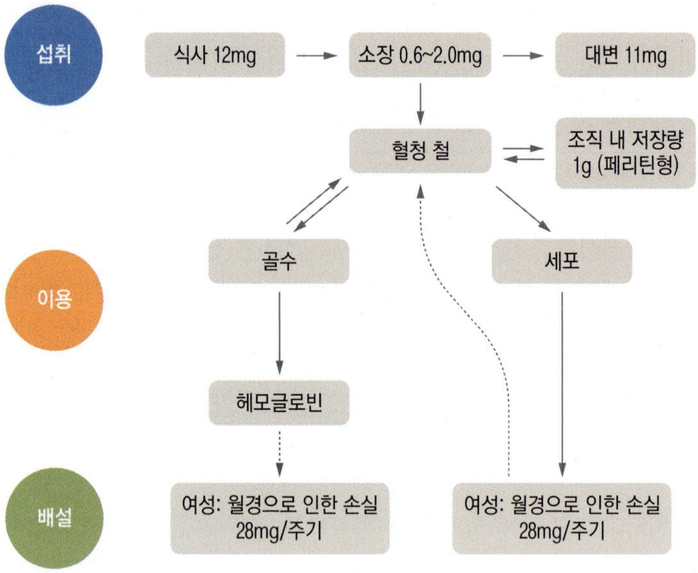

그림 9-2 체내 철 분포와 대사량

표 9-4 생애주기별 철결핍성 빈혈의 원인과 주요 증상

대상	원인		증세
영아	생유 공급에 의한 철결핍 우유 알레르기 셀리악병		변량의 비정상 혈변, 복통, 천식, 습진 철 외의 다른 영양소 부족 창백
청소년기	여성: 월경에 의한 손실 남녀 공통: 빠른 성장과 철 섭취량 부족		피로 창백 현기증
성인	가임기 여성	월경혈 손실 임신 열량 섭취 불량 식품 알레르기 여부 피카(Pica)	피로, 창백, 수족병증 설염 스푼형 손톱 연하곤란증, 위염 현기증, 심부전, 호흡곤란
	중년의 남녀	위궤양이나 기타 소화관 출혈 소장관 질환이나 장절제 수술 후의 흡수불량	궤양증세 직장 출혈 철 외의 다른 영양소 결핍증 현기증, 심부전, 호흡곤란
	노년의 남녀	열량섭취 불량 철 급원식품 섭취 불량	체중감소 설염 구각염

스프루sprue나 장염, 글루텐 민감성 장질환 등은 모두 장에서 흡수불량을 일으키므로 만성적으로 장기간 지속될 경우 빈혈빈도가 높아지게 된다. 또한 아주 드물기는 하지만 피카Pica라 하여 진흙이나 세탁소에서 쓰는 풀가루를 집어 먹는 이기증 혹은 이미증을 가진 여성들이나 어린아이들의 경우도 이러한 물질들이 철의 흡수를 방해하여 빈혈을 유발하기도 한다. 알코올의 영향은 아직 명확히 밝혀져 있지 않다. 제산제 등은 철의 흡수를 방해하므로 위염이 있거나 위산과다증이 있는 사람들이 제산제를 복용할 경우는 철의 영양상태에 주의하여야 한다.

진단

철의 영양상태를 진단하는 데 이용될 수 있는 지표는 표 9-5에서 보는 바와 같이 다양하다. 각각 철결핍 정도를 반영하는 정도에 차이가 있어 지표로서 민감성이 다르다.

- 헤모글로빈hemoglobin: Hb: 적혈구 내 헤모글로빈의 농도로 빈혈이 있는 경우 저하된다.
- 헤마토크릿hematocrit: Hct: 전혈에 대한 혈구의 비율로 빈혈이 있는 경우 수치가 저하된다.
- 혈청철serum iron: SI: 혈청 내 철의 농도이며 사람의 혈액 속에서 철은 단백질과 결합되어 운반되므로 혈청철이라 하면 트랜스페린에 결합된 철을 뜻한다. 철결핍 시에는 혈청철의 농도가 저하된다.
- 총철결합능total iron binding capacity: TIBC: 정상의 경우 혈중 트랜스페린의 모든 철결합 부위에 철이 결합되어 있지는 않으므로 트랜스페린에 결합한 철과 철 미결합부분의 잠재적인 철결합능력을 합한 수치를 총철결합능이라 하며, 이 수치는 철결핍 시에 증가하게 된다.
- 트랜스페린포화도transferrin saturation: TS: 혈청 철을 총철결합능값으로 나눈 값의 백분율로서 'TS(%)=serum iron(μmol/L)/TIBC(μmol/L)×100'으로 계산한다. 철결핍성 빈혈일 경우 혈청 철은 낮아지고 총철결합능은 높아지므로 트랜스페린 포화도는 감소하게 된다. 또한 트랜스페린 포화도는 철과잉증에서는 유의하게 증가하여 체내 철 저장상태를 반영하는 좋은 지표가 된다.
- 적혈구프로토포피린protoporphyrine: 프로토포피린은 헴의 전구체로, 철결핍으로 인하여 헴의 생성이 제한될 때 적혈구에 축적되므로 철결핍 빈혈 시 증가한다.

• 혈청페리틴serum ferritin: SF: 인체의 철은 주로 골수에 페리틴(철을 함유하는 복합단백질)의 형태로 저장되는데 골수의 페리틴 수준은 혈청에도 비례하여 반영되므로 혈청 페리틴의 농도를 측정하여 인체의 철 저장 수준을 판정할 수 있다.

표 9-5 철 영양상태 판정의 지표로 사용되는 인자들

지표	의의	정상범위(성인)
헤모글로빈 농도	혈액의 산소운반 능력에 대한 지표	남자: 14~18 g/dL 여자: 12~16 g/dL
헤마토크릿치	혈액에서 적혈구가 차지하는 백분율	남자: 40~54% 여자: 37~47%
혈청페리틴 농도	조직 내 철 저장정도(페리틴)를 알아보기 위한 지표로 혈청 페리틴 측정	100±60 μg/L
혈청 철 함량	혈청의 총 철 함량(주로 트랜스페린과 결합된 철)	115±50 μg/dL
총 철결합능	혈청 트랜스페린과 결합할 수 있는 철의 양 측정	300~360 μg/dL
트랜스페린 포화도	철로 포화된 트렌스페린의 %	35±15%
적혈구 프로토포피린 함량	헴의 전구체로 철결핍으로 인해 헴의 생성이 제한될 때 적혈구에 프로토포르피린이 축적됨	0.62±0.27 μmol/L(적혈구)

표 9-6 생화학적 지표에 의한 철의 영양상태 5단계

지표	과잉상태	정상	결핍상태		
			저장철 고갈 I단계	철결핍 II단계	철결핍성 빈혈 III단계
혈청 페리틴(serum ferritin)	↑	N	↓	↓	↓
트랜스페린 포화도(transferrin saturation)	↑	N	N	↓	↓
적혈구 프로토포피린(erythrocyte protoporphyrin)	N	N	N	↑	↑↑
평균혈구용적(MCV)	N	N	N	N	↓
헤모글로빈(hemoglobin)	N	N	N	N	↓

* N: 정상

철결핍성 빈혈의 혈액학적 변화로는 적혈구의 크기가 작고 크기와 모양이 일정하지 않으며, 때때로 유핵 적혈구가 보인다. 철의 이용이 감소하여 적혈구 내 헴을 함유하지 않은 프로토포피린free protoporphyrin이 다량 존재하며 혈청 페리틴과 트랜스페린에 결합된 철의 양이 감소된다. 전반적으로 혈구 감소증이 있으나 골수는 크기가 작고 철이 결핍된 적혈구의 전구체로 가득 차게 된다.

철결핍 단계

철결핍이 진행되는 과정은 4단계로 나누어 볼 수 있다그림 9-3. 1단계부터 철의 균형iron balance은 음으로 변화되기 시작하나 아직 다른 지표들은 큰 변화를 보이지 않는다. 2단계로 들어가면 체내 저장 철이 거의 고갈되게 된다. 철의 영양상태를 진단하는 지표로 가장 민감하며 체내 철의 저장상태를 잘 반영해 주는 지표는 혈청페리틴으로 2단계에서 3단계로 넘어가면서 한계치인 12 μg/L로 떨어지게 된다. 3단계에서는 혈장 철의 농도와 트랜스페린 포화도가 한계치 이하로 감소하고 적혈구 프로토포피린 값이 증가하지만 여전히 적혈구의 형태 변화는 감지하기 어렵다. 이 단계에서 철이 계속 결핍되면 평균 적혈구 용적이 감소하고 헤모글로빈 수치가 떨어지는 소구성 저철성 빈혈 증상을 보이는 4단계로 들어가게 된다.

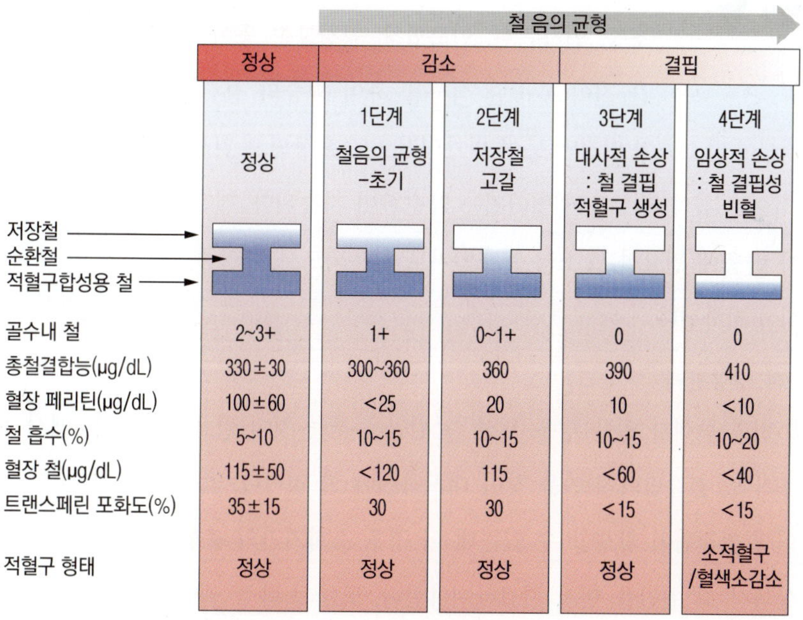

그림 9-3 체내 철 영양상태의 변화

출처: Mahan LK, Raymond JL (2017): Krause's Food & the Nutrition Care Process. 14th ed. p.633

증상

모든 빈혈은 세포에 산소공급량이 충분하지 않아 가스교환량이 충분하지 못한 상태이므로 빈혈의 원인과 무관하게 비슷한 증상을 보인다. 초기 증세는 자각증상이 거의 없을 정도로 경미하게 일어나나 병증이 진전되면 무력감, 잦은 피로, 심순환계의 항진으로 인한 빈맥, 호흡곤란, 어지럼증, 수족냉증, 두통 등의 증세를 느끼게 된다. 세포에 산소 공급이 원활하지 못하면 산소요구도가 증가하게 되고, 이는 골수에 신호를 보내어 적혈구 조혈을 촉진하고 반사기전과 호르몬 체계를 통하여 심순환계를 항진시키게 된다. 빈혈이 있는 사람들은 대부분 피부색이 창백하고 운동력이 떨어지는데, 말을 하지 못하는 영아의 경우도 이러한 증세를 살펴서 빈혈 여부를 의심해 볼 수 있다.

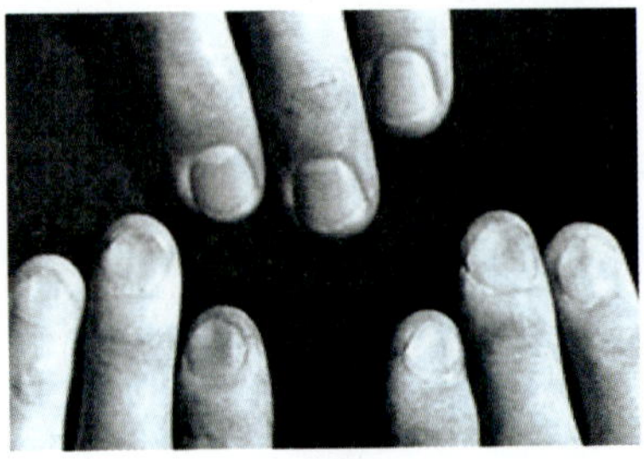

그림 9-4 스푼형 손톱

빈혈의 중증 증세로는 빈맥(100회/분 이상), 심박출량 증가, 심장박동 시 잡음, 발목 부종 등이 나타나게 되며 스푼형 손톱이나 인후건조증, 연하곤란, 연하협착, 월경불순 등이 나타나기도 한다. 오랜 기간 철이 부족한 식사를 하여 중증의 철결핍 증세가 나타나면 상피세포의 재생이 감소하여 위점막 등이 비가역적으로 손상되고 위산의 분비가 원활하지 못하며, 결과적으로 철의 흡수율이 떨어지는 악순환이 지속된다. 철은 전자 전달계를 비롯하여 여러 대사 반응에 필요한 효소의 보조인자로 이용되므로 빈혈증세와 더불어 이러한 효소들의 활성이 저하된다.

치료와 영양관리

철결핍 빈혈 증세가 있을 경우 우선 그 원인을 찾는 것이 필요하다. 표 9-4에서 볼 수 있는 생애주기 별 철결핍의 원인을 찾아 대처하여야 할 것이다. 남성과 노인에서는 만성적인 출혈로 인해 철결핍이 발생할 수 있는데 이 경우 소화기관의 출혈이나 비뇨기계의 출혈이 있는지 살펴서 그 원인을 먼저 치료하여야한다. 또한 소화성 궤양이나 염증이 있는 경우, 소화기관 중 특히 철의 주요 흡수부위인 십이지장 절제술을 받은 경우, 위산부족이나 흡수부위의 감소로 인하여 철의 흡수율이 감소한다. 빈혈의 원인이 철 섭취 부족일 경우 하루 섭취량을 평가하고 철의 흡수를 방해하는 식사요인이 있는지 살펴서 제거하도록 한다. 피틴산, 수산, 인산, 탄닌 등을 많이 함유하는 식품이나 다량의 식이섬유를 포함한 식사의 섭취를 제한하고 비타민 C나 동물성 식품과 함께 섭취하여 철의 흡수율을 증가시키도록 한다. 임신이나 빠른 성장기에는 철의 필요량이 증가하여 상대적인 결핍증이 나타날 수 있으므로 필요량을 산출하여 식사나 보충제를 이용하여 공급하도록 한다.

식사를 통한 철결핍 빈혈의 치료 시 흡수율이 좋은 철의 급원 식품을 섭취하고 가능한 매끼 비타민 C와 동물성 조직을 함께 섭취하도록 한다. 육류와 어류, 가금류 등의 동물성 조직은 헴철의 함량이 높고 비헴철의 흡수도 돕는 작용을 한다. 기호식품으로 커피나 차 등은 철의 흡수를 방해하는 탄닌을 함유하고 있으므로 줄이도록 한다. 달걀은 철의 함량이 높은 동물성 식품이지만 포스비틴phosvitin이라는 인단백질이 철의 흡수를 방해한다.

식사를 통한 섭취가 절대적으로 부족하고 식습관을 변화하여 효과를 얻기가 어려울 경우, 철의 보충이 필요하며 보충 경로는 경구투여, 정맥주사가 가능하다. 경구투여에서 사용하는 철제제는 무기철형과 유기철형이 있으며 각각 흡수율과 부작용이 다르게 나타난다. 가장 빈번하게 사용하고 있는 철분 보충제는 황산제일철로서 경제적이고 효과도 좋은 것으로 보고되고 있으며 그 외 무기철로는 푸마르산 제일철, 글루콘산 제일철 등이 사용된다. 철제제의 흡수율은 최대 30% 이내이며, 1일 최대 흡수량은 6 mg 정도이다. 철 보충제는 공복에 복용할 때 흡수가 잘 되지만 속쓰림이나 복부팽만, 설사, 변비, 등의 위장관 장애가 잘 나타나므로 이럴 경우 식사후나 식사와 함께 복용하도록 한다. 철 보충제의 부작용은 과량 복용 시 더 잘 나타나므로 임산부를 제외한 빈혈환자에서는 헤모글로빈 농도가 정상으로 돌아올 때까지만 복용하도록 한다. 헤모글로빈 농도가 정상수치로 돌아오기까지는 약 9~10주가 소요되므로 꾸준한 치료가 필요하며, 만일 치료효과가 없을 때는 철이 아닌 다른 영양소의 결핍으로 간주하고 진단부터 다시 해야 한다. 임신, 알코올 중독, 소장의 흡수불량 등으로 엽산이나 비타민 B_{12} 등이 부족하게 될 가능성이 많다. 또한 임산부는 혈액량이 매우 빠르게 증가하는데 일반적으로 혈장량의 증가속도에 비하여 혈구 생성속도가 늦어 혈액회석hemodilution 현상이 일어난다. 이런 경우는 철제제를 복용해도 그 효과가 잘 나타나지 않는다.

철 보충제 중 경구투여제는 소장관에서 흡수 정도가 조절되어 다소 과량 투여되어도 즉각적인 문제가 발생되지 않지만, 흡수불량 등의 이유로 정맥주사를 처방할 때는 철이 과잉 투여되지 않도록 세심한 주의를 기울여 투여량을 결정해야 한다. 수술이 필요한 환자에서 빈혈증세나 심각한 영양불량 증세를 보일 경우는 수술 전에 철을 보충해 주는 것이 안전하여 정맥 주사를 사용할 수 있으며 염증성 장질환자, 십이지장 우회술을 받은 환자, 심한 출혈 환자 등에서는 정맥주사가 효과적일 수 있다. 정맥주사 시는 주입속도, 환자의 질병 여부, 알레르기 여부 등에 주의해야 하며 필요하면 사전에 소량으로 검사를 하는 것이 안전하다.

철 경구제제의 종류와 정맥제제의 투여량은 표 9-7과 같다.

표 9-7 철 정맥투여제의 투여량 계산

방식 1	주입 철량(mg) = [( ) × 4,000 × 3.4] + 500 mg 여기서, 4,000은 평균 혈액량(mL) 3.4는 Hb 내 Fe의 환산계수(conversion factor) 500 mg은 일반 성인의 철 저장량(임산부의 경우 1,000 mg)
방식 2	주입철량(mg) = [15 - 환자의 Hb(g/dL)]× 체중(kg) × 3 정상Hb(g/dL)-환자의 Hb(g/dL) 100

② 피리독신pyridoxine 부족성 빈혈sideroblastic anemia

X형 유전자와 관련된 열성 형질 유전성 질환으로 주로 남자에게 나타나나 매우 드물다. 영아기와 청년기에도 발생이 가능하며 알코올 중독자들에서 볼 수 있다. 피리독신이 부족하게 되면, 프로토포피린에 철이 결합되는 헤모글로빈 합성의 최종 단계가 잘 일어나지 않는다. 따라서 헴 대신 철을 함유하지 않는 프로토포피린이 생성되고 철은 미성숙 적혈구(적아구)의 핵 주변 세포질에 환의 형태로 축적되거나 미토콘드리아에 축적된다(환상철적모구 ringed sideroblast). 철이 축적된 미토콘드리아는 기능이 저하되어 적혈구의 정상적인 발달이 이루어지지 않게 된다. 또한 철의 대사량이 늘어 간과 지라가 확대되며, 간 내 철의 축적으로 인하여 간 실질조직에 다양한 손상이 올 수 있다. 골수 역시 과잉의 헤모시데린(혈철소 hemosiderin)을 함유하게 되고, 췌장에 철이 축적되면 당뇨현상이 발생할 수도 있다.

혈청철과 페리틴 농도는 정상이거나 그 이상이지만 적혈구의 크기가 작아지고, 헴 철의 함량이 줄기 때문에 소구성 저색소성 빈혈을 일으킨다.

치료는 다량의 피리독신을 지속적으로 투여하게 되며(50~200 mg/day) 치료효과는 개인에 따라 차이가 많아 효과가 있을 때는 빈혈증세의 호전과 함께 철의 침착증 소멸, 조직 손상의 최소화를 기대할 수 있다.

(2) 거대적아구성 빈혈megaloblastic anemia

① 엽산결핍성 빈혈

국립보건연구원은 국민건강영양조사 제6기(2013-2015년) 자료를 분석하여 한국인의 혈중 엽산 농도에 대해 발표하였다. 세계보건기구WHO는 혈중 엽산 농도가 6.8 nmol/L 미만인 경우를 결핍 수준으로, 6.8~13.4 nmol/L를 경계 수준으로 보고 있는데 10세 이상 한국인 남녀의 5.1%가 결핍, 31%가 경계 수준으로 나타났다. 취약계층은 10~20대 젊은층이었으며 특히 남성의 혈중 엽산농도가 여성에 비하여 더 낮았다.

그러나 한국인의 엽산섭취량 현황은 혈중 엽산 농도와는 그 양상이 조금 다르다. 질병관리청은 2016~2019년도 국민건강영양조사자료를 분석하여 발표하였는데 1일 평균 엽산 섭취량은 남자 334.4 μgDFE, 여자 277.4 μgDFE이었고 권장섭취량 대비 비율은 80.7%로 여자(73.2%)가 남자(88.2%)보다 부족하게 섭취하고 있는 것으로 나타났다. 그러나 남녀 모두 12~29세에서 엽산섭취량이 가장 낮아 엽산영양상태에서는 10~20대의 젊은층이 가장 취약한 계층임을 알 수 있다. 또한 2004년 한 연구에 의하면 고위험군인 임신부의 혈청과 적혈구 내 엽산의 농도를 측정한 결과, 약 8%가 엽산결핍(엽산 농도 3 μg/day 미만), 60%가 경계결핍 상태로 판정되었다.

엽산의 흡수, 기능 및 필요량

식품 내 엽산은 3~11개의 글루타민산을 달고 있는 프테로일폴리글루탐산pteroylpolyglutamate 형태로 존재하며 그대로는 소장점막을 통과할 수 없다. 따라서 흡수 전에 소장점막의 미세융모 표면에 존재하는 프테로일폴리글루타메이트 하이드로라아제pteroylpolyglutamate hydrolase, folate conjugase에 의해 글루타민산들이 제거되어야 한다. 엽산의 흡수는 소장 전역에서 일어나며 특히 공장이 주요 흡수 장소이다.

이스트 등에서 볼 수 있는 엽산 접합효소 억제제folate conjugase inhibitors가 존재하거나 아연 부족, 장내 염증성 질환이 있을 때 흡수가 저하되며, 포도당은 엽산의 흡수를 촉진한다. 또한 위산 분비가 감소하면 엽산의 흡수율이 저하되므로 무염산증이나 위절제술을 받은 환자, 제산제를 투여받는 환자들에서는 엽산결핍이 일어나기 쉽다.

엽산은 체내에서 단일 탄소기1 carbon unit(−CH_3, −CHO 등)의 운반에 기여하여 DNA의 합성에 필수적인 티미딜산을 합성하고 세포분열에 관여한다. 엽산이 티미딜산 합성에 메틸기를 전해주고 난 후 다시 메틸화될 때 비타민 B_{12}가 필요하므로, 이 두 가지 비타민은 대사상 밀접한 관련성을 가지고 있다.

2020년 한국인 영양소 섭취기준 제정 시 외국에서 수행한 인체시험 결과를 근거로 하여 성인의 평균필요량은 남녀 모두 320 μgDFE/일로, 권장섭취량은 400 μgDFE/일로 정하였다. 또한 임산부와 수유부의 경우 각각 220 μgDFE/일과 150 μgDFE/일을 추가하였다. 유아의 경우 1~2세는 150 μgDFE/일, 3~5세는 180 μgDFE/일을 권장섭취량으로 정했다. 영아의 경우 모유섭취량을 고려하여 충분섭취량만을 설정하였으며 0~5개월의 영아는 65 μgDFE/일, 6~11개월의 영아는 90 μgDFE/일로 정하였다.

위험요인

역학조사 결과 엽산결핍의 위험요인은 다음과 같다.

- 술 : 알코올은 엽산의 흡수를 방해한다. 대부분의 음주자는 식습관이 불량하여 식품 섭취량의 감소와 동시에 미량 영양소인 비타민의 섭취량도 함께 감소한다.
- 염증성 장질환 : 크론병Crohn's disease 같은 염증성 장질환이 있는 경우 영양소의 흡수 불량이 수반된다. 이러한 질환은 식욕을 감퇴시키므로 섭취량이 줄게 되어 엽산의 영양상태는 더욱 나빠지게 된다.

엽산농도 1 μgDFE란?

자연식품 내에 있는 엽산의 흡수율은 50% 정도에 불과하지만 보충제를 섭취할 경우는 흡수율이 85% 이상으로 높아진다. 식품에 강화된 엽산도 마찬가지로 자연식품 중의 엽산에 비해 1.7배의 이용률을 보이므로 이를 고려하여 식이엽산당량(Dietary Folate Equivalents: DFE)을 만들어 섭취기준 설정에 활용하고 있다.

식이엽산당량 = 식품 중 엽산의 μg + (1.7 × 첨가된 혹은 보충제 엽산의 μg)

- 임신부와 수유부 : 임신부는 모체의 증체량과 태아의 성장으로 엽산의 필요량이 증가하여 엽산 부족에 걸릴 가능성이 높다.
- 영·유아 : 글루텐성 장염, 셀리악병, 단백질-열량부족증 등의 원인으로 발생한다.
- 노인 : 노인기에는 식품섭취량이 감소하면서 영양소 섭취량이 부족하기 쉽고 입맛과 치아건강의 변화 때문에 채소류도 오래 익혀 먹게 되므로 엽산의 생체 이용률이 감소하게 된다.
- 용혈성 질환 : 만성적인 용혈성 질환은 꾸준한 조혈이 필요하므로 엽산과 적혈구 조혈에 필요한 여러 가지 영양소의 필요량이 증가하게 된다. 이때 필요한 조혈 관련 영양소들이 부족하면 상대적으로 결핍증을 초래하게 된다.
- 약물 : 아스피린, 이부프로펜, 아세트아미노펜 등의 과량 복용은 엽산의 영양상태를 저하시킬 수 있으며, 콜레스티라민이나 설파살라진과 같은 약제도 엽산의 흡수를 감소시킨다.

증세

엽산 부족 시 DNA 합성이 정상적으로 일어나지 않으므로 핵산과 단백질 합성이 저해되고 적혈구 세포의 생성에도 이상이 생긴다. 적혈구 전구세포에서는 핵의 성숙이 잘 일어나지 않아 미숙하고 크기가 큰 적혈구가 혈액 속에 나타나게 되며, 이러한 적혈구는 산소 운반 능력이 낮으므로 빈혈의 증세를 보이게 된다. 엽산결핍 시 자각증상은 일반 빈혈증세와 같이 피로, 홍분, 혓바늘, 무기력, 설사, 식욕부진, 설염, 체중감소 등이 나타나며 때때로 말초 신경염이 나타나기도 한다.

엽산 결핍 단계

- 1단계 : 혈청의 엽산 농도가 3 ng/mL 이하로 저하되는 시기로 엽산 균형이 깨지기 시작한다.
- 2단계 : 적혈구의 엽산 농도가 160 ng/mL 이하로 감소하는 시기로 엽산 균형이 음의 상태를 유지하게 된다.
- 3단계 : 적혈구 조혈에 필요한 엽산이 부족한 시기로 DNA 합성이 늦어지며 호중구의 핵 내에 과도한 분엽(hypersegmentation)이 형성되고 거대적아구가 나타나기 시작한다.
- 4단계 : 완전한 거대적아구성 빈혈증상을 보이며 평균적혈구용적(mean corpurscular volume) 수치가 증가한다.

진단

엽산이 결핍된 식사를 할 경우 엽산의 체내 저장량은 2~4개월 내에 고갈된다. 엽산이 결핍된 식이를 장기간 섭취하게 되면, 먼저 혈청 엽산 농도가 정상치인 3 ng/mL 이하로 감소하게 되고, 이어 적혈구의 엽산 농도가 160 ng/mL 이하로 감소하게 되면서 체내의 엽산이 고갈되게 된다. 엽산이 결핍되고 20~24주 정도가 지나면, 적혈구의 엽산 농도가 120 ng/mL 이하로 떨어지면서 엽산 부족증을 보이게 된다. 거대적아구성 빈혈이 발현되기 몇 주 전에는 골수의 거대적아구성 변화megaloblastic changes가 보이기 시작한다. 이 때는 혈구세포의 형태에도 이상이 생기게 되는데 초기에는 호중구핵의 과분엽hypersegmentation 현상과 함께 호중구와 혈소판 수가 약간 저하하다가 적혈구의 크기가 커지고 부동세포증anisocytosis, 변형 적혈구증다증poikilocytosis 등이 보이기 시작한다. 그러나 음주나 위절제 수술 후 엽산 부족 시에는 거대적아구성 변화 없이 혈청과 적혈구 내 엽산의 농도가 저하될 수도 있다. 거대적아구성 빈혈은 평균적혈구용적MCV과 평균적혈구혈색소농도MCHC의 증가로 판단할 수 있다.

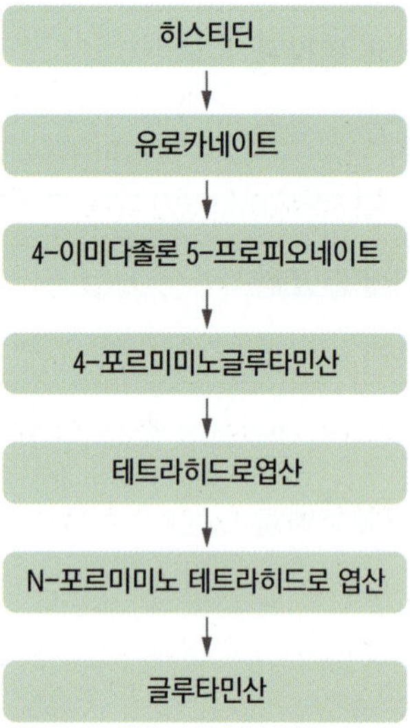

그림 9-5 히스티딘 분해과정

대사과정에서 밀접한 관련성을 보이는 엽산과 비타민 B_{12}의 결핍은 동시에 발생하기 쉬운데, 이 경우 구강, 위, 소장의 점막 상피세포 등이 미성숙하고 세포와 핵의 크기가 증가하는 변화megaloid changes를 보인다. 만일 엽산 단독 결핍일 때 비타민 B_{12}를 투여하여 치료한다면 그 증세가 더욱 심각해질 수 있으므로 정확한 진단이 필요하다. 비타민 B_{12}의 부족으로 인한 빈혈과 구분하기 위하여 혈청의 엽산 농도, 적혈구 엽산 농도red blood cell folate: RCF, 혈청 비타민 B_{12}의 농도 등을 측정한다. 엽산 단독 결핍을 판정할 때는 히스티딘histidine을 다량 경구 투여하고 소변 내 포르미미노글루탐산formiminoglutamate 배설량이 증가하는지를 확인하기도 하는데 이는 포르미미노기formimino group가 테트라하이드로폴산FH_4에 의해 운반, 제거되어 글루타민산glutamate을 유리시키는 배설기전이 저하하기 때문이다.

표 9-8 엽산결핍의 진단 기준

	정상	결핍
엽산, ng/mL		
적혈구	≥ 200	< 120
혈청	≥ 5.0	< 3.0

치료 및 관리

엽산 부족에 의한 빈혈 환자의 치료 방법으로 가장 우선해야 할 것은 식품을 통해 엽산을 보충하는 것이다. 오래 조리된 채소의 섭취를 지양하고 하루에 반드시 한 번 정도는 진한 녹엽채소(시금치, 냉이, 미나리, 부추, 비름, 쑥, 양배추, 브로콜리, 아스파라거스, 케일 등)나 색이 진한 과일(말린대추, 딸기, 산딸기, 망고, 체리, 멜론, 오렌지, 자두, 키위, 아보카도 등), 두류(녹두, 대두, 동부, 팥 등), 견과류 등을 섭취하면 도움을 받을 수 있다. 쇠간이나 쌀 배아, 엽산 강화식품인 시리얼 등에는 엽산의 영양밀도가 높으므로 섭취가 가능한 사람들은 도움을 받을 수 있다. 오렌지주스는 엽산의 함량이 높을 뿐 아니라 엽산의 산화를 방지하는 비타민 C가 풍부하여 좋은 급원식품이다. 임신부나 수유부 등은 식품만으로 해결되지 않으므로 임신 준비기(임신 3개월 전)부터 엽산 보충제를 섭취하는 것을 권장한다. 엽산의 1일 권장 섭취량은 성인의 경우 400 μgDFE이며 임산부는 220 μgDFE 수유부는 150 μgDFE 추가 보충을 권장하고 있다.

수술이나 장 점막의 염증 등으로 극심한 결핍 증상(심한 쇠약 증상이나 체중 감소 등)을 겪고 있는 환자들을 위해서는 하루 1 mg의 엽산을 2~3주 동안 섭취하게 하여 저장량을 높이고 저장량을 유지하기 위하여 이후 50~100 μg/일씩 섭취하도록 한다.

표 9-9 엽산 급원식품

식품군	식품 (1인1회분량,* g)	함량** (단위: μgDFE)	식품군	식품 (1인1회분량,* g)	함량** (단위: μgDFE)
곡류	조(90)	58.5	채소류	쑥갓(70)	80.5
	옥수수, 생것(70)	40.6		케일(70)	73.5
	수수(90)	27.9		고춧잎(70)	72.1
	귀리(90)	21.6		상추(70)	44.8
	메밀국수, 마른 것(90)	13.5		부추(70)	49.7
두류	동부(20)	39.0		미나리(70)	31.5
	대두, 서리태(20)	97.0		브로콜리(70)	30.1
	녹두(20)	85.6		배추(70)	23.8
	팥(20)	34.6	과일류	딸기(150)	81.0
육류	쇠간(60)	174.0		아보카도(100)	81.0
	돼지간(60)	97.8		참외(150)	49.5
	닭고기, 다리(60)	6.0		키위(100)	38.0
	쇠고기, 등심(60)	3.0		귤(100)	29.0
	오리고기, 살코기(60)	3.0		포도(100)	14.0
난류	달걀(60)	33.6	종실류	해바라기씨, 볶은 것(10)	23.7
채소류	유채(70)	186.2		땅콩,볶은 것(10)	13.8
	시금치(70)	119.0		참깨, 볶은 것(5)	7.5

* 국가표준식품성분표, 제10개정판

** 2020 한국인영양소섭취기준, 활용편

② 비타민 B_{12} 결핍성 빈혈

비타민 B_{12}는 주로 동물성 식품에 존재하나 필요량이 적고 체내에 1일 섭취권장량의 1,000배 정도의 양이 저장되어 있으므로 채식주의자, 임신, 수유부와 같은 특별한 상태가 아니면 결핍증이 쉽게 보이지 않는 영양소이다. 한국인의 비타민 B_{12}의 영양상태를 정확히 평가한 연구결과는 없지만 정상인을 대상으로 한 소규모 연구에 의하면 1일 섭취량이 권장섭취기준을 넘고 있다. 또한 비타민 B_{12}의 혈청 농도를 측정한 결과, 150 pmol/L 미만을 결핍수준으로 보았을 때 한국인의 2% 미만이 결핍으로 판정되었다. 비타민 B_{12}결핍은 악성빈혈을 유발하고 말초 및 중추 신경장애를 일으키는 것으로 보고되고 있다.

비타민 B_{12}의 구조, 기능, 대사, 필요량

식물이나 동물에서 합성되지 못하고 미생물에 의해서만 만들어지는 비타민 B_{12}는 환형의 구조화합물인 코린 고리corrin ring로 이루어져 있으며, 중앙에 코발트Co를 결합하고 있어 코발라민Cobalamin으로 불린다. 조효소 형태는 메틸코발라민methylcobalamin과 5-디옥시아데노실 코발라민5-deoxyadenosyl cobalamin이다.

비타민 B_{12}는 호모시스테인homocysteine으로부터 메티오닌methionine을 합성하는 반응에 조효소로 작용하는데, 체내량이 부족하면 단일탄소기 전이 반응을 수행하는 엽산의 조효소 작용이 잘 일어나지 않아(메틸엽산-트랩 이론) DNA 합성이 저하되고 거대적아구성 빈혈이 발생한다. 이처럼 두 수용성 비타민은 대사상 밀접한 관계를 가지고 있으며 비타민 B_{12}의 부족은 엽산의 작용을 저하시키는 효과를 보인다. 그 외 비타민 B_{12}는 홀수지방산의 분해과정에 필요한 메틸말로닐-CoA 자리옮김효소methylmalonyl-CoA mutase의 조효소로 작용한다.

식품 속의 비타민 B_{12}는 다른 물질과 결합한 복합형으로 존재하며 소화과정에서 위산과 위장관의 소화효소에 의하여 유리된다. 유리상태의 비타민 B_{12}는 소화관 내의 다른 성분에 의하여 변화될 수 있으므로, R-단백질과 결합하여 소장의 흡수 부위까지 이동된다. R-단백질은 침샘에서 분비되고 산성의 환경에서 비타민 B_{12}에 쉽게 결합하는 단백질이다. 이 복합체는 위를 거쳐 소장으로 가게 되며 췌장의 소화효소인 트립신에 의하여 분리된다. 유리된 비타민 B_{12}는 다시 위점막의 벽세포에서 분비되는 당단백질인 내적인자intrinsic factor와 결합하여, 안전하게 흡수 장소인 회장점막에 이르러 칼슘이온의 존재하에 장점막의 세포로 흡수된다.

건강한 성인의 간에는 1.5 μg/g의 비타민 B_{12}가 저장되어 있으며, 비타민 B_{12}의 풀은 2~3 mg 정도로 간에 병변이 없으면 비타민 B_{12} 결핍 식이를 섭취하여도 몇 년간은 쉽게 부족증이 나타나지 않는다.

2020년 제정된 KDRI에서는 혈청의 비타민 B_{12}의 교체율turnover rate과 혈청의 비타민 B_{12} 농도 및 메틸말론산 농도를 적정수준으로 유지하게 하기 위해 필요한 식이수준으로, 성인의 평균필요량을 2 μg/day(권장섭취량은 2.4 μg/day)로 설정하였다. 모체 혈청의 비타민 B_{12} 부족은 영아의 신경발달과 직접적인 관련성이 있으므로 임신부와 수유부의 평균필요량은 각각 10%와 15%를 부가하도록 하였다.

위험요인

비타민 B_{12}는 주로 동물성 식품에 많으며 가열조리로 인한 손실이 적고 흡수율도 좋은 편이다(60%). 따라서 우유나 달걀을 포함한 동물성 식품을 전혀 섭취하지 않는 완전 채식주의자들vegans과 알코올 중독자들, 소화관의 질환으로 흡수불량증이 있는 환자 정도에서만 결핍증이 나타나는 것으로 보고되어 있다. 알코올 중독자의 경우는 식품섭취량이 절대적으로 적어 미량 영양소 결핍이 상대적으로 쉽게 오며, 간질환 보유자가 많기 때문에 비타민 B_{12}처럼 주로 간에 저장되는 영양소의 경우 체내 고갈속도가 빨라진다. 위의 벽세포에 이상이 있어 위산과 함께 내적인자의 분비가 감소하는 경우, 열대성 스프루나 크론병과 같은 염증성 장질환이나 방사선 조사로 인한 소장 상피세포 궤양이 있는 경우, 장내 미생물의 과잉성장 등으로 인한 소화와 흡수불량 등은 비타민 B_{12}의 결핍 원인이 된다.

증세 및 자각증상

비타민 B_{12}의 부족으로 인한 악성빈혈 환자는 일반 빈혈환자들과 마찬가지로 식욕저하, 혀의 통증, 피로, 체중감소, 시각이상 등의 증상을 느끼게 된다. 결핍 증상이 심할 경우는 신경수초의 손상으로 말초신경계와 중추신경계에 이상이 오며 사지의 마비와 감각이상, 평형감각 손실, 지각 이상 등이 나타나게 된다. 일반적으로 운동능력 저하와 함께 심기능 부전과 호흡곤란 증상이 나타난다.

진단

비타민 B_{12} 부족은 4단계로 진행된다.

거대적아구가 발현하면 적혈구 용적이 증가하므로 평균적혈구용적MCV, 평균적혈구혈색소농도MCHC, 적혈구 수, 적혈구 내 비타민 B_{12} 농도, 골수 검사 등으로 진단이 가능하나 그 이전에 혈청 비타민 농도나 기타 검사로 진단이 이루어질 수 있다. 비타민 B_{12} 결핍 환자에게 엽산 결핍으로 잘못 판정하여 엽산만 다량 투여하면, 혈액학적 반응은 볼 수 있으나 신경계 합병증은 더욱 악화되기 쉽다. 최근에는 방사성 동위원소를 이용하여 혈청에서 비타민 B_{12}와 엽산을 동시에 측정할 수 있는 상업용 키트시약이 개발되어 이용 가능하며, 그 외에 혈청에서 호모시스테인이나 메티오닌 농도의 측정, 실링테스트Schilling test, 항내인자항체 측정, 디옥시유리딘 억제 테스트dU suppression test 등이 유용하다.

비타민 B_{12} 결핍 단계

- 1단계 : 소장점막의 비타민 B_{12} 결합단백질인 코발라민운반단백질(transcobalamin II: TCII)의 농도 저하와 함께 비타민 B_{12}의 평형이 음이 되기 시작한다.
- 2단계 : 비타민 B_{12}가 결합된 TCII 농도가 저하하며 비타민 B_{12}가 고갈되기 시작한다.
- 3단계 : 비타민 B_{12}의 대사 이상으로 적혈구의 비타민 B_{12}의 농도가 저하된다.
- 4단계 : 거대적아구 출현과 함께 메틸말로닌산과 호모시스테인 농도가 증가하고 미엘린수초 손상 증상이 보인다.

표 9-10 비타민 B_{12} 결핍성 빈혈의 진단 기준

	정상	결핍
비타민 B_{12}		
혈청(pg/mL)	≥ 200	< 100
적혈구(pg/mL)	≥ 300	< 150

치료 및 관리

흡수불량증이 없고 비타민 B_{12}의 섭취부족으로 인한 결핍증에는 비타민 B_{12} 급원식품의 공급이 필요하다. 비타민 B_{12}의 급원식품은 주로 동물성 식품이며, 가장 많은 양을 함유하고 있는 조직은 간과 신장 등이다. 그 외 꽁치나 청어 등의 등푸른생선도 좋은 급원식품이다. 완전 채식주의자가 아니라면 우유나 유제품, 달걀에도 어느 정도의 비타민 B_{12}가 함유되어 있으므로 도움을 받을 수 있다. 적혈구와 간기능의 정상화를 위하여 양질의 단백질 식품을 충분히 섭취하는 것이 좋다. 거대적아구성 빈혈의 경우 대부분 엽산의 부족증도 함께 발생하므로 엽산과 철이 풍부한 푸른 잎이나 동물성 조직 등을 같이 섭취해 주는 것이 유리하다. 흡수불량증이 있는 환자는 경구투여로 효과를 볼 수 없으므로 근육주사나 피하주사로 주당 100 μg의 비타민 B_{12}를 투여한다.

(3) 비타민 E 부족성 빈혈

적혈구막은 혈액의 산화성 요인들에 의해 공격받기 쉬운 형태이므로 세포막의 건강을 유지하기 위해서는 항산화 영양소가 필요하다. 특히 비타민 E가 그러한 역할을 하는데, 임신

말기 이전에 태어난 미숙아의 경우 비타민 E의 체내 저장량이 적어 용혈성 빈혈이 일어날 가능성이 크다. 특히 철과 산화가 잘되는 불포화지방산의 섭취가 늘어날수록 비타민 E의 요구량은 높아지게 된다. 그러나 최근 유아들의 조제분유 내에는 충분한 양의 비타민 E가 함유되어 있으므로 특별히 보충이 필요하지는 않다. 비타민 E의 섭취량은 불포화지방산의 섭취량에 비례하여 증가되어야 하므로 적정비율은 0.7 IU(0.5 mg d-tocopherol)/100 kcal 혹은 리놀렌산 1 g당 1IU의 비타민 E를 권장하고 있다. 미숙아는 신장의 발달이 늦어 적혈구 조혈인자의 생합성이 충분하지 못하므로 적혈구 생성이 더디다. 이럴 경우는 철과 엽산, 비타민 E의 혈중 농도가 감소되지 않도록 해야 조혈에 도움이 된다.

표 9-11 비타민 B_{12}의 급원식품

식품군	식품(1인 1회 분량, g)	함량(μg)	식품군	식품(1인 1회 분량, g)	함량(μg)
육류	쇠간(60)	35.6	어패류	건멸치(15)	6.2
	돼지간(60)	15.6		고등어(50)	5.3
	쇠고기 등심(60)	0.6		은어(50)	5.2
	돼지고기 등심(60)	0.3		빙어(50)	4.0
	닭고기 가슴살(60)	0.2		송어(50)	3.9
어패류	피조개(80)	47.4		연어(50)	3.0
	굴(80)	12.8	난류	메추리알(50)	2.4
	낙지(50)	10.0		달걀(50)	0.6
	꽁치(50)	8.9	우유류	우유(200)	0.9
	청어(50)	8.7		요구르트(110)	0.4
	정어리통조림(50)	6.7		치즈(20)	0.1

(4) 기타 영양소 결핍성 빈혈

① 구리결핍성 빈혈

구리를 포함하고 있는 단백질인 셀룰로플라스민ceruloplasmin은 철을 체내 저장소로부터 혈액으로 이동시켜 이용을 돕는 단백질이다. 따라서 구리가 부족하면 헤모글로빈의 합성 시 철 이용률이 저하되어 빈혈을 유발하게 된다. 헤모글로빈 생합성에 필요한 구리 양은 매우 적어 일상 식사에서 공급이 충분히 이루어지지만 생유를 먹는 영아들이나 흡수불량증이 있는 어린이와 성인, 오랫동안 구리가 들어 있지 않은 정맥영양제로 연명하는 환자들에게는 구리결핍성 빈혈증세가 올 수 있다. 구리결핍성 빈혈은 철결핍성 빈혈과 비슷한 증상을 보이나 철만 투여해서는 효과를 볼 수 없으므로 정밀한 진단을 하여 치료를 시작하여야 한다.

② 단백질-열량 결핍성 빈혈

단백질은 적혈구 생성이나 헤모글로빈 생합성의 필수 요소로서 단백질 부족증Kwashiorkor에 걸린 경우, 헤모글로빈의 농도가 저하됨을 볼 수 있으나, 적혈구 형태나 적혈구 내 헤모글로빈의 농도는 정상으로 나타난다. 단백질-열량 부족은 세포의 산소요구량을 낮추어 적혈구의 수가 감소하지만 혈장량은 상대적으로 더디게 감소하여 혈액희석효과가 나타난다. 이러한 증상이 크게 유해하지는 않지만 다른 조혈영양소(철, 엽산, B12 등)의 부족 증상이 함께 나타나거나 감염, 기생충, 흡수불량 등이 수반될 때는 빈혈의 치료가 복잡하고 어려워진다.

2) 비영양요인성 빈혈

비영양요인성 빈혈hemoglobinopathies로는 유전적 요인으로 발생되는 낫형적혈구빈혈, 지중해빈혈증Thalassemia, 적혈구증가증polycytemia, 무형성빈혈(재생불량성 빈혈aplastic anemia) 등이 있다.

(1) 낫형적혈구빈혈sickle cell anemia

낫형적혈구빈혈은 상염색체 열성 유전질환으로 아프리카와 중동 지역에서 많이 발생한다. 낫형적혈구빈혈은 헤모글로빈을 구성하는 단백질의 아미노산 하나가 다른 것으로 치환되어 적혈구가 'ㄱ'자 모양으로 구부러지게 만드는 질환으로, 말초혈관에서 적혈구가 쉽게 파괴된다. 따라서 적혈구 수가 감소하여 빈혈이 생기고 적혈구 파괴로 인한 고빌리루빈혈증과 황달 증상이 나타난다. 적혈구 파괴가 심해지면 소동맥 혈관이 폐쇄되고 혈전이 쉽게 형성되어 혈관경색이 나타날 수 있다. 이들 환자는 에너지 소모량과 적혈구 파괴율이 높으므로 세포분열을 도와주는 글루타민glutamine 보충이 도움될 수 있으며 항산화 영양소와 조혈 관련 영양소들의 요구도가 높아진다.

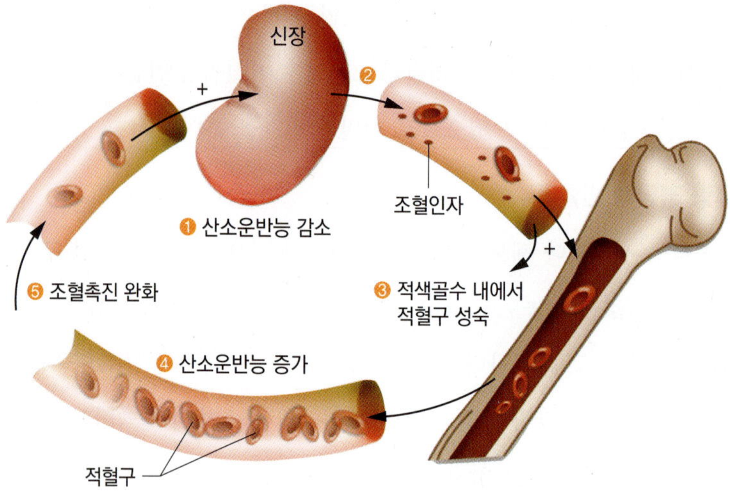

그림 9-6 적혈구 생성의 조절

(2) 지중해빈혈증thalassemia

지중해 지역의 사람들에서 많이 나타나는 상염색체 우성 유전질환으로 헤모글로빈의 단백질 합성에 관여하는 유전자가 결손되거나 변이되어 발생한다. 이 질환에서는 글로빈 단백질의 이용도가 떨어져 헤모글로빈 합성률이 저하된다. 또한 적혈구의 모양이 타원형이거나 일정하지 않고 철 함량이 적으며 골수 역시 기능을 하지 못하는 적혈구 전구체로 꽉 들어차게 된다. 철과잉증이 나타나기도 하므로 치료방법으로 혈액을 치환하거나 철-킬레이트 화합물iron chelator을 사용한다.

(3) 적혈구증가증polycytemia

골수에서 혈구의 분열이 지나치게 일어나 순환계의 혈구 수가 늘어나는 질환이다. 수분대사 이상이나 산소부족 등이 원인으로 작용하기도 한다. 진성적혈구증가증polycytemia vera(원발성 적혈구 증가증)에서는 혈구 수나 혈소판 농도가 증가하여 혈액의 점도가 상승하므로 혈전 형성이 증가한다. 속발성 적혈구 증가 등의 원인은 저산소 환경에 지속적으로 노출되거나 신장 종양으로 인한 조혈인자의 과잉 생산이다. 적혈구 증가증이 있을 경우는 간헐적인 사혈瀉血, phlebotomy을 지속해야 하며, 이러한 경우 철부족성 빈혈이 일어날 수도 있으므로 철 섭취량에 주의해야 한다. 그 외 치료방법으로 방사선이나 화학요법을 이용하여 적혈구 수를 줄이기도 한다. 혈액의 점성이 높아져 문제가 될 경우는 항응고제를 사용하기도 한다.

(4) 재생불량성 빈혈aplastic anemia

재생불량성 빈혈 환자는 혈액의 모든 혈구 수가 감소하고 헤모글로빈 농도도 감소하는 증상을 보인다. 적혈구의 모양은 정상이지만 적혈구 수가 부족하거나 적혈구의 성숙이 이루어지지 않은 경우로 유전성 요인(선천성)과 외인성 요인(후천성)에 의한 질환으로 나뉜다. 판코니 빈혈Fanconi's anemia로 불리는 진성 재생불량성 빈혈은 골수의 판코니 세포의 비정상적인 산소대사로 유발되는 유전성 질환이다. 이 경우 심장질환, 피부의 색소침착, 손가락 기형 등 선천성 기형을 동반하고 염색체가 잘 깨지는 특징을 보인다. 외인성 요인으로는 항암제, 항생제(설폰아마이드), 독성물질(벤젠, 살충제, 염색약 등)의 중독, 방사선 노출, 바이러스성 간염 등을 들 수 있으며 모두 골수에 이상이 오면서 빈혈이 생긴다.

수혈, 골수이식 등의 치료를 위한 처치 후에 식욕감퇴에 따른 영양실조를 예방하는 관리가 필요하며 염증이나 자가면역 등으로 고농도의 부신피질호르몬 제제를 투여받을 경우에는 수분과 전해질 대사, 칼슘과 비타민 D의 모니터링이 필요하다.

3) 철과잉증

(1) 원인

철과잉증hemocromatosis은 유전적 결함으로서 매우 드물게 나타나지만 주로 남자에게 많으며 피부의 동銅색 침착, 간질환, 심한 당뇨 증세를 초래한다. 식품으로부터 철흡수가 정상이상이 되어 독성을 나타낼 정도로 철이 적혈구 내에 축척되나 그 이유는 명확하게 밝혀지지 않았다. 역학 조사 결과 철함량이 많은 알코올성 음료 섭취가 한 요인으로 알려졌는데, 아프리카 반투Bantu족과 같이 조리할 때나 음식을 저장할 때 주로 철그릇을 사용하게 되면 음식에 다량의 철이 오염되고, 이러한 그릇에 담긴 음식이나 술을 상식할 때 철과잉증이 발생할 수 있다. 철결핍증을 치료하기 위하여 정맥주사할 때 용량 판정 오류로 과잉 투여되었거나 반복된 수혈 시 철의 축적과 용혈이 증가하여 철과잉증이 유발될 수 있다. 또한 말라리아malaria와 같이 용혈성 감염증 시 적혈구 파괴속도가 증가하여 분해생성물인 철이 간에 축적되면서 증상을 보이기도 한다.

(2) 증상

조직 내 비정상적인 농도로 철이 축적되면 자유기free radical의 형성으로 지방과 산화 위험성이 증가하게 된다. 또한 간, 심장, 췌장 조직의 섬유화를 초래하여 기능을 저하시키거나 당뇨나 다른 내분비계 질환을 초래할 수 있다.

(3) 치료 및 관리

신체에는 철의 배설기전이 거의 없으므로 체내 철 저장량이 늘어 위험할 경우에는 몇 년에 걸쳐 계속 사혈phlebotomy을 해야 한다. 또한 데스페리옥사민desferrioxamine과 같은 철 결합체iron chelating agent를 사용하여 변으로 배설되도록 하는 방법도 사용한다.

4) 백혈구 감소증과 과다증

(1) 백혈구 감소증leucopenia

① 원인과 증상

혈액 중 백혈구의 정상수치는 혈액 1 mm^3(μL)당 5,000~10,000개이다. 백혈구의 수치가 5,000개/μL 이하로 감소된 상태를 백혈구 감소증이라고 한다. 백혈구 중 약 60%를 차지하는 호중구가 감소하는 호중구 백혈구 감소증과, 약 30%를 차지하는 림프구가 부족해지는 림프구성 감소증이 있다. 백혈구의 감소 원인은 단백질-열량 부족증protein-energy malnutrition: PEM, 스트레스, 자가면역질환, 약(일부 향정신성 제제, 면역억제제, 인터페론, 우울증치료제, 항생제 등)의 부작용, 방사선 치료, 화학요법 또는 병리적 상태에 의해 일어난다. 또한 인플루엔자, 루프스, 호지킨병Hodgkin's disease(악성림프종), 말라리아, 결핵 등의 감염성 질환에 의해서도 발생하며 엽산, 구리, 아연 등 일부 영양소의 부족과도 관련이 있다.

백혈구는 감염으로부터 인체를 방어하는 역할을 하는 세포이므로 백혈구 감소증이 발생하면 인체의 점막에 있는 연쇄상구균streptococci, 폐렴구균pneumococci, 장세균colonbacilli 등의 박테리아가 증식하기 시작하며, 이 상태를 치료하지 않으면 점막에 염증과 궤양이 발생하고 세균이 침습하여 질병이 악화되면서 심하면 생명을 잃게 된다.

② 치료 및 관리

백혈구 감소증은 감염에 대한 방어력이 약화되므로 충분한 양의 단백질과 면역력을 높여줄 수 있는 비타민 A와 C, 칼슘, 철, 아연, 구리 등의 무기질 공급이 부족하지 않도록 한다. 단백질은 감염증상에 따라 가감하되 양질의 단백질로 공급하도록 하고 체단백 소모가 심할 때는 1.5 g/체중kg의 수준으로 처방하며 발열이 있을 경우에는 2g까지 증량할 수 있다. 식사는 소화하기 쉬운 조리법을 선택하여 천천히 섭취하도록 하며, 설사가 지속될 경우에는 수분과 전해질의 공급에 유의한다.

출혈 등이 수반되거나 결핵 등의 질환에서는 칼슘과 철의 공급이 필요하며 점막의 면역력 증강을 위하여 비타민 A를 충분히 공급하도록 한다. 또한 흔히 감염성 질환이 있을 때는 스테로이드 제제를 사용하게 되므로, 이들 약제가 나트륨과 수분을 보유하게 만드는 약제일 경우는 나트륨을 제한한다.

(2) 백혈구 과다증leukemia

① 원인과 증상

백혈구 과다증은 일명 백혈병이라고도 하며 골수나 림프절의 이상으로 백혈구 세포증식이 일어나 혈 중 백혈구 수가 10,000개/μL 이상으로 증가한다. 바이러스, 박테리아, 진균류, 기생충 감염, 암, 치질, 폐렴 등 호흡기계 감염증, 충수염, 편도선염 등과 스테로이드 제제 등이 원인이 되어 백혈구 수가 15,000~25,000개/μL까지 증가하며 백혈병의 원인이 되기도 한다. 백혈병이 있을 경우는 백혈구 수가 100,000개/μL까지도 증가한다. 백혈병에서는 미성숙한 백혈구가 골수를 채우다가 골수를 파괴하게 되고 그 결과로 적혈구 조혈기능도 퇴화하게 되므로, 말기에는 심한 빈혈이 일어나고 뼈가 약해져 골절이 쉽게 일어나며 점차 백혈구 수도 감소한다. 그러나 백혈병 환자가 생명을 잃게 되는 직접적인 원인은 췌장, 림프절, 간 등의 조직에 병이 전이되면서, 이 조직들마저 파괴되고 영양소 대사가 일어나지 못해 영양실조가 되기 때문이다. 백혈병은 백혈구 증식 양상에 따라 급성과 만성 백혈병으로 나눌 수 있고, 근원세포에 따라 림프구성과 골수성으로 나눌 수 있다. 급성 림프구성 백혈병이 전체의 75% 정도로 가장 많이 발생하고, 다음으로 급성 골수성 백혈병, 만성 골수성 백혈병 순이다. 증상으로는 전신피로, 식욕부진, 적혈구 부족으로 피부 창백, 혈소판 부족으로 피하 출혈이 잘 일어나 코피가 나거나 멍이 잘 들게 된다. 백혈병은 다른 장기로도 전이되어 간과 비장, 림프선 등의 비대, 뼈와 관절의 통증을 발생시키며 뇌를 침범하면 두통, 구토, 안면신경 마비 증상이 나타난다. 백혈병은 골수 검사를 통하여 가장 정확하게 진단해낼 수 있지만, 골수 검사는 상당한 통증이 따르므로 최근에는 면역학적 검사나 세포유전학적 검사가 사용된다.

② 치료 및 관리

일반적인 감염 증세로 인한 백혈구 과다증은 감염의 원인을 제거하고 치료함으로써 호전되지만 백혈병은 암종에 의한 병증이므로 길고 힘든 치료가 필요하다. 골수암은 전신으로 퍼지게 되므로 전이가 되기 전에 치료하는 것이 급선무이며, 대개 항암치료를 하게 된다. 초기에는 항암치료를 통하여 다수의 암세포를 살해하는 기법을 쓰게 되고 이후 항암제 주사나 방사선 치료를 2~3년간 계속하게 된다. 치료로 인한 부작용은 일반 암의 부작용과 마찬가지이며 구토와 식욕 저하에 대처하여 충분한 영양량이 제공되도록 해야 한다. 백혈병의 항암치료에 따른 영양치료 원칙은 다른 암의 경우와 같다. 충분한 열량과 단백질, 비타민, 무기질을 공급하도록 노력해야 하며 메스꺼움, 구토, 설사, 변비 등에 대비하여 조리방법과 섭취방법을 잘 선택해야 한다. 일반적인 암환자의 식사요법(443쪽)을 따르도록 한다.

CHAPTER

10

골격과 치아, 신경계 질환

1. 골질환
2. 치아질환
3. 신경계 질환

CLINICAL NUTRITION

뼈와 치아는 인체의 모양을 유지할 뿐 아니라 혈액의 무기질 농도를 일정하게 유지하여 몸의 항상성을 유지한다. 뼈의 질량은 성장기 동안 지속적으로 증가하지만, 일정 시기가 지나면 다시 지속적으로 줄어들어 내부 조직의 충실도가 낮아지면서 조금만 충격을 주어도 금이 가거나 부러지게 된다. 뼈의 손상은 신체활동을 부자유스럽게 만들므로 삶의 질이 급격히 떨어지게 되며, 치명적인 질환이 아니면서도 상당한 의료비 지출을 초래한다.

뼈의 손상뿐 아니라 치아, 일부 신경계 질환도 노인들에게서 많이 발병하는 질환이므로 고령화된 사회일수록 이로 인한 사회문제는 심각하다. 따라서 고령화사회일수록 골격질환과 치아질환에 대한 예방책에 온 힘을 쏟게 된다. 그리고 그 예방책 중 가장 중점적으로 대처해야 하는 문제는 영양불량이다.

1. 골질환

2021년 국민건강통계에 의하면 2017~2021년 65세 이상 성인의 골관절염 평균 의사진단 경험률은 전체 28.1%,(남자 13.7%, 여자 39.6%)였다. 연령대별로 살펴보면 골관절염의 의사진단율은 40대 2.4%, 50대는 7.1%, 60대에는 17.6%, 70대 이후에는 31%로 보고되어 있으며, 50대 이후의 여성은 남성에 비하여 2.5~3배 정도의 골관절염 유병률을 보였다. 2016년 국민건강영양조사결과에 의하면 류머티즘성 관절염의 의사진단율은 4.5%(남자 1.8%, 여자 6.5%)였다. 관절염은 농림어업 종사자나 기능원, 단순노무자 등 직업상 관절을 많이 쓰는 사람들과 저소득층일수록 유병률이 높은 것으로 보고 되었다. 건강보험공단 자료에 의하면 2006년 이후로 골다공증으로 인한 골절의 발생 건수는 지속적으로 증가하고 있는 추세이며 여성이 남성에 비하여 세 배 정도 더 많이 발생하고 있다.

골질환은 크게 뼈의 구멍이 커지는 골다공증과, 뼈조직이 물러지는 골연화증으로 나누어 볼 수 있다. 골다공증은 골기질이 잘 형성되지 않으면서 골질량이 감소하는 질환이며, 골연화증은 골기질은 정상에 가까우나 무기질 침착이 잘 일어나지 않는 질환이다. 성장기에는 뼈의 길이와 질량이 지속적으로 증가하지만, 성인기에는 뼈조직의 생성과 분해가 동시에 진행되면서 뼈의 질량이 변화한다. 사람은 생애주기 중 30대 초반에 뼈의 최대 성숙기를 맞게 되는데, 이때의 골질량을 최대골질량peak bone mass이라 한다. 사람의 골질량은 유전과 성, 나이, 환경 요인인 식사, 운동, 기타 생활습관 등에 의하여 영향을 받는다.

골다공증은 50대 폐경기 이후 여성에게서 발병률이 높지만, 남성의 경우도 70세 이후가 되면 노인성 골다공증의 이환률이 급증한다. 노인들은 평형감각과 운동기능이 저하되어 넘어지기가 쉬운데 골다공증이 있는 노인의 경우, 가벼운 낙상에 의해서도 쉽게 뼈에 금이 가거나 골절이 일어난다. 골절이나 뼈에 금이 가게 되어 활동에 제약을 받게 되면 노인들은 최소한도의 운동도 불가능하게 되며 여기에 정신적인 스트레스까지 더해져 삶의 질이 급격히 떨어지고, 심하면 우울증 증세로 이행되는 경우도 있다. 또한 골절된 노인의 뼈는 치료가 잘된다고 하더라도 후유증이 오래 남아 젊은 사람들에 비해 의료비 지출이 많아지므로, 고령화가 진행되고 있는 사회에서는 국가의 의료비 지출을 줄이기 위해서 골다공증 예방에 많은 노력을 기울이게 된다.

표 10-1 50세 이상 한국인의 골다공증 및 골감소증 유병률(%)

연령	골감소증			골다공증		
	전체	남자	여자	전체	남자	여자
50~65세	50.9	43.0	60.0	10.8	3.9	18.7
65~74세	46.9	51.1	43.3	32.7	9.6	52.0
75세 이상	35.2	53.1	24.2	55.2	22.0	75.2

출처: 2009-2011년 국민건강영양조사 결과 통합 분석 결과

1) 골조직 생리

(1) 뼈의 기능과 구조

뼈는 신체의 지주가 되는 기관으로 몸의 형태를 유지하고 근muscle과 건tendon을 연결하여 근에 운동성을 주며, 여러 가지 무기질의 저장고로서의 역할도 한다. 또한 뼈의 내부 조직인 골수에서는 혈구를 부단히 만들어 내므로 조혈기관으로도 중요하다.

뼈는 활성 유기조직으로서 단백질과 무기질로 구성된다. 뼈의 2/3를 구성하고 있는 무기물은 칼슘과 인의 수산화염인 히드록시아파타이트hydroxyapatite·$Ca_{10}(PO_4)_6(OH)_2$이다. 나머지 1/3은 콜라겐인 유기 조직으로 기질matrix이라 불리는 부분이다.

조직학적으로는 뼈의 겉부분을 이루는 치밀골cortical bone과 치밀골의 안쪽을 이루는 해면골trabecular bone로 나뉘며, 장골 골간의 치밀골 안쪽에는 혈구를 생성하는 연조직인 골수가 자리한다. 뼈의 최외각은 질긴 섬유질 조직이고 혈관이 분포하는 골막으로 둘러싸여 있다.

(2) 칼슘항상성과 호르몬 조절

인체에 존재하는 무기질 중 칼슘은 가장 많은 양을 차지하고 있다. 칼슘은 뼈나 치아와 같이 경조직에도 다량 함유되어 있지만 세포 내에 존재하면서, 생리활성을 조절하고 신경의 자극전달을 조절하여 근육의 수축과 이완, 혈액응고에 관여한다. 그러나 칼슘의 체내 보유량이 너무 많아지면 조직을 석회화시켜 기능장애를 일으키며, 세포 내 농도도 미세하게 조절되지 않으면 신경의 자극전달과 근육 수축력을 변화시켜 치명적인 기능 이상을 초래할 수도 있다. 그러한 이유로 인체에는 칼슘의 흡수와 조직 간 이동을 엄격하게 조절하는 세밀한 기전이 발달되어 있으며, 이 기전에는 호르몬 체계가 깊이 관여하고 있다.

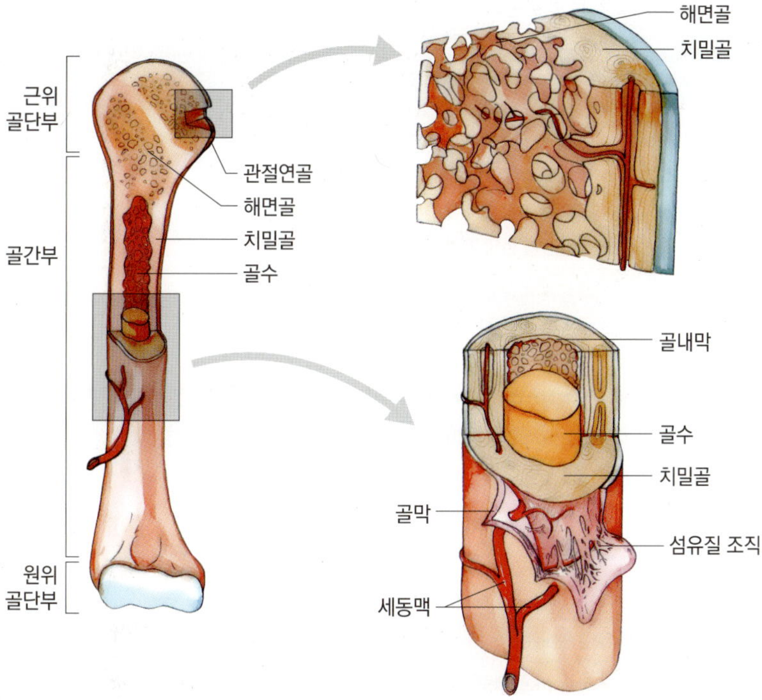

그림 10-1 장골의 구조

체내에 존재하는 칼슘의 풀pool 중 가장 정밀하게 유지되는 풀은 혈액이다. 혈액의 칼슘 농도에 따라 각 조직과 세포에 전달되는 칼슘의 양이 결정된다.

칼슘이 부족한 식사를 하거나 칼슘 소모량이 증가하는 경우, 또한 상대적으로 요구량이 증가하는 경우 등, 인체가 칼슘 부족 상황에 처하게 되면, 혈액의 칼슘농도를 유지하기 위해 부갑상선호르몬이 방출되어 칼슘농도를 유지한다. 부갑상선호르몬은 신장에서 비타민 D가 활성화되는 기전을 자극하여 신장에서 칼슘의 재흡수를 촉진하고 소장에서 칼슘의 흡수율을 높이며, 칼슘의 저장소인 뼈로부터 칼슘을 끌고 나와 혈액의 칼슘농도를 우선하여 맞추어 준다. 따라서 칼슘이 부족하게 되면 혈액의 칼슘함량이 낮아지는 것이 아니라 뼈의 칼슘함량이 낮아지는 것이다.

갑상선에서 분비되는 칼시토닌은 부갑상선호르몬의 길항 호르몬으로, 칼슘의 혈액 농도가 증가하면 분비되어 파골세포의 활성을 억제하고 신장에서 칼슘의 배설을 촉진하여 혈액의 칼슘농도를 낮춘다. 그 외 부신피질호르몬인 코르티졸(글루코코르티코이드)는 조골세포

표 10-2 칼슘 대사에 영향을 주는 호르몬의 기능

호르몬	기능
부갑상선호르몬(PTH)	• 신장에서 콜레칼시페롤(vitamin D_3)의 1-수산화(hydroxylation)를 촉진 • 소장에서 칼슘 흡수 증가 • 골 재흡수 증가 • 신장에서 칼슘의 재흡수 촉진 • 신장에서 인의 재흡수 감소
비타민 D	• 소장에서 칼슘의 흡수 증가 • 골 재흡수 증가 • 신장에서 칼슘의 재흡수 증가
칼시토닌	• 파골세포의 활성 억제로 인한 뼈의 무기질화 증가 • 신장에서 칼슘의 재흡수 감소
에스트로겐	• 골 재흡수 방지
성장호르몬	• 연골과 콜라겐 합성 촉진 • 비타민 D 활성화와 소장에서 칼슘 흡수 증가
갑상선호르몬	• 골 재흡수 촉진
인슐린	• 조골세포에 의한 콜라겐 합성 촉진 • 부족 시 골질량 감소
코르티졸	• 조골세포 활성 억제

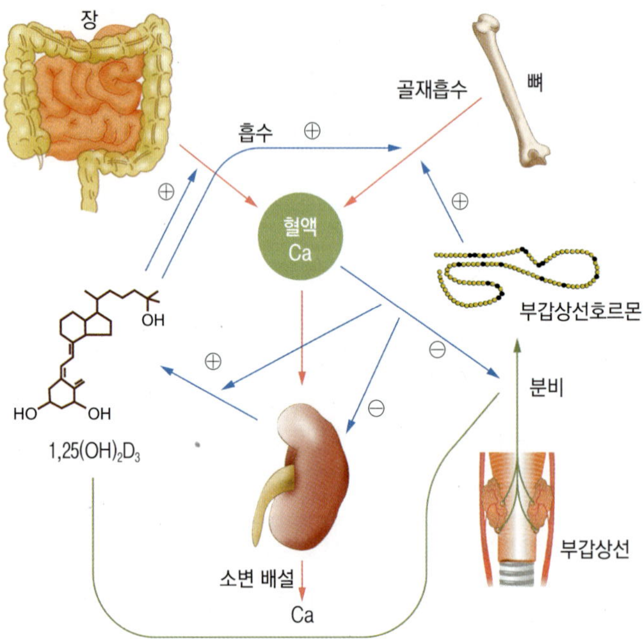

그림 10-2 인체의 혈액 칼슘농도 조절

의 활성을 저하시키며, 갑상선호르몬은 뼈의 분해를 촉진한다.

성장호르몬, 인슐린, 에스트로겐 등은 활성형 비타민 D의 농도를 증가시키거나 골격의 성장을 유도한다.

(3) 골대사와 골질량

뼈를 구성하는 세포 중에는 두 가지의 중요한 세포군이 있다. 하나는 조골세포osteoblast로서 뼈를 콜라겐과 무기질로 채우는 세포군이다. 다른 하나는 파골세포osteoclast로서 뼈의 표면에서 뼈 속의 무기 성분을 용해하여 골 재흡수bone resorption, 혹은 뼈의 탈무기질화bone demineralization를 일으키는 세포군이다. 이렇게 파골세포가 뼈 속의 일부분을 비움으로써 생긴 공간은 조골세포에 의해 다시 채워지는데, 이 과정을 골형성bone formation 혹은 뼈의 무기질화bone mineralization라고 한다. 뼈의 조직은 이러한 식으로 항상 비워졌다 채워졌다를 반복하는데 이러한 현상을 골재형성bone remodeling이라 하며, 뼈조직의 생성이 일회전하는 데 걸리는 시간은 약 3~4개월 정도이다. 나이가 어릴 때는 상대적으로 조골세포의 활성이 커서 뼈의 성장이 우월하게 일어나지만, 나이가 들면 조골세포의 활성은 감소하고 파골세포의 활성은 증가하게 되어 중년 이후에는 뼈의 탈무기질화가 지속된다.

일반적으로 뼈의 충실도를 나타내기 위하여 골질량bone mass이라는 용어를 사용하고 있다. 그러나 이 용어는 뼈의 무기질 함량만을 나타낼 뿐 뼈의 밀도를 나타내지는 못하므로 뼈가 길이 성장을 하면서 '뼈의 무기질량bone mineral content: BMC'이 함께 증가하는 시기에는 주로 이 용어를 사용하게 되고, 성장기 이후에는 뼈의 내부 충실도가 중요하므로 '골밀도bone density'라는 용어를 주로 쓰게 된다.

뼈의 길이 성장은 성년에 이르러 끝나지만, 골질량은 계속 증가하여 30대 초반에서 중반까지 지속되며 이후로는 골질량이 감소한다. 뼈가 최대로 채워졌을 때의 골질량을 최대골질량peak bone mass이라고 하는데 이후로 골질량은 더 증가하지 않으며, 최대 골질량과 장년기 이후의 골질량 감소속도는 반비례 관계에 있다. 따라서 성장기에 운동부족과 식습관 문제로 골질량의 확보가 어려워지면 중장년 이후 골소실률이 증가하게 된다.

여자에게서는 18세(남자에서는 약 20세)에 최대골질량의 80~85% 정도를 채우게 되며, 그 이후 30세 초반까지 골질량을 채우게 된다. 여성의 골질량 확보에 영향을 줄 수 있는 요인으로는 여성호르몬인 에스트로겐, 성장호르몬, 유사인슐린성장인자insulin-like growth factor-I; IGF-I 등을 들 수 있으며 남성호르몬인 테스토스테론 역시 골질량의 증가에 영향을 줄 수 있다.

2) 골질환

(1) 골다공증

① 골다공증의 정의

뼈의 내부조직의 용해가 일어나기 시작하여 골밀도가 정상인의 뼈보다 낮은 상태를 골감소증osteopenia이라 하며, 그 정도가 심각해지면 골다공증osteoporosis이 된다.

골다공증의 원인에 따라 1차성 혹은 원발성primary 골다공증과, 2차성 혹은 속발성secondary 골다공증으로 나뉜다. 1차성 골다공증은 퇴행성 골다공증이라 불리기도 하며 1형(type 1)과 2형(type 2)으로 나뉜다. 1차성 골다공증의 1형은 성호르몬 부족으로 인한 골다공증으로 주로 폐경기 이후의 여성에게서 많이 나타나고postmenopausal osteoporosis, 남성호르몬 부족으로도 초래된다. 1차성 골다공증의 2형은 노화와 함께 진행되는 골다공증으로 노인성 골다공증age-related osteoporosis이라 불리기도 하며, 주로 70세 이후의 노인들에게서 남녀 구분 없이 발병한다.

2차성 골다공증은 약물이나 다른 질환으로 인하여 골다공증이 발생하는 경우로 갑상선기능항진증, 당뇨병, 만성신질환, 부갑상선기능항진증, 만성 설사, 위절제 등의 질환과 이를 치료하기 위해 복용하는 약물인 제산제, 항경련제, 헤파린, 소염제 등이 원인이 되기도 한다.

② 위험요인

- 유전: 역학조사에 의하면 최대 골질량 확보에 유전이 미치는 영향이 80%에 달한다고 하지만 그 실체인 유전자에 대해서는 많이 밝혀져 있지 않으며, 유전 요인들의 복합적인 작용이라는 것만 확실하다. 사람에 있어서 골질량에 대한 유전적인 다양성이 제시되었는데 비타민 D와 에스트라디올 수용체estradiol receptor, 유사인슐린성장인자의 유전자 등이 관여하는 것으로 알려졌다. 최근 지식에 의하면 골다공증은 다수의 유전적 변이들의 상호작용으로 인한 '다유전적 질환'이며, 인종과 그들의 습관에 의한 다양한

환경요인에 의하여 질환의 양상이 달라질 수 있다.

- 연령과 성: 여성의 골다공증 발병률이 남성에 비하여 높은 것은 골 재흡수를 막아주는 여성호르몬이 폐경기 이후 감소되기 때문이다. 골질량이 최대가 되는 30대 초반부터 여성의 골질량은 서서히 감소하여 폐경기 이후가 되면 약 5년간 급격하게 감소한다. 노화가 진행되면 여성과 남성 모두 골질량이 감소하는데 남성의 경우도 70세 이후가 되면 노인성 골다공증이 증가한다.
- 저체중과 운동: 일상에서 뼈에 가해지는 기계적 하중이 증가하면 뼈의 밀도는 증가하고, 이 하중이 제거되면 뼈의 밀도가 감소하게 된다. 체중이 많이 나가는 사람들은 뼈에 걸리는 하중이 크므로 저체중인 사람보다는 골다공증의 발병률이 낮다. WHO의 한 연구에 의하면, BMI가 20 미만인 경우는 25 이상인 경우에 비하여 골다공증의 상대위험도가 1.4배 증가한다. 같은 원리로 앉아서만 일하는 직업을 가진 사람들에 비하

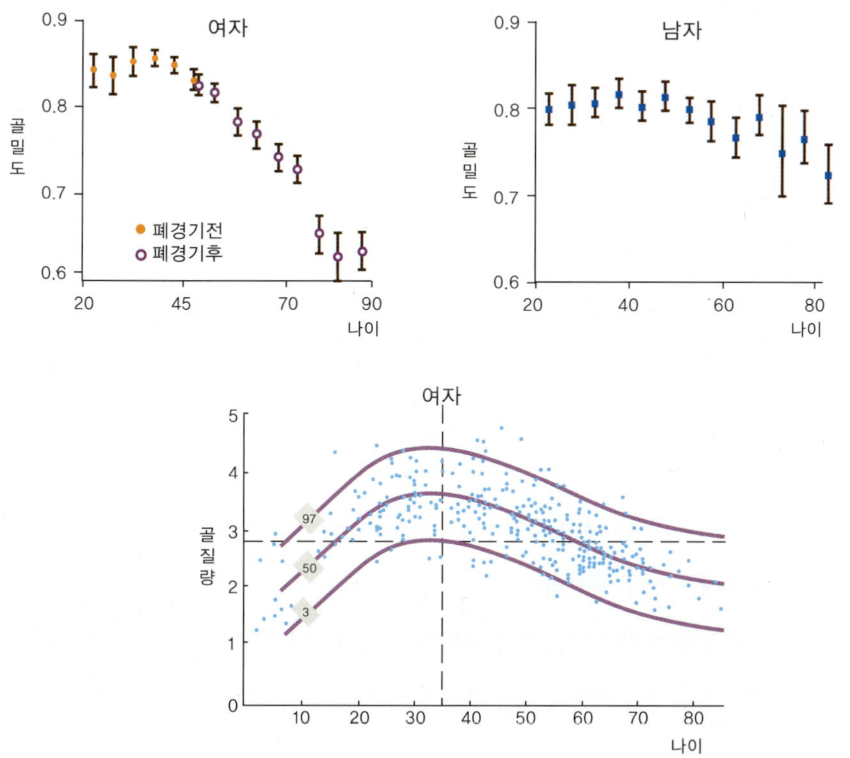

그림 10-3 연령에 따른 골밀도 및 골질량

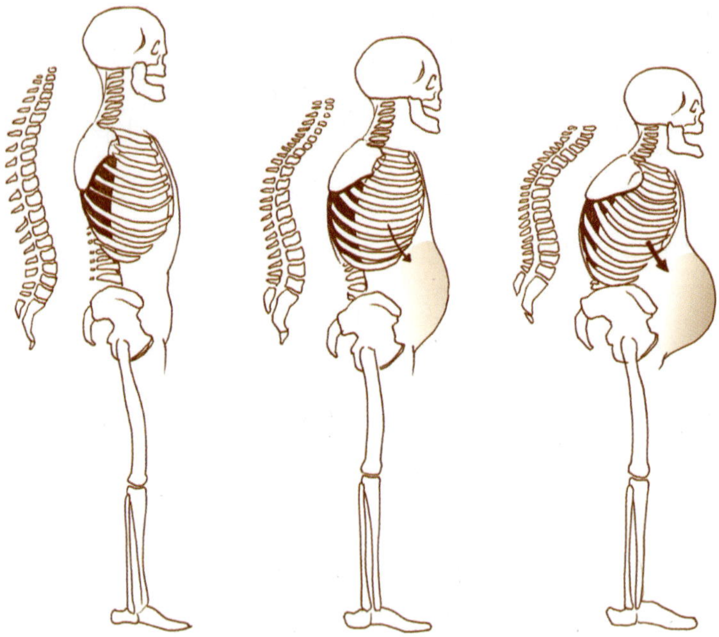

그림 10-4 연령별 골격

여 운동선수들의 골질량은 높고 골다공증 발병률은 낮다. 척수손상이나 입원한 중환자 등 몸을 자유롭게 움직일 수 없는 사람들, 또한 중력이 없는 우주에 일정기간 머물게 되는 우주인의 경우 뼈의 질량은 감소하게 된다. 그러므로 노인기의 활동량 증가는 연령이 높아져도 골소실률을 낮출 수 있다.

- 칼슘영양: 성장기에 뼈의 충실도는 성장 후 근골격계의 건강을 결정짓는 요인이 된다. 최대골질량에 이르기까지 성장기에 지속적으로 충분한 양의 칼슘을 섭취해야 길이성장뿐 아니라 뼈의 충실도도 증가하게 된다. 여성의 경우 최대 골질량이 높을수록 30대 이후의 골소실률이 낮아진다는 연구보고가 있는 만큼, 청소년기와 성인기 초반의 뼈의 영양상태는 매우 중요하다.

  폐경기 이후에는 에스트로겐의 분비량이 줄어 골소실률이 증가하므로 식사를 통한 칼슘 섭취만으로 골소실률을 늦추기는 어렵다. 그러나 폐경 전이나 폐경 시 칼슘의 보충 섭취는 골소실률을 완화시킬 수 있다.

- 비타민 D 영양: 비타민D의 전구체는 자외선을 받은 피부 밑에서 합성되고 간과 신장

에서 순차적으로 활성화되어 효능을 나타낸다. 한국인의 비타민 D 영양상태는 상당히 열악하고 점차 더 나빠지고 있다. 여러 가지 이유가 있지만 중년 이후 비타민 D 부족의 주원인은 햇빛 노출량이 충분하지 못하여 피부에서 비타민의 합성량이 부족한 것과, 섭취량의 부족 등으로 특히 중년의 여성과 노인에서 골다공증의 원인이 될 수 있다. 햇빛 조사량이 부족한 북반구의 고위도 지역에 사는 중년 이상의 연령대에서는 비타민 D의 권장량이 800 IU/day이며, 적정량의 비타민 D와 칼슘의 동시보충은 뼈의 건강을 증진시킬 수 있는 경제적이고 효과적인 방법으로 알려져 있다.

- 음주와 흡연, 카페인: 알코올은 골수에 직접 영향을 주어 조골세포의 수를 감소시키고 골밀도를 낮추며, 흡연은 골 재흡수를 증가시키고 성호르몬의 분비를 감소시킨다. 카페인은 소변으로 칼슘의 배설을 촉진함으로써 골밀도를 감소시키게 된다. 따라서 골다공증 위험군에서는 술과 커피의 섭취량을 1일 1~2잔 정도로 제한하며 흡연을 금한다.
- 약물: 질병 치료를 목적으로 사용하는 부신피질 호르몬제, 항응고제, 항경련제, 항암제 등은 골질량을 낮추는 요인이 된다.

③ 임상증상

골질량이 감소하기 시작하면 허리나 척추, 발목 등에 미세한 통증을 느끼기도 하지만 자각할 만한 증상들은 골절이 일어난 후에나 나타나기 시작한다. 골다공증 환자의 뼈는 정상인의 뼈에 비하여 해면골의 밀도가 저하하여 내부에 구멍이 많이 보이고, 뼈의 강도가 낮아져 쉽게 골절된다. 나이가 많거나 소화나 섭취 상태의 불량 등, 칼슘의 배설을 촉진하는 모든 요인은 골절의 치료를 더디게 하며 뼈의 접합이 완성된 후 통증의 원인이 되기도 한다. 특히 노인에게서 골절 부위가 골반, 척추, 늑골, 다리, 발목 뼈 등 신체 활동에 필요한 부위인 경우는 운동량이 적어지면서 정신적인 스트레스가 함께 와 치명적인 상태로까지 진행되기도 한다.

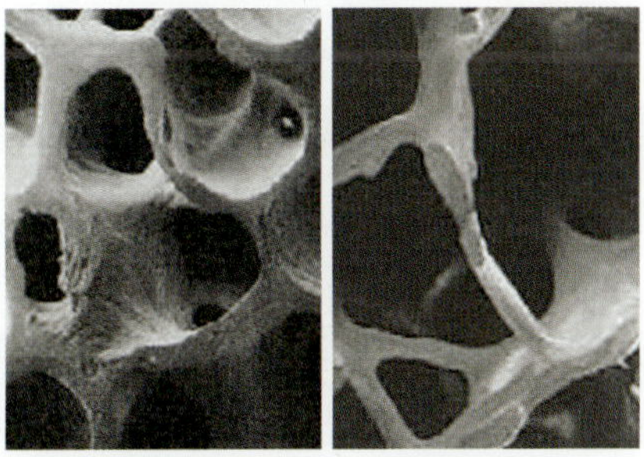

그림 10-5 골다공증의 골조직

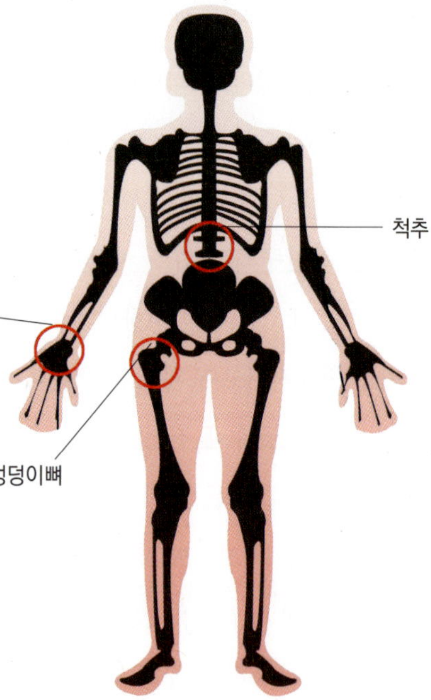

그림 10-6 골절이 일어나기 쉬운 부위

④ 진단

골다공증의 진단은 간단하게 X-선 촬영으로 가능하지만 진단 부위가 제한되어 있고 화상도 선명하지 않아 세밀한 진단에는 사용하기 어렵다.

최근 골다공증 진단을 위해 가장 많이 사용하는 기계는 전신의 골밀도를 비교적 상세하게 읽어낼 수 있는 이중에너지 X선dual energy X-ray absorptiometry: DEXA으로 가장 골절 위험이 큰 부위인 척추나 골반에 가까운 대퇴골의 골밀도 측정도 가능하다. 골무기질량bone mineral content은 뼈 1cm당 무기질의 함량(g/cm)으로, 골밀도bone mineral density는 뼈 1 cm^2당 무기질 함량(g/cm^2)으로 표시된다.

경우에 따라 컴퓨터 단층촬영computerized tomography: CT을 하기도 하지만 진단 부위가 주로 척추로 제한되어 있다. 좀 더 간단한 진단기기인 초음파 측정기는 발꿈치의 종골이나 무릎뼈 등을 스캐닝하여 골밀도를 측정해 뼈의 탄성과 강도를 알아볼 수 있다. 그러나 초음파는 주로 뼈의 결합조직인 콜라겐의 특성을 알아보는 데 이용되고 있어 DEXA로 촬영한 골밀도와는 약간 다른 수치를 보인다.

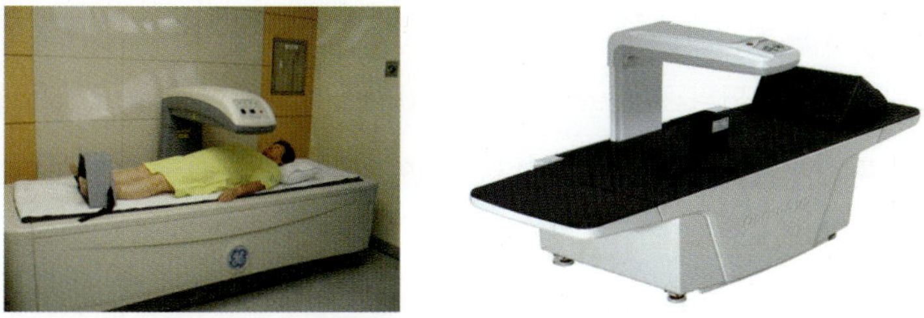

그림 10-7 DEXA 촬영장면

골밀도 측정 결과는 동일한 성별에서 젊은 정상인의 평균 골밀도에 비하여 얼마나 감소되어 있는지를 진단하는 지표인 T-score를 이용하여 나타낸다. T-score가 -2.5 이하이면 골다공증으로, T-score가 -1.0~-2.5는 골감소증으로 진단한다. T-score가 1만큼 감소함에 따라 정상인에 비하여 골절위험이 2~3배 증가한다.

⑤ 치료와 관리

- 칼슘: 골다공증 치료의 가장 기본적인 원칙은 칼슘과 비타민 D가 부족하지 않도록 하는 것이다. 2020년 한국영양학회에서 제정한 칼슘의 1일 권장섭취량은 성인 남녀 모두 700~800 mg이지만 2015년 대한골대사학회 권고안에서는 골다공증 예방 차원에서 50세 이후 성인에서는 1일 800~1,000 mg을 권장하고 있다. 골다공증 환자에게는 일반적으로 칼슘 1,000mg과 비타민 10~15 μg/일이 처방된다. 한국인의 1일 칼슘 섭취량은 권장량의 50~60% 수준으로 매우 저조하며 흡수율이 좋은 유제품으로부터의 섭취량은 10%에 불과하다. 우유 및 유제품, 뼈째 먹는 생선(뱅어, 멸치, 생선 통조림 등), 기타 어류, 대두류, 해조류 등이 칼슘의 주요 급원 식품이다. 우유의 칼슘은 흡수되기 좋은 형태로 들어있으며, 또한 우유에 들어 있는 비타민 D와 유당은 칼슘의 흡수를 돕는 인자이므로, 우유나 유제품은 우수한 칼슘급원이다.

  녹황색 채소도 칼슘의 함량이 높은 식품이나 일부 채소에는 수산이나 피틴산 등의 음이온들의 함량이 많아 칼슘의 흡수를 방해한다. 그 외에 인, 나트륨, 식이섬유, 카페인, 고지방 등은 칼슘의 흡수를 방해하므로 이러한 성분이 많은 식품을 섭취할 때는 주의가 필요하다. 특히 나트륨은 신장에서 칼슘의 배설을 촉진하므로 짠 음식을 피하는 것이 좋다. 칼슘의 흡수는 위산의 도움을 받아 일어나므로 무염산증이나 위산분비

저하 증상이 있는 환자들에서는 칼슘이 부족되지 않도록 특별한 관리가 필요하다.

1일 1,000 mg 정도의 칼슘 섭취는 한국인의 일상식사에서 충족하기 힘든 양이므로 필요에 따라 칼슘 보충제를 섭취하는 것이 좋다. 칼슘 보충제의 종류는 표 10-3과 같다. 보충제는 형태에 따라 칼슘 함량이 다르며, 그 중 칼슘 함량이 가장 높은 탄산칼슘은 위내의 환경이 산성이 되는 경우 더 잘 흡수되므로 식사직후 섭취하는 것이 효과적이다. 구연산칼슘은 칼슘의 함량은 적지만 여러 가지 부작용이 덜 나타나고 특히 위산 분비가 잘 안 되는 경우는 탄산칼슘 보다 더 효과적일 수 있다. 그러나 칼슘 보충제들은 상당수 칼슘의 흡수율을 높이는 비타민 D를 포함하고 있으므로 반드시 의사의 처방을 받아 과잉섭취하지 않도록 주의한다. 또한 칼슘 제제는 한 번에 많은 양을 복용하기 보다는 500 mg 이하로 나누어 섭취하는 것이 칼슘 흡수에 도움이 된다. 칼슘보충제 섭취시 위장장애나 변비가 나타날 수 있으며 과잉섭취 시에는 신장기능 이상으로 고칼슘혈증이나 신석회화 증상과 신결석이 생길 수 있으므로 보충제 섭취 전에 의사와 상의하는 것이 좋다. 칼슘은 신경을 안정시키는 작용을 하며 위산이 있어야 흡수가 잘 되므로 저녁식사 후에 보충제를 섭취하는 것이 바람직하다.

표 10-3 칼슘 보충제의 종류와 칼슘 함량

칼슘 보충제	칼슘 함량(%)	비고
탄산칼슘	40	위산의 도움이 필요하므로 식후 섭취*
구연산칼슘	24	
구연산말산칼슘	24	
젖산칼슘	13	

*철 흡수를 방해하므로 철보충제와 함께 섭취하지 않음

- 비타민 D: 인체에서 비타민 D 급원은 피부의 자외선 조사에 따른 체내 합성량과 급원 식품을 통해 들어오는 섭취량이다. 한국인 중 햇빛 조사량이 적은 취약계층으로는 청소년과 젊은 여성들, 또한 실내에서 주로 활동하는 생활습관을 가진 사람들이다. 이들은 가능한 햇빛 조사량을 늘려야 하지만 그렇지 못한 경우 식품으로 비타민 D를 섭취한다면 도움을 받을 수 있다. 한국인들이 섭취하는 주요 비타민 D 급원식품은 등푸른

생선, 달걀, 육류, 시리얼, 우유 및 유제품, 버섯 등이다. 요즈음에는 비타민 D가 강화된 우유나 두유도 출시되고 있다. 비타민 D 활성화는 간과 신장에서 일어나므로 나이가 들수록 간과 신장의 건강이 유지되어야 비타민 D의 활성을 기대할 수 있다. 2020 한국인 영양소 섭취기준에서는 64세 이하 성인의 충분섭취량을 10 μg/일, 65세 이상 노인에서는 15 μg/일로 정하고 있다. 칼슘과 함께 다량의 비타민 D를 섭취하는 것은 위험할 수 있으므로 처방을 받아 섭취하는 것이 좋다. 한국 성인에서 비타민 D의 상한섭취량은 100 μg/일이다.

- 단백질: 단백질은 성장에 관여하므로 부족하지 않게 섭취해야 하나 과잉 섭취되면 신장에서 칼슘의 배설을 촉진하므로 권장기준을 초과하지 않도록 하는 게 좋다. 이러한 영향은 동물성 단백질의 경우 뚜렷하게 나타나므로 특히 동물성 단백질의 과잉 섭취에 주의한다.
- 기타 비타민: 비타민 K는 오스테오칼신osteocalcin의 합성, 골기질의 칼슘화에 필요한 영양소이다. 오스테오칼신은 조골세포나 뼈의 무기질화가 일어나는 골기질에서 혈청으로 분비되는 단백질로서 비타민 K에 의해 카르복실화carboxylation되어 골기질을 형성한다. 여성의 골밀도가 혈중 비타민 K의 농도나 섭취량과 양의 상관성이 있음이 밝혀지면서 비타민 K의 중요성이 부각되었다. 한국인의 식생활에서 비타민 K는 부족하기 쉬운 영양소는 아니지만 특히 여성들은 평소 녹색채소와 과일, 콩류를 충분히 섭취하는 것이 좋다. 콜라겐 합성에 필요한 비타민 C도 한국인에게는 부족한 영양소는 아니다. 그러나 흡연이나 체내 산화적 스트레스가 증가하는 경우 상대적으로 부족할 수 있으므로 충분히 섭취하도록 한다. 비타민 C는 위에서 칼슘의 흡수를 돕는 인자이기도 하며, 조골세포를 자극하는 인자이기도 하다. 비타민 B_6, B_{12}와 엽산이 부족하면 혈중 호모시스테인 농도가 증가하고 골다공증 위험률이 높아지는 것으로 알려져 있다. 비타민 A는 뼈의 세포 성장에 관여하는 영양소로 알려져 있다. 따라서 폐경기에 임박한 여성들은 이러한 영양소들이 부족하지 않도록 다양한 식품을 매일 섭취하도록 한다.
- 인: 인은 칼슘과 결합하여 뼈와 치아를 구성하는 성분이지만 한국인의 일상식사에서 부족하지 않고 오히려 과잉 섭취하기 쉬운 영양소이다. 1일 평균 칼슘 섭취량이 낮은 사람들이 칼슘에 비하여 인의 함량이 높은 식품을 섭취하는 것은 칼슘의 이용면에서

는 불리할 수 있다**표 10-4**. 최근 식품첨가물 등으로 섭취되는 인의 섭취량이 점점 늘면서 뼈의 건강에 적신호가 되고 있다.

표 10-4 식품 1인 1회분량당 칼슘과 인의 함량

식품	칼슘(mg)	인(mg)	칼슘 : 인
우유(200 g)	200.0	180.0	1.11 : 1
쇠고기 등심(60 g)	13.2	103.2	0.13 : 1
마른멸치(15 g)	193.5	219.2	0.88 : 1
꽁치통조림(50 g)	99.0	88.0	1.13 : 1
미꾸라지(50 g)	368.0	218.5	1.68 : 1
사골국(500 g)	10.0	18.0	0.56 : 1
미역(30 g)	45.9	12.0	3.82 : 1
마른김(2 g)	8.4	5.0	1.68 : 1

- 불소: 조골세포를 자극하여 뼈의 형성을 촉진하는 미량영양소이다. 섭취가 부족하면 성장장애가 일어날 수 있고 과잉되면 골경화증이 발생할 수 있으므로 주의해서 사용해야 한다. 1일 불소 요구량은 1.5~4 mg이고, 치료제로 쓰이는 용량은 20 mg이다. 불소는 뼈의 수산화인회석의 히드록시기를 대체하여 불화인회석$Ca_5(PO4)_3F$으로 존재하며 반감기가 수년에 이른다. 그러나 모든 환자에서 같은 효과가 나타나는 것은 아니다. 즉, 골밀도를 증가시킬 정도의 불소 섭취는 척추골절의 위험도를 증가시키기도 하고, 칼슘 부족 및 이로 인한 부갑상선 기능 항진, 골연화증 등을 초래할 수도 있으므로 주의를 요한다.
- 운동: 골다공증에는 산보, 달리기, 춤과 같은 가벼운 하중을 받는 운동이 좋다고 알려져 왔으나 최근에는 골다공증에 상대적으로 유리한 운동으로 운동강도가 크고 격심한 운동을 권하고 있다. 단거리 달리기 선수나 수영선수보다는 역도나 마라톤 선수들의 골밀도가 높다. 그러나 골밀도에 유리한 운동은 연령에 따라 다를 수 있는데, 사춘기와 성인기 초반에는 충격하중이 큰 운동이 최대골질량 확보에 좋다. 중년 이후에는 체중부하, 근력강화, 균형감각의 증진을 위한 운동이 필요하므로 규칙적으로 활

기 차게 걷는 운동, 가벼운 등산 등이 적당하며, 중정도의 강도를 갖는 중량운동weight training이 더 안전하다. 운동을 하다가 멈추면 골질량이 다시 낮아지므로 지속적으로 해야 하며, 특히 앉아서 일하는 사람에게는 운동이 더 필요하다. 여성의 경우 폐경 이전의 운동이 폐경 이후의 운동에 비하여 효과적으로 골밀도를 상승시키므로 폐경기 이전에 미리 대처할 필요가 있다.

- 호르몬: 폐경 후 여성호르몬 부족으로 골질량 손실이 심각하여 삶의 질을 떨어뜨릴 때는 여성호르몬 치료요법을 쓰기도 한다. 여성호르몬 치료요법에는 에스트로겐 단독요법과 에스트로겐/프로게스테론 병합요법이 있다. 에스트로겐만을 과잉 공급하면 자궁내막이 과다하게 증식될 수 있으므로 자궁이 없는 경우는 큰 위험부담 없이 에스트로겐 단독요법이 가능하나, 자궁이 있는 경우는 에스트로겐/프로게스테론 병합요법을 사용한다. 두 요법 모두 대퇴골과 척추의 골절률을 유의하게 감소시킬 수 있으나 부작용도 많이 보고되고 있다. 최근 학설에 의하면 호르몬 치료가 초기 폐경기 여성에서는 관상동맥질환의 발병률을 감소시키나, 폐경이 오래 경과된 여성에서는 오히려 증가시키는 경향을 보여 전반적으로 폐경 후 초기의 여성호르몬 요법이 위험성이 적은 것으로 알려졌다. 단, 활동성 색전증, 급성 담낭질환, 급성 간질환, 에스트로겐 의존성 암 환자에서는 여성호르몬 사용을 금하고 있다. 여성호르몬 사용으로 인한 부작용은 오심, 부종, 담석, 하지경련, 혈중 HDL-콜레스테롤치감소, 불규칙한 질의 출혈 등이다.
- 식물성에스트로겐: 식물에서 천연적으로 볼 수 있는 화합물로서 에스트로겐과 기능적으로 유사성을 보이는 물질이다. 가장 대표적인 것은 이소플라본과 다이드제인으로 모두 대두의 성분이기도 하며, 골다공증과 심혈관질환에 어느 정도의 예방효과가 있다고 보고되어 있으므로 호르몬 대체요법으로 가능성이 제시되고 있다.

골다공증 예방을 위한 생활지침

- 카페인 섭취 제한(하루 커피 2잔 이하)
- 식이섬유 섭취량 1일 35 g 넘지 않기
- 과량의 단백질 섭취 피함
- 금연
- 지나친 알코올 섭취 금지
- 규칙적 운동
- 햇빛 충분히 쐬기
- 싱겁게 먹기

- 칼시토닌: 칼슘을 충분히 섭취하면서 칼시토닌을 투여받을 경우 파골세포의 활성을 억제하여 골 재흡수를 감소시킨다. 주로 인체의 칼시토닌보다 40여 배 강한 활성을 갖는 연어의 칼시토닌을 사용하며, 주사와 비강분무법을 사용한다. 비강분무는 부작용이 적으며 칼시토닌이 갖는 통증완화 효과가 우수하여 골절 등으로 통증이 있을 때 사용하기도 하나, 장기적으로 사용할 경우 내성이 생겨 효과가 감소하게 된다. 임상에서 칼시토닌은 폐경 후 5년 이상 지난 환자에게 사용한다.
- 부갑상선호르몬: 부갑상선호르몬은 간헐적으로 투여할 때 골형성의 효과가 나타나지만 투여 농도가 높아지면 골 재흡수가 초래된다. 임상에서 유일하게 사용하고 있는 골형성 촉진제이지만 매일 주사해야 하고 고가의 약제이므로, 심한 골절을 동반한 골다공증 환자에게만 사용한다.
- 약물치료: 식사요법과 동시에 사용하면 좋은 효과를 얻을 수 있는 약물들이 있다. 비스포스포네이트bisphosphonate는 뼈의 무기질화에는 영향을 미치지 않으면서 골 재흡수를 억제하는 효과를 가진 제제이다. 먹는 약과 주사제로 개발되어 있으며, 국내 승인된 약제로는 알렌드로네이트Alendronate와 리세드로네이트Risedronate 등이 있다. 먹는 약은 흡수율이 낮고 음식과 복용하면 흡수율이 더욱 감소하므로 공복 시 200mL 이상의 충분한 양의 물과 함께 섭취하기를 권장한다. 또한 식도염을 방지하기 위하여 복용 후 30분간 눕지 않는다. 경구용 비스포스포네이트의 불편함을 덜기 위하여 주사제제가 개발되어 사용되고 있으나 초기 투여 시에는 발열과 근육통 등이 나타날 수 있다.

 선택적 에스트로겐 수용체 조절제selective estrogen receptor modulator: SERM는 에스트로겐과 유사체이거나 길항제의 역할을 하는 제제로 골 재흡수를 억제하여 골밀도를 유지시킨다. 타목시펜Tamoxifen, 클로미펜Clomiphene, 토르미펜Toremifene, 랄록시펜Raloxifene 등이 사용되고 있다. 타목시펜과 토르미펜은 유방암 치료제로, 클로미펜은 배란유도제로도 사용한다. 랄록시펜은 뼈에서는 에스트로겐과 같은 역할을, 자궁내막과 유방에서는 에스트로겐의 길항작용을 한다. 랄록시펜의 부작용으로는 약한 열성홍조와 하지통증을 보인다.

(2) 구루병과 골연화증

구루병rickets과 골연화증osteomalacia은 비타민 D의 부족으로 혈중 무기질 농도가 저하하고 골기질에 무기질 침착이 잘 안 되어 뼈의 강도가 낮아지는 점에서 비슷한 질환이라 볼 수 있다. 성장기에 비타민 D가 부족한 경우 구루병이 되며, 성장기 이후에 비타민 D의 부족은 골연화증을 일으킨다. 골다공증은 해면골의 골기질이 잘 형성되지 않아 구멍이 보이는 반면, 골연화증은 골기질은 형성이 되어 있으나 무기질의 침착이 일어나지 않는 질환이다.

① 구루병

- 원인과 증상: 성장기에 비타민 D의 섭취 부족이나 피부의 일광노출량이 적은 경우, 소장에서 칼슘의 흡수와 신장에서 칼슘의 재흡수가 감소하여 혈액의 칼슘 농도가 낮아지므로 뼈로부터 혈액으로 칼슘이 흘러나오게 된다. 따라서 뼈의 내부는 무기질의 침착이 이루어지지 않아 뼈가 물러지는 현상을 초래한다. 혈중 칼슘 농도가 낮아지면 부갑상선호르몬이 분비되고 골 재흡수량bone resorption이 늘어 뼈로부터 무기질이 용출된다. 그외에 칼슘의 부족이나 비타민 D 대사장애, 유전적인 저인혈증hypophosphatemia 등도 구루병의 원인이 될 수 있다. 구리가 결핍된 식사를 할 경우 골감소증이 보이거나, 비타민 K의 부족 시 오스테오칼신과 칼슘의 결합력이 떨어져 뼈로부터 칼슘 유출이 일어나기도 하며, 비타민 C의 부족으로 인해 콜라겐 합성률이 감소할 때도 골질량은 감소한다.

  구루병의 증상은 6~36개월의 성장기에 있는 어린아이에서 주로 보이는데 근무력증이나 발육부진을 보인다. 또한 체중을 지탱하는 긴 뼈, 즉 다리뼈가 휘어 O형이나 X형의 다리를 갖게 되고, 다리뼈나 늑골의 양단이 넓어져 무릎 부분이 확대되거나, 가슴뼈는 앞으로, 등뼈는 뒤로 불거져 나가 새가슴이나 굽은 등이 된다. 구루병은 일조량이 적은 북유럽 지역에서 많이 발생하지만, 햇빛이 강한 아프리카나 중동 지역에서도 흔히 발생하고 있다. 후자는 불량한 식생활 문제와 함께 사람의 피부색이 검어 자외선의 투과가 어렵고 종교나 문화적인 관습으로 가임기 여성들이 천으로 몸을 감싸고 다녀 햇빛에 노출될 기회가 적기 때문이다.
- 예방과 치료: 구루병의 예방과 치료를 위해서는 비타민 D를 충분히 섭취하고 적절한

바깥운동을 습관화하도록 한다. 모유의 비타민 D 함량은 급성장기에 있는 이유기 이후 어린아이의 필요량을 충족시키기에 부족하므로 조제분유를 사용하거나 비타민 D가 강화된 식품이나 이유식을 사용하는 것이 필요하다. 우리나라와 같이 일조량이 충분한 지역에서는 한여름철의 바깥놀이로 일 년 내내 필요한 비타민 D의 양을 인체 내에 저장할 수 있지만 일조량이 부족한 환경에서는 생후 1~2년간은 비타민 D를 보충해야 한다. 또한 적절한 칼슘과 인산의 섭취도 필요하며 단백질 부족이 일어나지 않도록 주의해야 한다. 영아는 조제분유를 통하여, 어린아이는 하루 500 mL 이상의 비타민 D가 강화된 우유 섭취를 통하여 적절한 비타민 수준을 유지하여야 하며 부족 시에는 보충제를 공급해야 한다.

② 골연화증

- 원인과 증상: 구루병과 동일하게 비타민 D 부족에 의해 발생하지만 성장기 이후에 병발하는 경우이다. 증상으로는 근무력증이나 뼈의 통증이 나타나고, 심한 경우 뼈의 모양이 변화하여 늑골, 대퇴골, 골반뼈 등의 기형이 유발될 수 있다. 골연화증의 원인 역시 비타민 D와 칼슘의 섭취부족, 저인산혈증, 장의 염증 등으로 흡수불량증이 있는 경우, 햇빛 조사량 부족, 운동 부족, 약물복용(항경련제, 정신안정제, 우울증치료제, 근육이완제, 경구혈당강하제) 등이 원인이므로 비타민 D와 칼슘, 인 등을 적절하게 섭취해야 한다. 그 외에 간과 신장에 만성질환이 있을 때는 비타민 D의 활성화가 원활하게 일어나지 않고 칼슘의 재흡수도 감소되므로 혈중 칼슘의 농도를 항상 지켜볼 필요가 있다.
- 예방과 치료: 골연화증의 증세를 보이면 혈액검사를 통하여 영양상태를 진단하고 필요에 따라 보충하도록 한다. 특히 햇빛 조사량이 부족하거나 식사의 질이 불량한 임산부나 다산 여성에게 발생하기 쉬우므로, 이들에게는 적절한 바깥 활동과 활성형 비타민 D 및 칼슘보충제 처방이 필요하다. 가임기 성인 여성의 하루 비타민 D의 권장량은 10 μg이다.

(3) 관절염

① 관절의 구조

관절의 양쪽 뼈는 관절막joint capsule으로 서로 연결되고 그 내부에 아주 얇은 활액막

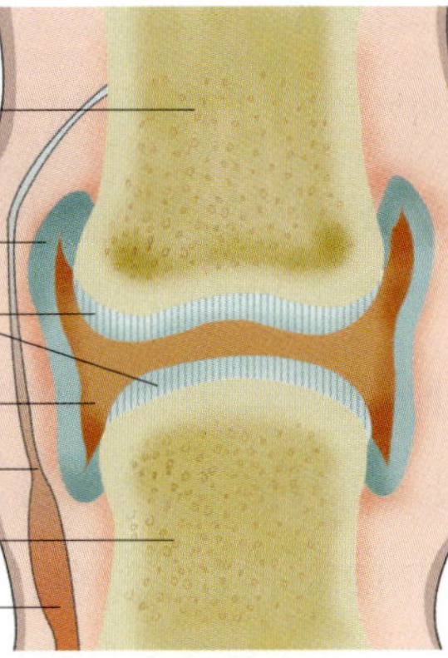

그림 10-8 관절의 구조

synovium이 관절을 싸고 있다. 활액막 안에는 윤활작용을 하는 활액synovial fluid이 들어 있다. 뼈의 상단 부위는 연골로 되어 있고, 연골은 혈관이 없어 활액에서 영양소를 흡수한다.

② 관절염의 종류와 원인, 증상, 진단

관절염은 전신적인 증세가 나타나는 자가면역성 류마티스성 관절염rheumatoid arthritis과 국소적인 증상을 보이는 골관절염osteoarthritis으로 분류할 수 있다. 2017~2021년 국민건강통계 보고서에 의하면 65세 이상 골관절염 평균 유병률(의사 진단 경험률)은 전체 30.2%, 여성 43.5%, 남성 13%로 여성에서 3배 이상 더 많았다. 또한 나이가 많을수록 여성에게서 더 많이 발생하였다. 류마티스성 관절염은 골관절염보다는 유병률이 낮아 한국인의 경우 0.5~1.0%로 추정되고 있다.

- 류머티즘성관절염rheumatoid arthritis: 류머티즘성관절염은 자가면역성 질환으로 혈관, 연골, 뼈, 힘줄, 인대, 내장기관 등 전신에 영향을 줄 수 있는 염증성 질환이다. 골관절염에 비하여 유병률은 낮지만 증상은 더 심하고 생애주기의 이른 시기(주요 연령대는 30~40대)에 발생하는 편이다. 비만과 노화 등으로 염증 발병률이 증가하면서 발병되며 유전성인 경우도 있다. 흡연도 위험요인으로 보고 있다. 대체로 남성보다 여성의 유병률이 3배 정도 더 높다. 특히 관절 부분의 활액막에 염증이 생겨 붓게 되면, 고열과 관절통이 수반된다. 방치하게 되면 관절의 여러 부분이 침범되어 근위축으로 인한 변형과 관절강직ankylosis을 초래한다. 진단은 혈액 검사로 류마티스 인자와 C-반응성 단백

질을 확인하고 엑스레이 검사를 통해 임상소견을 확인한다.

- 골관절염osteoarthritis: 나이가 들어감에 따라 관절을 보호하고 있는 연골이 소실되고 관절이 변형되면서 부분적으로 퇴행성 변화가 나타나기 때문에 퇴행성 관절염degenerative arthritis이라고도 부른다. 체중을 지탱하는 무릎, 엉덩이 관절, 발목에 발생하며 양쪽이 동일하게 증상을 나타내지 않기도 한다. 나이가 들면서 점차 연골세포가 노화되고 탄력성이 감소하며 관절을 보호하는 기능이 떨어진다. 시간이 지나면 연골이 줄고 관절이 변형되며 뼈가 비정상적으로 자라기도 한다. 관절염의 원인은 잘 밝혀져 있지 않지만 나이, 성별, 유전적 소인, 비만 등이 위험요인으로 보고되고 있다. 그 외에 외상이나 질병, 기형으로 인한 이차성 골관절염도 발생한다. 자각증상으로는 보통 자고 일어난 후에 관절이 뻣뻣한 증상을 느끼지만 움직이기 시작하면 좋아지며 관절을 많이 사용하는 경우에는 통증이 심해진다. 과체중이거나 비만한 사람은 무릎이나 고관절, 발목의 연골이 손상받기 쉬우므로 걸음걸이와 자세에 이상을 가져올 수 있다. 진단은 병력과 X선 촬영 등으로 연골과 관절의 형태 변화를 관찰하여 판단한다.

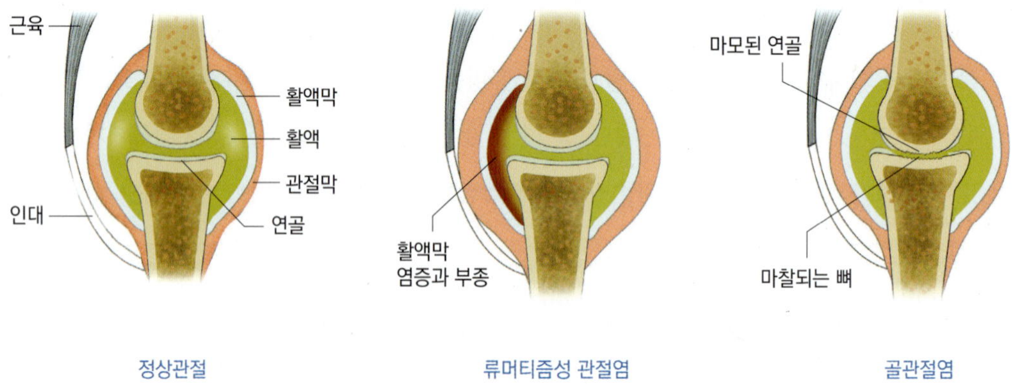

그림 10-9 류머티즘성관절염과 골관절염

③ 관절염의 치료

- 류머티즘성관절염: 통증이 심할 경우 소염제를 사용하여 일시적으로 통증을 줄여 주지만 관절이 변형되고 관절기능을 유지하기 위해서는 메토트렉세이트 methotrexate, 설파살라진 sulfasalazine과 같은 항류마티스제제를 사용한다. 항류마티스제제의 효능이

나타나기까지는 수 개월이 걸린다. 일부에서는 사이클로스포린cyclosprine 등의 면역억제제를 사용하기도 한다. 그러나 이들 약물들은 다양한 부작용이 많이 보고되어 있다. 약물치료로도 효과가 나타나지 않을 경우 관절치환술이나 활액막 절제술을 시행할 수 있다. 대부분 류머티즘성 관절염 환자는 염증으로 대사율이 항진되며, 장기간의 약물 복용 때문에 소화기관의 합병증이 생겨 영양소 흡수불량증이 나타나게 된다. 에너지와 단백질은 부족하지 않도록 권장섭취기준에 맞추어 제공한다. 그러나 체단백 분해가 지속되면 단백질 섭취량을 1.5~2.0 g/kg 체중까지도 증가시킬 수 있다. 지방은 섭취량보다 ω-3지방산의 섭취를 높이도록 한다. 염증 예방과 관련이 있는 항산화 영양소로 비타민E와 셀레늄 등이 부족하지 않도록 하고 뼈의 무기질 손실에 대비하여 칼슘과 비타민D를 충분히 섭취하도록 한다. 메토트렉세이트를 복용하는 환자는 호모시스테인의 혈중농도가 높아질 수 있는데 엽산과 비타민 B_{12}의 적절한 섭취가 도움이 된다. 류마티스관절염 환자는 비만한 경우도 흔히 볼 수 있는데 이때는 관절이 압박을 받으므로 체중을 줄이는 것이 통증을 완화하는데 도움이 된다.

- 골관절염: 퇴행성 질환으로 병의 진행을 완전히 정지시킬 수 있는 방법은 없기 때문에 통증을 줄이고 관절의 기능을 유지하며 변형을 방지하는 방법을 사용하며 변형이 일어난 후에는 수술적인 방법으로 교정하고 기능을 살리도록 생활습관과 운동요법을 실시한다. 관절에 부하가 걸리는 것을 최대한 막기 위해 일상 생활에서는 체중을 지지하는 기구(지팡이 등)를 사용하는 것이 도움이 된다. 운동으로 관절 주변의 근육을 강화하여 사고로 인한 골절을 예방할 수 있으며 체중 감소와 심기능에 도움을 줄 수 있다. 부하가 많이 걸리지 않는 수영이나 자전거타기 등을 통해 근육을 강화하고 유산소 운동을 병행한다. 약물로는 소염과 진통 효과가 있는 비스테로이드제제가 가장 많이 사용되며 통증이 심한 경우 1년에 2회 이하로 스테로이드를 주사하기도 한다. 임상영양치료로는 우선 체중관리를 위하여 적정체중에 도달할 수 있도록 에너지 관리를 해야 하며 항산화 영양소와 칼슘 및 비타민 D의 섭취가 부족하지 않도록 한다. 대체요법제인 글루코사민glucosamine과 콘드로이틴 황산염chondroitin sulfate은 연골 생성과 관련된 물질로서 효과가 나타날 경우 통증을 완화하는 데도 도움을 줄 수 있다.

(4) 통풍gout

관절에 통증과 부종 등을 일으키는 관절염의 일종으로 바람만 불어도 관절이 쑤신다고 하여 '통풍'이라 부른다. 여성보다는 남성에서 더 많이 발생하는 만성 퇴행성 질환이다. 국민건강보험공단 자료에 의하면 통풍환자의 연평균 증가율은 4.0%로 나타났다. 통풍진료를 받는 환자 수는 40대 남성이 가장 많았다.

① 원인과 증상

세포의 핵에는 핵산이 존재하며 핵산은 퓨린과 피리미딘 염기로 구성된다. 퓨린purine대사의 주요 최종산물은 요산으로, 신장의 배설기능에 이상이 있거나 체내에서 요산이 과도하게 생성되면 혈중 요산 농도가 증가하고 칼슘과 결합하여 요산염을 형성하여 주로 체온이 낮은 관절(발가락, 손가락, 팔꿈치, 발목 관절과 귓바퀴 등)에 축적됨으로써 통증을 일으킨다. 1~2일 지속되다가 없어지기도 하지만 1주 이상 지속되는 경우도 있다. 통증과 함께 부종, 발열감, 뻣뻣함을 느끼게 되며 알코올 섭취 후나 심한 운동, 신체적 외상 후에 나타나기도 한다. 주로 중년의 남성에서 많이 발생하는데, 남성은 나이가 들면서 신장에서의 요산 제거 능력이 감소하는 데 반하여, 여성은 폐경이전까지는 여성호르몬의 영향으로 요산 제거 능력이 유지되기 때문이다. 여성의 경우도 폐경기 이후가 되면 진료환자 수가 50% 이상 증가하지만 50~60대에도 여전히 남자 환자 수가 여성에 비하여 10배 가량 많다. 연령 외에 가족력이 있는 경우 발병하기도 한다. 또한 역학조사 결과, 체지방이 늘어날 경우 혈중 요산 수치가 올라갈 수 있으므로 비만, 제2형 당뇨, 고혈압, 이상지질혈증, 관상동맥질환 등은 위험요인으로 볼 수 있다. 식품 중에서는 술, 특히 맥주, 퓨린 함량이 높은 육류와 등푸른 생선이나 조개류, 지나친 과당의 섭취가 혈중 요산 수치를 올리는 요인으로 알려져 있다. 약물 중에서는 고요산혈증을 일으킬 수 있는 이뇨제나 아스피린, 니코틴산, 사이클로스포린, 레보도파 등의 복용과 관련이 있다.

② 치료와 관리

통풍의 치료 목표는 급성기 통증을 완화하고 재발을 방지하며 더 이상의 요산염 결석이 생기는 것을 예방하는 것이다. 혈중 요산 수치를 낮추기 위하여 하루 퓨린의 섭취량은 600~1,000 mg로 제한하며, 심한 환자인 경우는 100~150 mg까지 제한한다. 통풍의 증상을 악화시키는 요인은 주로 어육류와 패류의 퓨린이다. 시금치나 아스파라거스, 버섯 등의 채소에 함유되어 있는 퓨린은 일상에서 식품으로 섭취하는 양으로서는 통풍의 증상을 악화시키지는 않는다. 통풍 환자들에게는 1일 3 L 정도의 수분을 섭취하도록 하여 요산의 배설을 돕고 흡연은 철저히 금하며, 체중이 증가하면 증상이 심해지므로 정상체중을 유지하도록 한다. 알코올은 종류에 따라 섭취를 제한하기도 하고 권장하기도 하는데, 포도주는 알칼리성 식품이므로 오히려 도움이 된다는 보고가 있는 반면, 맥주는 퓨린함량이 높아 혈중 요산치를 높여 증상을 악화시키는 것으로 알려져 있다. 그러나 일반적으로 알코올 섭취는 체중을 늘리고 필요한 영양소의 섭취를 제한하게 되므로 제한된 범위 내에서만 허용할 수 있다. 최근 고과당 시럽 등을 함유한 음료나 천연 과당도 고요산혈증과 관련된다는 보고가 있어 섭취량을 줄이는 것이 안전하다. 반면, 식물성 단백질, 저지방 유제품, 달걀, 커피와 비타민 C는 통풍발생 감소와 관련이 있는 것으로 보고되고 있다.

통풍은 관절에 이상이 있는 질환이므로 관절의 보호와 손상을 방지하도록 노력해야 한다. 급성 통풍발작이 일어나면 항염제인 콜히친colchicine, 비스테로이드 소염제, 스테로이드 등의 약물로 증상을 완화시킬 수 있으며, 식사요법으로만 조절이 되지 않는 만성 통풍은 고요산혈증을 완화하기 위하여 요산 생성을 억제하는 알로푸리놀allopurinol이나 요산배설 촉진하는 프로베네시드probenecid와 같은 약제를 복용하도록 한다. 그러나 저퓨린 식이 요법을 통해 약물사용을 감소시키는 효과를 가져올 수 있으므로, 적극적인 식사요법을 수행하여 급성의 통증이 유발되지 않도록 관리해야 한다.

급성 통증에는 약물 치료가 우선되며 비스테로이드소염제나 스테로이드, 콜히친colchicine 등을 사용한다. 콜히친은 호중구의 이동을 방해하여 염증반응을 억제하는 생약성분이다.

표 10-5 퓨린 함량에 따른 식품 분류(식품 100 g에 함유된 퓨린 질소 함량)

식품군	제1군: 고퓨린 함유식품 (100~1,000 mg)	제2군: 중퓨린 함유식품 (9~100 mg)	제3군: 극소퓨린 함유식품
곡류군		완두콩, 강낭콩, 잠두류	밥, 떡, 죽, 국수, 빵류
어육류군	청어, 고등어, 정어리, 연어, 어육류의 내장(간, 콩팥, 심장, 지라, 신장, 뇌, 혀), 어란, 멸치, 효모(보충제로 섭취 시), 베이컨, 고기류, 가리비, 게, 홍합	육류 가금류 생선류 조개류	달걀
채소군		시금치, 버섯, 아스파라거스	제2군 채소 제외한 모든 채소
지방군			버터, 식용유, 견과류
우유군			우유, 치즈, 아이스크림
과일군		과일류	
기타	맥주효모		설탕, 커피, 차류, 코코아
주의사항	급성기, 재발기 환자의 식사에 이용하지 말 것	재발기 동안 하루에 어육류군 1교환, 채소군 1교환 정도만 허용	매일 섭취해도 무방한 식품들

2. 치아질환

1) 개요

2015년 국민건강영양조사 결과에 나타난 영구치우식 유병률(치아에 발생된 충치를 한 개 이상 가지고 있는 분율)은 19세 이상 성인에서 28.6%로 남성 32.7%, 여성 24.5%로 지속적으로 감소하고 있으나 아직 상당히 높은 수치를 보이고 있다. 또한 치주질환 유병률도 19세 이상 성인 전체 29.8%, 남성 33.8%, 여성 25.8%로 매우 높게 나타났다. 우리나라 성인의 영구치우식 유병률은 2000년 41.1%에서 2015년 28.6%로, 치주질환 유병률은 2007년 35.5%에서 2015년 29.8%로 감소하였으나 여전히 높은 추세이다.

2) 치아조직의 생리

치아는 태아 때부터 형성되기 시작하여 20세까지 계속 발달한다. 치아는 그림 10-10에서 볼 수 있듯이 에나멜층, 상아질, 펄프, 시멘트질로 구성되어 있다. 가장 바깥쪽을 구성하는

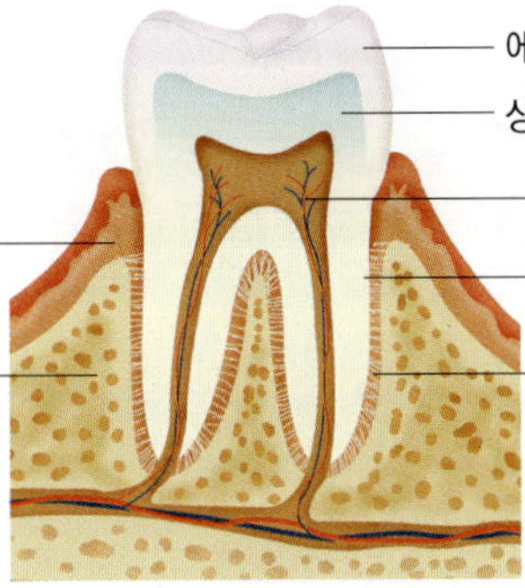

그림 10-10 치아의 구조

에나멜층은 인체에서 가장 견고한 물질로서 98%의 무기질과 2%의 물로 구성되어 있다. 주요 성분은 뼈와 같은 히드록시아파타이트hydroxyapatite이며 이외에 불소, 염소, 탄산염, 마그네슘 등이 들어 있다. 상아질은 에나멜의 바로 밑에 있는 층으로서 70%의 무기질과 30%의 유기물로 구성되어 있다. 펄프는 혈관과 신경조직을 포함한다. 시멘트질은 석회화된 조직으로 치아의 뿌리 부분을 둘러싸는 조직이며, 잇몸과 연결되어 있다.

3) 치아질환

(1) 치아우식증dental caries

① 원인과 병리

충치가 발생되는 기전은 치아표면의 플라크plaque(치면세균막) 중 세균(주로 *Streptococcus mutans*와 *Lactobacillus casein, Streptococcus sanguis* 등)이 구강 내에서 당질을 에너지원으로 이용하여 유기산을 만들고 이것이 침의 pH를 5.5로 떨어뜨리면 무기질층의 분해가 시작된다. 치아의 건강은 유전적인 면, 생활습관, 구강 위생 등에 의하여 결정된다.

충치균의 먹이가 되는 당은 침의 아밀라아제에 의하여 분해되는 탄수화물 급원으로서 곡류, 과일, 유제품, 당류 등이다. 곡류인 밥, 과자류, 시리얼, 빵 등 모두 충치균에 의해 우식증을 일으킬 수 있으며, 과일은 생과일이나 마른 과일, 주스 종류 모두 충치의 원인이 된다. 바나나나 곶감 등 점착성이 있는 과일이나 수분이 적은 과일이 충치를 잘 발생시키고 과일 탄산음료 역시 충치균의 좋은 먹잇감이 된다.

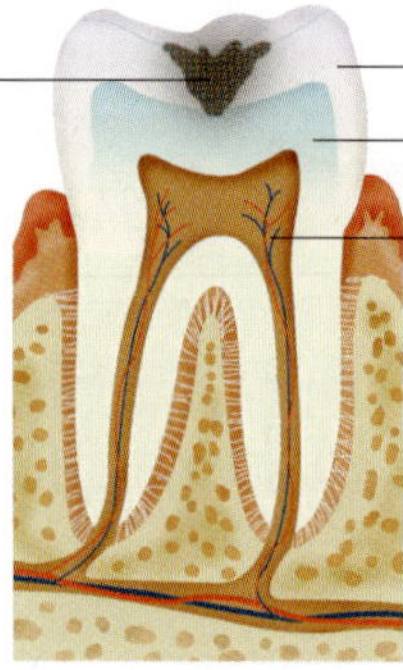

그림 10-11 치아우식증

유제품은 당과 산에 의해 충치를 유발시키나 칼슘함량이 높은 식품이므로 올바른 방법으로 섭취하면 오히려 도움이 된다. 당 중에서는 단당류나 이당류 중에서는 서당이 충치발생률을 높인다. 단백질이나 지방, 아스파탐, 수크랄로오스 등의 탄수화물이 아닌 감미료는 충치를 유발하지 않는다. 자일리톨과 같은 당알코올은 충치균의 성장을 억제하는 역할을 하므로 충치예방 효과가 있다.

액체에 비하여 고체 형태의 식품이 입 안에 머무는 시간이 길고 치아에 부착하는 정도가 심하므로 충치유발성이 크고, 오래 씹어서 삼키는 식품과 같이 침을 많이 분비하게 하는 식품은 충치유발성이 적은 편이다. 그러나 탄수화물 식품 중 오래 씹어야 하는 식품들은 서서히 분해되어 지속적으로 당을 내놓음으로써 충치균의 작용을 받을 가능성이 커지므로 충치유발성 식품으로 분류된다.

② 예방과 영양관리

충치의 치료는 의료적인 처치가 필요하다. 충치는 식습관을 올바르게 갖고 양치질 습관을 제대로 들이면 충분히 예방이 가능하므로 예방차원의 영양관리에 대해 잘 알고 있는 것이 중요하다. 충치를 예방하기 위해서는 단당류 식품을 적게 섭취하고, 섭취 후에는 양치질을 하여 충치균의 작용을 억제하는 것이 최우선이지만, 당류 식품을 먹게 될 때 식사와 함께 섭취하는 것이 따로 먹는 것보다는 유리하다. 또한 식이섬유가 많은 채소류의 섭취는 충치균의 작용을 줄이므로 당류 식품을 섭취할 때는 같이 섭취하는 것이 유리하다. 양치질이 불가능한 상황에서는 자일리톨이 함유된 껌을 씹는 것으로도 효과를 볼 수 있다.

치아가 유난히 약한 경우 불소가 도움을 주기도 하는데 불소는 에나멜과 상아질층으로 들어가 불소인회석fluoroapatite을 형성하여 산에 대하여 더 강한 무기질층을 형성하며, 충치 초기에 보수기능을 효과적으로 발휘하고 충치균의 작용을 억제하는 효과를 가지고 있다. 나라에 따라서는 음용수에 불소를 강화하여 공급하는 곳도 있을 정도로 불소의 충치 억제 효과는 확실하다. 그러나 치아에 불소처리를 하는 것은 과잉의 불소 섭취 위험성을 안고 있어 너무 어린아이들에게는 함부로 도포하지 않으며 어린아이들에게는 불소강화 치약이나 젤 등의 제품 사용도 주의를 기울여야 한다. 불소가 많은 물을 장기간 섭취한 지역의 어린 아이들의 치아가 누렇게 변색되고 반점이 생기는 현상이 보고되어 있으며, 불소가 과잉으로 섭취되었을 때 뼈나 치아의 지나친 경화로 깨지기 쉬워 오히려 치아건강에 불리할 수 있다.

(2) 치주질환

① 원인과 증세

구강 박테리아 등에 의한 염증이 잇몸에만 국한하여 있는 경우는 치은염gingivitis, 뼈까지 진행되는 경우는 치주염periodontitis이라 하며, 방치하면 잇몸과 치아의 연결 부위에 손상이 가게 된다. 치주염의 1차 원인은 잇몸과 치아의 연접부위에 생긴 '플라크'라는 세균막으로 그대로 두면 치석으로 발전하고, 잇몸으로부터 치아가 떨어지게 되면서 틈이 생겨 치주낭periodontal pocket이 생긴다. 그대로 두어 염증이 점점 더 심해져 치주골까지 침범하게 되면 이를 더 이상 쓸 수 없게 된다. 단백질, 비타민 등의 영양부족, 임신, 당뇨병, 흡연, 후천성면역결핍증AIDS 등이 질환을 악화시킬 수 있다.

치은염은 잇몸에 염증이 생겨 붓고 충혈이 되며 통증과 함께 심한 경우 출혈을 보이는 증상이다. 염증이 진행되어 치주염으로까지 진행된 경우에는 구취, 고름, 저작 시 불편감이 생기며 치아가 흔들리기까지 한다.

② 예방과 영양관리

치은염은 플라크의 형성을 막는 것이 최적의 예방법이므로 구강을 청결히 하여야 하며 일정기간에 한 번씩 스케일링을 통해 치석을 제거하고 양치액을 사용하는 것도 효과가 있다. 치은염이나 치주염이 있는 사람들은 균형 잡힌 식사를 하고 간식을 가능한 한 금하여 치아를 깨끗하게 보존하도록 한다. 치주질환이 있는 사람들은 대부분 식사량이 불충분한 상황이 오래 지속되었을 수 있으므로 충분한 단백질과 열량을 섭취하고 새로운 조직의 형성을 도울 수 있도록 비타민 C를 충분히 섭취한다. 염증이 심한 경우는 부드러운 반유동식이나 죽식을 위주로 섭취하고 입 안을 자극하는 음식이나 뜨거운 음식 혹은 너무 차가운 음식은 피한다. 식후 입 안을 자주 헹구어 음식 찌꺼기와 세균을 제거하며 음주는 가능한 한 피하고 흡연은 금한다.

3. 신경계 질환

1) 치매dementia

치매는 지적능력과 사회활동 능력이 저하되어 일상생활이 어려워질 때 여러 가지 증상들로 진단될 수 있는 증후군이다. 노화와 함께 발생되거나 질병으로 인하여 증상이 발현된다.

보건복지부에서 발표한 자료에 의하면 2022년 65세 이상 한국 노인의 치매 유병률은 10.31%였다. 이 중 65~69세 연령층에서는 1.39%였지만 85세 이상 노인에서는 38.96%로 증가하였다. 여성은 남성에 비하여 치매유병률이 높아 65세 이상 남성은 9.16%, 여성은 11.2%였다. 한국 사회의 고령화가 급속히 진행되면서 치매 유병률은 2030년 10.5%, 2040년 12.6%, 2050년 15.9%, 2060년 17.7% 로 지속적으로 증가할 것으로 추정하고 있다.

(1) 원인과 증상

치매는 뇌기능의 저하 때문에 후천적으로 지적능력이 상실되는 상태로, 대뇌반구 특히 대뇌피질 및 해마를 손상시키는 병변에 의해 지능과 행동이 점진적으로 퇴화되어 일상생활을 유지하기 어려울 정도가 된다.

치매는 먼저 기억력 감퇴로 시작하여 다른 인지영역의 퇴행으로 진행되는데 지각, 사고능력, 정서 또는 행동장애 등이 보이고 초조와 공격성이 보이기도 한다.

치매는 뇌의 기질적 손상이나 감염, 내분비계 이상, 대사성 질환, 외상, 암, 혈관성 질환 등으로 인하여 발생하는 증후군으로 종류로는 알츠하이머병Alzheimer's disease, 혈관성치매vascular dementia, 루이소체치매Lewy body dementia 및 이마관자엽치매frontotemporal lobar dementia 등

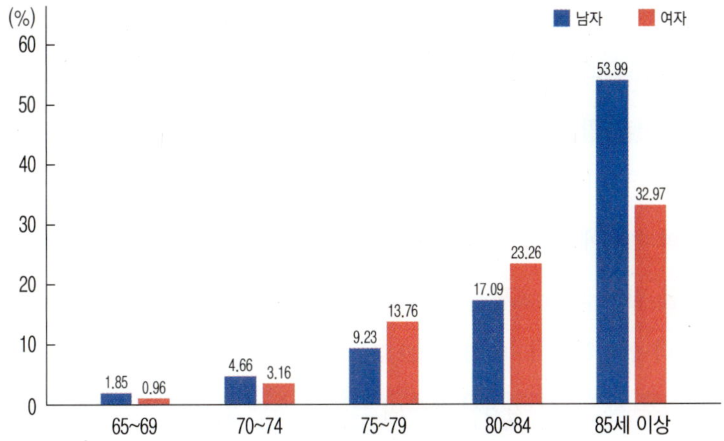

그림 10-12 연령별 치매 발생률

출처 : 공공데이터 포털 www://data.go.kr

의 여러 가지 질환이 이에 속한다.

치매 중 가장 흔한 알츠하이머병은 비정상적인 베타 아밀로이드β-amyloid 단백질 덩어리인 신경반neuritic plaque과 타우단백질tau protein 덩어리인 신경원 섬유 농축물neurofibrillary tangle이 뇌조직에 생기면서 해마와 대뇌피질의 축삭돌기들이 퇴화하여 얽혀 있는 '노인성 반점senile plaque'이 생겨나게 되는 질환이다. 또한 알츠하이머병 환자의 뇌에서는 아세틸콜린 같은 신경전달물질의 합성능이 떨어져 뇌신경계의 기능이 저하하는 증세를 보이게 된다. 우리나라 65세 이상 노인의 경우 알츠하이머 치매는 전체 치매환자의 75% 이상을 차지하고 있다.

알츠하이머병의 초기 증상은 기억력 감퇴로 최근에 있었던 일이나 사건을 기억하지 못하는 등의 증상이 나타나다가 진행되면 과거에 대한 기억이나 자신의 신상정보도 기억하지 못하게 된다. 언어능력, 시공간파악능력이 저하하면서 판단력이 흐려지고 일상생활수행능력도 떨어지게 된다. 결국 식사나 대소변 가리기 등의 가장 기본적인 일상 활동들도 스스로 수행하지 못하게 된다. 정신적으로는 성격 변화나 우울증, 망상, 환각, 수면장애 등이 나타나게 되고 대소변 실금, 운동기능 장애가 나타나면서 삶의 질이 더욱 저하된다.

(2) 예방과 영양관리

치매는 진행 정도에 따라 여러 가지 영양문제가 생길 수 있다. 질병의 초기와 증상이 심한 경우는 인지능력과 활동량에서도 차이가 많으므로 초기와 중기 이후로 나누어 영양관리 원칙을 세우도록 한다.

알츠하이머병의 초기에는 기억이 저하하여 식사 여부를 인지하지 못하며, 식욕을 조절하는 부분이 장애를 받게 되어 포만감도 인지하지 못한다. 또한 감각기관에 변화가 일어나서 냄새를 감지하거나 인식하기가 어렵게 됨으로써 좋아하는 음식만 골라 먹게 되어 영양불균형을 초래한다. 일부 정신없이 먹어서 체중이 느는 경우도 있지만 무의미한 행동으로 활동량이 조절되지 않아 대부분 체중부족 현상을 보이므로 열량의 공급 시 활동계수와 스트레스 계수를 산정하여 에너지는 35 kcal/kg체중 이상을 공급한다. 단백질은 1.0~1.25 g/체중kg으로 권장되고 있다. 또한 치매 예방에 효과가 있을 것으로 알려진 항산화 영양소(비타민 E, C, 아연, 철분, 구리, 셀레늄)와 비타민 B_6, B_{12}, 엽산, ω-3지방산이 풍부한 식품과 어류를 많이 섭취하도록 한다.

치매 증상이 심해지면 무의미한 활동량이 증가하면서 에너지 필요량이 늘어나며 소모성 대사 상태로 들어가므로 충분한 에너지와 단백질을 섭취하도록 하여 체중유지와 감염에 대한 대비를 해야 한다. 특히 감염증세가 있을 때는 에너지 요구량이 늘어나므로 증가시켜야 하며, 공급한 식사량을 충분히 섭취하도록 도움을 주어야 한다. 일부 노인의 경우 음식을 삼키지 않고 입에 물고만 있거나 충분한 저작이 이루어지지 않아 질식의 우려도 있으므로 소화되기 쉬운 조리법으로 만든 음식으로 소량씩 자주 공급하고, 천천히 꼭꼭 씹어서 먹도록 주의를 주어야 하며 식사 도중 세밀하게 관찰하여야 한다. 활동량이 많아 돌아다니는 환자에게는 손에 쥐고 먹을 수 있는 음식으로 대체하는 요령도 필요하다.

말기 단계에서는 혼자 식사하는 것이 불가능한 경우가 많으므로 더욱 식사수발이 필요하다. 식욕뿐 아니라 갈증도 잘 느끼지 못하게 되며, 느낀다 하더라도 행동으로 옮기지 못하므로 일정시간마다 수분을 공급(2시간마다 1컵 정도)하여 탈수를 방지한다. 영양량이 부족하면 영양보충음료를 공급할 필요가 있다. 움직이지 못하고 섭취에 문제가 있는 환자의 경우는 경관급식도 고려한다. 음식의 색이나 형태 등의 구분이 잘 되지 않는 경우도 있으므로 음식의 색과 식기의 색을 달리하여 공급하는 것도 도움이 된다. 눈이 어두운 경우는 냄새나 촉감을 사용하여 음식을 느끼도록 유도한다.

⌛ 치매 환자의 식생활 실천사항

- 충분한 단백질과 열량을 섭취하여 체중을 유지하도록 한다.
- 균형식을 섭취한다.
- 적절한 수분 섭취를 하도록 돕는다.
- 변비예방과 항산화효과가 큰 채소나 과일을 충분히 섭취한다.
- 알코올과 흡연은 제한한다.
- 음식의 온도, 질감, 색 등에 주의하고 소화가 잘되는 음식을 공급한다.
- 식사에 대한 적절한 감독과 보호를 한다.

2) 파킨슨병Parkinson's disease

(1) 원인과 증상

파킨슨병은 뇌의 흑질substantia nigra에 분포하는 신경세포가 퇴화되어 도파민 합성량이 감소하면서 떨림, 경직, 운동부전 및 자세 불안정성의 특징을 보이는 신경계의 만성 퇴행성 질환이다. 40대에서 70대에 발병하게 되나 60대에 가장 많이 발병한다. 전 세계적으로 파킨슨병 환자는 60세 이상 인구의 약 1% 정도로 추정된다. 파킨슨병의 원인은 아직 정확히 알려진 바가 없으나 유전 인자와 환경 인자의 상호작용에 의한다는 '다인성 가설'이 가장 많이 받아들여지고 있다. 약 10% 정도의 환자는 가족력을 보이는 것으로 보고되고 있으나, 나머지 환자들은 유전적 성향을 보이지 않는다. 위험요인으로는 나이, 농약이나 중금속 중독, 음용수의 오염, 두부 손상 등이 거론되고 있다. 신경세포가 퇴화하는 기전에 대해서는 산화적 스트레스에 의한 내인성 요인이 거론되지만 아직 명확히 밝혀진 것은 없다. 최근 우유 및 유제품 섭취량과 파킨슨병의 발병률이 양의 상관성을 가지며 그 효과는 특정 유전자형을 가진 남성에서 뚜렷하게 나타난다는 연구보고가 있었으나 그 기전을 밝히지는 못하고 있다. 파킨슨병의 초기 증상으로는 통증, 우울증, 손이나 팔의 진전현상, 관절의 동작 이상 등이며 행동이 느려지고 미세한 행동의 조절이 잘 안 되어 일상생활에 어려움을 느끼게 된다. 병이 진행된 경우에는 몸의 양측으로 떨림이나 경직증상이 나타나며 다리나 턱, 혹은 혀에서도 떨림이 발생한다. 점차 자세의 변화가 일어나 불안정해지며 반사능력이 떨어져 자주 넘어지게 된다. 이러한 전형적인 이상행동 증세 외에 자율신경계 증상, 신경정신과적 증상, 인지기능장애, 수면장애, 통증, 피로, 후각장애 등도 보인다. 자율신경계 이상 증상으로는 위장관기능장애, 연하곤란, 변비, 기립성 저혈압, 다한증, 배뇨장애, 성기능장애 및 안구건조증 등이 있다. 파킨슨병은 만성 진행성 질환이므로 증상이 서서히 악화되어 약 5~10년 정도 지나면 다양한 합병증으로 인하여 사망하게 된다.

파킨슨병의 진단을 위해서는 임상증상 검사, 신경 검사, 뇌 자기공명영상촬영MRI, 단일혈류광자방출단층촬영SPECT, 양전자방출단층촬영PET을 시행한다.

(2) 치료 및 영양관리

치료제로는 도파민 전구물질인 L-도파DOPA를 경구 투여하여 체내에 부족한 도파민을 생산하는 방법을 사용한다. 도파민은 혈뇌장벽을 통과하지 못하지만 전구체인 L-도파는 통과할 수 있기 때문에 치료제로 사용한다. 가지달린 아미노산(발린, 루신, 이소루신)이나 방향족 아미노산(페닐알라닌, 트립토판, 티로신)은 혈뇌장벽을 통과할 때 L-도파와 경쟁하므로 단백질 제한식이 필요할 수도 있다. L-도파가 치료제로 사용되기는 하나 주변의 세포에도 영향을 주어 메스꺼움, 불안, 수면장애, 저혈압, 환각 등의 부작용을 나타낼 수 있다. 파킨슨병에서 가장 흔한 정신적 장애인 우울증을 치료하기 위해서는 세로토닌 재흡수 억제제SSRI, 항우울제 등을 투여한다. 파킨슨병의 수술요법으로 시상하부핵subthalamic nucleus 등에 고주파 전기자극을 가함으로써 증상을 완화시키는 치료법이 개발되어 사용 중이다.

파킨슨병은 근육의 이상 경련과 행동 부전 때문에 음식을 먹거나 음료를 마시는 것조차 어려워져 흔히 체중감소가 일어나게 되므로, 체중변화와 식사량을 보아 부족할 경우 고열량식을 공급하여야 한다. 연하곤란증이나 턱 및 혀의 근육이 원활하게 기능을 하지 않을 때는 소화가 잘되는 음식을 먹기 쉽고 씹고 삼키기 쉬운 상태로 제공하도록 하되 필요하면 경관급식을 고려한다. 고단백식은 L-도파와 같은 치료약의 효과를 감소시킬 수 있지만 근육소모가 클 때는 1~1.5 g/kg체중까지 고려할 수 있다. 변비가 생기면 식이섬유와 수분의 섭취량을 늘리고, 가능하면 하반신 운동을 늘리도록 한다. 파킨슨병은 운동요법도 중요하므로 걷기, 스트레칭, 근력운동을 모두 수행하고 필요에 따라 언어치료와 재활의학적 치료도 수행한다.

3) 뇌전증epilepsy

뇌전증이란 전해질 이상이나 산-염기 이상, 요독증 등의 이상이 없었음에도 불구하고 뇌전증 발작seizure이 반복적으로 발생하여 만성화된 질환군이거나 단회성 발작 후라도 자기공명영상촬영MRI 검사 결과 뇌전증의 병리적 소견을 보이는 경우이다. 뇌전증 발작은 신경세포의 과흥분 상태에서 나타난다.

(1) 원인과 증상

뇌전증의 원인은 뇌의 병리적 변화나 과거에 뇌손상의 결과로서 뇌졸중, 기형, 두부외상, 뇌염, 뇌종양, 퇴행성뇌병증, 미숙아, 분만 시 손상 등이다. 출생 후 6개월 이내에 발병할 경우는 유전적인 요인이 크며 그 이후 영유아기에 발생하는 경우는 급성 열병, 중추신경계의 급성 감염, 뇌발달 장애 등이 원인이 될 수 있다. 뇌전증의 유병률은 후진국에서 높으며, 생후 1년 이내와 60세 이상의 노년층에서 높고 청장년기에는 낮은 특성을 보인다.

뇌전증 발작은 크게 부분발작과 전신발작으로 나뉜다. 부분 발작은 대뇌피질에서 한 부분에서 시작되는 신경세포의 과흥분을 의미하고, 전신발작은 대뇌양쪽반구의 광범위한 부분에서 동시에 세포의 과흥분이 시작되는 증상이다. 뇌전증 발작의 증상은 의식 정도, 감각과 운동 정도에서 매우 다양한 수준으로 나타난다. 약하게는 단순운동을 반복하거나 정신이 혼미해지거나 감각 이상을 약하게 겪는 정도에서부터 갑자기 정신을 잃고 호흡곤란과 근육강직현상이 나타나 매우 위험한 수준에 이르기도 한다.

(2) 치료 및 영양관리

뇌전증의 치료에는 항경련제를 사용한다. 뇌전증의 약물치료 목표는 지속적으로 약을 사용하더라도 특별한 부작용 없이 증상을 조절하는 데 있다. 효과와 안전성을 고려하여 약물을 선정하게 되며, 두 가지의 약물을 복합적으로 투여하는 경우도 있다. 약물치료로 발작이 조절되지 않을 때에는 원인이 되는 부위를 제거하는 수술요법을 시행하기도 한다.

뇌세포는 에너지원으로 포도당을 선호하지만, 포도당 대신 케톤체를 사용하게 하면 항경련 효능이 나타난다. 뇌전증 환자가 탄수화물과 단백질의 섭취를 최소한으로 하고 지방 섭취량을 늘리면 간에서 케톤체가 다량 생성되고, 뇌는 이것을 연료원으로 사용하면서 발작이 어느 정도 조절될 수 있다. 이 목적으로 처방하는 식사가 케톤식ketogenic diet이다. 한국인의 일상 식사에서 케톤성 영양소(지방)과 항케톤성 영양소(단백질과 탄수화물)의 비율은 1:3정도 이지만 케톤식에서는 이 비율은 3~4:1로 크게 변화시킨다. 에너지는 환자의 체중과 활동량을 고려하여 필요량을 산출한다. 단백질은 일반적으로 1~1.5 g/kg체중으로 산정한다. 식사 준비 시 지방 섭취량을 늘리기 위해 주로 기름으로 조리하는 방법을 사용하고 식물성 기름이 많이 들어간 드레싱이나 소스, 유지방, 중쇄중성지방medium chain triglyceride 등을 섭취하게 한다. 케톤식에서는 곡류와 과일 등, 탄수화물 식품의 섭취가 제한되므로 식이섬유, 비타민, 무기질 등이 충분히 공급되지 못 하면 보충제를 사용하여야 한다. 정확한 식사요법이 항상 필요하며 필요이상의 당질 섭취를 제한하기 위하여 소량의 당이 포함된 간식류, 조미료 류 등도 제한한다. 항경련제를 복용하는 경우 식욕감퇴, 위장장애, 소화불량과 입안이 헐거나 무기력증 등으로 식사량이 부족하게 된다. 이 때 미량영양소 결핍이 나타나기 쉬우므로 필요에 따라 보충한다. 복용하는 약이 간 대사에 영향을 줄 경우 비타민 D 결핍증이 나타날 수 있다. 특히 성장기에는 정기적으로 칼슘과 비타민 D 영양상태를 검사하여 필요하면 보충하도록 한다.

4) 다발성 경화증multiple sclerosis

다발성 경화증은 신경섬유의 수초가 제대로 생성되지 못하여 오는 질환으로, 뇌와 척수 부위에 산발적으로 영향을 미친다. 수초는 유수신경의 표면을 둘러싸고 있는 조직으로 신경의 자극 전달을 도와주는 역할을 한다. 따라서 수초의 생성에 문제가 있을 때는 신경학적인 손상이 다양하게 일어난다.

(1) 원인과 증상

중추신경계의 만성 염증으로 인하여 생기는 질환으로 그 원인은 명확하게 밝혀져 있지 않다. 생애주기의 이른 시기인 20대부터 발병할 수 있고 그 후 40세까지 많이 발생한다. 시신경, 뇌, 척수의 신경에 경화 증상이 발생하므로 운동력이 약화되고 수의운동이 잘 조절되지 않으며 부분마비나 발작, 실어증, 연하곤란 등이 나타나며 지능저하와 신경과민 등의 증상도 흔하게 나타난다.

(2) 치료 및 영양관리

다발성 경화증은 발병하면 지속적으로 진행을 하게 되는데, 아직까지 그에 대한 치료대책은 없기 때문에 물리치료를 주로 하며, 증상이 심한 경우에는 스테로이드 약물치료를 병행하게 된다. 스테로이드 치료 시에 식욕항진, 체중증가, 수분체류 등이 부작용으로 나타날 수 있으므로 영양관리가 필요하다.

영양관리의 목표는 체중관리와 수분조절, 신경성 질환에 대한 대처이다. 다발성 경화증 환자는 움직임이 감소하여 쉽게 체중이 증가하므로 동물성 지방의 섭취를 제한하고 체중을 기준으로 평가한 에너지 요구량에 맞추어 처방한다. 신경성 소화기능 부전으로 설사나 변비가 있을 경우 수분 섭취와 식이섬유 조절 식단을 처방하며 배뇨의 조절 기능이 감퇴되어 있으므로 잠자기 전에는 수분 섭취를 제한한다. 연하곤란증이 있게 되면 체중이 감소되어 근력도 떨어질 뿐 아니라 흡인의 가능성도 크므로 경장영양 지원을 고려한다.

5) 중증근무력증myasthenia gravis

중증근무력증은 신경섬유 말단의 근섬유의 접합부분에 아세틸콜린acetylcholine(신경자극전달물질) 수용체에 대한 항체가 생성되어 신경전달이 차단되므로 근육운동이 원활하지 않게 된다.

(1) 원인과 증상

중증근무력증은 자가면역성 질환으로 알려 있다. 증상은 주로 눈, 얼굴, 목 근육에 문제가 발생하여 저작, 연하운동 등이 원활하지 않아 식사 시 어려움을 겪으며 침을 많이 흘리게 되고 위장관의 운동이 과도하게 일어나 설사가 잦다. 눈 근육의 이상으로 눈꺼풀이 처지거나 복시 현상이 나타나며 많은 경우 점차 전신의 근육 피로 현상을 겪게 된다. 활동량이 많았을 경우 더욱 증세가 심해지며 휴식을 하면 증세가 완화된다.

(2) 치료 및 영양관리

치료는 항콜린에스터라제 약물 치료, 면역억제 치료, 스테로이드제 치료 등으로 효과를 볼 수 있다. 항콜린에스터라제는 아세틸콜린의 분해를 억제하는 물질로 신경근 접합부에서 신경자극전달물질인 아세틸콜린의 작용을 지속시킨다. 면역억제치료로는 면역체의 생성 기구인 흉선을 절제하는 방법으로 상당한 증상개선 효과를 볼 수 있다. 스테로이드 치료는 면역억제 효과를 보여주므로 증상완화에 도움이 된다.

저작과 연하 운동 부전으로 식사에 어려움을 겪게 되므로 적절한 점성과 크기를 가진음식물을 공급하도록 하며, 식사시 지켜보아 필요량 만큼 섭취할 수 있도록 한다. 체중을 기준으로 판정하여 적절한 에너지를 공급하도록 하며 단백질은 1~1.5 g/kg체중를 기준으로 필요에 따라 정하지만 약물 치료로 인하여 고혈당이 발생하고 체중이 많이 나가게 되면 운동이 아닌 식사조절을 통하여 도움을 받아야 한다. 설사가 잦을 경우 수분과 무기질 섭취에 주의하며 활동량과 식사량을 고려하여 정상체중을 유지하도록 한다. 대체로 취침 후인 아침에 근육의 힘이 가장 좋으므로 영양밀도가 높은 식사를 하도록 하고 식사 전에는 휴식을 취해 식사 시 근육을 충분히 활용하게 한다.

CHAPTER

11

면역계 질환

CLINICAL NUTRITION

인간은 먹고 숨 쉬는 동안 환경과 접하면서 많은 외부환경 물질에 노출된다. 이러한 물질 중 질병을 야기하는 것들에 대해서는 방어작용이 나타나게 되는데, 이를 면역이라 한다. 즉 면역은 외부물질을 인식하고 그것에 반응하는 것을 의미하며, 여러 기전으로 병원체에 의한 질병의 발생을 차단하는 역할을 한다. 면역기전은 체내로 침입한 외부물질을 제거하거나 또는 대사시킴으로써 영향력을 없애주어 신체의 손상을 막고 보호하므로, 이러한 면역기능이 제대로 작동하지 않으면 신체에 질병이 나타난다.

그러나 면역반응이 항상 신체에 유익한 것만은 아니다. 면역반응이 일어나는 동안 신체조직이 손상될 수도 있고 또한 신체에 해로운 물질이 아닌 것에도 반응을 일으켜 문제가 되기도 하는데, 자가면역질환이나 알레르기 반응이 이러한 범주에 속한다. 그러므로 면역은 결핍에 의해서도 과잉에 의해서도 문제가 발생할 수 있다.

1. 면역

면역반응은 외부조직, 독소 또는 신체에 유해한 병원체, 세포 등으로부터 자신을 보호하기 위해 나타나는 모든 방어적 반응을 말한다. 면역은 그 반응이 비특이적 또는 특이적 반응인지에 따라 내재면역과 적응면역으로 구분된다. 외부에서 침입한 병원체는 일반적으로 초기에 내재면역 반응에 의해 제거되며, 이것이 특이적 면역시스템인 적응면역을 자극하여 나머지 병원체 제거에도 영향을 준다. 어떤 병원체는 내재면역에 의해, 또 어떤 병원체는 적응면역 시스템에 의해 제거되며 두 시스템은 서로 상호작용을 통해 그 역할을 하게 된다.

표 1-1은 면역기능에 관여하는 세포 또는 백혈구를 보여주고 있다.

표 11-1 면역과 관련된 세포 및 백혈구

<table>
<tr><th colspan="2">세포</th><th>종류</th><th>기능</th></tr>
<tr><td colspan="2">피부, 점막세포</td><td></td><td>병원체에 대한 일차 방어선</td></tr>
<tr><td colspan="2">대식세포(macrophage)</td><td></td><td>죽은 세포, 감염세포 등에 대한 식세포작용, 독성물질 분비, T세포에 항원 제시</td></tr>
<tr><td rowspan="8">백혈구</td><td>호중구(neutrophil)</td><td></td><td>식세포작용, 고름 형성</td></tr>
<tr><td>호염구(basophil)</td><td></td><td>염증반응, 알레르기 반응에 관여</td></tr>
<tr><td>호산구(eosinophil)</td><td></td><td>항체에 둘러싸인 기생충 제거</td></tr>
<tr><td>단핵구(monocyte)</td><td></td><td>대식세포의 전구세포, 식세포작용</td></tr>
<tr><td rowspan="4">림프구
(lymphocyte)</td><td>B세포</td><td>형질세포로 분화되어 항체분비</td></tr>
<tr><td>세포독성T세포(CD8+세포)</td><td>감염세포, 암세포 죽임</td></tr>
<tr><td>보조T세포(CD4+세포)</td><td>다른 면역세포 활성화. 1형T세포(Th1), 2형T세포(Th2)가 있으며 Th1은 세포성면역(대식세포와 세포독성T세포), Th2는 체액성면역(B세포)을 활성화</td></tr>
<tr><td>자연살해세포
(natural killer(NK) cell)</td><td>감염세포 죽임.
비특이적으로 반응하나 특이적 면역의 사이토카인의 영향받음</td></tr>
<tr><td colspan="2">수지상세포(dendritic cell)</td><td></td><td>세포전령사</td></tr>
<tr><td colspan="2">형질세포(plasma cell)</td><td></td><td>성숙한 B세포로 항체 분비</td></tr>
<tr><td colspan="2">비만세포(mast cell)</td><td></td><td>히스타민, 염증에 관여하는 화학물질 분비, 알레르기에 관여</td></tr>
</table>

출처: 이연숙 외 4인(2009), 이해하기 쉬운 인체생리학, 파워북. Parham(2009), The immune system, Garland science

1) 내재면역

내재면역innate immunity은 선천성 면역이라고도 불리며 감염에 대하여 비특이적으로 방어하는 것을 말하고 해부적 방어벽, 생리적 방어벽, 포식작용, 염증반응이 여기에 속한다. 해부적 방어벽은 외부 병원체에 대한 일차 방어선으로 상피조직의 장벽, 즉 피부와 점막 등을 말한다. 점액층이 미생물을 잡아 체내에서 그들의 움직임을 방해하는 등 대부분의 병원성 미생물이 체내로 침투하지 못하도록 대항하는 훌륭한 물리적 장벽으로 작용한다. 감염에 대비한 생리적 방어벽은 온도, pH, 그리고 여러 세포에 존재하는 물질 또는 분비물질 등이 작용하는 것을 뜻한다. 라이소자임 같은 가수분해효소가 세균 세포벽의 펩티도글리칸을 손상시키고, 피부의 피지선에서는 지방이 분비되어 지방산으로 분해되고, 이것이 pH를 낮게 하여 세균의 성장을 저해하는 것을 그 예로 들 수 있다. 또한 그 밖에 눈물, 소변, 침액 등을 이용한 세척에 의해, 또는 위산 등을 이용하여 신체는 병원체로부터 보호되기도 한다.

이차적인 비특이적 방어는 포식작용, 염증반응 등에 의해 진행될 수 있는데 비특이적 면역에는 대식세포macrophage, 단핵구monocyte, 자연살해세포natural killer cell, 다형핵백혈구polymorphonuclear leukocyte 등이 관여하며, 모든 항원과 빠르게 반응하여 병원체를 없애거나 수를 줄인다. 이러한 비특이적 방어는 지속적 노출에 의해 그 반응이 증가되거나 향상되지는 않지만 빠른 속도로 일어나며 대식세포, 단핵구, 호중구와 같은 식세포는 자신의 표면에 있는 수용체에 의해 병원체를 인식하여 포획하고 소화하며 반응한다. 또한 다른 면역반응에 관여하는 세포들은 침입한 미생물을 죽이거나 감염을 차단하게 하며 감염된 세포는 용해성 화학물질을 분비한다.

예를 들어 비만세포mast cell는 히스타민을 분비하여 피부에 염증을 일으키고, 보체complements라는 혈장단백질로 구성되어 있는 면역물질은 박테리아 세포막에 구멍을 뚫어 미생물을 죽게 한다. 또한 각 면역관련 세포가 분비하는 사이토카인은 세포와 세포 간의 의사소통을 원활하게 하여 면역반응을 일으키게 한다.

2) 적응면역

내재면역으로 병원체가 제거되지 않으면 적응면역adaptive immunity 혹은 획득면역이나 후천성면역이라고도 불리는 특이적 면역반응이 작용한다. 이때 면역반응은 항원과 항체의 반응을 통해 방어기전을 발휘하게 되는데, 항원antigen이란 세균, 바이러스, 세포, 큰 분자 안이나 표면에 있는 작은 생화학적 물질로 위험한 병원균이나 비정상적인 세포를 인식하는 면역시스템이 나타나도록 하는 물질을 말한다. 항체antibody는 항원에 대항하여 형성된 단백질이고, 항원과 항체가 결합함으로써 병원균의 작용을 방해하고 또는 다른 세포가 그들을 파괴하도록 한다. 특이적 면역반응에서 각 특정 항원에 대해 반응하는 림프구에는 B세포와 T세포가 있다. B세포는 골수에서 생성, 성숙되고 항원이 들어왔을 때 활성화되어 항원 특이적인 B세포를 증가시키고 항체를 분비하는 형질plasma세포로 분화된다. T세포는 골수에서 생성되어 흉선에서 성숙되고 항원을 인식하면서 활성화된다. T세포는 기능적 측면에서 세포독성 T세포와 보조 T세포로 구분된다. T세포 세포막의 특정 단백질에 따라 구분하면 세포독성 T세포는 CD8이라는 단백질을 가지고 있으므로 CD8+세포라고 하고 보조 T세포는 CD4라는 단백질을 가지고 있으므로 CD4+세포라고 하기도 한다. 이들 세포들은 비슷한 것들과 반응할 수 있고 처음 항원에 노출된 후 반응이 일어나기까지 시간은 걸리나, 최초 노출에 의한 기억세포 형성으로 지속적인 노출 시 반응이 빨라져 재감염 시 사람을 신속히 보호한다. 특이적 면역은 크게 체액성humoral 면역과 세포성cellular 면역 두 가지가 있다.

체액성 면역은 B세포가 항원에 대해 활성화되어 형질세포가 되면서 항체를 생성하는 반응이다. 항체는 체액을 통해 순환하므로 체액성 면역이라 한다. 병원체가 침입하면 B세포가 이들 병원체를 항원으로 인식해 항체를 생산하여 파괴한다. B세포의 일부는 기억세포memory cell로 남아 있어 같은 항원이 들어오면 즉각 증식하여 면역글로불린이란 당단백질 형태의 항체를 대량 만들어 능동적 면역을 수행한다.

세포성 면역은 주로 T세포가 체내에 침입한 병원체에 감염된 세포나 암세포를 사멸시키면서 수행되며 그 외에 자연살해세포, 대식세포도 세포성 면역을 수행하기도 한다. T세포 중 세포독성 T세포는 바이러스, 박테리아, 기생충 등에 감염된 세포나 암세포를 인식하고 공격하여 사멸시킨다. 보조 T세포는 감염된 세포를 직접 인식 파괴할 뿐만 아니라 B세포, 세포독성 T세포, 대식세포, 자연살해세포의 활성을 보조하여 면역반응이 일어나도록 한다.

특이적 면역은 능동면역과 수동면역으로 나뉜다. 능동면역은 스스로 면역세포를 합성하는 것이고, 수동면역은 항체나 면역세포를 다른 곳에서 받는 것을 말한다. 이는 또한 자연면역과 인공면역으로도 나눌 수 있는데 능동자연면역은 감염되어 면역반응이 생기는 것, 능동인공면역은 백신에 대해 면역반응이 생기는 것, 수동자연면역은 엄마로부터 태아에게 항체가 전달되는 것, 수동인공면역은 한 유기체에서 생성된 항체나 면역세포가 다른 개체로 전달되는 것이다.

2. 면역결핍과 감염

1) 면역결핍

면역반응이 결핍되면 감염이 잘 일어나게 되는데, 이러한 면역결핍의 원인은 선천적인 것과 후천적인 것이 있다. 선천적인 것은 유전에 의해, 후천적인 것은 영양결핍, 질병, HIVhuman immunodeficiency virus 등의 감염에 의해 나타난다. 개발도상국에서 대부분의 면역결핍은 영양불량에 기인하나, 반면에 선진국의 면역결핍은 주로 유전에 의한 것이다. 신생아는 정상 면역기능에 도달하기 전 태반과 초유를 통해 얻은 항체가 적어지면서 일시적인 면역결핍을 경험하게 된다.

(1) 선천적 면역결핍

대부분의 선천적 면역결핍은 유전적 이유로 발생하므로 어린이에게서 발견되며, 그들은 지속적 감염을 경험한다. 남자의 경우 이러한 선천적 면역결핍과 관련된 열성 유전자가 X 염색체와 관련이 있기 때문에 선천적 면역결핍이 더 잘 일어난다. X염색체와 관련된 아감마글로불리네미아agammaglobulinemia는 B세포가 거의 없고 IgA, IgM, IgE는 생성되지 않고 IgG는 소량만 생성된다. 이 때문에 많은 스타필로코커스staphylococcus와 스트렙토코커스streptococcus 감염에 시달리게 되는데 수동항체를 이용하여 치료할 수 있다. 선천성 면역결핍은 단 한 종류의 항체에 문제가 생기는 경우도 있고, 식세포가 부족한 경우도 있고, 또한 면역의 여러 부분에서 복합적으로 문제가 발생하기도 한다. 심한 선천성면역결핍severe combined immune deficiencies의 경우 T, B, NK세포들이 부족하여 감염이 많이 나타나게 된다. 골수이식으로 치료하거나, 유전자 치료가 이용되기도 한다.

(2) 후천적 면역결핍

후천적 면역결핍은 유전이 아닌 다른 환경적 이유로 획득된다. 영양불량, 암치료에 사용되는 약 또는 면역억제를 야기하는 약, HIV 같은 감염, 화상, 염증성 장 질병에 의해 면역 시스템이 약해져 나타난다.

2) 감염과 면역반응

면역반응이 제대로 신체를 보호하지 못해 나타나는 질병들이 감염성 질병이다. 감염 시에는 여러 증상이 나타날 수 있는데 일반적으로 식욕부진, 호흡수 증가, 발한량 증가, 구토, 설사 등에 의한 각종 영양소·수분·전해질 손실이 일어난다. 또한 호르몬의 작용으로 당질 대사가 증가되고 에너지 필요량이 증가하게 된다.

감염성 질병은 성별, 나이, 영양상태, 호르몬, 스트레스 등에 영향을 받는다. 면역 시스템은 인간이 태어나서 시간이 지남에 따라 발달하게 되므로 어린아이의 경우 어른만큼의 면역 기능을 가지지 못한다. 또한 어른이 된 이후 나이가 들어감에 따라 점액, 피지선, 사이토카인 생성 또는 분비 등의 감소로 몇 가지 면역기능이 다시 감소하게 된다. 영양상태와 감염의 관계는 그림 11-1에서와 같이 영양불량 시 감염성 질병에 대한 위험도가 증가하고 저항

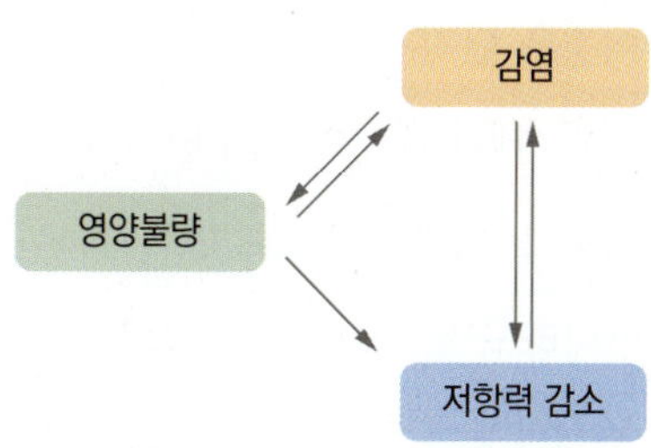

그림 11-1 영양불량과 감염과의 관계

력이 감소하게 되고, 또한 감염 시 영양불량의 위험이 높아지고 저항력이 감소되는 악순환의 구조를 보여준다. 감염에 의해 영양문제가 나타나는 이유는 **그림 11-2**에 나타낸 바와 같이 식욕감퇴, 흡수불량, 장손상, 설사, 염증반응 때문이다.

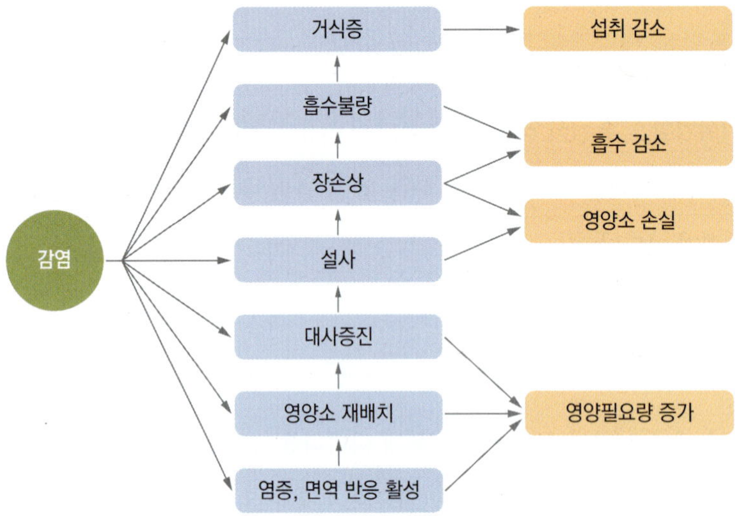

그림 11-2 감염이 영양상태에 미치는 영향

3) 영양과 면역결핍

영양불량은 면역결핍을 초래한다. 영양불량은 섭취하는 식품의 총량뿐 아니라 단백질·에너지·미량영양소 결핍 등 식품영양학적 요인과 개인의 식품 선택, 사회경제적 요인 등에 의해 영향을 받는다. 정상적인 면역기능을 위해서는 적절한 영양섭취가 필요하므로 임신기, 태아기에서부터 평생 영양의 중요성이 계속 강조되어야 한다. 임신 중의 영양불량은 태아 발달에 손상을 가져오고 이것은 단지 태아나 신생아 때만 영향을 미치는 것이 아니라 평생 면역기능에 영향을 가져온다. 태아 때부터 청소년기까지 계속 영양불량이었다면 백신에 대해 항체 반응이 낮아지게 된다. 영양결핍으로 면역기능이 약해진 신생아는 백신의 작용이 잘 나타나지 않을 뿐만 아니라 구토, 설사, 식욕감퇴 등의 감염증상 때문에 영양이 더욱 결핍된다. 나이가 들면서 면역반응이 약해지므로 노인에서도 영양부족은 면역기능에 더욱 문제를 가져온다.

신생아와 유아기에 단백질과 열량이 부족하면 흉선 발달에 좋지 않은 영향을 주어 흉선 무게가 감소하고 흉선 호르몬의 수치가 낮아지며 성숙한 T세포가 적게 만들어진다. 또한 흉선에 영향을 주어 T세포의 기능도 변화된다. 보조helper T세포 수가 적어지면 세포성면역과 체액성면역 모두에 부정적 영향을 준다. T세포 이외에 다른 면역세포의 양이나 활성도 영양불량에 의해 줄어든다. 단백질과 열량을 단기간 많이 섭취하면 IgG와 IgM의 수준이 증가하고 세포성면역이 증가한다는 보고가 있다.

면역에 중요한 역할을 하는 영양소는 비타민 A, C, B_6, E, 필수지방산, β-카로틴, 망간, 셀레늄, 아연, 구리, 철, 황, 마그네슘, 게르마늄 등이다. 아연 부족은 B세포와 T세포의 소멸을 촉진하고, 대식세포의 기능을 방해하거나 사이토카인의 생성을 변화시키며 신생아의 흉선 발달을 저해한다. 어머니가 셀레늄 결핍이었던 신생아에서는 세포독성과 보조 T세포, B세포, 자연살해세포의 숫자가 적어지고, 또한 이후 셀레늄 부족 시에도 호중구neutrophil와 보조 T세포 수가 줄어들고 제대로 기능할 수 없게 된다. 비타민 B_6는 단백질 대사와 흉선, 지라, 림프의 세포 성장과 유지에 관련된 효소의 조효소로서 영향을 미친다.

비타민 A가 부족한 경우 점막 장벽의 정상적인 재생을 방해하고, 호중구·대식세포·자연살해세포의 기능을 저하시키고, 보조 T세포와 B세포의 발달에 부정적인 영향을 주며, 항체 반응을 낮춘다. 필수지방산인 ω-3, ω-6 지방산은 면역세포의 생성과 유지에 필요하나 전체 지방 섭취량은 적게 섭취할 때 단핵구와 T림프구, B림프구의 숫자가 늘어나고 면역반응이 증진된다. 비타민 C와 E는 산화 손상을 줄여 호중구, T세포, B세포의 기능을 돕는다.

4) 감염성 질환

(1) 감염성 질환의 종류

① 감기

감기는 급성 바이러스형 비인두염이라고도 하고 코, 목구멍 등 상부 호흡계가 바이러스에 감염되어 발병하는 감염성 질환이다. 감기는 환절기에 급격한 기온의 차이로 인간의 면역력이 떨어졌을 때 발생하기 쉽다. 증상은 종류에 따라 약간씩 다르나 대체로 기침, 재채기, 콧물, 발열 등이 일반적이다.

② 폐렴

폐렴pneumonia은 세균이나 바이러스, 기타 미생물 등에 감염되어 폐에 염증이 발생한 상태이며, 주로 바이러스에 의한 폐렴이 대부분이다. 세균에 의한 폐렴은 폐렴쌍구균, 연쇄상구균, 포도상구균, 폐렴간균 등이 일으키고 바이러스에 의한 폐렴은 라이노바이러스, 인플루엔자바이러스, 아데노바이러스, 에코바이러스 등이 일으킨다. 폐렴은 초기에는 감기 정도의 가벼운 증상을 보이지만 급속히 진행되면서 고열, 기침과 가슴의 통증, 호흡곤란, 출혈을 동반한 적갈색의 가래 등을 나타낸다. 때에 따라서는 바이러스에 의한 폐렴과 세균에 의한 폐렴이 혼합감염을 일으켜서 매우 위험한 상황에 처하게 된다. 특히 어린이나 노약자는 기관지폐렴에 걸리면 호흡곤란 등 심한 증세를 보일 수 있다.

- 치료: 세균이 원인인 경우에는 원인균과 증상에 따라 항생제를 투여할 수 있고, 바이러스에 의한 폐렴인 경우에는 항바이러스 치료제를 선택적으로 사용할 수 있다. 증상에 따라 고열을 동반하거나 기침이 심하면 해열제와 진해제를 사용하기도 한다.

③ 폐결핵

결핵은 결핵균에 감염되어 발병하는 치명적인 전염병이다. 결핵은 혈류나 림프관을 따라 몸의 어느 기관에나 전파되는데, 특히 폐에 전파가 잘되어 이를 폐결핵pulmonary tuberculosis이라 부른다. 감염 및 발병 여부는 영양상태나 몸의 저항력에 따라 달라진다. 증상은 초기에는 가벼운 권태감과 가벼운 기침, 가래로 시작하여 각혈과 발열 등으로 진행되고 호흡곤란과 심한 기침으로 증상이 악화된다. 피로감, 체중감소와 쇠약상태 등이 나타나는 소모성 질환이다.

- 치료: 예방방법으로는 BCG 접종이 이루어지고 있다. 결핵의 치료는 항결핵제를 이용한 내과적 치료가 기본을 이루고 있으며, 경우에 따라서는 외과적 치료를 시행할 수도 있다. 일반적으로 결핵치료에는 6~9개월이 소요되며, 적어도 3가지 이상의 1차 항결핵제를 복합적으로 사용한다. 좋은 치료 약제들이 많이 개발되어 일반적으로 치료가 가능하나, 치료를 중단하거나 약의 복용을 제대로 이행하지 않으면 치료가 어려워지거나 심한 합병증을 일으켜 생명의 위협을 줄 수 있다.

신종 인플루엔자(H1N1)

멕시코에서 처음 발견된 H1N1 바이러스에 의해 나타나는 인플루엔자를 말한다. 신종 인플루엔자A(H1N1)는 주로 목과 코, 입 등 호흡기 상부에 자리를 잡는 급성 열성호흡기질환이고, 사망률은 일반 독감과 유사하다. 신종 인플루엔자A(H1N1)는 특히 종간 변이를 일으켜 변종이 발생하고, 신종 바이러스라서 아직까지 특효약도 없는 상태이므로 주로 항바이러스제를 이용하여 치료한다.

코로나바이러스감염증-19(코로나19)

원인 병원체는 RNA 바이러스인 SARS-Cov-2이다. 진화에 의한 새로운 변이의 발생으로 재감염되기 쉬워 변이에 대한 지속적인 모니터링이 필요하다. 주요증상은 기침, 발열, 두통, 호흡곤란, 인후통, 설사, 오심 · 구토이며 무증상이 나타날 수도 있다. 비말에 의한 사람 간 전파가 기본으로 공간과 환기상황에 따라 공기전파가 가능하다. 백신접종이 예방을 위한 가장 효과적인 대응수단이나 일단 발생시 항바이러스제 사용, 감염확산 억제, 고위험군 보호 등을 실시한다.

(2) 영양치료

감염성 질환의 영양치료에서는 열량, 단백질, 비타민을 충분히 섭취해야 한다. 특히 비타민, 무기질과 수분을 충분히 섭취한다. 식욕부진으로 음식물 섭취가 불충분해질 수 있으므로 충분한 영양섭취가 될 수 있도록 주의하고, 설사 등으로 수분 손실이 많을 때에는 수분, 나트륨 등의 전해질 공급이 필요하다.

5) 후천성 면역결핍증

(1) 정의와 병인

후천성 면역결핍증acquired immune deficiency syndrome: AIDS은 1981년 미국의 질병관리본부에서 처음으로 보고되어, 1983년에 연구자들이 레트로바이러스retrovirus를 분리해 내고 이를 사람면역결핍바이러스Human immunodeficiency virus: HIV라고 명명했다. HIV의 감염은 후천성 면역결핍증의 주원인이고 HIV는 감염에 대항하여 보호기능을 하는 보조 T세포라고도 불리는 CD4+ T세포로 침입하여 감염을 일으켜 세포가 더 이상 면역기능을 제대로 수행하지 못하게 한다. 즉 HIV 감염은 T세포가 파괴되어 소모되도록 하고 결국에는 면역결핍이 일어나 발열, 만성피로, 야간발한, 체중감소, 설사 등을 수반하는 여러 질병, 신경병, 종양, 기회감염opportunistic Infections 등이 나타나게 한다.

HIV바이러스가 질병의 주요 결정요인이나 그 진행은 바이러스와 사람에 따라 다르므로 개인에 따라 다르게 진행된다. 숙주반응이 밝혀짐에 따라 초기 치료, 면역 수정, 화학요법, 백신 등의 새로운 치료법이 나오고 있다. 표 11-2는 HIV의 원인, 증상 및 치료 관리를 나타낸다.

레트로바이러스(retrovirus)

이 바이러스는 유전자로 리보핵산(RNA)을 가지며 역전사효소를 가지고 있어 감염된 사람의 T면역세포에서 자신의 RNA를 사람의 DNA에 역전사하여 자신의 유전정보를 사람(숙주) 내에서 전달하고 증식한다. 이 바이러스는 T세포 내에 진입한 채 계속 생존이 가능하며 신체가 더 이상 견딜 수 없을 때 급격히 증식하고 T세포를 지속적으로 파괴, 감소시켜 면역기능을 수행하지 못하게 함으로써 인체 방어체계를 파괴한다.

표 11-2 후천적 면역결핍증의 원인, 증상 및 치료

원인	감염경로	검사 및 증상	치료 및 치료관련 지표	
HIV 바이러스 감염	• 안전하지 않은 성행위 • 혈관 내 투약 • 안전하지 않은 혈액 • 어머니에서 아기로 전달 • 직업적 노출	• HIV 양성 검사 : HIV 신속검사, ELISA 검사, 웨스턴 블랏 • 급성 HIV 감염 : 열, 피로, 반점, 두통, 구토, 설사, 체중감소 • 무증상 HIV 감염 : 비정상적 대사, 체조성변화, 비타민 B_{12} 부족, 병원체에 감염되기 쉬움 • 증상 HIV 감염 : 체중감소, 열, 제지방 감소 • 무증상 AIDS • 증상 AIDS : CD4 세포 수<200/mm^3, 기회감염, 카포지 육종, HIV 관련 피부증상, HIV 관련 소모, 비타민/무기질 부족	의학	• 동반질병치료 : 고혈당, 고혈중지질, 고혈압, 체조성 변화, 췌장염, 신장, 간 질병, 갑상선기능저하, 골연화증, 성선기능저하증 CD4수 저하, 바이러스 감염 • 모니터링 : 혈중지질, 혈압, 혈당 • 약물치료 : 항바이러스제, 지질저하제, 항당뇨제, 혈압저하제
			영양	• 신체계측 : 키, 체중, BMI • 생화학 : 단백질, 지질상태, 혈당, 혈압 • 임상증상 : 구토, 설사, 식욕, 기능검사 • 식이섭취 : 요구량, 기호도, 식품 알레르기 등

(2) HIV 전염

HIV는 혈액, 정액, 질액, 모유, 뇌척수액, 척수액, 관절액-활액synovial fluid 등의 체액들을 통해 전달될 수 있다. 감염은 이러한 감염된 체액에 노출될 때 또는 감염된 바늘, 혈액으로 만든 물질들에 의해 일어날 수 있다. 그러므로 체액을 다루는 일에 종사하는 사람들은 HIV 감염에 조심하여야 한다. 그러나 이 바이러스는 침, 눈물, 땀, 곤충 매개 또는 호흡기, 같은 접시나 컵을 사용하는 등의 단순한 접촉에 의해서는 전염되지 않는다.

어머니에게서 아이에게 전달되는 HIV 모자감염의 빈도는 30~50%로, HIV 감염된 엄마로부터 아이에게 출산 전, 출산 동안, 모유수유 동안 발생할 수 있는 HIV의 전달은 전 세계적으로 중요한 문제이다. 그러나 항바이러스제 사용 시 전염률은 줄어들고 또한 HIV 감염 여성의 영양상태가 좋을 때 전염의 위험이 줄어든다. 실제 영양상태가 나쁜 경우 임신기 HIV 전이 위험이 증가되었고, 복합 비타민 B, C, E의 섭취는 전염의 위험을 감소시켰으며, 비타민 A는 전염성을 증가시켰다는 보고가 있다.

모유수유는 모자 바이러스 전달의 위험을 20~45% 증가시키나 여전히 모유수유는 위생과 영양상태가 좋지 않은 개발도상국에서 많은 생명을 구하고 있다. 그러므로 HIV가 감염된 경우에 모유수유를 권장할지는 선진국과 개발도상국에서 다르게 이루어져야 한다. 미국에서는 HIV양성 환자의 경우 모유수유를 하지 않도록 권장하고 있고 모유를 멸균하는 방법에 대한 논의를 하고 있기도 하다. 그러나 HIV 전염 문제에 논란이 있지만 식수가 위생적이지 못하거나 조제유 공급이 충분하지 못한 환경을 가진 나라에서는 모유수유를 택하는 것이 영아의 사망률을 낮추는 방법이 될 수 있으므로 세계보건기구에서는 항균작용을 하는 설폰아마이드sulfonamide 약제를 HIV 감염 임신부나 모유수유를 하는 수유부에게 함께 사용하여 모자감염을 낮추는 노력을 하기도 한다.

(3) 감염 단계 및 증상

HIV가 숙주에 노출되고 전염된 후 HIV는 체내로 번지게 되고 혈액 내 보조 T세포의 숫자가 급격히 떨어진다. 면역반응이 CD4+ 세포, 즉 보조 T세포를 거의 정상으로 회복시키면서 혈액 내 바이러스가 줄고 HIV 복제가 균형을 이룬다. 이러한 상태로 8~10년의 잠복기가 지나면 HIV 복제가 활발히 일어나 CD4+ 세포의 숫자를 줄이고 기회감염과 후천적 면역결핍의 위험이 증가된다. 치료하지 않는다면 HIV는 하루에 바이러스 10억 개를 복제한다. 질병은 표 11-3과 같이 4가지 단계로 급성감염기, 증상이 없는 무증상기, 에이즈AIDS 관련 증상이 있는 초기단계, 에이즈가 발달된 말기단계 순서로 진행된다.

표 11-3 감염단계 및 증상

감염단계	증상
급성 감염기	특별한 증상이 없는 경우도 많으나 감기증상이 보이기도 하고, 보통 2~3주 내에 저절로 좋아진다. 아직 항체가 형성되기 전이므로 검사 시 음성으로 나올 가능성이 크다.
무증상기	증상은 없으나 면역기능은 떨어진다.
증상초기	면역체계가 파괴되어 발열, 오한, 설사, 체중감소, 발한 등의 증상이 나타난다. 입 안이 헐고 백반증 등의 다양한 피부질환이 나타나고 전신의 림프샘이 붓기도 한다.
증상말기	면역기능이 심하게 떨어져 정상인에서는 잘 나타나지 않는 각종 바이러스, 곰팡이, 세균 등에 의한 기회감염이 나타나 사망에 이르기도 한다. 신경계 이상이나 악성종양이 나타난다.

급성감염기 단계는 바이러스 감염이 빠르게 나타나는 시기로 2~4주 정도 지속된다. 특징적 증상이 없으나 열, 발진, 입안궤양, 관절통, 식욕부진, 인두염, 근육통 등의 감기증상이 나타나기도 한다. 감염된 지 몇 달 후에 HIV에 대한 항체가 혈액 내에 형성되면 증상 유무에 관련 없이 HIV에 대해 양성반응이 나타나기 시작하고 이때는 바이러스가 매우 활발히 활동하며 감염성이 크다. 다음 단계는 증상이 없는 무증상기 단계로 몇 달에서 10년까지도 이어질 수 있다. 겉으로 드러나는 증상과 전체 체중의 변화가 없는 경우가 많으나 제지방lean body mass이 줄고 비타민 B_{12} 결핍 등이 나타나고, 식중독균에 좀더 민감해진다. 증상이 나타나는 초기단계가 되면 이때는 발열, 오한, 설사, 체중감소, 땀이 나고 다양한 피부질환 및 피로감이 나타나며 영양상태나 신체조성의 변화 또한 나타난다. 에이즈 또는 말기단계는 HIV에 의해 야기된 면역억제가 나타나는 임상상태를 말한다. 감염말기에는 정상인에서는 잘 발견되지 않는 각종 바이러스, 진균, 세균, 기생충 등에 의한 기회감염이 흔하게 일어나며, 이에 따라 설사, 흡수불량, 발열, 체중상실, 그 밖의 여러 증상이 나타난다. 카포지 육종Kaposi's sarcoma, 비호지킨 림프종non-Hodgkin's lymphomas, 자궁경부암cervical cancer 등의 악성종양이 유발되어 사망에 이를 수도 있다. 또한 HIV가 뇌로 들어가면 HIV 뇌병변encephalopathy을 초래하고 신경증상이 나타날 수 있으며 C형간염이 기회감염으로 나타날 수

있다. 결핵균과 HIV가 동시 감염되면 면역을 자극하여 HIV 복제속도를 더 빠르게 증가시킨다. 말기에는 신장에 문제를 일으켜 단백뇨를 초래할 수 있고 위장관이나 췌장도 영향을 받는다.

(4) 진단

HIV 감염 여부는 ELIZAenzyme-linked immunoabsorbent assay 등을 이용한 혈액 내 HIV 항체 검사를 통해 이루어진다. 항체검사 결과 양성일 경우 HIV에 감염된 것을 의미하나, 어떤 상황에서는 잘못된 결과가 나올 수 있으므로 확인검사가 다시 필요한 경우도 있다. 또한 HIV 항체는 감염 후 몇 개월 후에 형성되므로 감염 직후에는 감염여부를 알기 위해 항원 검사를 시행해야 한다. 질병의 진단을 받은 후에도 병의 진행 상태와 치료법을 결정하기 위해 혈액 내의 CD4+ T세포의 숫자가 많고 적음을 측정하는 검사를 시행하기도 한다. 특히 CD4+ T세포의 숫자가 200개/μL 미만일 때는 HIV 감염의 후기 합병증으로 이차감염이 나타나 사망의 원인이 될 수 있다.

(5) 치료

병의 진전은 각 개인에 따라 다르게 나타난다. HIV 치료의 궁극적 목표는 HIV 관련 유병률과 사망률을 줄이고 삶의 질을 높이고 바이러스 복제를 억제하는 것이다. 현재 있는 약들의 효과를 최대한 발휘하게 하고 독성이나 부작용을 최소화하는 것이 치료의 목적이다. 치료는 바이러스 증식을 억제하는 작용에 근거한 약물치료를 중심으로 시행하는데 뉴클레오사이드 유사물질 역전사 저해제, 비뉴클레오사이드 유사물질 역전사 저해제, 융해 저해제, 단백질가수분해효소 저해제 등의 여러 기전으로 바이러스를 죽이거나 복제를 억제하는 성분들이 약물로 사용된다. 일반적으로 항바이러스제 약물의 효과를 극대화하기 위해 최소한 2가지 이상의 약을 합쳐 한 개의 알약으로 제조하여 사용되고 있다. HIV의 치료는 바이러스 감염, 약물치료에 따르는 정도, 약물치료를 견디는 정도, 동반질환, 비용 등을 고려하여 수행되어야 한다.

(6) 영양치료

영양결핍은 HIV 발병에 중요한 역할을 하고 또한 HIV의 결과로 영양불량이 나타나기도 해 HIV가 감염된 어린이의 경우 성장에도 문제가 나타난다. HIV질병의 항바이러스 치료가 잘 진행되지 못하면 소화, 흡수, 영양소의 이용 등에 문제가 생기므로 단백질과 열량 부족이 나타난다. HIV 영양치료가 제대로 이루어지면 질병관리 비용이 감소되므로 개별화된 의학 영양치료는 전체 치료관리에 매우 중요하며, 그 목표는 다음과 같다.

영양치료의 목표

① 영양지식 증가와 자기관리
② 건강체중과 정상상태로의 회복 및 유지
③ 근육, 내장 단백질 회복 및 유지
④ 영양결핍 및 영양과잉에 의한 면역 약화 방지
⑤ 영양섭취와 흡수를 방해하는 HIV 또는 약물치료 관련 합병증의 최소화 및 치료
⑥ 대사 이상 수정
⑦ 약물복용의 순응도 유지
⑧ 삶의 질 유지

HIV 감염환자와 AIDS 환자는 초기부터 영양관련 문제에 대한 진단 및 종합적인 영양평가가 이루어져야 한다. HIV 감염 관련 증상, 식사패턴, 치료, 대체의학적 처치 등을 고려한 지속적인 임상영양치료를 받아야 한다. 균형적인 식사에 대한 중요성을 환자에게 교육하는 것은 매우 중요하다.

열량과 단백질은 개인의 건강상태, 질병의 진전상태, 영양소의 섭취와 이용에 문제를 가져오는 합병증에 따라 요구량이 달라진다. 대사항진반응이 나타나므로 체온이 1℃ 증가할 때마다 필요량은 열량 13%, 단백질 10%가 증가한다. 현재 체중을 사용하여 40~50 kcal/kg의 열량, 1.6~1.8 g/kg 단백질이 근육소모를 방지하고 회복시키는 데 효과가 있었다는 보고가 있다. HIV RNA의 증가에 따라 휴식에너지가 증가하고 항바이러스치료를 받는 경우는 하루에 81 kcal 정도의 휴식에너지가 증가한다고 보고되고 있으므로, 활동량을 고려하여 에너지 필요량을 결정할 때 이러한 요인이 적용되어야 한다. 충분한 양의 단백질 섭취가

양의 질소균형과 근육량 보충에 영향을 주나 HIV 영양불량으로 야기된 신체조성의 변화를 회복시키는 데 효과가 있는지는 확실하지 않다. 일반적으로 단백질 요구량은 유지를 위해 1~1.4 g/kg, 보충을 위해 1.5~2 g/kg으로 섭취량이 증가되어야 한다. 그러나 간이나 신장에 심각한 문제가 있는 사람에서의 단백질 요구량은 개인의 상태에 맞게 개별 조정이 필요하다.

지방을 흡수하고 대사하는 능력은 사람마다 다르므로 흡수가 잘 안 되거나 설사가 있다면 저지방식이가 관리에 도움이 된다. 또한 긴 사슬의 지방보다는 좀 더 쉽게 소화되는 중쇄중성지방MCT오일을 사용하여 변에 지방함량을 줄이고 배변횟수 및 복부 증상을 감소시킬 수 있고, 이와 함께 n-3 지방산을 주면 n-6에 비해 면역기능을 향상시키고 염증을 줄일 수 있다. HIV 감염환자의 수분필요량은 건강한 사람과 유사하게 30~35 mL/kg 정도이고, 비타민과 무기질의 필요량 또한 증가되므로 보충제를 권할 수 있다.

3. 면역과민반응

1) 개요

면역반응이 제대로 신체를 보호하지 못해 발생하는 감염 등의 면역결핍 반응과는 달리 우리 신체가 면역반응을 보이지 말아야 하는 물질에 대해 면역반응이 과잉으로 일어나 나타나는 문제가 면역과민반응, 즉 알레르기allergy이다. 과민반응(알레르기) 환자에서는 큰 분자화합물, 특히 단백질 같은 보통사람에게는 해롭지 않은 항원에 대한 공격으로 항체가 만들어지고 감작되어 있다가 다시 항원이 들어왔을 때 항원-항체반응이 일어나게 된다. 이러한 항원-항체 반응이 피부, 호흡기, 위장관, 심혈관계 등에 영향을 주어 알레르기 반응을 일으키게 된다. 알레르기 반응을 일으키는 항원을 알레르겐allergen이라 한다. 알레르기 반응은 감작에 의해 나타나므로 반응은 첫 번째 항원에의 노출에서 나타나지 않으며 지속적 노출에 따른 기억기전에 의해 반응이 나타나고 나빠지게 된다. 알레르겐으로 작용할 수 있는 물질은 **표 11-4**와 같다.

표 11-4 알레르겐의 경로와 종류

경로	알레르겐
흡입성	실내먼지(진드기), 화분, 진균
식사성	우유, 달걀, 어패류, 육류, 채소류 등
접촉성	칠, 화장품, 화학약품
약물	페니실린, 아미노피린, 설파제

우리나라 알레르기 유병률은 2021년 국민건강영양조사에 따르면 19세 이상 성인의 경우 천식이 3.0%, 아토피피부염이 5.6%, 알레르기비염은 18.8%로, 2022년 청소년건강행태조사결과로는 청소년의 5.7%가 천식, 22.2%가 아토피피부염, 36.3%가 알레르기비염으로 보고 되고 있다. 알레르기 반응은 표 11-5에서와 같이 4가지로 나뉘는데, 이 중 항체와 관련된 Type I, II, III는 즉각적 과민반응으로 분류되어 노출 후 수분에서 수시간 사이에 증상이 나타나고, Type IV는 T세포에 관련되며 반응이 1~3일 정도로 늦게 나타난다.

표 11-5 알레르기 반응의 형태

반응 종류	기작	특징
Type I 즉각적 과민반응, 아나필라틱 IgE 반응	알레르겐이 비만세포 또는 호염기구 표면의 감작된 IgE 항체에 결합해 히스타민 등의 여러 매개물질을 분비한다. IgG도 이 반응에 관련된다.	건초열, 아나필락시스, 대부분의 식품 알레르기, 아토피피부염, 천식 등이 여기에 해당된다. 반응은 2시간 이내에 나타난다. 음식에 대한 반응은 후두부종, 구토, 설사, 복부통증, 피부염, 가려움, 기침, 쇼크 등이 나타날 수 있다.
Type II 세포파괴	IgG 항체가 세포막 또는 항원과 결합된 세포막과 반응한다.	다른 종류의 혈액을 수혈받았을 때 나타난다. 식품반응에서 나타나는지는 불확실하다.
Type III 항원-항체 면역복합체	항원과 항체(IgG와 IgM)가 복합체를 형성하여 침강항체 형성. 혈관, 폐, 신장 같은 부드러운 조직에서 발생하여 국부 염증 반응이 나타난다. 복합체가 순환하면 혈청 질환이 된다.	일부 음식 반응에서 발생한다. 우유침강소가 만성 호흡기 감염이 있는 일부 어린이의 폐와 위장 질환이 있는 경우의 장에서 발견된다. 반응은 6시간 또는 이후 나타나며 임상적인 증상이 보이기까지 며칠이 걸리는 경우도 있다.
Type IV 지연된 또는 세포 매개 과민반응	T세포가 직접 항원과 반응한다.	장기이식 때 거부반응이 이에 해당된다. 단백질감소 장질환 같은 음식 알레르기와 관련될 수 있다.

(1) Type I 알레르기 반응

Type I 또는 IgEImmunoglobulinE 알레르기는 가장 보편적인 알레르기 반응으로 아토피 질병, 식품 알레르기에서 매우 중요한 부분이며, 그 증상은 피부, 장, 호흡기에 나타난다. 꽃가루, 포자, 동물 비듬, 먼지 등의 알레르겐이 코를 통해 점막으로 확산되면 이것이 점막 비만세포mast cell를 활성화시켜 매개물질이 나오게 되고 이것이 재채기, 콧물, 눈물, 호흡기 증상들을 나타나게 한다. 알레르기를 일으키는 물질이 있는 식품을 먹으면 점막 비만세포가 활성화되어 입 안 염증, 구강궤양, 경련, 구토, 설사, 가스, 두드러기 또는 호흡기 증상이 나타난다. 두드러기는 피부세포에서 히스타민이 혈관을 팽창시켜 수분이 빠져나와 생기는 것으로 신경 끝을 건드려 가려움증을 유발한다. 가장 심각한 알레르기 반응은 아나필락시스인데 쇼크 등의 치명적 증상을 가져온다. 아나필락시스의 위험은 알레르겐이 들어갔을 때 모든 신체의 세포를 활성화시키면서 나타난다.

IgE 알레르기 반응에 영향을 미치는 요인에는 여러 가지가 있는데, 이들 중 가장 중요한 것은 유전적 성향이고 환경적 요인으로는 영양상태, 알레르겐 노출 정도, 만성감염, 급성 바이러스 감염, 첫 번째 탄생 순위 등이다. 다른 환경요인은 이산화황sulfur dioxide, 아산화질소nitrous oxide 그리고 디젤 연료 등인데, 이들은 점막의 투과성을 증가시켜 알레르겐 침입을 쉽게 한다. Type I 알레르기와 관련된 알레르겐은 작고 매우 낮은 농도의 수용성 물질이다. 점막의 세포는 알레르겐과 결합하여 이것을 림프절로 운반하면서 보조 T2Th2세포를 자극하고 인터루킨4IL-4을 분비하게 된다. 인터루킨는 **그림 11-3**에서와 같이 B세포를 자극하게 돼 형질세포로 전환되어 IgE를 더 많이 만들어 낸다. IgE는 호염기성백혈구basophil와 비만세포에 결합한다. 이 경우 히스타민histamine, 류코트라이엔leukotrienes, 사이토카인cytokines 등의 화학물질이 분비되어 여러 반응을 가져오는데, 이것이 알레르기 증상에 관여한다. 그 과정에서는 IgE알레르기의 매개물질인 히스타민이 분비되어 근육 수축이 나타나고 혈관투과성이 증가한 후 4~6시간부터 1~2일 내에 류코트라이엔이라는 아라키도닌산으로부터 만들어진 물질이 분비된다. 이것은 혈관 투과성을 증가시키고 호흡기의 근육을 수축시키고 염증세포를 활성화시킨다. 그러므로 대부분의 IgE 알레르기 반응에 대한 치료로는 히스타민과 경쟁하는 방해인자로 히스타민이 신경 끝의 수용체와 결합하는 것을 막는 항히스타

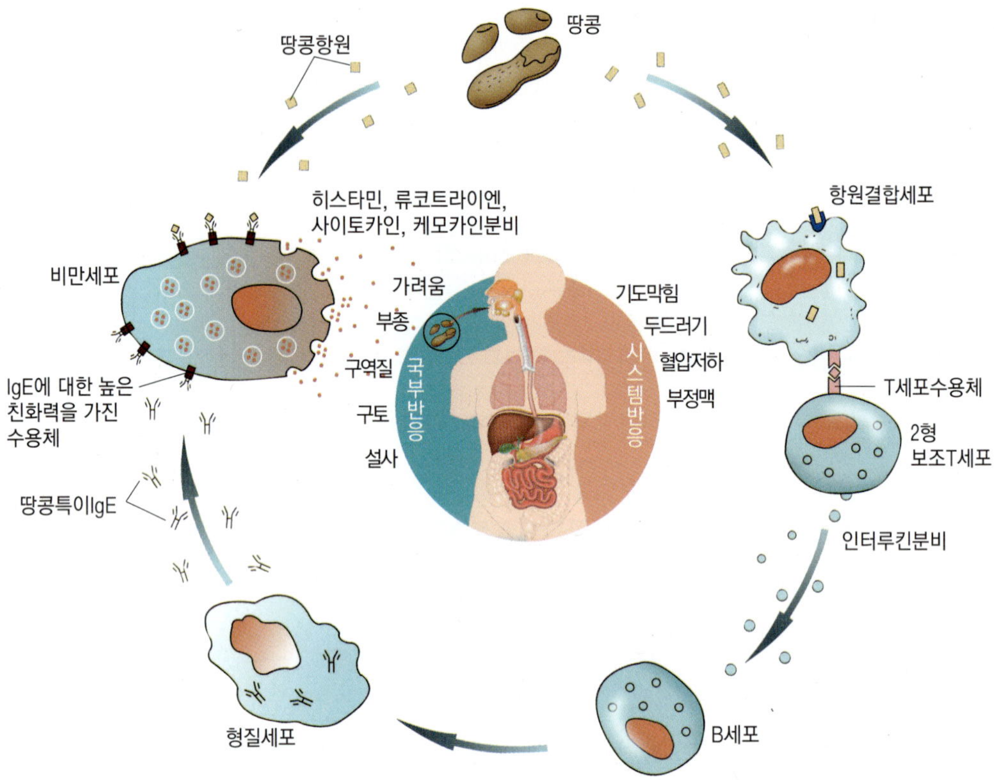

그림 11-3 알레르기 반응 감작

민 제제를 사용한다. 이것은 알레르기의 초기반응을 막는 치료로 사용되고 후기반응을 막기 위해서는 면역억제제인 코르티코스테로이드가 필요하다. 심한 경우에는 상업적 아드레날린, 즉 에피네프린을 이용하여 연근육을 이완시키고 혈관을 수축시킴으로써 히스타민의 반응을 억제하여 치료한다.

아토피 질병

아토피 질병이란 과잉면역의 유전적 소양을 가지고 IgE 항체를 형성하여 여러 증상을 보이는 질병을 말하며 식품, 꽃가루, 진드기 등 여러 환경 물질이 원인이 된다. 일반적으로 이러한 소양을 가지게 되면 아토피 마치(atopy march)라 하여 어렸을 때는 식품 알레르기, 아토피피부염, 이후에는 천식, 알레르기성 비염 등으로 증상은 달라지나 과잉면역반응이라는 원인기전은 같은 아토피 질병이 지속적으로 나타나게 되는 경우가 많다.

(2) Type II 알레르기 반응

Type II 알레르기 반응은 수혈 시 또는 신생아에서 나타나는 용혈성 질병을 말하며 IgG, IgM이 세포 표면에 붙어 작용하며 궁극적으로 세포를 파괴한다.

(3) Type III 알레르기 반응

면역복합체(항원에 결합된 항체집단)는 간이나 지라에 있는 대식세포macrophage에 의해 제거된다. 그러나 Type III에서는 이 복합체가 혈관벽, 조직, 관절액을 분비하는 막, 신장사구체 등에 쌓인다. 면역복합체는 혈청 내의 지속적인 감염, 지속적인 흡입, 혈청병serum sickness의 수동항체로 인해 항체가 지속적으로 존재하기 때문에 형성된다. 면역 복합체에 의한 보체의 활성은 혈관수축과 확장에 영향을 주는 아민amine, 즉 히스타민 분비와 호염구basophil, 호산구eosinophil, 호중구neutrophil를 위한 주화성chemotaxis(화학적 물질의 농도차가 자극이 되어 방향을 결정하여 이동하게 하는 것)을 생기게 한다.

대식세포는 수용체에 의해 혈소판에 붙어 내피세포 수축을 야기하여 혈관수축과 확장에 관여하는 아민을 방출하여 혈관투과성을 증가시킨다. 세포 사이의 공간은 항체가 혈관벽으로 들어갈 수 있게 하고, 호중구가 면역복합체를 제거하지 못하면 혈관벽을 손상시키는 효소가 분비된다. 특정 질병에서는 복합체와 조직이 전하를 교류하는 곳에 면역복합체가 더 쉽게 축적되며, 간헐적 간질성 폐렴에서는 항원의 지속적인 흡입이 폐포에 면역복합체를 쌓이게 하고 이것이 염증과 섬유화를 일으킨다. 혈청병에서는 면역복합체가 혈관과 조직에 쌓여 두드러기를 일으키고, 얼굴이나 목의 결합부분에 부종, 결합부분 통증, 불쾌감, 열 등이 7~10일간 지속되게 한다. 그러나 후유증이나 치명적 증세는 드물게 나타난다. 혈청병은 외부항체를 받는 수동면역요법 중 절반의 경우에서 나타나며 항원(수동 항체)과 항체(항체의 항체)가 동시에 존재하여 나타난다.

혈청병

파상풍, 보툴리즘, 독사 중독 등의 질병에 대한 면역력을 주기 위하여 혈액 내에 투여된 동물 혈청이나 항혈청에 대해 알레르기 반응이 일어나는 질환

(4) Type IV 알레르기 반응

지연과민반응이라 불리기도 한다. T세포 매개 알레르기 또는 니켈에 대한 알레르기, 고무, 라텍스, 식물성 화학물질(담쟁이 넝쿨, 떡갈나무)에 대한 접촉 피부염, 투베르쿨린 반응 등을 말한다. 작은 비단백질 항체, 햅텐이 피부 단백질과 복합체를 이루어 피부로 침투한다. APC(랑게르한스섬)은 보조 T(Th)세포에 복잡한 단백질을 주어 피부에 있는 기억세포를 생성하고 활성화시킨다. 이 후 노출은 기억세포를 활성화시키고 인터루킨17IL-17, 인터페론 감마IFNr 등의 사이토카인을 생성하며 IL-1, IL-6, TNF, GM-CSF와 케모카인을 분비하여 켈틴 생성keratinocytes을 야기한다. 케모카인은 단핵구를 유인하고 대식세포를 활성화시킨다. 이것은 피부 자극을 초래하는 공격을 시작하게 한다. 지연과민반응에 대한 치료는 스테로이드제를 포함한 화학물질의 면역 억제제를 사용한다.

2) 천식

(1) 원인, 대사 및 증상

천식은 공기 중에 있는 외부물질에 대한 과민성에 의해 생기는 질병으로 유전적인 요인이 크게 영향을 미치며, 식물성 꽃가루 등의 흡입성 알레르겐 자극 등의 환경과 생활습관 또한 중요한 역할을 한다. 우리나라 천식유병률은 2022년 청소년건강행태조사에 의해 중고등학생은 5.7%, 2021년 국민건강영양조사에 의해 19세 이상 성인의 3.0%로 보고되고 있다.

천식을 가진 사람들은 기도에 만성염증을 가지게 되고 또한 여러 요인에 의해 기도가 과민해진다. 천식을 가진 사람들의 대부분은 증상이 간헐적으로 나타나지만 상시 일정 정도의 염증을 가지고 있는 경우가 많다. 천식을 가진 사람들은 기관지에 비만세포의 숫자가 더 많이 존재해 알레르기 반응이 시작될 때 천식은 기도하부의 점막 아래 비만세포의 활성으로부터 나타난다. 보조 T세포 중 Th2가 주로 발견되고 항체로는 IgE가 주로 발견된다. 증상은 숨을 헐떡거리고 기침하고 가슴통증이 있으며, 숨쉬기가 힘들고 가래가 생성되며, 기도 주변의 근육이 단단해져 붓고 두꺼워지고 점액 분비에 의해 기도가 막히기도 한다.

(2) 치료

원인이 되는 물질과의 접촉을 피하고 항히스타민제를 복용한다. 심한 증상의 경우는 에피네프린epinephrine을 사용해야 한다.

(3) 영양치료

충분한 영양과 무기질, 비타민 공급을 한다. 알레르기는 건강상태가 나쁘거나 감염 시 더 악화되는 경향이 있으므로 건강을 유지하고 과로하지 않는 것이 중요하다.

3) 식품 알레르기

(1) 원인, 대사 및 증상

식품 알레르기는 표 11-6과 같이 식품에 의해 면역반응이 일어나는 것으로, 유병률은 최근 지속적으로 증가하고 있고 과거 20년 전에 비해 2배 이상 증가하고 있다. 전체 인구의 20~25%는 식품 알레르기가 있다고 보고되어 있으나 실제로는 성인의 약 2%, 어린이의 약 6%가 임상적으로 식품 알레르기 반응이 있다고 진단된다. 우리나라 식품 알레르기 유병률은 조사가 거의 이루어지지 않아 정확하지는 않으나 알레르기 중 식품과 가장 많이 관련되는 아토피피부염의 유병률은 2022년 청소년건강행태조사 및 2021년 국민건강영양조사에 의하면 중고등학생은 22.2%, 19세 이상 성인은 5.6%를 보이고 있다.

식품 알레르기는 식품에 대해 이상반응이 유사하게 나타나는 식품불내성과 혼동되는 경우가 많은데 식품 알레르기는 식품에 대해 이상반응이 면역적인 이유로 나타나는 것이고, 식품불내성의 경우 면역시스템은 아무 관여를 하지 않는다. 몇 가지 요인이 불내성 반응을 일으키게 되는데 IgE 관여 알레르기 반응에서 중간 매개체로 나타나는 히스타민 자체를 함유한 식품인 치즈, 와인, 참치, 고등어 등의 생선들을 섭취하였을 때 반응이 나타날 수 있다.

락타아제 결핍은 가장 많이 존재하는 식품불내성의 원인으로 10명 중 1명이 이에 해당된다. 락타아제 결핍은 유제품을 섭취했을 때 분해되지 않은 유당을 세균이 분해해 가스를 형성 복통, 설사 등이 나타나게 한다. 식품첨가물도 불내성 반응을 일으키는데 황색색소5

번은 두드러기를, 모노소디움 글루타메이트monosodium glutamate는 얼굴이 붉어지고 복통, 구토뿐 아니라 두통, 가슴통증 등을 유발하기도 한다. 그 밖에 설파이트sulfite는 폐에 염증을 일으키고 천식이 있는 사람에게 기관지 경련이 일어나게 한다.

표 11-6 식품 알레르기 위험요인, 증상 및 치료

원인	위험요인	증상	치료	
식품 알레르기	식품알레르겐 유전 아토피 항원 노출 위장관 투과성 노출된 항원의 양 그 외 환경요인	위장관 피부 호흡기 아나필락시스(IgE 중재, IgE와 세포 중재, 세포중재)	의학	• 진단 : 과거력, 신체검사, 식품 및 증상 일기, 생화학, 면역 검사, 식품 제거, 이중맹검 식품 챌린지 • 급성반응 및 아나필락시스를 위한 치료 : 에피네프린
			영양	• 원인이 되는 식품 제거 • 영양적으로 균형 있는 식사가 되도록 대체식품을 공급

① 식품 알레르기의 원인

많은 사람이 식품 알레르기가 있다고 하지만 실제 이중맹검법으로 식품실험을 하면 성인의 1~2% 정도가 식품 알레르기를 가지고 있으며, 성인의 경우 주로 견과류, 생선, 갑각류, 땅콩 등이 원인이 된다. 부모들의 1/3 정도가 본인의 아이들이 식품 알레르기 반응을 가졌다고 생각하나 실제 유병률은 3~7% 정도이다. 아이들 80~90%가 3세까지 과민성(알레르기)을 극복하게 되는데, 달걀과 우유에 대한 알레르기 반응이 주로 극복 되고 생선, 갑각류, 견과류 등에 대한 알레르기는 성인까지 진행되는 경우가 많다.

표 11-7에서처럼 아이들에서는 우유, 달걀, 땅콩, 밀, 콩, 견과류가 대부분의 알레르기의 원인으로 나타나며, 성인의 경우는 땅콩, 견과류, 생선, 갑각류가 주원인이다. 달걀에 알레르기가 있는 경우 상당히 문제가 있을 수 있는데 그 이유는 달걀단백질은 많은 식품에 포함되어 있으면서 식품표시에 의해 쉽게 찾을 수 없는 경우가 많기 때문이다. 우유, 달걀, 땅콩, 견과류, 생선, 갑각류 외에도 과일, 채소, 종실류 등도 식품 알레르기를 유발할 수 있으며, 알레르기를 일으키는 성질은 조리와 식품 가공과정에서 변화할 수도 있다.

식품에 대한 알레르기가 있는 대부분의 경우, 유전적으로 소인이 있는 사람은 위장관계를 통과하는 단백질에 반응하는 항체 IgE를 생성한다. 이러한 단백질은 조리, 위산 또는 효소에 의해 파괴되지 않으므로 혈액 속으로 들어오게 된다. IgE가 비만세포에 결합하면 다음번에 그 식품에 노출되었을 때 결합된 IgE와 알레르겐이 반응을 일으키게 되고 화학물질, 즉 히스타민을 분비하게 된다.

표 11-7 성인과 아동의 알레르기 원인 대표식품

성인	아동
갑각류 견과류 땅콩 콩 생선	달걀 우유 밀 콩 땅콩 생선

② 식품 알레르기 증상

증상은 수분에서 몇 시간 내에 나타나게 되는데 히스타민이 분비되는 장소에 의해 영향을 받는다. 귀, 코, 목구멍에서 반응이 나타나면 입 안이 간지럽고 숨쉬기나 삼키기가 어려워진다. 반면에 위장관계에서 반응이 있으면 복통, 구토, 설사 등이 나타난다. 두드러기는 피부의 비만세포에서 히스타민이 분비되어 나타날 수 있다.

식품에 의한 아나필락시스는 신체 전부가 관여되는 심각한 알레르기 반응이다. 히스타민은 기도를 수축시켜 숨쉬기 어렵게 하고 혈관을 확장시켜 혈압을 낮추며 혈류에서 조직으로 수분을 이동시켜 쇼크나 두드러기가 나게 할 뿐 아니라 복통, 경련, 구토, 설사 등을 일으킨다.

(2) 진단

식품 알레르기를 진단하는 첫 번째 단계는 식품일지 등을 통해 자세한 과거력을 조사하고 증상들이 일어날 만한 다른 원인들을 제거하기 위한 신체검사를 시행하는 것이다. 식품 알레르기 진단에 사용하는 식품일지는 매일 끼니마다 섭취한 내역을 적고 알레르기 증상을 적도록 되어 있다. IgE 매개 식품 알레르기를 검사하기 위한 혈청을 이용하는 래디

오알레르고솔번트 검사radioallergosorbent test: RASTs, 효소관련 이뮤노솔번트 분석enzyme-linked immunosorbent assay: ELIZA, 캡 시스템 플루오레슨트 효소 면역분석법CAP system fluorescent-enzyme immunoassay: CAP-FEIA, 피부단자검사, 식품제거검사, 의심되는 알레르겐에 노출시키는 식품 챌린지(단일 맹검, 이중 맹검)검사 등이 있다.

① 혈청을 이용한 검사

특이 알레르겐에 대한 IgE 수준을 측정하기 위해 RAST, ELIZA, CAP-FEIA를 시행한다. 이들은 다른 검사들과 달리 의심스러운 알레르겐에 사람이 노출될 필요가 없어 검사 동안 알레르기 반응에 대한 걱정을 할 필요가 없고, 혈액을 사용하므로 환자나 의사 모두에게 편리한 검사법이다. 그러나 결과가 항상 일정하지 않아 RAST 검사는 신뢰성이 높지 않고, CAP-FEIA 검사는 식품 알레르기를 예측하는 데 피부 단자검사 정도의 효과를 가진 것으로 알려져 있다. 최근에는 RAST, ELIZA에 비해 CAP-FEIA가 자주 사용된다.

② 피부단자검사

피부단자검사에서는 식품 추출물 조금을 피부 위에 떨어뜨린 후 바늘이나 기구로 표피에 상처를 만들어 추출물이 젖도록 한다. 의심되는 알레르기 원인물질을 소량 피부에 놓고 긁어 표면 안으로 들어가도록 한다. 반응은 붓거나 빨갛게 나타나는데 알레르기 반응이 있을 때 20분 내에 물질을 놓은 표면에 반응이 나타난다. 식품단자검사는 여러 식품 중 의심이 되는 식품 수를 줄이기 위해 사용되는 예비 검사로 경제적이고 안전하고 시행하기 쉬우나 검사를 받는 사람에게 불편함을 줄 수는 있다. 이 검사는 문제가 아닌 식품을 골라낼 때는 95%의 적중률을 가지나, 실제 문제가 있는 식품을 골라내는 데는 50% 적중률을 가지므로 문제 식품을 진단하는 데 충분하지 못할 때도 있다.

③ 제거식 및 식품 챌린지 검사

제거식이나 식품 챌린지 검사의 경우, 의심이 되는 식품을 2주 동안 섭취하지 않고 증상이 사라지면 의심되는 식품을 한 번에 하나씩 추가하여 정상 섭취량까지 양을 증가시키거나 또는 증상이 나타날 때까지 양을 증가시켜 검사한다. 무엇에 알레르기가 있는지를 조사하기 위해, 의심이 되는 식품을 제거하여 검사를 시행할 때는 이중 맹검법을 이용하여 심리적으로 느끼는 효과를 상쇄한다. 위약조절 식품 챌린지는 단일 또는 이중 맹검을 할 수 있는데 사람들의 반응이 심리에 의해 영향받지 않기 위해서는 대상자도 관찰자도 의심식품을 섭취하는지 여부를 알 수 없는 이중맹검 위약조절 식품 챌린지 검사가 가장 표준화된 검사이다. 이 검사는 환자의 동기와 협조가 매우 필요하며 맹검 시행 시 의심되는 식품과 위약은 식품이나 캡슐에 숨겨 대상자가 무엇을 먹는지 알지 못해야 한다. 반응의 위험 때문에 이 검사는 훈련받은 의료 전문가들이 있고 에피네프린, 항히스타민, 스테로이드, 흡입 베타 아고니스트, 심장, 폐 소생기구들이 갖추어진 기관에서 시행되어야 한다.

(3) 치료 및 영양치료

식품 알레르기 증상이 나타나지 않게 하기 위한 최선의 방법은 현재로는 원인 식품 알레르겐을 철저히 피하는 것이다. 식품불내성의 경우 반응을 일으키는 식품이라도 소량정도는 허용하는 경우가 많은데, 식품 알레르기 반응의 경우 매우 과민한 환자의 경우 극소량의 노출에 의해서도 심한 증상이 나타나는 경우가 있어 알레르기 원인 식품을 철저히 피하고 영양적으로 알맞은 대체식품을 선택하도록 해야 한다. 알레르기를 유발하는 식품을 알아내고 피하기 위해 주의하여할 식품의 리스트를 주성분과 함께 표 11-8에 제시하였다.

표 11-8 제한식품과 대체식품

제한식품	포함된 음식	제한해야 할 성분	대체식품
달걀	과자, 빵류(케이크, 카스텔라, 부드러운 과자, 와플, 팬케이크, 윤기 있는 껍질빵, 커스터드, 푸딩 등), 마요네즈, 샐러드드레싱, 달걀 함유 아이스크림, 달걀 포함된 어묵, 만두, 국수, 튀김, 부침 등, 기타 달걀성분이 함유되어 있다고 표시된 제품	알부민, 난황, 난백, 달걀가루, 아비딘, 라이소자임, 리베틴, 에그노그, 오브알부민, 오보글로불린, 오보뮤신 등	쇠고기, 흰살 생선, 달걀이 포함되어 있지 않은 과자, 빵류(단백질, 철분 공급 식품)
우유	유제품(요구르트, 치즈, 피자, 아이스크림, 버터, 분유, 우유, 크림(생크림)), 초콜릿, 캐러멜, 말랑말랑한 사탕, 푸딩, 우유가 포함된 과자, 빵류, 기타 우유성분이 함유되어 있다고 표시된 식품	카제인, 카제이네이트, 버터밀크, 버터, 버터지방, 인공버터향, 유장, 탈지분유, 칼슘카제이네이트, 락토알부민, 락토글로불린, 유당, 사워크림, 요거트, 커스터드, 커드, 캐러멜 캔디, 에그노그, 유단백, 포타슘 카제이네이트, 밀크초콜릿	두유, 두부, 곡류빵, 가수분해조제유(단백질, 칼슘, 비타민 D 등을 공급할 수 있는 식품)
대두	간장, 데리야키소스, 콩기름, 두유, 두부, 된장, 마가린, 낫토	대두분말, 대두단백질, 식물성 단백질(Textured vegetable protein), 간장, 된장, 콩기름	우유, 쌀로 만든 우유, 쇠고기(단백질 등 공급 식품)
밀	과자, 빵, 국수, 과자, 스파게티, 핫도그, 튀김, 부침, 도넛	밀가루, 글루텐, 밀기울, 밀배아, 밀전분	쌀로 만든 빵, 떡, 옥수수전분, 당면(탄수화물 등 공급 식품)

원인식품을 피할 때 주의할 점은 피해야 하는 식품이 원래 형태가 아닌 다른 형태로 식이에 포함되어 있거나 같은 조리 도구를 사용하여 오염되어 있는 경우가 많다는 것이다. 식사를 준비할 때 한 식품에 사용했던 도구를 다시 사용하면 피해야 할 식품이 오염되어 섞이는 결과가 나타날 수 있고 또한 어떤 식품의 경우에는 알러지를 야기하는 식품의 형태가 변해 다른 식품으로 들어가게 되기도 한다. 마요네즈가 그 좋은 예인데 달걀 노른자 형태를 찾아볼 수 없으므로 식품성분표를 주의 깊게 살펴 피해야 한다.

식이로부터 식품들을 제거하면 대체 영양을 공급해 줄 식품이 필요하다. 예를 들어 유제품이 제거되면 칼슘, 비타민 D, 단백질, 리보플라빈, 에너지를 제공할 다른 식품을 섭취해야 한다. 이를 위해 환자의 식품기록, 영양상태, 성장 등을 주기적으로 확인하여 식이가 적절한 영양소를 공급하고 있는지를 모니터링해야 한다. 부적절한 또는 과도한 식이제한을 하는 경우 영양불량과 성장 저해가 나타날 수 있으므로 여러 식품을 한꺼번에 제한해야 하는 경우에는 비타민과 무기질을 보충해야 한다. 또한 식품 알레르기인 것이 확실하지 않으면 환자는 가능한 한 정상 식이를 하는 것을 원칙으로 삼아야 한다. 지속적으로 증상이 나타나면 의심이 되는 식품을 함유하는 모든 형태의 음식을 제거하고 있는지를 검토해야 하고 또한 식품 알레르기가 아닌 다른 원인에 의해 증상이 나타나고 있는지에 대한 여부도 검토해야 한다. 식품 알레르기로 인해 여러 식품을 제한해야 한다면 영양상태에 더욱 큰 영향을 미치므로 정확한 진단과 알레르기 예방과 관리방법 교육이 매우 중요하며 가공식품이나 단체급식 식단의 식품성분표시, 알레르기 유발 식품 표시에 관한 사항이 환자뿐 아니라 주변의 가족, 기관에 있는 사람들에게 모두 교육되어야 할 것이다.

최근 항원, 즉 알레르겐의 양을 소량에서부터 계획적으로 점차 늘리면서 목표량에 이르게 한 후 이를 장기적으로 노출시켜 탈감작이나 면역관용을 유도하는 적극적인 알레르기 면역 치료법이 도입되고 있다. 철저한 원인식품의 제한이 어려운 식품 알레르기 치료에도 이러한 알레르기 면역치료법인 경구면역요법이 많은 관심을 받으며 시도되고 있으나, 이 방법은 치료 중 다양한 알레르기 반응을 야기할 수 있어 이를 시행한다면 반드시 전문가에 의해 신중히 관리되며 진행되어야 할 것이다.

알레르기 원인을 회피하더라도 사고에 의한 노출을 완벽히 막기는 어렵다. 노출에 의한 급성 증상이 있을때는 두드러기, 혈관부종, 피부염 등의 경우 항히스타민제, 스테로이드제가 사용될수 있고, 호흡기, 소화기, 심혈관계의 아나필락시스 전신 증상이 있을 때는 에피네프린 근육주사가 필요하다.

- 알레르기와 수유: 모유는 아기가 성장발달을 하는 데 필요한 모든 영양소를 가장 적절한 농도로 포함하며, 다양한 종류의 면역물질을 함유하고 있어 질병에 대한 저항력을 높여주는 특징을 가진다. 모유가 가지는 항염증 효과와 면역학적 특성은 면역글로불린, 다중불포화지방산과 뉴클레오타이드, 사이토카인, 성장인자, 항산화물질 등에 의해 나타난다. 그러므로 영아의 경우 면역과민반응인 아토피 질병을 예방하는 가장 좋은 방법은 모유수유를 하는 것이므로, 최소한 6개월까지의 모유수유를 권장하고 있다. 그러나 알레르기가 발생한 후 원인이 식품이라면 모유수유를 통해 식품 알레르겐이 아기에게 전달되어 알레르기를 일으키게 할 수 있으므로 모유수유부는 알레르겐을 포함한 식품을 섭취하지 않아야 한다. 이때 수유부의 영양섭취는 지속적으로 검토되어 제한섭취가 문제되지 않도록 관리되어야 한다. 모유수유가 가능하지 않은 영아가 우유 알레르기가 있는 경우 대두를 기본으로 한 조제유를 공급할 수 있다. 하지만 우유 알레르기를 가진 경우 대두 알레르기를 함께 가진 경우가 많은데, 그런 경우에는 우유단백질을 완전 가수분해한 특수조제유를 공급한다. 그러나 증상이 지속되면 더 작은 단위인 아미노산 단위로 분해된 조제유를 제공할 수 있다. 특수조제유 제공 시 주의할 점은 가수분해를 완전히 하지 않은 불완전 가수분해 조제유는 우유 알레르기를 가진 영아의 치료조제유가 되기에는 충분히 가수분해가 되지 않았다는 점이다. 또

위생가설과 유산균(프로바이오틱)

최근에 알레르기가 계속 증가하고 있는 이유에 대한 설명으로 위생가설이 제시되고 있다. 위생가설은 점점 위생이 좋아지고 깨끗해지면서 태아의 위장관 균총이 변화되어 면역성숙에 영향을 미쳐 병원균이 아닌 다른 환경물질이나, 식품 등의 과잉면역에 관련된다는 가설이다. 즉 세균과의 접촉 기회가 줄어들면서 1형 T세포가 아닌 2형 T세포의 면역반응으로 편중되고 과민하게 반응하여 아토피피부염이 발생한다는 것이다. 이에 근거하여 유산균을 복용함으로써 인체를 자극하면 이것이 장내 플로라를 변화시키고 알레르기를 예방하는 데 도움이 된다는 연구보고가 있다.

한 산양유를 기본으로 하는 조제유는 일반 우유 기본 조제유의 베타-락토글로불린 β-lactoglobulin과 교차반응이 있어 우유 알레르기가 있는 영아의 경우 산양유에도 알레르기를 보일 가능성이 매우 높아 대체조제유로 권장되지 않는다.

CHAPTER

12

생리적 스트레스

1. 생리적 스트레스와 기아상태
2. 스트레스에 대한 생리적 반응
3. 화상
4. 수술
5. 패혈증, 전신성염증반응증후군, 다발성장기부전증후군

CLINICAL NUTRITION

생리적 스트레스는 외상, 패혈증, 화상, 수술 등의 신체적 충격이 있는 경우에 나타나며 이는 손상된 조직에 대한 반응으로 나타난다. 이화작용과 염증반응이 일어나며 손상에 의한 저산소증, 염증, 괴사, 외상, 감염 등이 나타나고 면역시스템이 활성화된다. 이에 따라 대사 항진, 단백질 분해, 질소 배설, 포도당 신생합성, 포도당 이용 증가 등의 다양한 생리적 변화가 일어난다. 생리적 스트레스가 있는 동안 적절한 영양공급을 받지 못하면 체내는 영양결핍 상태가 되고, 이 상태가 장기적으로 지속되면 상처 치유가 지연되고, 면역기능이 제대로 작동하지 못하게 되어 결국 질병이 악화되고 회복이 지연되게 된다. 그러므로 이때의 영양치료는 매우 중요하다.

1. 생리적 스트레스와 기아상태

생리적 스트레스는 기아상태와 비교하여 신체의 반응이 매우 다르게 나타나는데, 가장 크게 다른 점은 기아상태에 대한 적응현상에 의한 에너지 요구량의 차이이다. 기아상태에서 신체는 줄어든 열량 섭취량에 적응하기 위해 에너지 필요량을 줄인다. 즉 기초대사량이 줄어 에너지필요량이 적어지며 사용되는 에너지가 줄어들게 된다. 정상 상태에서 신체는 탄수화물과 지방의 혼합형태의 에너지를 사용하나 기아상태가 되면 그림 12-1과 같이 포도당이 감소하고 탄수화물 저장량이 제한됨으로써 열량원으로 포도당 대신 지방산과 케톤체를 사용하게 된다. 케톤체를 주연료원으로 사용하는 것은 근육을 보존하고 단백질 결핍증에 따르는 여러 문제를 방지하기 위한 것으로, 이에 따라 소변으로 질소 배설이 줄어들게 된다. 기아상태에서 포도당 생합성은 신체가 요구하는 최소한의 포도당을 공급하기 위해 일어난다. 그러나 반면에 감염이나 심한 상해를 입어 생리적 스트레스가 나타났을 때는 기아상태와 달리 에너지 필요량이 증가하고 사용되는 연료의 변화가 나타나지 않는다. 생리적 스트레스에 의한 글루카곤, 코티졸, 에피네프린, 노르에피네프린 등 호르몬의 증가는 열

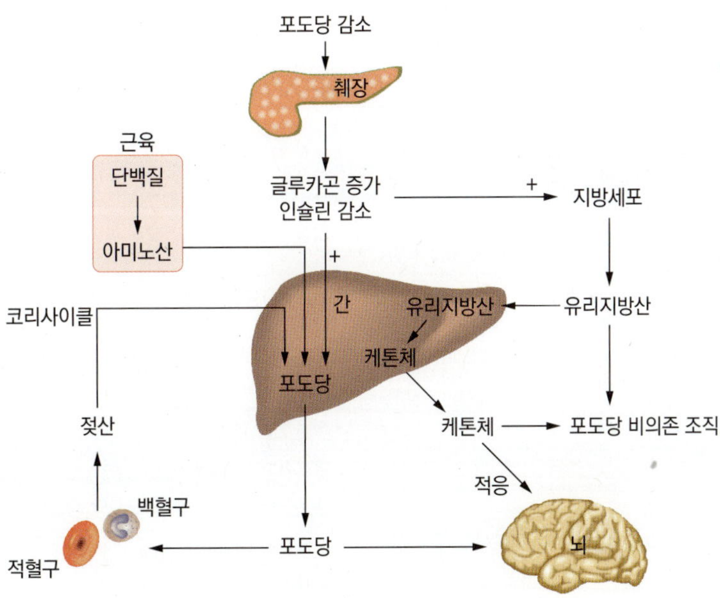

그림 12-1 기아상태의 생리적 변화

량을 공급하는 영양소의 이동을 증가시켜 고혈당을 초래하나, 그 이용률은 감소시킨다. 스트레스로 대사가 항진된 환자는 지방분해는 증가하고 지방합성은 감소하지만 기아상태에 비해 케톤체 생성이나 이용은 적다. 따라서 심한 외상이나 패혈증 환자는 열량원으로 케톤체를 이용하지 않고 지방산, 글리세롤, 중성지방을 빠르게 이용하고 제거한다.

생리적 스트레스에 의한 대사 항진 상태에서 가장 영향을 받는 것은 단백질 대사이다. 체내 시스템의 작용으로 에너지 필요량이 증가하고 스트레스 단백질 합성을 위한 연료를 지속적으로 공급하기 위해 지방과 아미노산 이동이 증가되고 근육이화작용, 아미노산 산화, 포도당 합성, 요소 합성, 간의 단백질 합성이 증가한다. 또한 소변 질소배설이 증가해 음의 질소평형이 나타나고 이화작용이 동화작용보다 우세하게 일어난다. 근육은 포도당 합성 시 기질로 사용되는 곁가지아미노산branched chain amino acid, 즉 루신, 이소루신, 발린을 얻기 위해 분해된다. 그러나 단백질을 열량원으로 사용하므로 지방에 비해 내는 열량도 적고 근육 소모wasting 현상이 나타나기 때문에 회복에 필요한 호흡기 근육이나 다른 필수적인 근육 등이 약해져서 문제가 된다. **표 12-1**에는 기아상태와 생리적 스트레스에서 일어나는 신체 내 대사반응 차이를 요약하여 나타내었다.

표 12-1 생리적 스트레스와 기아상태

기아상태	생리적 스트레스 상태
• 초기 글리코겐과 단백질 이용	• 초기 글리코겐과 단백질 이용
• 에너지 대사를 위한 케톤체 공급을 위해 저장지방 이용 • 포도당 공급을 위해 체단백질이 분해되나 점차 포도당 이용에 대한 요구 감소로 지방이 주 에너지원으로 쓰임	• 포도당 생성과 스트레스에 대처하기 위해 주로 단백질에 의존-근육 분해, 소변질소 분비 증가(음의 질소평형)
• 기초대사량 감소-에너지 필요량 최소	• 기초대사량 증가-에너지 필요량 증가
• 열 손실 방지	• 상처를 통해 열 손실
• 단백질 저장량 보존-단백질 손실 최소화	• 저장 체단백질 고갈
• 적응 반응	• 적응 반응 없음
	• 글루카곤, 코티졸, 에피네프린, 노르에피네프린, 고혈당증, 인슐린 저항성 증가, 포도당 생합성의 증가
	• 스트레스 단백질-C reactive 단백질, 피브로넥틴, 셀룰로프라스민 등 합성 증가

2. 스트레스에 대한 생리적 반응

1) 생리적 스트레스 반응의 정의, 개요 및 원인

생리적 스트레스는 외상이나 심한 질병에 대해 대사항진과 이화반응이 나타나는 것이다. 생리적 스트레스는 총상, 자동차 사고, 뇌 손상, 화상, 심한 염증, 암, 패혈증, 주요 수술 등으로 인한 외상에 의해 주로 나타나며 저산소증, 염증과 감염, 조직괴사 등이 동반될 수 있다. 이에 따라 면역시스템이 활성화되고 외상이 심할수록 스트레스도 심해진다. 질병, 상처, 패혈증, 화상 또는 수술 등의 생리적 스트레스에 대한 반응은 매우 복잡하여 대사에 변화를 가져오게 되므로 제지방 조직의 이화작용으로 근육소모를 일으키고 음의 질소평형이 나타난다.

스트레스 반응은 표 12-2와 같이 3단계로 나타난다. 감퇴기ebb, 유출기flow의 급성기와 적응기이다. 감퇴기는 상처가 난 직후 2~48시간 내에 발생하는 단계로 대사속도가 정상이거나 감소하고 혈액량 감소와 쇼크가 나타나며, 조직에 저산소증 등이 나타난다. 혈액량의 감소 때문에 심박출량, 산소 소비, 체온감소가 특징적으로 나타난다. 그 후 유출기 상태로 전환되어 최소 7일간 증상이 지속되면서 에너지 소비가 증가되고 체액과 산소 운반을 정상화시키기 위해 심박출량, 산소 소비, 체온, 체내 단백질 이화작용의 증가가 나타나며 질소배설량이 증가한다. 회복기인 마지막 적응상태는 동화작용이 우세하고 몸이 정상상태로 돌아가며 스트레스를 해소하는 상태를 말한다.

표 12-2 심한 외상 후 생리적 반응의 특징

감퇴기	유출기	
	급성기	적응기
혈액 또는 수분 손실에 의한 쇼크	이화작용 우세	동화작용 우세
조직 혈액공급 감소 대사속도 감소 산소 소비 감소 혈압 감소 체온 감소	글루코코르티코이드 증가 글루카곤 증가 카테콜아민 증가 사이토카인, 지방 중재자 분비 급성기 단백질 생성 질소 분비 증가 대사속도 증가 산소 소비 증가 연료 사용 시스템 손상	호르몬 반응 점차 사라짐 과대사속도 감소 회복 체단백질의 회복 상처 회복속도는 영양상태에 의존

2) 대사 및 증상

생리적 스트레스를 받는 동안 호르몬, 급성기에 나타나는 단백질, 면역시스템, 세포대사에 변화가 나타난다. 스트레스와 외상이 일어나면 증가된 에너지 필요량을 충족시키기 위해 글루카곤, 코티졸, 에피네프린, 노르에피네프린 등의 대항 호르몬들의 분비가 증가되고 저장되어 있던 영양소들이 이용되기 위하여 탄수화물, 지방, 단백질의 체내 이동이 증가된다. 혈중 글루카곤의 농도 증가는 아미노산 유입, 단백질 이화작용, 요소생성, 포도당 생성을 증가시킨다. 아드레노코르티코트로픽 호르몬에 의해 자극되어 분비되는 코티졸은 표 12-3에서와 같이 유리지방산의 이동과 근육의 이화반응을 증가시키고, 간에서 아미노산을 이용한 포도당 합성, 글리코겐 분해, 급성기 단백질 합성 등을 증가시킨다. 스트레스를 받는 동안 글루카곤과 코티졸은 고혈당을 초래해 인슐린의 분비를 증가시키거나 인슐린 저항성이 나타나게 한다. 카테콜아민(에피네프린과 노르에피네프린)은 글리코겐 분해와 지방산 방출을 증가시켜 에너지원으로 이용되게 한다.

표 12-3 패혈증 동안 생리적 반응

기관	반응	
간	포도당 생성 증가 아미노산 유입 증가	급성기 단백질 합성 미량 금속 제거 증가
중추신경계	거식증 발열	
순환	포도당 증가 중성지방 증가 아미노산 감소	요소 증가 철 감소 아연 감소
근육	아미노산 유출 증가(특히 글루타민) 근육 손실	
소장	아미노산 유입 감소	
내분비	아드레노코르티콜 호르몬 증가 코티졸 증가 성장호르몬 증가 에피네프린 증가	노르에피네프린 증가 글루카곤 증가 인슐린 증가

스트레스 동안 주로 단백질의 분해로 에너지를 생성하게 되므로 근육에서 곁가지아미노산인 루신, 이소루신, 발린이 산화되어 질소 공급, 근육을 위한 에너지 공급, 포도당 알라닌 사이클을 위한 탄소 공급, 근육 글루타민 합성 등에 사용된다그림 12-2. 스트레스 동안 알라닌이 당생성의 주 기질로 사용되고 글루타민은 비필수아미노산이나 대사, 면역반응에 관여하여 위장관 내 존재하는 엔테로사이트와 T 백혈구 세포의 연료로 사용되기 때문에 알라닌, 글루타민 요구량이 증가된다. 근육 이화작용의 문제가 심해지면 음의 질소 평형이 나타나고 면역력 저하, 감염속도 증가, 상처 회복속도 감소 및 사망률 증가 등이 나타난다.

스트레스에 대한 면역시스템의 첫 번째 반응은 국부적으로 나타나며 세포중재면역반응 cell-mediated immune으로 생리적으로 활성화된 종양괴사인자tumor necrosis factor: TNF 또는 인터루킨interleukin, 인터페론 등의 사이토카인을 분비한다. 이들은 세포 손상, 감염, 염증, 약이나 화학물질 등에 대한 반응으로 대식세포에 의해 분비되며, 간의 아미노산 유입, 단백질 합성과 근육 분해, 당 생합성 등을 자극한다. 또한 혈관투과성을 증가시키고 백혈구, 대식세포, 혈소판 등 상처치료에 관련된 세포들의 이동을 증가시킨다. 뿐만 아니라 급성기에는 피브리노겐, C반응단백질, 셀룰로프라스민, 혈청 아밀로이드 A 등의 단백질을 증가시킨다. 급

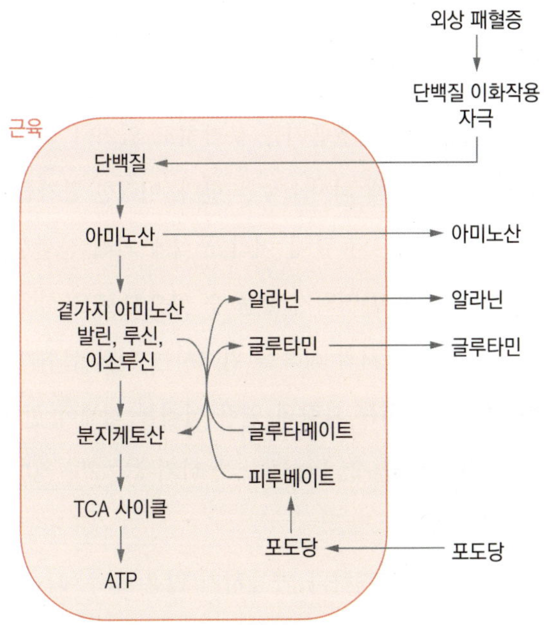

그림 12-2 근육에서 단백질 분해

성기 반응으로 혈청철분과 아연의 감소와 셀룰로프라스민 증가가 관찰되기도 한다. 반응이 심하게 지속적으로 일어나면 국부적인 반응이 전체 면역시스템 반응으로 번져 사이토카인은 내분비계, 신경계, 각 기관의 기능에 영향을 미치며, 이는 산소 공급을 증가시키고 대사적으로 활성화된 조직으로 열량 영양소의 공급을 증가시킨다. 반응이 전체로 확산되면 패혈증, 외상, 수술에 관계없이 생리적 결과는 비슷하게 나타나게 되므로 그 차이를 구별하는 것이 불가능하고 이러한 전체 시스템적인 염증반응이 바로 영양소대사, 체구성, 영양요구량의 변화를 야기한다. 면역기능의 손상은 패혈증, 중환자나 수술환자의 사망의 가장 주요 위험 요인으로 작용하므로 수술 전 환자가 저알부민혈증이 있거나 지연과민반응이 잘 일어나지 않으면 수술 후 사망 위험이 증가한다.

3) 영양지원

생리적 스트레스의 영양지원을 실시할 때는 환자가 겪는 대사 변화와 함께 중증도를 고려하여야 하며, 영양부족과 영양지원으로 생기는 문제를 방지하기 위해서 균형을 잡는 것이 중요하다. 영양적으로 위험한 정도를 파악하기 위해서는 중환이 되기 전 영양상태가 매우 중요한 지표로 사용되며, 보통 사용되는 영양판정 기준은 중환자에게 적용되지 않으므로 주의해야 한다.

질병의 정도에 따라 환자들은 인공호흡기를 부착하고 있거나 의사소통이 가능하지 않을 수 있으므로, 이때는 가족을 통해 의사소통을 한다. 이러한 환자들의 경우 에너지 요구량은 간접칼로리측정기 또는 **표 12-4**와 같이 여러 공식에 의해 산출할 수 있다. 현재 체중이 탈수, 부종 때문에 실제 체중이 반영되지 않을 수 있으므로 공식에 어느 체중을 적용할지는 주의하여 결정하여야 한다. 상처의 회복을 위해서는 열량 섭취가 부족하지 않도록 해야 하지만, 합병증을 피하기 위해서는 과량의 열량 섭취를 피해야 한다. 환자의 상태에 따라 다르지만 칼로리는 초기에는 20~25 kcal/kg, 동화기에는 25~30 kcal/kg이, 단백질은 1.2~1.5 g/kg 정도가 필요하다.

영양소는 경구 섭취가 가장 바람직하나 가능하지 않은 경우에는 경장이나 정맥영양을 취할 수 있다. 정맥영양과 비교하여 경장영양지원이 비용면에서 효율적이고 또한 감염으

표 12-4 에너지, 단백질 필요량 계산-활동 및 스트레스 요인

환자들의 에너지 필요량 계산	REE(Resting Energy Expenditure, 휴식 대사량) × 활동계수 × 외상계수
Harris Benedict Equation	REE(여자) = 655.1 + 9.6W + 1.9H - 4.7A REE(남자) = 66.5 + 13.8W + 5.0H - 6.8A [W=체중(kg), H=신장(cm), A=나이(년)]
Miffin-St.Jeor Equation	여자 : 10W + 6.25H - 5A - 161 남자 : 10W + 6.25H - 5A + 5 [W=체중(kg), H=신장(cm), A=나이(년)]
활동계수	침대 밖 1.2 침대 생활 1.1
외상계수	수술 1.0~1.3 감염 1.0~1.4 트라우마 1.2~1.4 머리외상 1.5
단백질 필요량	성인 권장량 0.8 g 단백질/kg 가벼운 수술 1~1.1 g 단백질/kg 수술 1.2~1.5 g 단백질/kg 화상 1.5~2.0 g 단백질/kg

로 인한 합병증을 줄여주므로 우선 시행되어야 한다. 이를 위해서는 위장관에서 어느 부분으로 영양을 공급할지를 선택하고 환자가 견딜 수 있는 수분의 부피 범위 내에서 에너지와 단백질 요구량에 맞추어 영양액의 종류를 결정해야 한다. 에너지와 단백질 요구량 외에 생리적 스트레스 동안 특별히 요구되는 영양소도 고려되어야 하는데 어떤 영양액은 면역강화 그리고 프리바이오틱스prebiotics(장내 유익균을 증식시키는 인자)와 프로바이오틱스probiotics(인체에 유익하게 작용하는 균주)를 포함하고 있어 생리적 스트레스 환자에게 도움을 준다. 글루타민과 아르기닌은 비필수아미노산으로 정상환경에서는 인체 내에서 합성되나 중증의 병으로 인한 생리적 스트레스 동안에는 요구량을 충족시키기 어렵다. 글루타민은 면역 관련 세포의 연료로 사용되므로 생리적 스트레스 시 보충하면 감염률을 낮추고 세균의 위장관 내로의 이동을 방지하므로 경장영양액에 첨가되나, 아르기닌의 경우 보충이 필요한지는 아직 논란이 있다.

지방을 많이 섭취하면 면역이 억제되고 스트레스 반응이 악화된다. 그러나 n-3 지방산은 스트레스에 반응하는 신체의 능력을 증가시키므로 이를 섭취하도록 한다. 경장영양액

섭취 시 고혈당, 전해질 불균형, 질식, 튜브로 인한 문제들이 발생할 수 있으므로 주의한다.

정맥영양은 오랜 기간 경구로 먹지 못할 때 그리고 경장영양 공급이 불가능하거나 식품 섭취량이 적은 경우 등, 영양요구량을 충족시키지 못할 때 필요하다. 생리적 스트레스 환자에게 정맥영양을 할 경우 고혈당, 영양공급 관(카테터)의 문제(막히거나 감염), 고중성지방, 장위축intestinal atrophy, 전해질 불균형, 재급식증후군refeeding syndrome 등의 문제가 발생할 수 있다.

생리적 스트레스에 대한 특정 영양소의 역할

결가지아미노산branched-chain amino acids

심한 스트레스 환자들에게서 곁가지아미노산의 보충은 질소 공급, 간에서의 단백질 합성 증가, 단백질 분해 감소 등에 도움을 주는 것으로 알려져 있다. 곁가지아미노산(BCAA)의 최소 효과 용량은 0.5 g/kg/일이고, 질소평형 향상을 위해서는 0.8 g/kg/일이다.

글루타민

비필수아미노산인 글루타민은 중환자에게 필요한 영양소로 알려져 있다. 체내 순환 아미노산 중 가장 풍부한 아미노산으로 20% 정도를 차지한다. 근육조직에서 세포 내 유리아미노산의 50%를 차지하고 많은 비필수아미노산, 단백질, 핵산, 여러 물질 합성에 필요하다. 글루타민은 장점막 그리고 빠르게 증식하는 세포들에 의해 선호되는 연료이다. 글루타민은 단백질 합성을 증가시키고 근육의 단백질 분해를 감소시키며 간에서 글리코겐 합성을 자극한다. 운동 시, 외상, 패혈증, 글루코코르티코이드 치료 시 글루타민의 요구량은 내부에서 합성되는 양보다 높아져 혈장 내와 세포 내 글루타민 농도가 감소한다. 이 때문에 단백질 합성이 감소되고 면역기능, 장내 점막이 손상된다. 그러나 글루타민은 주의 깊게 사용되어야 하며, 암모니아가 대사과정에서 생성되기 때문에 특히 머리 손상, 간뇌병증, 신장문제가 있을 때 더욱 주의해야 한다.

아르기닌

비필수아미노산인 아르기닌은 스트레스를 받지 않는 상황에서 DNA 합성, 상처 회복, 대식세포의 반응성, 항원에 대한 림프구의 반응을 증진시킨다. 이와 같이 아르기닌은 면역기능을 강화시킨다고 알려져 글루타민과 마찬가지로 생리적으로 스트레스를 받는 환자들에게 필요하다고 보고되어 있다. 그러나 아르기닌이 동물실험에서 암세포의 성장을 증진한다는 연구결과도 있고, 또한 산화질소 생성에 관여하여 저혈압과 심장문제에 영향을 준다는 보고도 있으므로 아르기닌이 특별히 함유된 경장영양을 공급할 때는 잘 관찰해야 한다.

시스테인

메티오닌으로부터 생성되는 시스테인은 생리적으로 심한 스트레스를 받는 환자에게는 매우 필요한 아미노산이다. 시스테인은 글루타티온 합성의 전구체로 글루타티온은 세포와 조직의 손상을 초래하는 자유 라디칼로부터 인체를 보호하는 역할을 한다. 건강한 성인에서 시스테인은 체내합성으로 적절히 공급되므로 글루타티온도 부족하지 않다. 그러나 생리적으로 스트레스가 심한 환자들은 메티오닌에서 시스테인으로의 전환이 매우 느려 글루타티온이 부족하게 된다. 그러나 시스테인은 대사 속도가 빠르고 또한 과량은 유해하므로 정맥영양의 용액에는 시스테인의 전구체인 메티오닌을 첨가한다.

n-3 지방산

n-3 지방산은 아라키돈산 대사에 관여하며 아이코사노이드(eicosanoid) 생성에 관여하여 면역기능을 증진시키고 염증반응을 감소시키는 역할을 하므로 스트레스가 심한 환자들의 회복에 도움이 될 수 있다.

3. 화상

1) 정의, 개요 및 원인

화상은 열, 화학물질, 방사능, 전기 등에 노출된 조직이 손상을 입어 나타난다. 화상의 대부분은 열에 노출되는 결과로 나타나고 주로 피부, 근육이나 뼈에 손상을 입게 되며, 화상의 심한 정도는 열의 양, 위치, 노출시간에 의해 달라진다. 화상의 정도는 상처의 깊이, 신

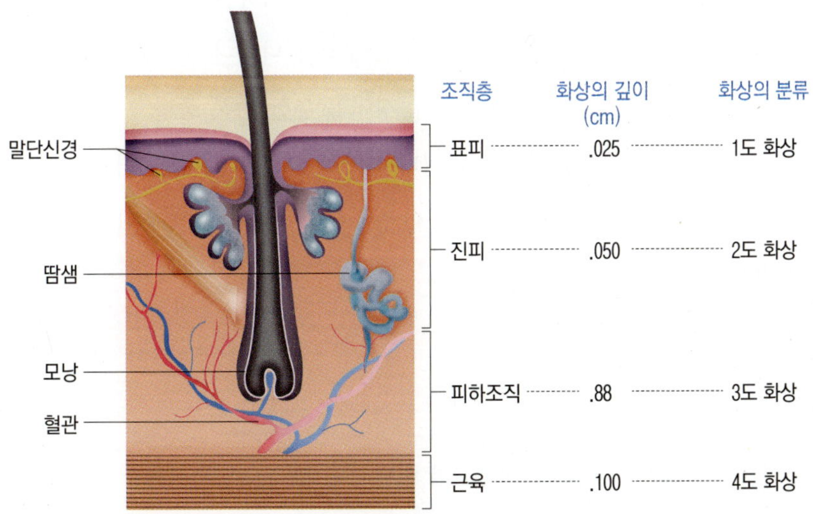

그림 12-3 화상의 분류

체 표면의 손상 정도에 따라 그림 12-3과 같이 1도 화상superficial burn, 2도 화상superficial partial thickness burn, 3도 화상deep partial thickness burn, 4도 화상full thickness burn으로 나눌 수 있다.

2) 대사 및 증상

화상의 증상은 손상의 정도, 즉 영향받은 신체표면 넓이와 깊이에 따라 달라지고 나이, 영양상태는 상처의 치료와 회복에 영향을 미친다. 1도 화상은 피부 표면이 빨갛게 되고 통증은 있으나 쉽게 회복된다. 2도 화상은 개방된 상처가 있는 매우 통증이 심한 화상이고, 3도 화상은 상피와 진피가 파괴된 것이며, 4도 화상은 피부 전체가 파괴되어 근육, 기관, 뼈까지 손상을 입은 것이다.

초기 화상으로 인한 쇼크는 지속적 염증반응 결과로 수분의 이동·축적, 상처로부터의 수분 소실, 혈액량 감소, 혈액 인슐린 감소 등과 함께 나타나고 이때 증상은 고혈당, 산소 소비량 감소, 휴식 열량 소비량 감소, 혈압 저하, 심박출량 감소, 체온 저하 등이 나타난다. 이후 생리적 스트레스가 나타나 대사항진, 이화작용, 면역, 호르몬 반응의 변화로 진행된다. 즉 유출기의 급성기에는 카테콜아민, 글루카곤, 글루코코르티코이드, 인슐린 상승 등이 나타나며, 이 때문에 고혈당, 산소 소비량 증가, 대사항진, 심박출량 증가, 당신생합성 증가, 질소 소변배설 증가, 이화작용 증가 등이 나타난다. 화상과 함께 호흡기 합병증들이 나타나기도 하는데, 이는 화상을 당할 때 연기나 독성물질을 흡입하여 나타나기도 하고, 또는 화상 자체로 인한 수분 불균형, 통증, 염증, 감염 등에 의해 나타나기도 한다. 화상 후 일어나는 대사항진은 호르몬 분비의 변화뿐 아니라, 상처를 통한 수분 증발 시 열이 손실되면서 체온유지를 위한 열량 요구량이 증가되어 나타나기도 한다. 적응기, 즉 회복기가 되면 피부조직이 정상화되면서 스트레스 호르몬 반응이 감소하고 체내 이화작용이 감소하여 동화상태로 변화된다.

3) 치료

초기의 화상 치료에서는 수분과 전해질을 공급하고 신체를 안정시키는 것이 가장 중요한 원칙이다. 화상 직후에는 많은 양의 수분과 전해질이 손실되고 혈액량 감소로 쇼크가 발생할 수 있다. 그러므로 초기 24~48시간에 가장 먼저 하는 치료는 수분과 전해질의 보충이다. 수분의 필요량은 환자의 나이, 체중, 화상 정도에 따라 다르다. 화상을 입은 면적을 측정하여 상처의 정도를 평가하고 수분과 약을 처방하는 기준이 되므로 수분 필요량 계산 시 표면화상면적total body surface area: TBSA이 사용된다. 그림 12-4는 표면화상면적을 추정하기 위해 나타낸 인체 부위별 대략적 표면면적이다.

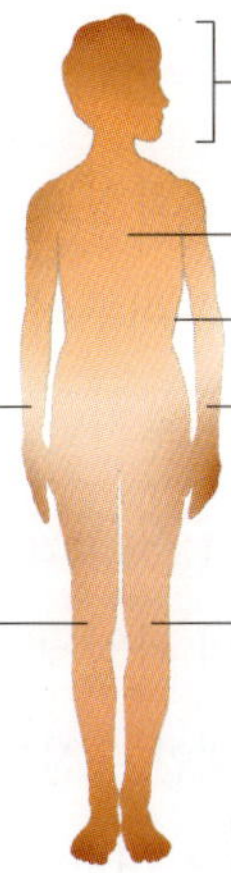

그림 12-4 총신체표면 면적

1도 화상과 2도 화상은 보통 외래병원에서 치료를 받게 되고 그보다 심한 화상의 경우 특별 화상 환자 병실에서 치료된다. 화상치료는 괴사조직을 제거하고 감염을 방지하기 위해 실버 설파다이아진silver sulfadiazine, 실버 나이트레이트silver nitrate 같은 국부 연고를 사용해 붕대로 감아 치료한다. 3, 4도 화상은 회복에 필요한 피부가 충분하지 않을 경우 피부이식을 받는다.

4) 영양치료

화상을 입은 후 2주 내에 체내 단백질의 20%가 손실되고 여러 대사항진과 이화작용 때문에 화상 환자들은 영양적으로 위험한 상태가 된다. 화상 환자는 수분 불균형과 통증으로 몸을 움직일 수 없기 때문에 영양상태를 유지하는 것이 어려우나 상처의 치료와 회복을 위해서는 적절한 영양치료가 필요하다.

영양지표의 상태에 따라 치료가 달라져야 하는데, 이러한 영양지표는 화상과 생리적 스트레스 반응의 특징에 의해 영향을 받는다. 수분이동과 회복정도에 따라 체중이 달라지며, 상처 때문에 상당량의 단백질이 손실되고 염증 반응이 일어나 알부민, 프리알부민 등의 단백질 수준 지표와 C-반응단백질C-reactive protein 등의 지표에 영향을 준다.

경구섭취가 가장 바람직하나 대부분의 심한 화상은 경구섭취만으로는 불충분하여 영양지원이 필요하다. 경장영양은 화상 환자에서 감염 및 궤양curling's ulcer을 예방하고 단백질 이화작용을 줄인다. 심한 화상 환자의 경우 화상쇼크 동안 장폐색(위장관 마비)이 나타날 수도 있기 때문에 경장영양 공급은 소장으로 이루어진다. 영양액을 선택할 때는 단백질 함량이 높은(열량의 20~25%) 것을 선택하고 아르기닌, 글루타민, n-3 지방산이 함유된 것을 선택한다. 경장영양으로 영양 요구량을 채우지 못할 때 정맥영양으로 영양이 공급되어야 한다. 그러나 고혈당을 조절하기 위해 영양의 과잉 공급은 피해야 한다.

심한 화상 환자의 경우 동화 스테로이드제인 옥산드로론oxandrolone이 단백질 합성을 촉진하기 위해 사용되기도 한다. 상처의 분비물로 인한 손실 보충과 이식, 또는 상처의 회복을 위해 비타민, 무기질 등의 보충이 필요할 수 있으므로 화상환자 처방에 비타민 C, A, E와 아연이 일반적으로 포함된다. 화상이 회복되면서 환자가 필요량의 60%를 경구로 섭취하는 것이 가능해지면 영양지원에서 경구섭취로 서서히 전환시키며, 이때 영양 필요량은 환자의 회복정도와 재활상태에 따라 달라진다.

초기에는 화상 상처 부위의 보호, 감염예방 및 영양치료가 화상환자에게 매우 중요하다. 체중감소는 화상 환자에게 자주 나타나는 합병증인데, 상처회복은 신체가 동화작용 상태에 있을 때만 이루어질 수 있다. 회생 후 곧 섭취가 이루어져야 하고 입원 4~12시간 내에 빠르게 경장영양을 도입하면 과이화작용, 즉 카테콜아민 분비, 글루카곤 등을 성공적으로 줄이고 이는 체중감소와 입원기간을 줄인다는 연구결과가 보고되었다. 경장영양의 경로는 또한 면역 증진제, 스트레스로 인한 위장관 내 출혈 등을 방지하는 약제를 위한 통로로 사용되기도 한다.

(1) 열량 필요량

열량 필요량은 간접 열량계 또는 표준식을 사용하여 결정하는데, 일반적으로 휴식 대사량을 구한 후표 12-4 1.3~1.5의 상처 요인을 고려하여 열량 필요량을 설정하면 대부분 25~30 kcal/kg 정도가 된다. 단백질의 경우 1.5~2 g/kg으로 필요량을 결정한다. 특별히 화상의 크기를 고려하여 화상 환자의 열량 필요량을 계산하는 공식으로 Curreri 공식이 있다표 12-5.

표 12-5 Curreri 공식에 의한 열량 필요량 계산

연령(세)	에너지 필요량
< 1	기초량* + (15 × % 화상 부위 체표면적TBSA)
1~3	기초량* + (25 × % 화상 부위 체표면적TBSA)
4~15	기초량* + (40 × % 화상 부위 체표면적TBSA)
16~59	25kcal × 일상 체중(kg) + 40 kcal × % 화상 부위 체표면적TBSA)
> 60	기초량* + (65 × % 화상 부위 체표면적TBSA)

*기초량 : 연령별 체중 kg당 열량권장량 × 화상 전 체중

Curreri 공식에 의해 산출된 열량 필요량은 간접 열량측정기에 의해 측정된 열량필요량보다는 높아, 공식이 개발되었던 때에 비해 관리현실이 달라지면서 실제 필요량보다 과잉으로 계산된다고 알려져 있다. 그러므로 화상의 정도가 심할 때에도 총 필요열량이 휴식 대사량의 2배를 넘지 않도록 한다.

간접 열량측정기를 사용하면 비교적 정확히 환자의 열량 필요량을 알 수 있다. 일반적으로 상처관리와 치료를 위해 20~30% 정도의 열량 증가가 필요하며, 화상환자들의 열량소비를 계산하기 위해서 지속적으로 타당도가 입증된 또 다른 식은 Ireton-Jones 식으로 다음과 같다.

$$\text{Estimated Energy Expenditure}_{\text{EEE}} = 1{,}784 - 11(A) + 5(W) + 244(G) + 239(T) + 804(B)$$

A = 나이(Age), W = 체중(Weight: kg), G = 성별(Gender: 남자=1, 여자=0)
T = 외상 진단(Diagnosis of trauma: 없음=0, 있음=1), B = 화상 진단(Diagnosis of burn: 없음=0, 있음=1)

발열, 패혈증, 외상, 수술 스트레스 등이 나타나면 추가적인 열량이 필요할 수 있다.

(2) 열량원

탄수화물은 단백질 절약을 위한 훌륭한 에너지원이다. 화상 환자에서 탄수화물은 주 열량원으로 추천되지만, 정맥영양 시 포도당은 최대 7 mg/kg/min만큼만 허용하는데, 이 이상이 되면 포도당은 산화되지 않고 지방으로 전환되기 때문이다. 과다한 탄수화물은 고혈당을 악화시키고 삼투적 이뇨, 탈수, 호흡곤란 등을 야기한다. 지방은 농축된 열량원이지만 대부분의 지방은 많이 섭취했을 때 면역반응이 저하되고 감염 위험성이 높아진다. 그러나 n-3 지방산은 면역저해 성질을 가지는 프로스타글란딘prostaglandin E2와 루코트리엔leukotrienes 생성을 방해하여 면역반응을 향상시키는 것으로 보고되고 있다. 경장 또는 정맥으로 저지방액을 공급하면 폐렴에 덜 걸리고 호흡기능이 좋아지며 영양상태가 빠르게 호전되고 입원기간이 줄어든다. 지방으로 공급하는 열량은 비단백질 열량의 약 12~15% 정도로 시작하여 면역기능, 식사상태, 혈청 중성지방 등을 관찰하며 양을 결정한다.

단백질은 소변과 상처로 손실, 포도당 생성, 조직재생에 필요한 양의 증가로 화상환자에게 필요량이 매우 높아진다. 총 열량의 20~25%를 질 높은 단백질로 공급하는 것이 권장되고 체중 kg당 2.5~3 g의 단백질이 권장된다.

(3) 열량과 단백질의 적절성 평가

열량과 단백질 섭취량이 적절한가는 상처재생 상태, 이식의 유지 정도, 일반 영양평가 지표들에 의해 평가된다. 평소 체중의 10% 이상이 손실되면 상처재생과 이식을 받아들이는 정도가 늦어진다. 질소평형 또한 영양상태를 평가하기 위해 종종 사용되는데, 이는 조직의 손실 정도를 고려해야 하므로 상처의 양에 따라 조직 질소 손실을 추정할 수 있다. 아물지 않은 상처가 10% 이하일 때는 하루에 0.02 g 질소/kg, 상처의 11~30%가 아물지 않은 경우는 0.05 g 질소/kg, 31% 이상일 경우는 0.12 g 질소/kg의 손실을 추정한다. 질소 손실은 상처가 아물어 재생되거나 이식이 성공하면 줄어든다. 영양평가 시 혈청 알부민은 화상이 대부분 회복될 때까지 올라가지 않으므로 반감기가 빠른 혈청 트랜스티레틴, 레티놀 결합 단백질, 트랜스페린 등이 화상 환자의 단백질 상태를 평가하는 데 도움이 된다.

(4) 비타민과 무기질

일반적으로 화상 환자의 경우 비타민 요구량이 증가하므로 보충제가 필요한 경우가 많다. 비타민 C의 경우 콜라겐을 합성하고 면역능력을 증가시키므로 상처회복을 위해 요구량이 증가되고 비타민 A 또한 면역기능과 상피세포 재생을 위해 중요한 영양소이다. 나트륨과 칼륨 등의 전해질 불균형은 수분 공급에 의해 조절된다. 30% 이상의 TBSA인 경우 환자의 혈청 칼슘이 낮아지고 혈청알부민 또한 낮아진다. 이는 환자가 움직일 수 없을 때 더 심해지므로 칼슘의 보충이 필요할 수 있는데, 보행이나 운동을 빨리 시작할수록 이러한 손실을 최소화시킬 수 있다.

회생을 위해 수분을 많이 공급받는 경우 혈청 인산이 저하될 수 있는데 이때는 인의 보충이 필요하다. 혈청 마그네슘은 화상 상처를 통해 손실이 많이 일어나므로 이에 대한 관찰과 보충이 필요하다. 혈청 아연의 수치도 줄어드는데 아연은 혈청알부민에 결합되어 있기 때문에 이것이 아연의 부족인지 혈청 알부민의 저하로 인한 것인지 확실하지 않지만, 아연은 열량과 단백질 대사에 매우 중요한 영양소이므로 아연 보충제를 공급하기도 한다. 화상 초기에 나타나는 빈혈증상은 철분 부족과는 관련이 없는 경우가 많으므로 적혈구를 공급하여 치료한다.

(5) 영양지원

영양지원은 개인의 상태에 따라 많이 달라지며 20% TBSA 이하인 환자들은 고열량, 고단백질 식사로 만족시킬 수 있다. 종종 단백질을 여러 음식에 추가하여 식사를 제공하면 많은 양의 식사를 하지 않아도 되므로 도움이 된다. 요구량이 많으나 입맛이 없는 화상 환자의 경우 경장이나 정맥영양을 실시하기도 한다. 경장영양이 더 선호되나 이물질 제거, 이식 등을 위한 마취를 위해 경장영양을 자주 멈추어야 하므로 정맥영양을 시행하기도 한다. 위장 내 장폐색이 종종 나타나므로 심한 화상 환자들은 관을 소장에 삽입하여 경장영양을 시행한다. 장폐색 등이 지속적으로 나타나 경장영양을 시행하기가 어렵거나 질식의 위험이 있는 경우는 정맥영양을 시행한다.

4. 수술

1) 개요, 대사 및 증상

수술로 인한 문제는 병의 정도, 수술의 특징 등과 높은 상관관계가 있지만 영양불량도 심각한 합병증을 유도할 수 있다. 영양상태가 좋은 환자는 영양적으로 문제가 있는 환자에 비해 수술결과가 좋고 합병증, 사망 등의 문제도 적게 나타난다. 수술 전 영양공급이 잘 이루어지면 수술 예후에 도움이 되는 것으로 보고되어 있으며, 수술 전 혈청 알부민은 수술 후 사망률을 예측하는 데 가장 좋은 지표로 알려져 있다.

2) 영양치료

(1) 수술 전

수술 전에는 잔사를 최소한으로 배출하는 성분 식이 또는 기본적인 액상 식이가 사용된다. 경구섭취가 불가능하거나 영양불량인 경우를 제외하고는 수술 전 정맥영양은 사용할 필요가 없다. 위장관 수술을 하는 영양불량 환자에게 수술 전 7~14일 동안 영양지원을 한다. 마취를 하거나 깨어날 때 구토에 의한 질식을 방지하기 위해 수술 전 위장을 비워야 하므로 수술 전 최소 6시간 이상 경구로 식품을 섭취해서는 안 된다NPO: non per oral intake. 이 원칙이 지켜지지 않은 비상시에는 마취를 시작하기 전 위장의 내용물을 제거하기 위해 위세척을 하기도 한다.

복부와 결장 수술 전에는 수술 후 감염을 방지하기 위해 장관 내 잔여물이 제거되어야 한다. 식품잔여물이 적을수록 결장 세균이 줄어들므로 저섬유식사 또는 액체식사를 수술 1~2일 전부터 제공한다. 경장영양제품 중 저잔사제품을 사용하기도 하며, 수술실로 들어가기 몇 시간 전에 관장약으로 잔변을 배출시키기도 한다.

(2) 수술 후

수술 후 경구섭취는 장운동과 소리가 돌아온 후에 허용되므로 대개 24~48시간 이후 시작할 수 있다. 일반적으로 맑은 유동식으로부터 유동식, 고형식 순으로 진행된다. 액상섭취에 문제가 없이 장이 기능을 발휘한다면, 환자의 위장관의 상태에 따라 고형식품을 줄지 여부를 결정한다. 오랫동안 경구섭취가 불가능한 경우 수술 시 경장 영양관을 삽입하여 영양지원을 준비한다.

수술 후 영양지원은 오랫동안 경구로 섭취하지 못해 영양불량이 일어나는 사례를 줄이기 위해 시행된다. 수술 후 영양이 공급되지 않는 기간은 환자의 영양상태에 크게 영향을 주지 않는 범위 내에서 허용되며 수술 전 영양상태, 수술로 인한 스트레스의 정도 그리고 질병의 특성 및 심각한 정도에 의해 줄어들거나 늘어날 수 있다. 수술 후 경구섭취를 시작하여 7~10일이 지난 다음에도 섭취에 의해 영양 필요량이 충족되지 않을 때에는 영양지원을 고려한다.

5. 패혈증, 전신성염증반응증후군, 다발성장기부전증후군

1) 정의, 개요 및 원인

패혈증 및 전신성염증반응증후군은 중환자의 상태에 더 큰 문제를 가져온다. 패혈증은 환자가 감염되어 세균과 그 독성이 강한 염증반응을 일으키는 것을 말하며 바이러스, 곰팡이, 기생충 등이 염증반응을 일으키는 유기체이다.

전신성염증반응증후군은 감염, 췌장염, 국소빈혈, 화상, 외상, 출혈 쇼크, 면역중재 상처 등에서 나타날 수 있는 염증반응이다. 이러한 상태에서는 사이토카인, 단백질 분해효소, 유해산소 등이 방출되면서 여러 반응이 나타난다. 이 때문에 겪게 되는 가장 흔한 문제는 다발성장기부전증후군multiple organ dysfunction syndrome이다. 이 증후군은 폐기능 이상으로 시작되어 간, 장, 신장 등 많은 장기에 기능 이상이 나타난다. 혈액이나 심장근육 이상은 보통 나중에 나타나나 중추신경계의 변화는 언제든 나타날 수 있다. 이 염증반응 증후군은 외상으로 인하여 조직에 상처가 난 결과이다.

2) 영양치료

패혈증이나 외상 후의 영양지원은 기아상태를 최소화하고 특정 영양소의 결핍을 방지하며 대사 합병증을 막기 위해 적절한 열량을 공급하고 인체의 정상적인 항상성과 소변 배출 유지를 위해 수분과 전해질 관리를 적절하게 하기 위한 것이다. 환자의 치료에서 초기에 강조하는 것은 수분 보충, 상처와 감염치료, 이식 등에서 오는 스트레스 상태를 치료하는 것이며, 영양지원은 환자의 상태가 심장 기능, 수분-전해질과 산-염기 균형, 조직 등이 안정된 후에 시작한다.

중환자는 25~30 kcal/kg의 열량을 공급받아야 한다. 적절한 열량섭취는 생리적으로 스트레스를 받고 있는 환자에게 필수적이지만, 과도한 열량섭취는 고혈당, 지방변성증과 호흡기능 악화를 야기하는 과량의 이산화탄소 생산 등의 합병증을 초래한다. 지속적인 고혈당은 고삼투압성 비케톤성 혼수상태와 포도당에 의한 이뇨 등을 초래하여 수분과 전해질 균형에 문제를 가져온다. 고혈당에 의한 인슐린 저항성은 중환자에게 감염의 위험을 증가시키고 여러 합병증을 초래하므로 혈당을 엄격하게 조절하면 상처 감염과 관련 기관의 기능상실 등의 문제를 감소시킬 수 있다.

방어와 회복에 필요한 단백질 합성, 근육 소모 방지, 포도당 생성을 위한 체내 단백질의 이화작용을 줄이기 위해 중환자에게는 아미노산이 공급되어야 한다. 스트레스를 받지 않는 일반 성인환자의 경우 0.8 g/kg/일의 단백질 공급이 적절하지만 스트레스를 받는 환자의 경우 대사요구에 따라 2 g/kg/일까지도 필요할 수 있다.

외부 아미노산의 공급이 스트레스 환자를 이화상태에서 벗어나게 하는 것은 아니지만 단백질 합성을 위한 기질로 간에서 작용하므로 말단 조직으로부터의 체내 단백질의 요구를 줄이고 음성 질소 평형이 되는 것을 방지해 준다.

생리적으로 스트레스를 받은 환자를 위한 비타민과 무기질 영양에 관한 특별한 지침은 없으나 급성기간 동안은 소변과 피부로부터의 손실과 장관 내 흡수율 감소, 운반단백질의 변화 등으로 요구량이 늘어난다. 또한 열량섭취의 증가로 티아민, 니아신의 필요량이 증가한다. 이화작용과 근육의 손실은 칼륨, 마그네슘, 인, 아연 등의 손실을 증가시키므로 요구량이 증가된다. 수분과 전해질은 적절한 소변배출과 정상 혈청 전해질 유지를 위해 적절히 공급되어야 한다.

영양섭취는 경구섭취가 가장 바람직하나 중환자들은 인공호흡기 등의 장치를 달고 있어 경구섭취가 불가능할 수 있다. 또한 섭취가 가능해도 씹거나 삼키기 장애 또는 치료약, 외상 후 쇼크 등의 장애로 인해 거식증에 걸릴 수 있으므로 이러한 경우에는 경장영양이나 정맥영양을 병행한다.

정맥영양에 비해 감염합병증의 위험이 적어 선호되는 경장영양을 실시하는 경우, 중환자는 호흡기관의 기능과 위장의 운동성이 떨어지거나 신경근육계의 마비 등으로 인해 영양지원이 이루어지는 동안 흡인의 위험이 높으므로 소장을 통한 경장영양이 필요할 수도 있다. 장운동성은 개복수술 후 12~24시간 정도 손상되어 있고 장폐색의 경우 5일 동안 손상이 지속될 수 있다. 장의 여러 부분이 손상된 경우에는 정맥영양을 선택해야 하는데 최소한의 장 기능을 유지시키기 위해 아주 낮은 속도로 경장영양을 동시에 실시하기도 한다. 가능한 한 빨리 경장영양을 실시하는 것이 유리할지라도 환자의 혈액순환이 정상으로 될 때까지는 기다리는 것이 좋다.

쇼크 동안에 일어나는 무산소대사와 회복 후에 일어나는 무산소대사는 다르게 나타나므로 장점막에 문제가 있는 동안 경장영양액을 과도하게 공급하는 것은 국소빈혈과 괴사를 초래할 수 있다.

- 경장영양액 선택: 경장영양액을 선택할 때는 수분, 열량, 영양 필요량과 위장관 기능을 고려한다. 대부분의 경우 일반적인 경장액이 중환자들에게도 많이 사용되는데 어떤 경우에는 지방의 함량 때문에 문제가 될 수 있어 저지방 제품 또는 중쇄중성지방MCT이 다량 들어 있는 제품을 사용하기도 한다. 외상이나 대사장애가 있는 경우를 대비한 특별한 제품도 있는데 이는 단백질 함량이 높거나 곁가지아미노산BCAA, 글루타민, 아르기닌 등을 추가로 함유한 것들이다. 특별한 경장액은 면역기능을 높이기 위해 아르기닌, 글루타민, n-3 지방산을 함유하고 있으며 실제 이들이 입원기간, 감염률 저하를 통해 의료비용을 저하시킨다는 보고가 있다. 글루타민의 경우 장에서 장점막 상피세포가 선호하는 에너지로 사용되고, 중환으로 인한 장 투과성과 염증반응을 약화시켜 면역강화 효과를 보여준다. 그러나 이러한 효과는 외상, 화상, 수술환자, 특히 영

양불량인 환자들에게 효과가 큰 반면 패혈증 환자들에게는 좋지 않을 수 있다. 패혈증 환자에게 면역강화 성분이 들어 있는 식이를 섭취시켰을 때 사망률의 증감에 대한 엇갈린 보고 결과들이 있어 이들 성분의 여러 이로운 점에도 불구하고 일상적으로 사용되지는 않고 있다.

CHAPTER

13

암

1. 암의 정의 및 발생
2. 암의 분류 및 진단
3. 암의 치료
4. 암환자의 영양문제
5. 암환자의 임상영양치료

CLINICAL NUTRITION

암이란 신체 내 세포들이 정상적인 조절 · 복구 · 제거의 기능이 손상되어 비정상적 성장을 하면서 본래의 기능을 잃어버린 상태를 말한다. 암의 발생원인을 명확히 알 수는 없지만 다양한 요인이 작용하는 것으로 알려져 있다. 암의 치료방법에는 수술, 화학요법, 방사선치료 등이 있고, 암치료 중에는 암으로 인한 본래의 영양문제 이외에도 이러한 치료들로 인한 영양문제들이 빈번하게 발생한다. 암환자의 영양상태는 치료의 예후에 영향을 미칠 수 있으므로 항암치료과정에 수반되는 부작용에 대한 적극적인 중재가 필요하다.

1. 암의 정의 및 발생

1) 암의 정의와 특징

건강한 신체 내에서 유전자들은 세포의 분화와 복제를 잘 조절하고 손상된 세포를 복구하고 사멸된 세포를 제거하는 역할을 한다. 그러나 유전자의 변이에 의해 생기는 암은 세포의 정상적인 조절·복구·제거의 기능이 손상되어 그 성장속도가 조절되지 않을 뿐 아니라, 주변의 정상 조직 및 장기에 침입하여 정상적인 세포의 활동을 방해한다. 또한 혈액이나 림프관을 따라 멀리 떨어진 곳까지 전이하여 궁극적으로는 생명을 위협한다는 특징을 보인다. 이와 같은 비정상적인 세포 덩어리를 암cancer이나 악성종양malignant tumor 또는 악성신생물neoplasm이라고 한다.

정상적인 세포는 세포의 성장과 분화, 그리고 세포의 사멸까지 엄격하게 조절을 받으며 분열한다. 그러나 암세포의 경우 유전자의 변이 때문에 이러한 조절 과정에 문제가 생겨 비정상적인 성장을 시작하게 된다. 이러한 암세포가 생기기까지에는 아래와 같은 여러 단계를 거치게 된다.

- 제1단계-암유발 개시단계: 발암원이 정상세포의 DNA를 공격하여 돌연변이를 유발하는 과정이다. 발암원에 의해 세포의 분열을 조절하는 유전자에 돌연변이가 생기면, 세포는 무제한 분열하기 쉬운 상태가 된다. 그러나 이 단계의 변화는 가역적인 반응으로 세포의 DNA 복구작용을 통해 정상화될 수 있다.
- 제2단계-암유발 촉진단계: 발암원에 의한 돌연변이 유발이 발암과정으로 진행하기 위해서는 발암과정을 촉진하고 유지하는 단계가 필요하다. 이처럼 발암과정을 촉진하고 유지하는 물질을 '종양촉진제'라 하며 지방이나, 알코올, 담배는 물론 비만이나 신체활동의 부족들도 종양촉진작용을 할 수 있다. 이는 단시간 내에 일어나는 과정은 아니며, 길게는 수십 년이 걸릴 수도 있을 뿐 아니라 초기에는 가역반응으로 일어나 생성된 암세포가 제거될 수 있다.
- 제3단계-암 진행단계: 양성종양에서 악성종양으로 전환하여 악성종양의 특성이 증대되는 과정이다. 이 단계에서는 암유전자와 암억제 유전자의 돌연변이가 점차 증가하여

염색체의 이상이 분명하게 나타나게 되며, 체내의 손상된 세포의 복구· 제거 작용만으로는 암세포를 충분히 제거할 수 없어 암성장이 진행되게 된다.

2) 암의 원인

암을 발생시키는 유전자 변이가 어떻게 생기는지 명확히 알 수는 없지만, 다음과 같은 요인이 작용한다고 알려져 있다.

(1) 유전

인체에는 암을 일으킬 수 있는 암 유전자가 있는데, 미발현 상태로 있던 암 유전자가 발암요인에 노출되면 활성화되어 암을 유발하게 된다. 암 가족력이 있는 경우, 그렇지 않은 사람보다 암 발생 위험이 커진다.

(2) 면역

건강한 체내의 면역체계는 암세포와 같이 비정상적인 세포를 이물질로 인식하고 이를 제거하는 방어기전을 가지게 되지만, 면역기능이 제대로 작동하지 않으면 암세포는 제거되지 못하고 자라게 된다. 따라서 면역을 억제하는 약제나 후천성면역결핍증과 같은 바이러스의 감염 시 암의 발생 위험이 증가하게 된다.

(3) 호르몬

에스트로겐에 장기간 노출(빠른 초경, 늦은 폐경, 늦은 연령의 초산이나 출산무경험)은 유방암이나 난소암, 자궁내막암의 위험을 증가시킬 수 있다.

(4) 감염

바이러스나 박테리아, 기생충의 감염은 DNA의 손상을 가져올 뿐 아니라 발암과정을 촉진시킬 수 있다. 간암을 유발하는 간염 바이러스나 위암을 유발하는 헬리코박터균, 자궁경부암을 유발하는 인유두종 바이러스가 그 대표적인 예이다.

(5) 방사선

지속적인 방사선이나 자외선에 노출은 DNA손상을 유발하여 암의 원인이 된다. 특히 선탠으로 자외선에 과다 노출될 때 피부암이 발생하기 쉽다.

(6) 유해화학물질

PCBpolycarbonate biphenyls와 같은 화학물질이나 살충제는 자연계 내에서 잘 분해되지 않고 토양이나 물 혹은 사람들이 식용으로 사용하는 동·식물 내에 잔류해 있다가 식품 섭취와 함께 인체에 들어와 쌓이면서 발암물질이나 종양촉진제로 작용하게 된다. 또한 화학약품을 많이 사용하는 산업의 종사자들도 암에 걸릴 위험이 높다.

(7) 담배

담배는 모든 암으로 인한 사망원인의 25% 이상을 차지하며 이는 폐암의 주요 원인이다. 흡연자의 경우 암 발생할 확률이 비흡자의 22배에 달한다. 담배연기에는 80가지 이상의 발암물질이 들어 있으며, 이들은 서로 다른 기전을 통해 암을 유발할 수 있다. 흡연은 담배연기 자체 내의 발암물질 이외에도 체내에 산화스트레스를 증가시켜 암을 유발할 수 있다. 간접흡연으로 인한 담배에의 노출도 호흡기 질환이나 폐암의 발생율을 증가시킨다.

흡연으로 인한 건강상의 위해는 금연을 하면 줄어드는데 금연 2~12주 내 폐의 기능이 개선되며 1~9달 내에 기침과 호흡곤란이 감소하고 금연 10년 후에는 발생 위험율이 흡연자의 절반으로 낮아지게 된다

(8) 식품 내 발암물질

식품에는 자연적으로 혹은 조리·가공과정 중에 생성되는 발암물질이 있을 수 있다. 대표적인 자연발암물질은 곰팡이균에 의해 생성되는 아플라톡신Baflatoxin B이다. 이 외에 고온에서 육류를 조리할 때 생기는 헤테로사이클릭 아민heterocyclic amines들이나 육류나 생선을 직화에서 구울 때 생성되는 다환방향족 탄화수소polycyclic aromatic hydrocarbons들, 육류나 생선을 훈제하거나 햄으로 만들 때 생기는 N-nitroso 화합물들이 식품의 조리·가공 중에 생성되는 발암물질이다.

질산염은 채소에 자연적으로 존재하며 음료수, 저장식품, 염장식품, 피클, 훈연식품에 방부제 혹은 착색제로 사용된다. 질산염은 아질산염nitrite으로 쉽게 환원되는데, 아질산염은 육류 중에 존재하는 아민류와 결합하여 발암물질인 니트로사민을 형성한다. 이러한 반응은 우리 몸의 타액, 위, 대장, 방광 등에서도 일어나며 비타민 C에 의해 억제된다. 특히 위암의 발생이 높은 지역은 질산염이나 아질산염이 많은 훈제식품, 피클, 염장식품을 많이 먹는 지역이다.

(9) 식사 및 생활습관 요인

지난 30년간 암발생과 식사요인에 대한 많은 연구가 이루어져 왔지만 식사가 암의 원인으로서 얼마나 기여하는지에 대해 명확한 결론을 내리기에는 아직 논쟁의 여지가 있다. 그러나 일부 암종에서는 식사요인들이 암의 발생과 관련이 있음이 알려졌다. 려졌다. 세계암연구재단World Cancer Research Fund: WCRF에서는 그간의 연구 결과를 분석하여 암종류별로 암 발생에 영향을 미치는 식생활 요인들을 지속적으로 보고하고 있다.

① 비만

에너지 섭취 과다와 활동량 감소로 인한 비만(특히 복부비만)은 구강· 인후두암, 식도암, 위암, 췌장암, 담낭암, 간암, 폐경 후 유방암, 난소암, 자궁내막암, 신장암, 전립선 암, 대장· 직장암, 신장암 등의 다양한 암종의 발생 위험을 높일 수 있는 것으로 나타났다. 단순당과 지방이 많아 에너지밀도가 높은 음식들은 암의 발생과 직접적인 관련은 없다고 알려졌으나, 이들 음식을 과량 섭취할 경우 비만을 유발할 수 있으므로 섭취에 주의를 기울여야 한다.

② 채소와 과일의 섭취 부족

일반적으로 섬유소와 비타민 C, 비타민 E, 베타카로틴 등 다양한 항산화제가 풍부하게 포함된 채소와 과일은 폐암, 위암, 대장/직장암, 식도암을 예방하는 데 어느 정도 효과가 있는 것으로 보고되었다. 또한 채소와 과일은 암을 예방하는 다양한 종류의 파이토케미칼phytochemical을 함유하고 있다. 예를 들면, 십자화과 채소에 존재하는 아릴allyl 화합물, 토마토에 많이 함유되어 있는 리코펜lycopene 등이 화학적 예방chemoprevention을 통해 암을 예방할 수 있다.

짙은 녹색 채소에 많이 들어 있는 엽산은 DNA 메틸화methylation, 합성과 보수에 영향을 주어 암을 예방할 수 있으며, 비타민 E는 항산화제로 작용하여 과산화지질 생성을 억제함으로써 암 발생을 낮춘다. 특히 셀레늄과 같이 섭취했을 때 그 작용이 더욱 상승된다.

식이섬유 중에 특히 불용성 식이섬유인 셀룰로오스와 헤미셀룰로오스는 장내에서 수분을 흡착하여 부풀어 올라 묽고 부드러우며 부피가 큰 변을 만들게 된다. 따라서 장내 통과시간이 짧아져 장의 상피세포가 발암물질과 접촉하는 시간을 단축시키게 된다. 변이 묽어짐에 따라 발암물질도 묽어지며 장의 연동운동을 촉진함으로써 담즙산의 배설 및 재흡수를 촉진하게 되어 담즙산의 발암작용을 낮춘다.

채소나 과일을 적게 섭취하면 이들 식품군에 풍부하게 들어 있는 카로티노이드, 비타민 A, C, E와 식이섬유 및 엽산 섭취가 부족해진다. 엽채류를 적게 섭취하는 것은 대장·직장암의 발생 가능성을 높일 수 있다. 과일류를 적게 섭취하는 것 역시 대장·직장암은 물로 위암의 발생 가능성을 높일 수 있다.

그러나 베타카로틴이나 비타민 C, 엽산 등 파이토케미칼 성분을 식품이 아닌 보충제로 과량 섭취할 때 암을 예방하는 효과가 있는지에 대해서는 아직 연구가 더 필요하다.

③ 적색육 및 가공육 섭취 증가

고온에서 조리된 육류는 발암 물질의 일종인 헤테로사이클릭 아민heterocyclic amine이나 다환방향족 탄화수소polycyclic aromatic hydrocarbons가 생성될 수 있어 발암물질로 작용할 수 있다. 가공육에는 염분 함량이 높아 위 점막을 손상시켜 위암의 위험을 증가시킬 수 있고, 가공육에 포함되어 있는 N-니트로소화합물들은 식도암과 위암의 위험인자가 될 수 있다.

또한 적색육에 많이 포함되어 있는 철은 대장암의 위험 증가와 연관이 있다. 가공육에는 염분 함량이 높아 위 점막을 손상시켜 위암의 위험을 증가시킬 수 있고, 또한 가공육에 포함되어 있는 N-니트로소화합물들은 암의 원인이 될 수 있다.

④ 알코올

알코올 섭취는 구강암, 인두암, 후두암, 식도암, 대장암, 직장암, 간암 및 유방암의 발생을 증가시킬 수 있다. 알코올은 그 자체가 발암물질의 용매로 작용하며, 한편으로는 엽산 등의 영양소 결핍을 초래하여 면역기능을 저하시킴으로써 발암을 촉진시키게 된다.

⑤ 우유 및 유제품, 칼슘

칼슘은 보충제 혹은 유제품의 형태로 섭취하는 경우 대장암, 직장암의 위험을 낮출 수 있는 것으로 알려져 있으나, 전립선암의 경우에는 발생 위험을 증가시키는 것으로 알려져 있다.

⑥ 기타

곡물의 곰팡이가 내는 아플라톡신은 간암의 발생 위험을 증가시킨다. 염장식품은 비인두 암이나 위암의 발생 위험을 증가시킬 수 있다.

이상과 같이 암의 발생원인으로 다양한 요인이 지목되고 있지만, 아직도 정확한 원인은 밝혀지지 않고 있다. 세계보건기구WHO의 산하기구인 국제암연구소International Agency for Research on Cancer: IARC는 각 요인이 암 사망률에 미치는 영향을 표 13-1과 같이 보고하였다.

표 13-1 암 사망의 원인

원인	국제암연구소	미국국립암협회지
흡연	10~30%	30%
만성감염	10~25%	10%
음식	30%	35%
직업	5%	4%
유전	5%	7%
생식기 및 성관련 형태	3%	3%
음주	3%	3%
환경오염	3%	2%
방사선	3%	3%

표 13-1에서 보는 바와 같이 암 사망률에 큰 영향을 미치는 것은 사람들이 흔히 걱정하는 유전, 환경오염 등과 관련된 문제보다는 흡연, 감염, 음식 등의 생활습관 및 환경 요인이라는 것을 알 수 있다. 따라서 암을 예방하기 위해서는 올바른 식사습관을 포함하여 생활습관의 관리가 필요하다.

3) 암 발생률과 사망률

통계청 자료에 따르면 2021년 암발생자수는 277,523명으로 인구 10만 명당 540.6명으로 나타났다. 이는 2010년 208,777명 대비 33%가 증가한 수치이다. 그러나 암발생률은 암발생 통계를 산출하기 시작한 1999년 이후 2011년까지는 연평균 3.3%씩 증가하다가 2011년부터 2015년까지 연평균 -3.1% 감소 추세를 보여왔으나, 2015년부터는 유의한 증감 추세를 보이지 않고 있다. 우리나라 국민들이 기대수명까지 생존할 경우 암에 걸릴 확률은 38.1%이며, 남자는 5명 중 2명, 여자는 3명 중 1명에서 암이 발생할 것으로 추정된다.

2021년 우리나라에서 주로 발생한 10대 암은 갑상선암 > 대장암 > 폐암 > 위암 > 유방암 > 전립선암 > 간암 > 췌장암 > 담낭 및 기타 담도암 > 신장암이다. 최근 10여 년간 위암, 대장암, 간암, 자궁경부암의 발생률은 감소 추세이나 유방암, 전립선암의 발생률은 최근 20년간 증가 추세이다. 성별로는 남자에서는 폐암 > 위암 > 대장암 > 전립선 > 간암이 주로 발생하고, 여자에서는 유방암 > 갑상선암 > 대장암 > 폐암 > 위암이 주로 발생하고 있는 것으로 나타났다.

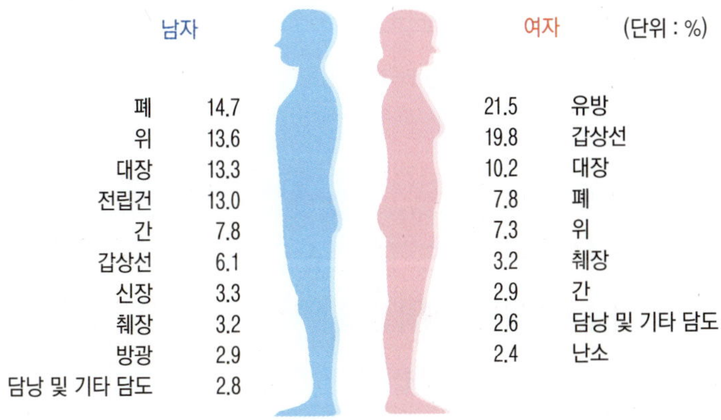

그림 13-1 성별 암 발생분율

2022년 우리나라 전체 사망자 37만 3천여 명 중 암으로 사망한 사람은 약 8만 3천여 명으로 전체 사망자의 22.4%를 차지하여 1983년 이후 사망원인 1위를 차지하고 있다. 암종별 사망률 순위는 폐암 > 간암 > 대장암 > 췌장암 > 위암 순으로 나타났다. 폐암, 간암, 위암이 아직도 암의 사망원인 상위를 차지하고 있지만 위암, 간암은 꾸준히 사망률이 감소하고 있고, 남자의 경우 폐암의 사망률도 2000년 이후 감소하는 경향을 보이고 있다. 반면 대장암은 남녀 모두에서 사망률이 꾸준히 증가하고 있는 추세이다. 전체적으로 볼 때 과거 발생빈도가 높았던 위암의 발생률 및 사망률은 감소하고 있는 반면, 생활습관이나 식습관과 관련 높은 대장암, 전립선암, 유방암 등의 발생은 증가하고 있다.

암의 5년 생존율은 1993년 이후 꾸준히 증가하는 추세로 모든 암의 5년 상대생존율은 2017~2021년에 72.1%로 1993~1995년의 42.9%에 비해 29.2% 향상되었다. 특히 전립선암의 5년 상대생존율은 2017~2021년에 96.0%로 1993~1995년 대비 37% 향상되었으며, 대장암과 위암의 5년 생존율은 각각 77.9%, 74.3%로 1993~1995년 생존율과 비교 시 각 18%, 34% 향상되었다. 폐암의 2017~2021년 5년 상대생존율은 38.5%로 아직 낮지만, 1993~1995년 5년 상대생존율 12.5%에 비하면 주요 암의 상대생존율은 꾸준히 향상되고 있는 추세이다.

2. 암의 분류 및 진단

1) 암의 분류

(1) 분류

암은 암이 생긴 위치의 세포나 조직에 따라 다음과 같이 분류된다.

- 선암adenoma : 분비성 세포에서 발생하는 암
- 암종carcinoma : 상피세포에서 발생하는 암
- 신경교종glioma : 중추신경의 신경교glial 세포에서 발생하는 암
- 백혈병leukemia : 골수의 조혈세포에서 발생하는 암
- 림프종lymphoma : 림프세포에서 발생하는 암
- 흑색종melanoma : 피부의 색소에서 발생하는 암
- 육종sarcoma : 뼈, 근육, 결체 조직에서 발생하는 암

(2) 병기stage별 분류

암치료 방법 및 예후에 특히 중요한 것이 병기별 분류이다. 암의 병기 분류체계로 TNM 병기분류법이 있으며, 고형암에 적용된다.

T는 암의 크기와 국소적 침범 정도를 말한다. 보통 T0, T1, T2, T3, T4와 같이 숫자로 암의 크기와 침범정도를 나타낸다. T0은 종양이 발견되지 않은 것을 의미하고 숫자가 커질수록 암의 크기와 침범정도가 증가한 것을 의미한다.

N은 암이 퍼진 주변 림프절의 수와 위치를 말한다. N도 0~4까지의 숫자를 써서 나타내며, N0의 경우 침범된 림프절이 없는 것을 의미하고, 숫자가 증가할수록 더 많은 부위의 림프절에도 전이가 되었음을 의미한다.

M은 암의 전이 여부를 말한다. M 옆의 숫자가 전이된 장기의 숫자를 의미한다. 즉 M0은 암이 전이된 장기가 없음을 나타내고 M1은 몸의 다른 장기에도 전이가 있음을 의미한다.

2) 암의 진단

위암, 대장암, 유방암 등은 조기 발견 시 생존율이 90% 이상이 되므로 암은 조기 발견을 통해 치료를 빨리 시작하는 것이 필요하다. 암은 혈액검사나 영상검사, 조직검사 등을 통해서 이루어진다, 이러한 검사를 통해 종양의 유무, 위치, 크기, 전이여부 및 치료에 대한 반응을 알 수 있다.

(1) 내시경검사

내시경검사endoscopy는 내시경을 위나 장, 방광, 복강에 삽입하여 병변이 있는지 직접 살펴보는 방법으로 병변이 의심되는 부위가 육안으로 확인되는 경우 조직을 일부 떼는 생검biopsy을 통해 암여부를 진단할 수 있다.

(2) 영상진단검사

X선 촬영, 초음파ultrasound, 컴퓨터 단층촬영CT, 자기공명영상촬영MRI, 조영제를 이용한 투시검사 등을 이용하여 암을 진단할 수 있다.

(3) 핵의학 검사

방사능 표지물질을 정맥주사하여 이상이 있는 부위에 방사능 물질이 농축되는 기전을 이용한 양전자방출단층촬영PET, 뼈스캔bone scan, 갑상선스캔 등이 있다.

(4) 종양표지자 검사

종양표지자tumor marker란 암세포에서 분비되거나 암세포의 표면에만 존재하는 항원, 효소 등의 물질을 말한다. 혈액이나 소변, 종양에 존재하는 종양표지자를 이용하면 암의 진단, 예후, 항암치료에 대한 효과 등을 알 수 있다. 혈액에 존재하는 주요 종양표지자를 표 13-2에 제시하였다.

표 13-2 혈액 내 주요 종양표지자

종양표지자	관련 암
AFP(alpha-fetoprotein)	간암
CA15-3	유방암
CA19-9	췌장암, 담낭암, 담관암, 위암
CA-125	난소암
CEA(carcinoembryonic antigen)	대장암, 폐암, 간암, 유방암, 두경부암, 췌장암
PSA(prostate-specific antigen)	전립선암

(5) 조직·세포병리검사

암의 확진은 암조직에서 암세포를 진단하는 것이다. 생검biopsy, 수술 등을 통해 확보한 조직이나 체액의 세포검사를 통해 암세포를 확인한다.

3. 암의 치료

암치료의 목적은 암으로 인한 신체 기능 손상을 회복시킴으로써 암환자를 치료하는 것이다. 암의 주된 치료방법으로는 수술, 항암화학요법, 방사선치료, 면역요법 등이 있다. 일반적으로 암을 초기에 발견하면 완치를 목표로 치료가 이루어지지만, 진행기의 암은 경우에 따라 완치가 어렵기 때문에 환자의 수명을 연장시키거나 삶의 질을 증진시키는 데 목적을 두고 치료하게 된다. 적극적인 치료에도 효과가 없는 환자들을 말기환자라고 부르는데, 이 경우는 암의 치료가 아닌 증상 완화를 목적으로 치료를 실시한다.

1) 수술

수술은 암과 그 주위조직일부, 림프절 등을 제거하는 방법으로 주로 소화기, 생식기암, 폐암, 유방암 등에 적용된다. 목적에 따라 진단적 수술, 근치적 수술, 완화적 수술 등으로 나눌 수 있다. 완화적 수술은 암의 완치가 아닌 암으로 인한 출혈, 구토, 통증 등의 증상완화를 위하여 하는 수술을 의미한다.

2) 항암화학요법

항암화학요법은 암세포의 성장을 억제하는 약물을 이용하여 암세포를 치료하는 방법이다. 암세포의 절제가 불가능하거나 다른 장기로 전이되었을 경우 또는 수술 전·후의 암에 대한 치료를 목적으로 한다. 전신에 영향을 미치므로 눈에 보이지는 않지만 몸 안에 남아있는 암세포를 제거하여 암재발을 방지할 수 있다.

암세포는 정상세포에 비해 세포분열이 빠르다. 항암제로 쓰이는 약물은 분열이 빠른 암세포를 제거하는 기전으로 암세포를 치료하기 때문에 암세포뿐 아니라 정상세포 중에서도 분열 속도가 비교적 빠른 점막세포, 골수, 생식계 세포 등에 영향을 미친다. 최근에는 작용기전이 다른 약물을 복합적으로 사용하거나 특정 암세포에만 작용하는 표적치료제 등이 함께 사용되고 있다.

3) 방사선치료

방사선radiation은 세포 생존에 필수적인 DNA와 세포막에 직접 혹은 간접적으로 작용하여 암세포를 죽인다. 그러나 방사선은 정상세포와 암세포 모두에 영향을 미치므로 식욕저하, 오심 및 구토, 무력증 등의 부작용과 방사선 조사 부위에 따라 폐섬유화, 심낭염, 장폐색 등의 합병증이 발생할 수 있다.

4) 면역요법

면역요법은 우리 몸의 면역기능을 강화하여 암세포를 제거하는 능력을 증가시키는 방법이다. 면역요법은 단독으로 사용되기도 하지만 항암화학요법과 병행되어 사용되는 경우가 많다.

4. 암환자의 영양문제

암환자에서의 영양불량 빈도는 암종류마다 차이가 있어 유방암에서는 그 빈도가 낮은 반면, 식도암에서는 비교적 높게 나타나는 것으로 보고되고 있다. 암으로 인한 전체 사망의 20% 정도는 종양치료의 실패보다 영양악화 또는 영양실조로 사망한다는 보고를 고려할 때, 일반적으로 암환자들의 경우 다른 질환 환자보다 질병과 치료과정 등에 의한 영양불량의 가능성이 높다. 암환자에서 영양불량의 발생원인은 다면적인multi-dimensional 요인이 관여하지만 주로 식욕부진, 소화 및 흡수 불량, 저작 및 연하곤란 등에 의해 발생하기 쉽다.

암환자의 영양불량은 수술 후 회복 및 화학요법, 방사선치료와 같은 항암치료의 효과에도 나쁜 영향을 미치게 되므로 항암치료의 효과를 높이고 치료로 인한 부작용을 최소화하기 위해서는 좋은 영양상태를 유지해야 한다.

1) 암에 의한 영양문제

암세포는 환자 신체의 생화학적· 대사적 기능의 변화를 가지고 올 수 있다. 즉 에너지 소비량을 비롯하여 효소의 활성과 면역기능을 변화시키고, 탄수화물· 단백질· 지방의 대사 및 기초대사율에도 영향을 미쳐 신체가 영양불량에 빠지기 쉬운 조건을 갖추게 된다. 일반적으로 암환자들은 포도당의 소비가 증가하는 동시에 인슐린에 대한 민감도가 떨어지면서 내당능이 저하되고 단백질이나 지방의 대사회전율도 증가하므로, 체내는 끊임없이 비효율적인 방향으로 에너지를 소모하는 대사가 진행된다.

암악액질cancer-cachexia이란 암환자에게 특이적으로 나타나는 영양불량 상태로 외형적으로는 기아starvation상태와 유사하나 기아상태와는 달리 생명에 치명적인 영향을 미치게 된다표 13-3. 암악액질의 원인이 완전하게 밝혀지지는 않았으나, 종양대사의 부산물이 영양대사과정에 영향을 미치는 것은 물론이고, 직접적으로 식욕부진이나 조기 포만감을 일으키면서 경구 섭취량을 떨어뜨려 발생하는 것으로 추정된다.

표 13-3 기아와 암 악액질의 대사비교

		기아	암 악액질
휴식대사량		감소	유지 혹은 감소
탄수화물 대사	인슐린 민감성	감소	감소
	포도당 전환	감소	증가
	간에서의 포도당 신생합성	감소	증가
	코리회로 활성	변화 없음	증가
지방 대사	지질분해	증가	증가
	지단백분해효소 활성	변화 없음	증가
	혈청 중성지방	변화 없음	증가
단백질 대사	단백질 전환	감소	증가
	근육단백질 분해	감소	증가
	질소 평형	(-)	(-)
	소변 내 질소 배설	감소	변화 없음

암환자에서 암 악액질의 원인

통증
미각감퇴, 입맛의 변화, 식품 혐오
위장관 기능의 저하
항암치료(항암화학요법, 방사선치료)
우울증, 불안감, 불면증
만성적인 오심, 구토
대사변화

암으로 인한 영양문제는 이러한 대사적 문제 이외에도 암에 대한 걱정, 불안, 우울감과 같은 정신적 스트레스, 잘못된 정보와 지식으로 환자와 보호자 스스로가 불필요하게 음식을 제한하거나 특정 식품만을 고집함으로써 유발될 수도 있다.

2) 항암치료 시의 영양문제

항암치료를 받는 환자의 영양상태는 치료로 인한 부작용 및 예후에 영향을 미칠 수 있으므로, 항암치료 중에 생길 수 있는 영양문제를 이해하고 이에 대해 적절히 대처하여 좋은 영양상태를 유지하도록 하는 것이 중요하다.

(1) 수술

고형암의 경우, 수술을 통해 암덩어리를 제거하는 것은 암으로 인한 증상을 신속하게 완화시켜 주고 방사선치료와 항암화학요법 치료의 효과를 향상시킬 수 있다. 그러나 수술은 수술 자체로 일시적인 에너지 및 단백질 요구량의 증가를 가지고 올 수 있고, 수술 부위에 따라 식품 섭취 및 영양소 흡수를 감소시킬 수 있다. 수술과 관련하여 환자들이 자주 호소하는 증상으로는 피로감, 통증, 식욕부진 및 식사 섭취 양상의 변화 등이다. 이러한 부작용은 대체로 수술 직후 며칠간 나타났다가 사라지는 경우가 많지만 어떤 경우에는 장기간 지속되는 경우도 많다. 각 수술 부위에 따른 영양관련 문제는 표 13-4와 같다.

표 13-4 수술부위에 따른 영양문제

수술부위	발생 가능한 영양문제
두경부	연하장애 및 흡인(aspiration) 위험 구강건조, 입맛 변화
식도	연하장애, 위식도역류, 위 마비, 소화불량
위	조기만복감, 탈수, 위 마비 지방흡수불량, 덤핑증후군 비타민, 무기질 흡수불량(Vit B_{12}, D, Ca, Fe)
췌장	위 마비, 고혈당, 지방 흡수불량 비타민, 무기질 흡수불량(Vit B_{12}, A, D, E, K, Ca, Zn, Fe)
간	고혈당, 고중성지방혈증, 수분, 전해질 이상 비타민, 무기질 흡수불량(Vit B_{12}, A, D, E, K, folic acid, Mg, Zn)
담낭, 담도	위 마비, 고혈당, 지방 흡수불량, 수분, 전해질 이상 비타민, 무기질 흡수불량(Vit B_{12}, A, D, E, K, Mg, Fe, Ca, Zn)
소장	유당불내증, 지방 흡수불량, 설사, 수분, 전해질 이상 비타민, 무기질 흡수불량(Vit B_{12}, A, D, E, K, Ca, Zn, Fe)
대장, 직장	잦은 변의, 설사, 탈수, 수분, 전해질 이상 비타민, 무기질 흡수불량(Vit B_{12}, Na, K, Mg, Ca)

(2) 항암화학요법

항암화학요법은 화학물질이나 약을 써서 암세포를 제거하는 치료법이다. 수술이나 방사선 요법이 암세포가 존재하는 국소부위에 실시하는 국소요법이라면 항암화학요법은 전신에 효과를 미치는 전신요법이다. 항암화학요법에 사용되는 약물은 주로 DNA의 합성 및 종양세포 복제에 관여하는 세포주기를 차단함으로써 암세포의 성장을 억제하게 된다. 따라서 이러한 약물은 암세포뿐 아니라 빠른 속도로 자라는 정상세포에도 영향을 주므로 위장관의 점막이나 골수, 생식계 세포 등에 크게 손상을 줄 수 있으며, 탈모 및 심장, 신장, 방광, 폐, 신경계에도 손상을 줄 수 있다.

화학요법에 사용하는 약제는 암의 종류나 진행단계, 치료의 목적에 따라 다른데, 그 부작용은 사용하는 약제의 종류, 용량, 치료 기간 및 함께 사용하는 약제 그리고 현재 환자의 신체상태에 따라 영향을 받는다. 항암화학요법 약제에 의해 가장 흔하게 생기는 부작용은 면역억제이다. 이 외에도 항암제 종류에 따라 식욕부진, 오심, 구토, 설사 등이 생길 수 있으나, 최근에는 항암제 투여 시 이들을 조절하는 약물을 병행함으로써 부작용을 많이 경감시킬 수 있게 되었다. 항암화학요법과 관련 있는 부작용은 표13-5와 같다.

표 13-5 항암화학요법에 따른 영양문제

항암제 종류	부작용
세포독성 약제	면역억제, 식욕부진, 오심, 구토, 설사, 구내염, 피로감, 신독성, 말초신경계장애
호르몬 제제	나트륨 및 수분 저류, 내당능장애, 칼륨손실, 골다공증 오심, 설사, 열감, 고칼슘혈증, 뼈의 통증, 체중증가, 식욕증진
면역 제제	면역억제, 식욕부진, 오심, 구토, 저혈압, 오한, 발진, 열

(3) 방사선치료

방사선치료란 고에너지의 방사선을 이용하여 암을 치료하는 것을 말한다. 방사선에서 나오는 고에너지가 암세포의 유전물질에 손상을 주어 암세포의 성장을 막게 된다. 그러나 한편으로는 방사선을 쪼이게 되면 암주변의 정상세포도 영향을 받아 치료 부위에 따라 다양한 부작용이 나타난다. 방사선치료의 가장 흔한 부작용으로는 오심, 식욕부진, 전신 피로감 등이며 방사선 조사 부위에 따른 부작용은 표 13-6과 같다.

표 13-6 방사선 조사 부위에 따른 영양문제

치료부위	급성부작용	만성부작용*
중추신경계 (뇌, 척추)	오심, 구토 스테로이드 투여로 인한 고혈당 피로, 식욕부진	두통, 무기력
두경부 (혀, 인두, 후두, 편도, 비인강, 침샘)	구강건조증 구강 및 인후염 연하장애, 연하통 점막염, 미각과 후각 변화 피로, 식욕감퇴	점막위축, 건조, 궤양 미각과 후각변화
흉부 (폐, 식도, 유방)	연하장애, 연하통 피로, 식욕감퇴 가슴 쓰림	식도섬유증, 협착, 괴사 협심증, 심낭염, 심장비대 마른기침, 폐섬유증, 폐렴
복부와 골반 (위장관계, 생식계, 고환, 전립선, 대장, 직장)	오심, 구토 설사, 복통, 가스팽만 빈뇨, 배뇨통 급성대장염, 장염, 유당불내증 피로, 식욕감퇴	설사, 소화불량, 흡수불량 만성대장염, 장염 소장궤양, 협착, 폐색, 천공, 누관 혈뇨, 방광염

* 치료 후 90일 이후의 부작용

5. 암환자의 임상영양치료

암환자는 암의 종류 및 치료방법에 따라 발생하는 영양문제가 다르다. 동일한 암에서도 암의 진행상태, 치료 목표 및 환자의 영양상태에 따라 영양관리 목표가 달라지고 영양요구량도 달라진다. 따라서 암환자의 식사지침 및 식사계획은 환자의 암부위 및 암의 진행상태, 치료 방법과 목표, 환자의 영양상태를 고려한다.

1) 영양상태 평가

암환자의 영양상태는 암의 부위나 크기, 진행상태 그리고 치료방법에 따라 달라지며, 일반적으로 영양불량 정도는 상복부 소화기암인 경우, 나이가 많은 경우, 암이 더 진행된 경우에 심하게 나타난다.

암환자의 영양평가는 일반적인 영양평가법을 따르며 PG-SGAscored patientgenerated

subjective global assessment평가법을 많이 사용한다. PG-SGA는 영양적 과거력에 기반한 영양 지표를 활용한 주관적 영양평가 방법으로 환자가 스스로 기록한 다음 상담자가 평가하여 활용하는 것이다그림 13-2.

1. 체중

현재체중____________kg

키____________cm

1달전체중____________kg

6개월전체중____________kg

최근2주간체중변화

☐ 감소 (1) ☐ 변화 없음 (0) ☐ 증가 (0)

2. 식사섭취 : 평소와 비교한 지난 한 달간의 섭취 상태

☐ 변화 없음 (0)
☐ 평소보다 증가 (0)
☐ 평소보다 감소 (1)

현재섭취하는음식형태

☐ 일반식 (1)
☐ 죽식 (2)
☐ 미음 (3)
☐ 영양보충음료만 (3)
☐ 섭취량 거의 없음 (4)
☐ TF or TPN

3. 증상 : 지난 2주간 충분한 식사섭취를 힘들게 했던 문제들을 모두 표시

☐ 식사섭취에 문제없음 (0)
☐ 식욕 없음, 먹고 싶지 않음 (3)
☐ 메스꺼움 (1) ☐ 구토 (3)
☐ 변비 (1) ☐ 설사 (3)
☐ 입안 염증 (2) ☐ 입안 건조 (1)
☐ 음식 맛이 달라짐(1) ☐ 음식 냄새 (1)
☐ 삼키기 힘듦 (2) ☐ 조기 만복감 (1)
☐ 통증(위치 ________)(3) ☐ 피로 (1)
☐ 기타 ____________ (1)

4. 활동 및 기능상태 : 지난 한 달간의 활동 상태

☐ 모든 정상 활동 가능 (0)
☐ 정상은 아니지만 일상적인 생활은 가능 (1)
☐ 일상 활동이 힘들고 반나절은 누워지냄 (2)
☐ 하루종일 누워지내며 일상활동 거의 불가능 (3)

5. 영양 필요량 결정에 관련된 질환 및 상태

진단명__________________ 나이________ /65세 이상(1)

6. 대사적인요구(스트레스)

☐ 스트레스 없음	☐ 약한 스트레스	☐ 중증도 스트레스	☐ 심한 스트레스
열 없음 (0)	37.2~38.3℃ (0)	38.3~38.9℃ (2)	38.3~38.9℃ (3)
열 없음 (0)	3일 미만 (1)	3일 (2)	3일 초과(3)
스테로이드 없음 (0)	<10mgPd/d (1)	10~30mgPd/d (2)	>=30mgPd/d (3)

7. 신체 상태 조사 (0=정상, 1=약간, 2=중증도, 3=심함)

________ 피하지방조직손실(triceps chest) ________ 근육손실(quadriceps deltoids)
________ 발목부종________ 천골부종________ 복수

SGA등급(판정일:)
☐ A=영양상태 양호 ☐ 중정도 영양불량 또는 영양불량 의심 ☐ 심한 영양불량

합계점수(scoce) :

그림 13-2 PG-SGA 조사표

(2) 영양요구량 결정

① 에너지

암환자의 경우, 암의 위치나 크기 등의 차이로 에너지요구량을 결정하기가 쉽지 않다. 따라서 에너지요구량은 개인차가 크며 환자의 상황에 맞추어 개별적인 접근을 하는 것이 필요하다. 일반적으로 암환자의 현재 활동도나 스트레스 상황, 질병의 중증도 등을 고려한 체중당 에너지요구량으로 산정한다표 13-7.

표 13-7 암환자의 에너지요구량 산정

기준	에너지요구량(kcal/kg)
체중증가와 같이 영양개선이 필요한 암환자	30~35
움직임이 거의 없는 암환자	25~30
과대사나 스트레스 상태의 암환자	35
패혈증	25~30
골수이식	30~35

② 단백질

암환자는 단백질 대사에 변화가 생겨 음의 질소 평형을 유지하고 있는 경우가 많고 암이 진행될수록 단백질 소모량은 증가하게 된다. 단백질 결핍은 무력감, 피로감, 치료로 인한 부작용, 감염 등의 합병증을 가속화할 수 있으므로 특히 단백질 대사가 증가하는 항암화학요법 시에는 충분한 단백질 섭취가 권고되어야 한다표 13-8. 일부 환자의 경우 종양의 성장을 늦추기 위한 목적으로 육류 섭취를 줄이기도 하는데, 이 경우 영양상태의 악화는 물론 면역기능의 감소도 유발하게 되므로 주의해야 한다.

표 13-8 암환자의 단백질 요구량 산정

기준	단백질 요구량(g/kg)
치료중인 암환자	1.0~1.5
암 악액질 상태에 있는 암환자	1.5~2.5
조혈모세포이식을 받은 암환자	1.5

③ 비타민과 무기질

암환자의 비타민과 무기질의 필요량은 기본적으로는 영양소 권장섭취량 수준으로 제공한다. 일부 연구에서 암이 철, 비타민 C, 비타민 E, 셀레늄, 아연, 구리 등의 대사를 변화시킬 수 있다고 보고하고 있지만, 경구 섭취가 충분하거나 영양소의 추가적인 손실을 의심할 만한 상황이 아닌 경우에는 별도의 보충을 권하지 않는다. 그러나 소화관 수술 후 남아 있는 장부위의 흡수 능력에 따라 보충 여부가 달라질 수 있고, 심한 구토나 설사의 경우 체내 전해질의 손실이 일어날 수 있으므로 이들에 대한 보충이 필요하다.

④ 수분 필요량

탈수는 전신피로감을 유발하여 환자의 일상생활에 영향을 미칠 수 있으므로 환자의 수분 섭취량이 부족해지지 않도록 주의 깊게 관찰하는 것이 필요하다. 특히 구토나 설사가 있는 경우는 물론이고 경구 섭취가 적어지면 수분이 부족해질 수 있으므로 주의한다. 반면에 환자가 정맥이나 경구로 수분을 투여받고 있는 경우에는 체내 수분량이 과해질 수 있으므로 주의한다. 특히 울혈성 심부전증, 폐질환, 신장질환 등의 환자에서 수분 과다가 있을 수 있으므로 면밀한 관찰이 필요하다.

수분 필요량 계산

- 에너지 필요량을 이용하는 방법) 1일 수분 필요량 = 1 mL/kcal×1일 필요에너지
- 연령 및 체중을 이용하는 방법) 16~30세 : 40 mL/kg
  31~55세 : 35 mL/kg
  56~75세 : 30 mL/kg
  76세 이상 : 25 mL/kg

2) 암환자의 식사관리

(1) 항암치료 시의 식사관리

항암치료 시의 식사관리 목표는 개별적인 영양요구량에 맞추어 환자가 식사에 잘 적응할 수 있도록 함으로써 영양결핍과 체중감소를 막고 병의 증상과 치료로 인한 부작용을 완

화시키는 데 있다. 항암치료 시 적절한 영양상태를 유지하면, 치료에 의한 부작용 및 수술 후 재원기간을 줄이고 환자의 전반적인 삶의 질을 높일 수 있다. 따라서 환자의 개별적인 상황에 맞는 식사 관리가 필요하다.

일반적으로 암환자의 식사관리를 위해서는 ① 환자의 식사력을 조사하여 환자의 일상적인 식생활을 고려한 식사계획을 수립해야 하며, ② 이때 식사지침은 개별 영양관리 목표에 따라 건강인의 식사구성안을 따른다. ③ 특히 단백질 섭취나 에너지섭취 부족이 생기지 않도록 하고, ④ 환자의 사회적·경제적 여건을 고려하여 실제로 실천 가능한 방법을 제시해 준다. ⑤ 환자가 각 끼니에 충분한 양을 섭취하지 못하는 경우에는 간식이나 고에너지 고단백 영양보충제 섭취를 제안하고, 경구섭취가 힘들거나 불가능한 경우에는 경관급식이나 정맥영양을 통한 영양공급도 고려한다. ⑥ 환자 및 보호자가 암과 관련하여 잘못 알고 있는 정보가 어떤 것들이 있는지를 파악하여 이에 대한 교육을 실시하는 것도, 적절한 영양섭취 유지를 위해서 반드시 필요하다.

항암치료 시의 부작용은 암의 위치, 치료 방법 등에 따라 달라지며(표 13-3, 표 13-4, 표 13-5) 이에 대한 식사관리 요령은 표 13-9와 같다.

표 13-9 항암치료 시 부작용에 따른 식사관리

부작용	식사관리
연하장애	묽은 음료 및 부스러지는 식품은 피할 것 액체는 증점제 사용
연하통, 수술 후 부종	영양요구량의 60% 이하 섭취 시 경장영양지원 고려 촉촉이 젖은 음식이나 퓌레 형태의 식품으로 섭취 향이 강하고 자극적이며 덩어리가 큰 음식은 피할 것 영양보충음료 이용
구강건조	탈수 예방 잦은 수분 공급(물병을 늘 가지고 다니도록) 촉촉하고 부드러운 음식 이용, 빵같이 마른 음식은 피함 입 안이나 목에 통증이 없다면 신음식 이용 상온의 음식 이용 치아와 구강관리, 자주 입 안 헹구기(특히 식사 전후)
위식도 역류	취침 2~3시간 전에는 음식 섭취 제한 지방이 많은 음식, 소화가 어려운 음식 제한 식후 상체 세우기, 허리를 꽉 죄는 옷은 착용 금지

부작용	식사관리
덤핑증후군	고삼투압성 음식 제한(단순당 제한) 식사와 간식은 소량씩 자주 섭취 식후 활동 제한하고 휴식을 취함 이완된 분위기에서 천천히 식사 식사 중 수분은 소량씩만 섭취
식욕부진	식사는 소량씩 자주 섭취, 식사 시 다량의 수분 제한 식사량이 부족한 경우 간식 이용 고에너지 고단백 식품 이용, 경구보충음료 섭취 식욕 증진을 위한 가벼운 활동 즐거운 분위기에서 식사 증상이 심하면 담당의사와 상의
입맛의 변화	환자가 원하는 음식 제공, 원하지 않는 음식은 제공하지 않음 자극적인 탄산음료나 차, 오렌지, 레몬과 같은 신음식 이용 입 안을 자주 헹구도록 함 고기나 생선 조리 시 과즙, 포도주, 소스 등을 이용
오심 및 구토	공복 시 오심이 심해질 수 있으므로 배가 고프기 전에 식사 오심이나 구토가 심한 경우 음식을 먹지 않음 기름진 음식, 단음식, 향이 강한 음식은 피함 음식냄새가 나지 않고 환기가 잘되는 곳에서 식사 옷은 몸이 조이지 않도록 느슨하게 입음 증상이 심하면 담당의사와 상의
설사	소량씩 자주 식사하고 수분섭취는 충분히 설사로 인해 손실되는 수분, 염분, 칼륨 보충 유제품 및 기름이 많은 음식 제한 알코올, 카페인 음료, 탄산수, 초콜릿은 제한 설사가 심한 경우 담당의사와 상의
변비	물을 충분히 마심 섬유소가 많은 식품을 충분히 섭취 활동량 증가 적정량의 음식 섭취량 유지 하제나 변완화제, 관장을 하는 경우 담당의사와 상의
면역기능 저하	개인 위생 관리 익히지 않은 육류, 생선, 달걀, 두부 제한 식품 구입 시 유통기한 확인 식품 취급 시 교차오염 주의 조리 후 식품은 냉동 및 냉장보관

3) 암예방을 위한 생활관리 권고지침

세계암연구재단World Cancer Research Fund: WCRF에서는 암 발생 및 관리에 관련된 연구결과들을 종합하여 보고서를 내고, 이 보고서를 토대로 하여 암예방을 위한 아래와 같은 10개 지침을 제시하였다.

(1) 건강체중 유지

생애 전반에 걸쳐 체중은 건강체중 범위 내에서 가능한 적게 유지한다. 아동과 청소년기의 과체중과 비만은 성인기에도 지속되기 쉬우므로 주의가 필요하다. 성인기의 체중증가는 유방암, 대장암 등의 위험률을 높일 수 있다. 특히 중년기 이후 복부비만이 되지 않도록 주의한다.

건강체중 유지를 위해서는 신체활동을 유지하고, 통곡류, 채소, 과일 및 콩류가 풍부한 식사를 하며, 지방, 정제곡류, 당류 함량이 높은 가공식품의 섭취를 제한한다.

(2) 신체활동 유지

1주일에 중등도 수준의 신체활동(걷기, 자전거 타기, 집안일, 정원 가꾸기, 수영, 댄스 등)을 150분 이상 혹은 격렬한 유산소 신체활동(달리기, 빠르게 수영하기, 빠르게 자전거 타기, 에어로빅, 팀 스포츠 등)을 1주일에 75분 이상하는 것을 포함하여 매일 활동적으로 생활한다. 앉아 있는 습관을 최소화하고, 앉아 있는 활동을(업무포함, 텔레비전, 컴퓨터, 스마트폰, 비디오게임)을 하는 동안 지방, 정제 탄수화물, 당류가 다량 함유된 가공식품의 섭취를 하지 않도록 주의한다.

(3) 통곡류, 채소, 과일 및 콩류를 이용한 식사 구성

식사 시 식이섬유와 다양한 비타민, 무기질 및 생리활성 물질이 포함되어 있으며 에너지 밀도도 상대적으로 낮은 잡곡, 채소류(감자, 고구마, 마 등 제외), 과일 및 콩류를 충분히 이용한다. 매일 다양한 색상의 채소류와(감자, 고구마, 마 등 제외) 과일을 최소 400 g 이상 섭취한다.

(4) 지방, 탄수화물, 당 함량이 높은 '패스트푸드'와 가공식품의 섭취 제한

지방, 탄수화물, 당류 함량이 높은 패스트푸드, 반조리식품, 스낵류, 제과류 및 디저트 사탕류 등의 섭취를 제한한다. 지방 함량이 높은 모든 식품을 제한하는 것은 아니다. 견과류, 종실류는 지방 이외에 무기질 등의 영양소를 포함하고 있으므로 적정량 섭취한다.

(5) 적색육 및 가공육의 섭취 제한

적색육 및 가공육의 섭취는 대장암·직장암의 원인이다. 적색육은 철, 아연 및 비타민 B_{12}의 주요 급원 식품이지만 적색육 섭취는 일주일에 3인분 이하로 제한한다. 가금류와 생선은 적색육을 대신할 수 있는 단백질 급원식품이다.

가공육은 에너지 밀도가 높고 염분 함량이 상대적으로 높을 뿐 아니라 가공과정에 발암물질이 생성될 수도 있으므로 가능한 적게 섭취한다.

(6) 가당 음료 섭취 제한

수분 섭취 급원으로는 물이나 차, 설탕을 첨가하지 않은 커피, 무가당 음료를 이용한다. 가당 음료가 직접적으로 암을 유발하지는 않으나 과체중 및 비만의 원인이 될 수 있다. 가당 음료뿐 아니라 과일 주스 역시 다량 섭취 시 체중이 증가할 수 있으므로 주의가 필요하다. 커피나 차는 체중 증가와는 관계없더라도 카페인을 함유하고 있으므로 섭취 시 카페인 1일 최대 섭취량을 넘지 않도록 한다.

(7) 알코올 섭취 제한

알코올 음료 섭취는 다양한 암의 발생 원인이 된다. 소량의 알코올 섭취도 일부 암의 위험을 증가시킬 수 있고 알코올 음료의 종류와 상관없이 모든 알코올 음료는 암 발생 위험에 유사한 영향을 미친다. 따라서 암예방을 위해서는 알코올 음료를 마시지 않도록 한다.

(8) 암 예방을 위한 건강보조식품 섭취 금지

암예방을 위해 고용량의 건강보조식품을 섭취하지 않는다. 칼슘 보조제가 대장암·직장암 발생을 예방하는 데 도움이 되지만 반대로 전립선암의 위험을 높일 수 있다. 고용량의 베타 카로틴 보조제 섭취가 흡연자들에게 폐암의 원인이 되었다는 보고도 있다. 질환이나 특별한 영양문제가 있지 않은 대부분의 사람들은 건강한 식사를 통해 충분한 영양을 얻을 수 있으므로 건강보조식품이 필요하지 않다.

(9) 가임여성을 위한 권고: 가능한 모유수유 권장

모유수유는 유방암을 예방할 뿐 아니라 아동기의 과체중 및 비만을 예방할 수 있으므로 산모와 아기 모두에게 유익하다.

(10) 암 진단 후: 가능한 암 예방 권고사항 준수

암 생존자(암치료가 끝난 모든 사람을 포함함)는 암치료가 끝난 후에 암예방 권고사항을 따르며 훈련된 전문가로부터 관련 지침 및 영양상담을 받도록 한다.

그림 13-3 암예방을 위한 권고지침

출처: 국립암센터(2018). WCRF 제 3차 전문가 보고서 요약본(국문번역본)

CHAPTER

14 선천성 대사 질환

1. 페닐케톤뇨증
2. 갈락토오스혈증
3. 당원병
4. 단풍당뇨증

CLINICAL NUTRITION

선천적인 대사이상으로 영양소의 대사물질이 뇌와 장기 등에 축적되면서 손상을 초래하는 선천적 대사 질환은 초기에 발견하여 치료하는 것이 필요하다. 우리나라에서 발생빈도가 높은 선천적 대사 질환으로는 페닐케톤뇨증과 갈락토오스혈증, 호모시스테인뇨증, 단풍당뇨증 등이 있다.

선천성 대사장애 질환이란 영양소의 대사에 필요한 효소의 결함으로 뇌와 장기 등에 손상을 초래하는 질환이며, 초기에 발견하여 치료하지 않으면 평생 정신지체, 발육장애를 앓을 수 있다. 우리나라에서는 발생빈도가 높은 페닐케톤뇨증과 선천성 갑상선기능 저하증, 갈락토오스혈증, 호모시스틴뇨증, 단풍당뇨증, 선천성 부신기능항진증에 대해 생후 일주일 이내에 선별검사를 실시하고 있다.

1. 페닐케톤뇨증

1) 원인과 증상

페닐케톤뇨증phenylketouria: PKU은 주로 백인에게서 나타나는 선천적 페닐알라닌 대사장애로 약 11,000명 중 1명꼴로 발생하는 질병이다. 페닐알라닌phenylalanine이 페닐알라닌 수화효소phenylalanine hydroxylase의 부족으로 인해 티로신tyrosine으로 분해되지 못하여 혈중 농도가 증가하고, 페닐알라닌 및 페닐알라닌 대사물(페닐피루브산phenylpyrubic acid, 페닐아세트산phenylacetic acid)이 소변으로 배출된다그림 14-1.

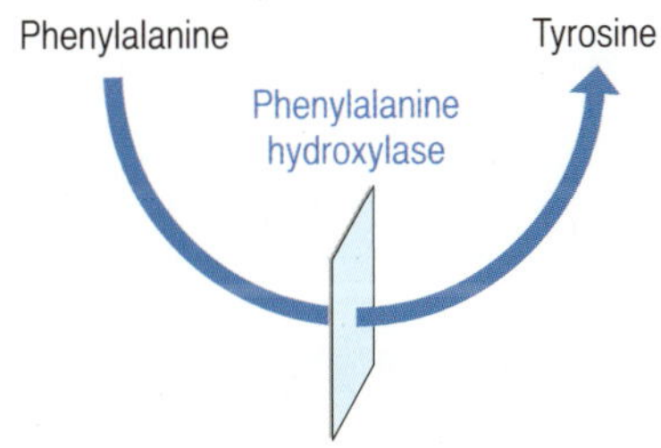

그림 14-1 페닐알라닌의 대사 장애

혈중 페닐알라닌 농도가 6~10 mg/dL이면서 티로신 농도가 3 mg/dL 이하이면 페닐케톤뇨증으로 진단한다. 영아가 초기에 치료를 받지 못하면 티로신 합성이 중단되어 멜라닌 생성이 감소되므로 눈이 파래지고 피부와 모발색이 매우 연해진다. 또한 페닐알라닌과 그 대사물의 축적으로 중추신경계가 손상되어 경련, 과다행동증 및 정신지체가 생긴다. 생후

1개월 이내에 발견하여 치료하면 이러한 문제들을 해결할 수 있으므로 가능한 한 빨리 발견해서 식사요법을 실시하는 것이 치료의 관건이다. 페닐케톤뇨증 시 장기간의 식사조절이 필요하며 최소한 뇌가 성숙될 때까지는 철저한 페닐알라닌 제한식이 필요하다. 페닐알라닌 제한식을 지속적으로 하는 경우 인지기능에 긍정적인 효과가 있다는 보고가 있으므로 생애전반을 통해 페닐알라닌 제한식을 하는 것이 바람직하다.

2) 임상영양치료

영아와 소아의 경우 임상영양치료의 목표는 정상적인 성장발달과 영양상태를 유지하며 정신지체를 예방하는 것이고 성인의 경우에는 적절한 체중을 유지하면서 골감소증을 예방하는 것이다. 정상적인 성장과 발달을 위해 혈청 페닐알라닌이 2~10 mg/dL 범위에서 유지될 수 있도록 페닐알라닌을 공급한다. 엄격한 조제식을 하는 영아는 혈청 페닐알라닌 농도를 2~4 mg/dL 수준으로 유지하고, 10세 이상의 환자는 2~8 mg/dL 수준에서 유지하도록 한다. 생후 1년까지는 주 1회씩 혈청 페닐알라닌 농도를 모니터링한다.

과량의 페닐알라닌 섭취 이외에도 조직의 이화작용 역시 혈중 페닐알라닌의 농도를 높일 수 있으므로 적절한 에너지를 보충하고, 이화상태가 의심되는 경우 페닐알라닌이 없는 특수 조제식을 이용하여 단백질을 필요한 만큼 보충한다. 연령별 페닐알라닌, 티로신 단백질 권장량은 **표 14-1**과 같다.

페닐알라닌 제한식을 시작하는 초기에는 주 2~3회 페닐알라닌 농도를 측정하여 그 결과에 따라 식사 내 페닐알라닌 함량을 조정한다. 페닐알라닌이 결핍되면 소아의 경우에 성장속도 및 정신발달이 저하되고, 성인은 체중감소, 빈혈, 저단백혈증, 머리숱 감소 및 혈장 알부민, 프리알부민 저하가 나타난다. 페닐알라닌 혈중농도 이외에도 대상자의 발달 상태 및 신체증상을 주의 깊게 모니터링한다. 1세 전까지는 혈장 알부민과 프리알부민을 3개월마다, 그 이후는 6개월마다 측정하며, 이들 수치가 정상보다 낮으면 단백질 섭취량을 증가시킨다. 빈혈이 오기 쉬우므로 혈장 페리틴ferritin을 측정하고 정상보다 낮은 경우에는 철을 보충하며, 영유아의 경우 성장·발달·영양상태를 정기적으로 평가하여 적정한 성장상태를 유지하도록 한다.

표 14-1 페닐케톤뇨증 시 연령별 페닐알라닌, 티로신, 단백질 권장량

연령		영양소		
		페닐알라닌	티로신	단백질
영아		(mg/kg)	(mg/kg)	(g/kg)
	0~3개월 미만	25~70	300~350	3.0~3.5
	3~6개월 미만	20~45	300~350	3.0~3.5
	6~9개월 미만	15~35	250~300	2.5~3.0
	9~12개월 미만	10~35	250~300	2.5~3.0
소아		(mg/일)	(g/일)	(g/일)
	1~4세 미만	200~400	1.72~3.00	≥30
	4~7세 미만	210~450	2.25~3.50	≥35
	7~11세 미만	220~500	2.55~4.00	≥40
여아		(mg/일)	(g/일)	(g/일)
	11~15세 미만	250~750	3.45~5.00	≥50
	15~19세 미만	230~700	3.45~5.00	≥55
	19세 이상	220~700	3.75~5.00	≥60
남아		(mg/일)	(g/일)	(g/일)
	11~15세 미만	225~900	3.38~5.50	≥55
	15~19세 미만	295~1,100	4.42~6.00	≥65
	19세 이상	290~1,200	4.35~6.50	≥70

(1) 식사계획

분유나 우유를 먹어야 하는 어린이들은 페닐알라닌을 제거하거나 함량이 낮은 특수 분유를 모유나 분유와 병행한다. 일반적으로 모유의 페닐알라닌 함량이 분유보다 낮지만 모유만 먹이면 페닐알라닌을 지나치게 많이 섭취할 수 있게 되므로 페닐알라닌 함량을 조절한 특수 조제분유와 병행하는 것이 필요하다. 페닐알라닌 특수 분유와 분유/모유를 통해 총 필요에너지의 80%, 단백질 요구량의 90%가 공급될 수 있도록 계획한다.

식사 계획은 다음의 순서에 의해 진행한다.

① 아동의 에너지, 단백질, 페닐알라닌의 필요량 결정: **표 14-1**을 참조하여 아동의 연령에 맞는 에너지, 단백질, 페닐알라닌 양을 결정한다.

② 일반분유/모유의 1일 사용량을 해당식품의 페닐알라닌 함량에 준하여 결정한다. 나이가 들면 좀 더 다양한 식품을 이용할 수 있다.

③ 아동의 단백질 및 페닐알라닌 권장량에 맞추어 특수 조제식 사용량을 결정한다. 에너지가 부족한 경우 무단백 조제식이나 단백질을 함유하지 않은 식품을 이용하여 에너지를 보충한다.

④ 특수 조제식에 첨가하는 물의 양을 계산한다. 페닐알라닌 함량이 조정된 특수조제식은 일반적으로 단백질과 탄수화물이 농축되어 있어 이 조제식을 먹는 아이들은 모유나 일반분유를 먹는 아이들보다 더 갈증을 느끼기 쉽다. 식사와 식사 사이에 수분을 추가로 공급하도록 한다.

⑤ 고형 음식의 양과 형태를 결정한다. 영아가 4~6개월이 되면 고형식을 시작한다. 1일 페닐알라닌, 에너지, 단백질 처방량에서 일반 분유와 페닐알라닌 함량이 조정된 특수 조제식으로부터 공급되는 양을 제외한 나머지 페닐알라닌 양을 고형 음식으로 제공한다. 페닐케톤뇨증 식품교환표를 이용하여 다양한 식품을 공급하여 영양소 필요량을 충족시키고 턱의 근육 발달 및 치아와 잇몸이 적절히 운동할 수 있게 해준다.

표 14-2 페닐케톤뇨증 식품교환표의 식품군별 영양함량

식품군	페닐알라닌(mg)	티로신(mg)	단백질(g)	에너지(kcal)
곡류/빵류	30	20	0.6	30
지방	5	4	0.1	60
과일	15	10	0.5	60
채소	15	10	0.5	10
자유식품A	5	4	0.1	65
자유식품B	0	0	0	55
매일분유(100 mL)	4.8	4.9	0.8	67
우유(100 mL)	164	164	3.4	62

출처: Acosta PB et al (2001) : the Ross metabolic fomular system : Nutritio support protocols. 4th ed. Ross Laboratories Columbus. p. 12

환아가 고형식을 섭취할 수 있게 되면 페닐알라닌 함량이 중등도 혹은 적게 함유된 식품을 조제식에 추가한다. 5~6개월엔 수저로 떠먹을 수 있는 음식을, 7~8개월엔 손가락으로 집어 먹을 수 있는 음식을, 8~9개월엔 컵으로 마실 수 있는 고형식을 소개하여 정상적인 아이들이 이유식을 진행하는 단계에서 접하는 음식을 소개한다.

아이가 성장함에 따라 식품 선택에서 자기 주장을 하게 되므로 어릴 적부터 적절한 식품 선택을 하는 과정에 아이를 참여시켜 훈련하는 것이 필요하다. 2~3세경에는 좋은 식품과 나쁜 식품에 대한 훈련을, 3~4세부터는 각 식품별 섭취량을 교육하고 점차 더 복잡한 상황에 노출시켜 교육함으로써 아이들 스스로가 식사를 계획하는 책임을 질 수 있도록 하는 것이 필요하다표 14-3.

표 14-3 페닐케톤뇨증 어린이의 연령별 교육내용

구분	교육 내용
미취학아동	금지식품과 허용식품 구분 숫자와 양에 대한 개념
유치원아동	섭취해야 하는 조제식 준비
초등학교 저학년	식사섭취 일기 작성 방과 후 간식 선택에 대한 의사결정
초등학교 고학년	본인 식사 섭취량
중학교	다양한 상황에서의 식사관리
고등학교	독립적으로 PKU 식사관리

2. 갈락토오스혈증

1) 원인 및 증상

갈락토오스혈증galactosemia은 갈락토오스가 포도당으로 전환되는 과정에서 필요한 효소인 galactokinase, galactose-1-phosphate uridyl transferaseGALT, uridine diphosphogalactose-4-epimeraseUDP-galactose-4-epimerase 중 1가지 효소의 활성이 부족하거나 결핍되어 중간 대사산물이 혈액 내에 축적되는 대사이상 질환을 말하며, 이 중 GALT의 부족으로 galactose-1-phosphate 농도가 높아지는 것이 가장 흔하다.

북미에서는 신생아 6만 명 중 1명꼴로 발생하며, 모유 또는 갈락토스를 함유한 분유를 먹은 신생아에게서 출생 후 수일 이내에 구토, 황달, 체중감소 및 간비대 등의 증상이 나타난다. 제대로 치료를 하지 않는 경우 백내장, 간경화 및 성장부전, 정신지체의 증세가 나타날 뿐 아니라 사망률도 매우 높다. galactose-1-phosphate 농도가 5 mg/dL 이상이거나 임상적인 증상이 나타나면 바로 갈락토오스 제한식사를 시행한다.

Galactose 대사

$$\text{Galactose + ATP} \xrightarrow{\text{galactokinase}} \text{Galactose-1-P + ADP}$$

$$\text{Galactose-1-P + UDP Glucose} \xrightleftharpoons{\text{GALT}} \text{Glu-1-P + UDP Galactose}$$

$$\text{UDP Galactose} \xrightleftharpoons{\text{epimerase}} \text{UDP Glucose}$$

2) 임상영양치료

아동의 연령에 따른 발달 정도 및 활동량에 알맞은 에너지와 단백질, 비타민, 무기질 등이 공급될 수 있도록 식사를 계획한다. 유당이 완전히 제외되어야 하므로 메티오닌methionine을 강화한 콩단백질 분유를 사용한다. 콩단백질 분유에 갈락토오스 함유 올리고당인 라피노오스raffinose와 스타키오스stachyose가 함유되어 있으며, 장점막에서 이들이 소량 흡수된다는 보고가 있었으나 통계적 의미는 없었으므로 우유 대체품으로 사용하고 있다.

카르니틴carnitine은 리신lysine과 메티오닌methionine으로부터 합성될 수 있으나 신생아의 경우, 효소의 활성이 부족하므로 콩단백 분유에 카르니틴을 첨가한 것을 이용하는 것이 바람직하다.

식사 중 유제품 및 갈락토오스를 함유한 모든 식품을 완전히 제한한다**표 14-4**. 에너지 섭취가 충분하지 않는 경우에는 성장부전이 생기거나 체중유지가 안 될 수 있으니 유의한다. 단백질은 대상자의 1일 영양섭취 기준에 맞게 제공한다. 타우린taurine은 메티오닌methionine으로부터 합성될 수 있으나 신생아의 경우, 해당 효소가 부족하므로 신생아 분유에는 타우린이 첨가되어야 한다. 콩단백질 내의 피틴산의 작용으로 아연의 흡수가 방해받을 수 있으므로 필요시 아연을 보충한다. 이 외에 유제품에 풍부하게 들어 있는 칼슘, 인을 비롯하여 비타민 D, 마그네슘 등도 부족해질 수 있으므로 섭취량을 평가하고 부족 시 보충한다.

표 14-4 갈락토오스 제한식의 제한식품

식품 종류	제한 식품
유제품	우유, 요구르트, 치즈, 버터, 생크림 등을 포함하는 모든 유제품
곡류 (빵, 감자, 시리얼 등)	우유, 유당을 함유하는 빵, 케이크, 우유를 포함한 시리얼 우유나 버터가 들어간 감자으깸, 유당 함유 프렌치 프라이
육류	분유를 포함하고 있는 육가공품(소시지류) 간, 췌장, 뇌, 신장, 심장 등의 조직
달걀	우유나 버터, 크림이 들어간 스크램블, 오믈렛
수프	우유나 생크림이 들어간 크림수프, 시판 수프, 가루 수프
지방	버터, 마가린, 시판 샐러드드레싱, 크림소스 제품
과일, 과일주스	유당을 함유하고 있는 과즙 음료나 제품
빙과류	우유, 생크림, 버터, 요거트가 들어간 빙과/아이스크림류

3. 당원병

당원병glycogen storage disease은 글리코겐을 포도당으로 전환하지 못하여 글리코겐이 간이나 근육조직에 비정상적으로 축척되어 일어나는 대사이상 질환으로, 결함이 있는 효소의 종류에 따라 제 I, IIb, III, IV, VI 형으로 나뉜다.

표 14-5 당원병의 분류

분류	손상 부위	이상 증상	영양관리
I	glucose-6 phosphatase 결핍 및 이동 저하	저혈당, 이상지질혈증, 간비대, 성장지연, 골다공증, 대사성산증	• 취침 전 생옥수수 전분 섭취 또는 취침 시 경관급식 • 과당 및 유당 제한
IIb	α-1,4 glucosidase(GAA) 결함	근육약화, 근력저하	• 단백질 섭취 증가
III	amylo-1,6 glucosidase 활성 결핍	간비대, 성장부전, 이상지질혈증, 공복저혈당	• 고단백 저탄수화물 식사 • 소량씩 자주 식사 • 단순당 제한 • 취침 전 생옥수수 전분 섭취 또는 취침 시 경관급식
VI	phosphorylase 활성 감소		
IV	α-1,4-glycan-6-glycosyl transferase 활성 결함	성장부전, 간경변증, 문맥고혈압, 복수, 식도정맥류	• 취침 전 생옥수수 전분 섭취 또는 취침 시 경관급식

1) 제I형 당원병

제I형 당원병은 간과 신장 및 기타 기관에서 글리코겐이 포도당으로 전환 마지막 단계에 작용하는 효소인 glucose-6-phosphatase의 결핍 및 이동 저하로 생기는 질환이다. 이 때문에 간에 글리코겐 및 지방이 축적되어 간비대가 발생하며 대사산증 및 통풍이나 신질환이 생기기도 한다. 간에서 글리코겐으로부터 포도당이 생성되지 못하여 생기는 지속적인 저혈당은 성장부전, 사춘기 발달부진 및 뇌손상도 일으킨다. Ib 당원병의 경우, 박테리아나 곰팡이균에 의한 감염이 반복적으로 생길 수 있으며 만성 췌장염이나 염증성 장질환, 크론병 등이 발생할 수 있다.

제I형 당원병의 영양치료의 목표는 체내 산증을 최소화하고 저혈당을 예방하는 것이다. 저혈당을 예방하기 위해서 낮 동안은 식사를 소량씩 자주 하도록 하고, 취침 전에는 생옥수수 전분을 먹거나 취침 동안 경관급식을 지속적으로 공급한다. 또한 과당과 유당을 제한한다. 식사에 많은 제한이 있으므로 종합영양제 및 칼슘제를 보충한다.

2) 제II형 당원병

제II형 당원병은 글리코겐을 리소좀 내에서 분해하는 역할을 하는 α-1,4-glucosidase GAA의 부족으로 생긴다. 이 때문에 글리코겐을 포도당으로 분해·처리하지 못하므로 글리코겐이 심장근육 및 기타 근육의 리소좀 내에 축적되어 심장근육 약화 및 호흡 곤란을 일으키게 된다. 이때 가장 먼저 관찰되는 증상은 근력의 약화이며, 특히 다리의 큰 근육이 우선적으로 약해지며 이후 몸통 및 팔 근육 약화가 관찰된다. 이러한 근육의 약화는 수년에 걸쳐 서서히 일어나며 나중에는 호흡곤란 등의 문제로 인공호흡기치료가 필요해질 수도 있다.

영아기에 발현하여 음식을 삼키기 어렵거나 인공호흡기를 사용하는 경우 경장영양을 통해 필요한 영양소를 공급할 필요가 있다.

3) 제III형, 제VI형 당원병

제III형 및 VI형 당원병은 글리코겐의 분해가 제대로 되지 않아 포도당 생성이 어려운 대사질환이다. 제III형 당원병은 간의 탈분지효소debrancher enzyme인 amylo-1,6-glucosidase 활성의 결핍으로 글리코겐의 분해가 제한되며, 제VI형 당원병은 phosphorylase 결핍으로 글리코겐의 분해가 제한되는 질환으로 제I형과는 달리 갈락토오스로부터 포도당 신생이 가능하다.

간에서의 글리코겐 축적으로 간비대가 일어나며 공복 시 저혈당이 생기기도 하나 제I형 당원병만큼 심하지는 않다. 어린이에게서 성장부전이 일어나나 대부분 정상적인 성인 키에 다다를 수는 있으며 간비대도 사춘기 이후에는 호전된다.

고단백 저탄수화물 식사를 소량씩 자주 섭취하고 탄수화물 중 단순당 섭취를 제한한다. 취침 시의 저혈당을 예방하기 위해 전분을 이용하기도 한다.

4) 제IV형 당원병

제IV형 당원병은 분지효소의 결함으로 아밀로펙틴과 같은 다당류가 축적되는 대사이상 질환이다. 체내의 면역 반응으로 인해 몸이 글리코겐과 글리코겐이 저장되어 있는 조직을 공격함으로써 생기는 것으로 생각되고 있다. 이 때문에 간경화나 근육경화가 생길 수 있다. 제IV형 당원병 환아들은 출생 시에는 정상처럼 보이나 성장부전failure to thrive: FTT을 보이고, 일정 시점이 되면 신체적·정신적 성장이 멈추며 간경변증, 문맥고혈압, 복수, 식도정맥류 등의 문제를 보이면서 5세 이전에 사망한다. 저혈당을 예방하기 위해 취침 시 옥수수 전분이나 지속적인 경관급식을 이용하는 것이 효과적이다.

4. 단풍당뇨증

1) 원인과 증상

단풍당뇨증maple syrup urine disease: MSUD은 선천적으로 곁가지아미노산branched chain amino acid: BCAA인 루신leucine, 이소루신isoleucine, 발린valine의 산화적 탈탄산화oxidative decarboxylation에 관여하는 효소의 결핍으로 생기는 질환이다. 혈액과 소변에서 이들 세 아미노산과 여기서 유래된 케토산의 농도가 증가한다. 한편으로 소변에서 단풍나무 시럽 같은 단 냄새가 나기 때문에 단풍당뇨증이라는 이름이 붙었다.

단풍당뇨증의 아이는 출생 시에는 정상으로 보이나 출생 후 4~5일 정도 되면 수유 곤란, 구토, 무기력 등의 증상이 나타나고, 제대로 치료를 받지 못하면 산증, 경련, 발작, 혼수가 나타나고 심하면 사망할 수도 있다. 따라서 소변에서 캐러멜 냄새가 나면 바로 복막투석이나 교환수혈을 실시하여야 한다. 혈중 루신의 농도가 급격히 상승하면 식사 내에서 BCAA를 제거하고 정맥요법을 실시한다. 조기발견과 꾸준한 대사조절이 지능지수 발달을 정상화시키는 필수요소이다.

2) 임상영양치료

임상영양치료의 목표는 루신, 이소루신, 발린을 제한하여 혈중농도를 정상으로 유지시키는 것이다. 그러나 이들은 필수아미노산에 속하므로 성장발육과 건강유지에 필요한 최소량은 공급하여야 한다.

단풍당뇨증 유아와 아동의 영양소 섭취기준은 정상 아동과 같다. 개개인의 연령, 체격, 활동 정도 등을 고려하여 필요한 에너지와 단백질을 정하고 이를 토대로 이소루신, 루신, 발린의 필요량을 결정한다. 정상적 성장과 발달에 필요한 곁가지아미노산의 양을 개인별로 결정하기는 어려우나 표 14-6을 참고하여 결정한다. 치료를 처음 시작할 때는 가장 적은 양부터 시작하고, 혈장의 곁가지아미노산 농도 및 소변의 케토산 농도를 모니터링하면서 필요량을 조절한다.

단백질 식품에는 이들 아미노산이 3.5~8.5% 내외 함유되어 있으므로 이 아미노산을 제거한 특수 조제식을 이용하여 공급한다. 체내 단백질의 분해에 의한 곁가지아미노산의 분해를 막기 위해 충분한 에너지와 단백질, 무기질 비타민을 공급하여야 한다.

단풍당뇨증 식사계획 시에는 단풍당뇨증의 식품교환표표 14-7를 이용하여 루신, 이소루신, 발린의 1일 권장량 범위 내에서 각 식품군별 교환수를 정하고 각 식품군별로 해당 교환수에 해당하는 식품의 종류와 양을 선택한다. 현재 우리나라에는 국내 환자를 위한 단풍당뇨증 식품교환표는 없지만, 식사를 계획할 때 고단백식품, 일반 빵이나 국수류, 곁가지

아미노산 포함 여부가 확실하지 않은 식품 및 고단백 식품은 제외한다.

표 14-6 단풍당뇨증에서 연령별 이소루신, 루신, 발린, 단백질 권장량

연령		영양소			
		이소루신	루신	발린	단백질
영아		(mg/kg)	(mg/kg)	(mg/kg)	(g/kg)
	0~3개월 미만	36~60	60~100	42~70	3.0~3.5
	3~6개월 미만	30~50	50~85	35~60	3.0~3.5
	6~9개월 미만	25~40	40~70	28~50	2.5~3.0
	9~12개월 미만	18~33	30~55	21~38	2.5~3.0
소아		(mg/일)	(mg/일)	(mg/일)	(g/일)
	1~4세 미만	165~325	275~535	190~400	≥30
	4~7세 미만	215~420	360~695	250~490	≥35
	7~11세 미만	245~470	410~785	285~550	≥40
여아		(mg/일)	(mg/일)	(mg/일)	(g/일)
	11~15세 미만	330~445	550~740	385~520	≥50
	15~19세 미만	330~445	550~740	385~520	≥55
	19세 이상	300~450	400~620	420~650	≥60
남아		(mg/일)	(mg/일)	(mg/일)	(g/일)
	11~15세 미만	325~435	540~720	375~505	≥55
	15~19세 미만	425~570	705~945	495~665	≥65
	19세 이상	575~700	800~1,100	560~800	≥70

출처: Acosta PB et al. (2001) : the Ross metabolic fomular system : Nutritio support protocols. 4th ed. Ross Laboratories Columbus. p. 86

표 14-7 단풍당뇨증의 식품교환표의 평균 영양조성

식품군	이소루신(mg)	루신(mg)	발린(mg)	단백질(g)	에너지(kcal)
곡류	18	35	25	0.4	25
지방	7	10	7	0.1	70
과일	17	25	22	0.6	75
채소	22	30	24	0.6	15
자유식품A	3	5	4	0.1	50
자유식품B	0	0	0	0	55
우유(100 mL)	203	329	224	3.4	62

출처: Acosta PB et al (2001) : the Ross metabolic fomular system : Nutritio support protocols. 4th ed. Ross Laboratories Columbus. p. 87

식사계획의 적절성을 평가하기 위해 혈장의 곁가지아미노산 농도 및 소변의 케토산을 정기적으로 측정한다. 성장·발달이 적절하게 진행되고 있는지를 평가하기 위해 키와 체중 및 혈청 알부민, 프리알부민, 철분 상태를 모니터링하면서 영양상태가 적절하지 않은 경우 단백질과 에너지 섭취량을 조절한다. 필요하다면 3일간의 식사기록지를 작성하도록 한다. 아동의 성장에 따라 변화되는 영양소 필요량을 충족시키기 위해서는 식사계획을 자주 수정 또는 변경할 필요가 있다.

참고문헌

교육부, 보건복지부 질병관리본부. 제13차(2017) 청소년건강행태온라인조사통계, 2017

구재옥 외. 식사요법 원리와 실습. 교문사, 2007

국가기록원. http://search.archives.go.kr/myhome.htm

김선영 역. 면역학. 라이프사이언스, 2006

당지수와 만성질환. 가정의학회지, 2008

대한당뇨병학회 교육위원회. 당뇨병 교육 지침서. 개정판, 2006

대한당뇨병학회, 당뇨병 진료지침, 엠엠케이커뮤니케이즈, 2007

대한영양사협회. 임상영양관리지침서(제3판). 2008

명승권 외. 암과 음식. 국립암센터, 2006

보건복지부 질병관리본부. 2016 국민건강통계 I. 국민건강영양조사 제7기 1차년도(2016), 2016

보건복지부, 한국영양학회. 2020 한국인 영양소 섭취기준

비만치료지침. 대한비만학회, 2009

손일석, 강석민, 조명찬, 임남규, 김원호(2017). 고혈압 진단기준의 최근동향. 주간 건강과 질병 11(20): 639-644

식품교환표TFT. 당뇨병 식품교환표 활용지침. 대한당뇨병학회, 2010

이연숙· 구재옥· 임현숙· 강영희· 권종숙. 이해하기 쉬운 인체생리학. 파워북, 2009

이정아, 이종임, 임현숙. 임신초기 모체의 엽산 영양상태와 영향인자. 한국식품영양과학회지 33: 331-338, 2004

통계단신. 30세 이상 고혈압 전단계, 고혈압 유병률 추이. 주간 건강과 질병 11(20): 645.

통계청. http://www.kostat.go.kr

한국지질동맥경화학회 고지혈증 치료지침 제정위원회. 고지혈증 치료지침 제2판. 도서출판 한의학, 2003

한국지질동맥경화학회 치료지침 제정위원회. 이상지질혈증 치료지침 2판 수정 보완판, 2009

American Dietetic Association, Nutrition Care Manual (Chicago: ADA, 2007)

American Dietetic Association, International Dietetics and Nutrition Terminology(IDNT) : Reference Manual / Standardized Language for the Nutrition Care Process(Chicago ADA, 2009)

American Diabetes Association : Nutrition recommendations and interventions for diabetes. Diabetes care 30:s48, 2007

American Diabetes Association : Standards of medical care in diabetes. Diabetes care 30:54, 2007

American Diabetes Association : Diagnosis and classification of diabetes mellitus. Diabetes Care 31(suppl):s59, 2008

American Diabetes Association : Nutrition recommendations and interventions for diabetes. Diabetes Care 31(suppl):s61-78

ASPEN : The ASPEN Adult nutrition support core curriculum, 2017

Carol Rees Parrish : Enteral feeding : The art and the science. NCP 18(1): 76-85, 2003

David Heber et al. nutritional oncoloy. academic press. 2006

Diet, nutrition, physical acitivity and the prevention of cancer : a global respective. WCRF & AICR, 2018

Gershwin ME et al. Handbook of nutrition and immunity, Humana Press, 2004

Kirby DF. Decisions for enteral access in the intensive care unit. nutrition 17: 776-779, 2001

Laura Ellioti et al. . The Clinical Guide to Oncology Nutrition 2nd ed. ADA, 2006

Mahan LK, Escott-Stump S. Krause's food and nutrition therapy. 12th ed. Saunders, 2008

Matarese LE and Gottschlich MM, Contemporary Nutrition Support Practice, A clinical Guide, Chapter 14 Determining the Nutiriton Support Regimen, 185-191, WB Saounders Company, 1998

Montejo JC : Enteral nutrition-related gastrointestinal complications in critically ill patients: a multicenter study. Crit Care Med 27(8): 1447-53, 1999

National Cholesterol Education Program, National Heart, Lung, and Blood Institute. Detection, Evaluation, and Treatment of High Blood Cholesterol in Adults(Adult Treatment Panel III). NIH, 2002

National Heart, Lung, and Blood Institute. Clinical Guideline on the Identification, Evaluation and Treatment of Overweight and Obesity in Adults, NIH, 1998

Nelms M, Sucher K, Long S. Nutrition therapy and pathophysiology. Thomson, 2007

Nelson JK et al (1994) : Mayo Clinic Diet Manual 7th ed. Mosby. pp602-604

Nutrition care process model: Lacey L, Pritchett E Nutrition care process and model: ADA adopts road map to quality care and outcomes management. J Am Assoc 103: 1061-1072

Parham. The immune system. Garland, 2009

Rambeau and Rolandelli RH, Clinical Nutrition - Enteral and Tube Feeding, 3rd Ed., WB Saounders Company, 1997

Robert D. Lee, David C. Nieman. Nutrition Assessment. 3rd ed. McGraw Hill. 2003.

Rosalind S. Gibson. Principles of Nutritional Assessment. 2nd ed. OXFORD, 2005

Shikora SA, Matinale RG, Schwaitzberg SD, Nutritional Consideration in the Intensive Care Unit, Kendal/Hunt Publishing Company, 2002

Han YH, Yon M, Hyun TH. Folate intake estimated with an updated database and its association to blood folate and homocysteine in korean college students. Eur J Clin Nutr 59: 246-254, 2005

J.K. Carroll, B. Herrick, T. Gipson & S.P. Lee, American family physician 75; 1513-20, 2007

World Health Organization: Guidelines for cholera control, WHO/COD/Ser/80.4, Rev 1, Geneva, 1986

찾아보기

저자 소개

이미숙
서울대학교 식품영양학과 이학사
서울대학교 대학원 가정학 석사(영양학전공)
서울대학교 대학원 이학박사(영양학전공)
현재 한남대학교 식품영양학과 명예교수

이선영
서울대학교 식품영양학과 이학사
프랑스 파리6대학 인체영양학D.E.A
프랑스 파리6대학 인체영양학 PhD
현재 충남대학교 식품영양학과 교수

김현아
서울대학교 식품영양학과 이학사
서울대학교 대학원 가정학 석사(영양학전공)
서울대학교 대학원 이학박사(영양학전공)
현재 목포대학교 식품영양학과 교수

정상진
서울대학교 식품영양학과 이학사
서울대학교 대학원 가정학 석사(영양학전공)
미국 미시간주립대학교 인체영양학 PhD
현재 국민대학교 식품영양학과 교수

김원경
서울대학교 식품영양학과 이학사
서울대학교 대학원 가정학 석사(영양학전공)
서울대학교 대학원 생활과학 박사(영양학전공)
현재 신구대학교 식품영양학과 교수

김현주
서울대학교 식품영양학과 이학사
서울대학교 대학원 가정학 석사(영양학전공)
서울대학교 대학원 생활과학 박사(영양학전공)
현재 대전보건대학교 식품영양학과 교수

개정2판
임상영양학

2010년 9월 5일 초 판 발행
2024년 9월 20일 개정2판 발행

지은이 | 이미숙 · 이선영 · 김현아 · 정상진 · 김원경 · 김현주
발행인 | 유제구
발행처 | 파워북
주 소 | 경기도 고양시 일산동구 호수로 358-25 동문타워 2차 529호
전 화 | (02) 730-1412
팩 스 | (031) 908-1410
등 록 | 1997. 1. 31. 제2014-000067호

정 가 26,000원
ISBN 978-89-8160-523-0 (93590)